模拟电子技术与应用

主　编　朱　甦
副主编　申继伟　王丽君

北京理工大学出版社
BEIJING INSTITUTE OF TECHNOLOGY PRESS

内容简介

本书是为了适应应用型人才培养的发展趋势而编写的，分为两个部分：器件篇和电路与应用篇。内容包括：半导体元器件、基本放大电路、负反馈放大电路、放大电路的频率响应、模拟集成放大器的应用、直流稳压电源等七大章节，篇幅适当。每章中以本章导读为基础，本章知识点归纳为精炼，本章小结为结束，并配有 Multisim 应用举例，引导读者具有清晰的理论知识框架；典型器件均配有真实图片，对于已过时的传统应用电路及复杂的理论推导作了适当的删除，增加了典型集成电路应用实例等；在引入专有名词时，均进行了双语注释。讲授课时数建议在 64 ~ 72 课时。

本书可作为电子类、电气类、自动控制类和其他相近专业的本科教材，也可作为高职高专相关专业的教材，还可供相关工程技术人员自学或参考。

图书在版编目（CIP）数据

模拟电子技术与应用/朱甦主编．—北京：北京理工大学出版社，2023.8重印
ISBN 978－7－5682－4244－8

Ⅰ．①模…　Ⅱ．①朱…　Ⅲ．①模拟电路－电子技术－高等学校－教材　Ⅳ．①TN710

中国版本图书馆 CIP 数据核字（2017）第 151746 号

出版发行／北京理工大学出版社有限责任公司
社　　址／北京市海淀区中关村南大街 5 号
邮　　编／100081
电　　话／（010）68914775（总编室）
（010）82562903（教材售后服务热线）
（010）68944723（其他图书服务热线）
网　　址／http：//www. bitpress. com. cn
经　　销／全国各地新华书店
印　　刷／三河市天利华印刷装订有限公司
开　　本／787 毫米×1092 毫米　1/16
印　　张／16. 5
字　　数／388 千字
版　　次／2023年8月第1版第5次印刷
定　　价／39. 00 元

责任编辑／陈莉华
文案编辑／张　雪
责任校对／周瑞红
责任印制／李志强

图书出现印装质量问题，请拨打售后服务热线，本社负责调换

前　言

“模拟电子技术与应用”是本科院校电子、电气、通信、计算机、光电专业及其他相关电类专业的重要专业基础课，是培养应用型人才的基本入门课程。课程十分强调理论联系实际，突出“理论知识框架”和“强化应用实践”两条主线，增强学生的自主学习和工程实践能力。

为了适应应用型人才培养的发展趋势，立足于应用型本科的人才培养目标，编者从教学内容体系、教材内容选择以及教材编写模式等方面进行探索和改革，从而编写了本书。

为了紧跟电子技术的发展趋势，尤其是模拟集成电路设计的快速发展，以及计算机仿真工具的不断完善，编者在编写本书时注重与“电路分析基础”课程的衔接。本书分两大部分：器件篇和电路与应用篇，主要特点如下。

（1）由于“模拟电子技术与应用”是电子信息类专业的学科基础课，教学内容的改革要符合应用型本科教育培养的要求，旨在“保基础、重实践、少而精”的方针上能够较好地满足教学的需要。本书各个章节均配有本章导读、知识点归纳、本章小结及习题解答，方便学生能更有效地进行自主学习。

（2）在现有电子技术的发展水平上，突出集成电路的介绍，适当地减少分立电路的内容，重点放在基本放大电路及其分析方法、放大电路的反馈、模拟集成电路设计及其应用等方面。

（3）重视电子器件的外特性及各种集成电路的输入、输出电路和特性，对比“电路分析基础”的线性分析，突出“模拟电子技术与应用”的非线性特性，压缩电子器件内部的工作原理分析。注重电子电路的组成和机构设计，减少繁复的数学推导，突出定性分析。适当引入系统的概念，与后续课程有所衔接。

（4）引入新概念、新器件、新技术的介绍，并配有专业术语的双语注释。每章均配有Multisim应用举例，以增加基本测试方法和仿真方法的应用。

本书是南京理工大学紫金学院电子信息与光电技术学院精品课程规划教材。本书由朱甦主编，并负责全书的规划和统稿。第1章到第3章由申继伟编写，第4章和第5章由王丽君编写，第6章和第7章由朱甦编写。郁玲燕、王彬彬协助完成图稿等部分的编写工作。在编写过程中也得到了南京理工大学许多老师、学生的建议。在此一并致以衷心的感谢！

由于时间和水平有限，书中错漏和不妥之处在所难免，恳请读者批评指正。

编　者

目　　录

第一部分　器件篇

第二部分 电路与应用篇

第一部分　器件篇

第 1 章

半导体二极管及其应用

本章导读

“信号(Signal)”分非电物理量信号和电信号。非电物理量信号,如温度、压力、位移、速度等;电信号一般指随时间变化的电流或电压,可分为模拟信号(Analog signal)、数字信号(Digital signal)和采样数据信号(Sampled - data signal)。模拟信号是指时间和数值上都是连续变化的信号。处理模拟信号的电路称为模拟电路。在现代许多系统,包括复杂高性能的系统中,模拟电路几乎是必不可少的部分。对模拟电子技术的了解必须从半导体器件开始。

半导体二极管(Diode)简称为二极管,是一种结构简单的半导体元器件。二极管的特性主要体现为单向导电性,利用该特性,二极管可应用于限幅、检波、整流、稳压、开关、保护等。

本章首先介绍半导体材料的基础知识与基本名词术语,然后重点讨论二极管的伏安特性、主要参数及常用的模型,通过实例介绍二极管应用电路的结构及其分析方法,最后介绍常用特殊二极管的工作原理与用途。

1.1　半导体基础知识

自然界中的材料按照导电能力分为导体(Conductor)、半导体(Semiconductor)与绝缘体(Insulator)。半导体是指一种导电性可受控制,可从绝缘体过滤至导体的材料。今天大部分的电子产品都是利用半导体材料制作而成的,半导体的发展对经济发展起到重要作用。常见的半导体材料有硅(Si)、锗(Ge)、砷化镓(GaAs)等,而硅材料应用最为广泛。

1.1.1　本征半导体

完全纯净的、不含杂质的半导体称为本征半导体。常见代表有硅、锗这两种元素的单晶体结构。硅、锗在元素周期表中属于四族元素,其原子最外层有 4 个价电子。硅、锗晶体材料是由硅、锗原子按照特定结构在空间有序排列而形成的正四面体结构,其结构示意图如图1.1.1 所示。每个原子的 4 个价电子和相邻原子的价电子形成 4 个共用电子对,这种电子对受到很强的原子束缚力,这种结构称为共价键。

在 0 K 时,价电子摆脱不了共价键的束缚,此时本征半导体不导电。当温度升高或受到光照时,少数价电子能获取足够多的能量从而摆脱共价键的束缚,称为自由电子,同时在共价键中留下一个带正电的空穴,这种现象称为本征激发,如图 1.1.1 所示。空穴很容易吸引邻近的价电子使其发生移动,可见空穴也可以运动,只不过运动方式与电子不同。

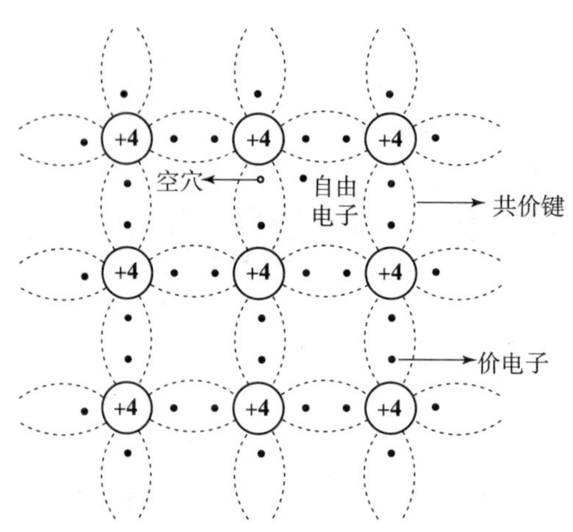

图 1.1.1 硅(锗)本征半导体的结构示意图

当然,自由电子和空穴在半导体中相遇时会重新结合然后消失,称之为复合。当外部条件一定时,本征激发和复合会达到动态平衡,此时,本征半导体中自由电子-空穴对的浓度保持一定。

自由移动的电荷称为载流子,只有载流子能参与导电。在电场作用下,载流子定向移动形成漂移电流。由此可见,半导体中有两种载流子参与导电,即自由电子(Free electron)和空穴(Hole),这种导电方式与导体只有一种载流子参与导电的方式不同。

室温下,本征激发产生的自由电子-空穴对的数目非常有限,因此本征半导体的载流子浓度很低、导电能力很弱。

1.1.2 杂质半导体

当本征半导体掺入杂质元素后,便称为杂质半导体,其导电能力大大提高。因此,半导体器件一般采用杂质半导体制作而成。

掺入的杂质元素主要是三价或五价元素。三价元素一般为硼、铝、镓;五价元素一般为磷、砷、锑。根据掺入杂质性质的不同,杂质半导体分为 N 型半导体和 P 型半导体两种。

1. N 型半导体

在本征半导体硅(或锗)中通过半导体工艺掺入微量的五价元素(如磷),则磷原子就取代了硅晶体中少量的硅原子,如图 1.1.2 所示。

磷原子最外层有 5 个价电子,其中 4 个价电子分别与邻近 4 个硅原子形成共价键结构,多余的 1 个价电子在共价键之外,只受到磷原子对它微弱的束缚,从而,在室温下,即可获得挣脱束缚所需要的能量而成为自由电子。因此,本征半导体中每掺入 1 个磷原子就可产生 1 个自由电子,而本征激发产生的空穴的数目很少。因此,将自由电子称为多数载流子(简称多子),空穴则称为少数载流子(简称少子)。由于电子带负(Negative)电,因此,这种杂质半导体称为 N 型半导体。磷原子由于为 N 型半导体提供电子而被称为施主(Donor)原子,施主原子由于失去电子而成为不能移动的正离子。

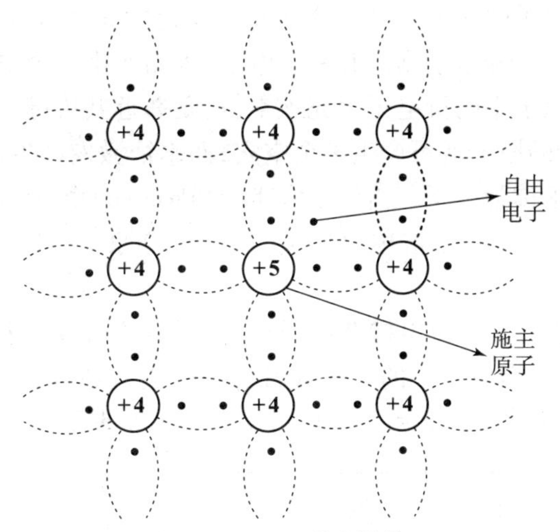

图 1.1.2　N 型半导体

注意:N 型半导体中自由电子一方面由掺杂原子提供,另一方面由本征激发产生,只不过掺杂产生的自由电子数目远多于本征激发产生的自由电子数目,因此,自由电子数目近似等于掺杂原子数目,而空穴数则只由本征激发产生。N 型半导体可用图 1.1.3 表示。

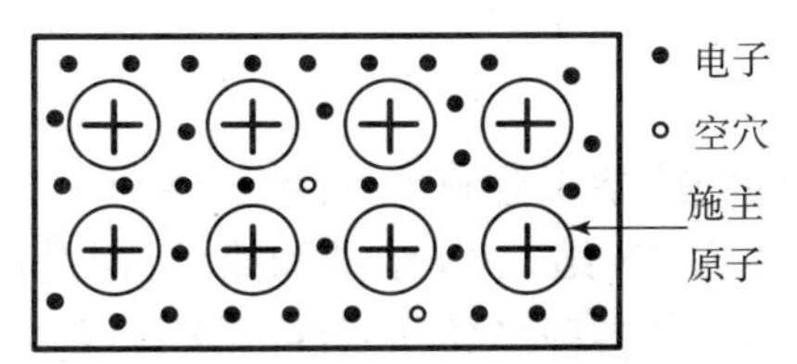

图 1.1.3　N 型半导体示意图

2. P 型半导体

在本征半导体硅(或锗)中,若掺入微量的三价元素(如硼),这时硼原子就取代了晶体中的少量硅原子,如图 1.1.4 所示。

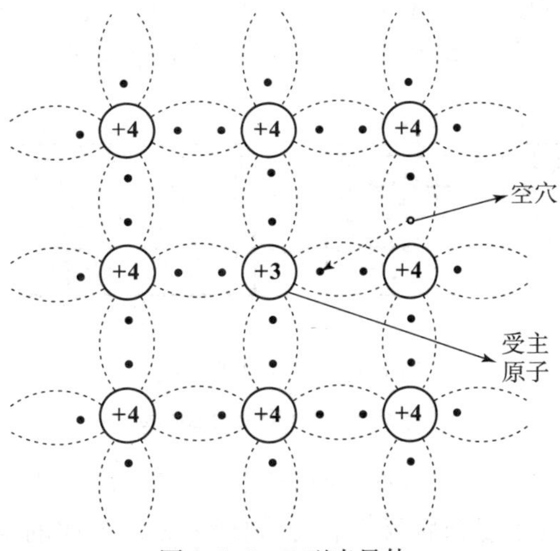

图 1.1.4　P 型半导体

由图 1.1.4 可知，硼原子的 3 个价电子分别与其邻近的 3 个硅原子中的 3 个价电子形成电子对，而与其相邻的另 1 个硅原子则只有一个电子，因而产生一个空位。这个空位对电子具有较强的吸引力，附近硅原子中的价电子填充该空位，则邻近共价键上出现 1 个空穴。这样在本征半导体中每掺入 1 个硼原子就可产生 1 个空穴，而本征激发产生的电子数目很少。因此，将空穴称为多子，自由电子称为少子。由于空穴带正(Positive)电，因此，这种杂质半导体称为 P 型半导体。硼原子由于吸收电子，被称为受主(Acceptor)原子，受主原子由于接收电子而成为不能移动的负离子。

注意：P 型半导体中空穴一方面由掺杂原子产生，另一方面由本征激发产生，只不过掺杂产生的空穴数目远多于本征激发产生的空穴数目，因此，空穴数目近似等于掺杂原子数目，而自由电子数则只由本征激发产生。P 型半导体可用图 1.1.5 表示。

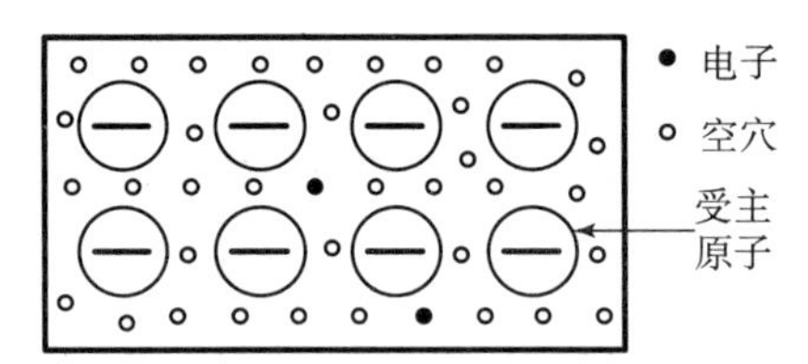

图 1.1.5　P 型半导体示意图

1.1.3　PN 结

在一块硅衬底上，采用不同的掺杂工艺将 N 型半导体和 P 型半导体结合在一起，在其交界面附近会形成空间电荷区，称为 PN 结。PN 结结构简单，但是用途十分广泛，它是构成二极管、双极型晶体管和场效应晶体管等各种半导体器件的核心，是现代电子技术的基础。

1. PN 结的形成

1) P 区、N 区的多子浓度差引起载流子扩散

由于 N 型半导体的多子，即自由电子浓度比 P 型半导体的电子浓度高，同样 P 型半导体的多子，即空穴浓度比 N 型半导体的空穴浓度高，这样在 N 型半导体和 P 型半导体的交界面处就产生了电子和空穴的浓度差，如图 1.1.6(a)所示。浓度差导致扩散的产生，即 N 型半导体的一部分电子扩散到 P 型半导体，P 型半导体的一部分空穴扩散到 N 型半导体。

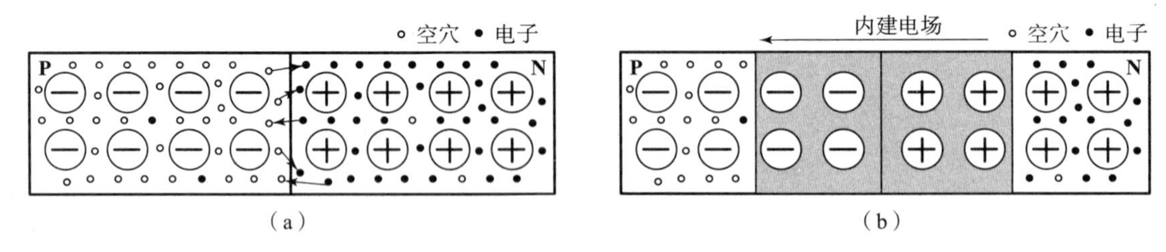

图 1.1.6　PN 结的形成

(a)多子扩散；(b)空间电荷区

由于载流子的扩散运动形成的电流称为扩散电流。N 型半导体的电子扩散到 P 型半导体并与 P 型半导体中的空穴发生复合后双双消失，同理 P 型半导体的空穴扩散到 N 型半导体并与 N 型半导体的电子发生复合后双双消失。这导致 P 区一边失去空穴，留下了带负电的杂质

离子，N 区一边失去电子，留下了带正电的杂质离子，这些不能移动的带电粒子在 P 区和 N 区交界面附近，形成了一个空间电荷区（或者称为耗尽区），同时产生由 N 区指向 P 区的内建电场，如图 1.1.6(b)所示。

2)内建电场促使少子漂移

内建电场一方面阻碍多子扩散，另一方面促进少子漂移。即：内建电场将使 N 区的少数载流子空穴向 P 区漂移，使 P 区的少数载流子电子向 N 区漂移，漂移运动的方向正好与扩散运动的方向相反，在内建电场作用下少子漂移形成的电流称为漂移电流。

3)多子的扩散和少子的漂移达到动态平衡

最终在 P 型半导体和 N 型半导体的交界面两侧留下不能移动的离子，这个离子层形成的空间电荷区称为 PN 结。PN 结的内电场方向由 N 区指向 P 区。

2. PN 结的单向导电性

当 PN 结外加电压方向不同时，PN 结体现出不同的特性，分为正向偏置和反向偏置。

1)正向偏置(Forward bias)

正向偏置简称正偏。正偏时 PN 结 P 区加高电位，N 区加低电位，即 $V_P > V_N$，电路如图 1.1.7(a)所示。电路中电阻 R 为限流电阻，防止 PN 结中因电流过大而烧坏。由于外电场方向和内建电场方向相反，使 PN 结中总电场减弱，多子的扩散运动加强，少子的漂移运动减弱。当正向偏置电压达到一定值时，在 PN 结中形成较大的正向电流，方向由 P 区指向 N 区，PN 结呈现低电阻，此时称 PN 结处于导通状态。PN 结正偏时扩散电流远大于漂移电流，可忽略漂移电流的影响。

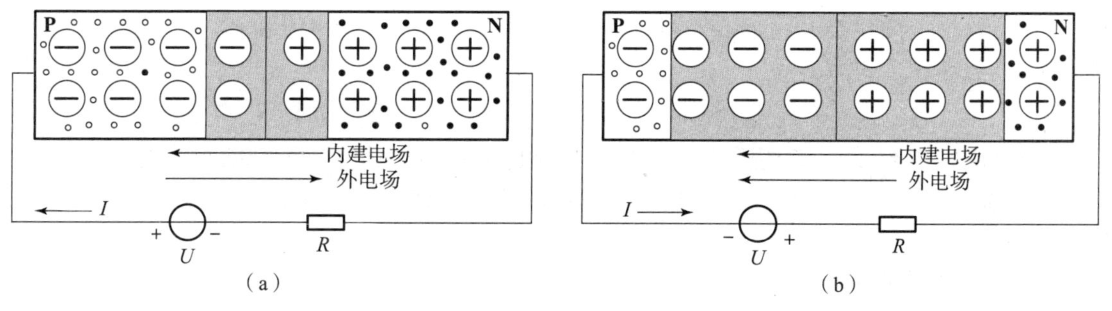

图 1.1.7　PN 结的单向导电性

(a)PN 结正偏；(b)PN 结反偏

2)反向偏置(Reverse bias)

反向偏置简称反偏。反偏时 PN 结 P 区加低电位，N 区加高电位，即 $V_P < V_N$，电路如图 1.1.7(b)所示。由于外电场方向和内建电场方向相同，使 PN 结中总电场增强，空间电荷区变宽，多子的扩散运动减弱，少子的漂移运动增强。此时，通过 PN 的电流主要为少子漂移形成的漂移电流，方向由 N 区指向 P 区，该反向漂移电流很小(微安级)，故 PN 结呈现高电阻，此时称 PN 结处于截止状态。当反偏电压较小时，几乎所有少子都参与导电，因此，即使反偏电压再增大，流过 PN 结的反向电流也不会继续增大，因此，反向电流又称为反向饱和(Saturation)电流，用 I_S 表示。

由上可知，PN 结的单向导电性为：当 $V_P > V_N$ 时，PN 结正向偏置，PN 结导通，呈现低电阻，具有较大的正向电流；当 $V_P < V_N$时，PN 结反向偏置，PN 结截止，呈现高电阻，具有很小的反向饱和电流。

3. PN 结的反向击穿

当 PN 结的反向电压增大到一定程度时，反向电流会突然增大，反向电流突然增大时的电压称为击穿电压，用 $U_{(BR)}$ 表示。这种现象称为反向击穿(Reverse breakdown)。造成 PN 结击穿的机制有两种：雪崩击穿和齐纳击穿。

雪崩击穿通常发生在掺杂浓度较低的 PN 结中。当反向电压不断增大时，载流子漂移速度相应增大，当增大到一定程度后，其动能足以把束缚在共价键中的价电子碰撞出来，产生新的自由电子 - 空穴对，新产生的载流子在强电场作用下，再去碰撞其他中性原子，又会产生新的自由电子 - 空穴对，这样会引起一系列的连锁反应，像雪崩一样，导致 PN 结中载流子数量急剧增加，从而使反向电流急剧增大。

齐纳击穿通常发生在掺杂浓度很高的 PN 结内。由于掺杂浓度很高，空间电荷区很窄，即使外加较小的反向电压(5 V 以下)，在 PN 结中就可产生很强的电场，强电场会强行将 PN 结内原子的价电子从共价键中拉出来，形成电子 - 空穴对，促使载流子数目急剧增多，形成很大的反向电流。

反向击穿后，若能控制反向电流和反向电压的大小，使其乘积不超过 PN 结的最大耗散功率，PN 结一般不会损坏，当外加电压下降到击穿电压以下后，PN 结能够恢复正常，这种击穿称为电击穿(可以制作稳压二极管)。若反向击穿后电流过大，则会导致 PN 结因发热严重温度过高而永久性损坏，这种击穿称为热击穿(应避免)。

4. PN 结的伏安特性

PN 结的伏安特性(Volt - ampere characteristic)指流过 PN 结的电流和 PN 结两端电压之间的关系，其数学表达式为：

$$i = I_S(e^{\frac{u}{U_T}} - 1) \tag{1.1.1}$$

式中，i 为流过 PN 结的电流，规定正方向由 P 区指向 N 区；u 为加在 PN 结两端的电压，规定正方向为由 P 区指向 N 区，即 $u = V_P - V_N$；I_S为 PN 结的反向饱和电流；U_T为温度电压当量，在室温下($T = 300$ K)，$U_T \approx 26$ mV。

5. PN 结的结电容

PN 结的结电容主要由势垒电容 C_B(Barrier capacitance)和扩散电容 C_D(Diffusion capacitance)组成。PN 结反偏时主要体现势垒电容，是由于外加反向电压的改变引起空间电荷区的变化产生电容效应，属于非线性电容，其值为 0.5 ~ 100 pF；PN 结正偏时主要体现扩散电容，是由于非平衡载流子的浓度变化引起电容效应，其值随外加电压的改变而改变，属于非线性电容，其值为几十 pF 到 0.01 μF。

PN 结的结电容随反向电压的增加而减小，利用这种效应可制成变容二极管。

1.2 半导体二极管的基本特性

1.2.1 二极管的结构

二极管的结构非常简单，在 PN 结的 P 区和 N 区分别引出一个电极导线(即引线)，将外壳封装起来就形成二极管,如图 1.2.1 所示,P 区引出的电极称为正极(+ 或阳极),N 区引出的电极称为负极(- 或阴极)。二极管的符号如图 1.2.2 所示,符号中箭头方向表示二极管正向电流的方向。

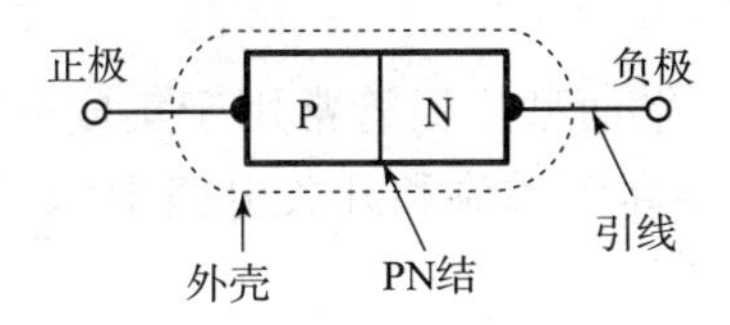

图 1.2.1　二极管的结构示意图

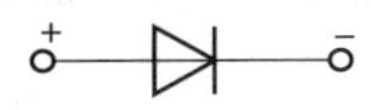

图 1.2.2　二极管符号

1.2.2　二极管的类型

二极管分类如图 1.2.3 所示。

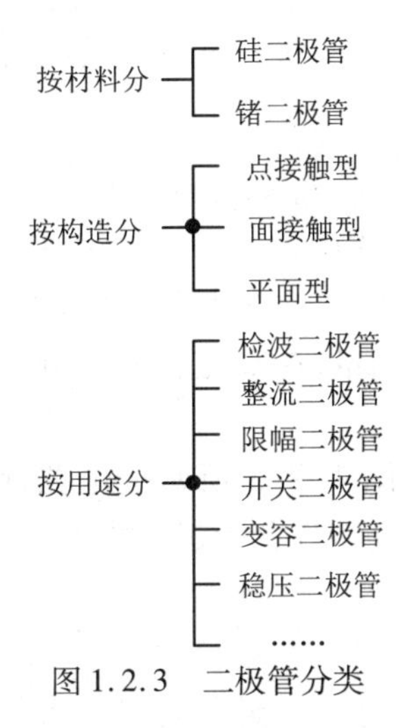

图 1.2.3　二极管分类

点接触型二极管结构原理图与部分实物图如图 1.2.4(a)所示,点接触型二极管是在锗或硅材料的单晶片上压触一根金属针后,再通过电流法而形成的。点接触型二极管的 PN 结结面积小,用于检波和变频等高频小电流电路。但是其正向特性和反向特性比较差,因此不能使用于大电流和整流电路中,但是构造简单、价格便宜,如 2AP 系列的二极管。

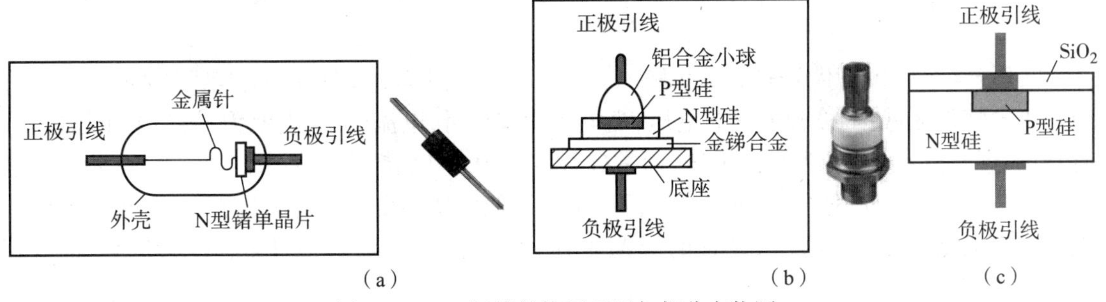

图 1.2.4　二极管结构原理图与部分实物图

(a)点接触型;(b)面接触型;(c)平面型

面接触型二极管结构原理图与实物图如图 1.2.4(b)所示。面接触型二极管的 PN 结是采用合金法(或扩散法)制作而成的,面接触型二极管的 PN 结结面积大,可承受较大电流,这类器件适用于整流电路中。但是其结电容也较大,不宜用于高频电路中,如 2CP 系列的二极管。

平面型二极管结构原理图如图 1.2.4(c)所示。平面型二极管常用于集成电路制造工艺中,平面型二极管的 PN 结结面积可大可小,主要用于高频整流和开关电路中,如 2CK 系列的二极管。

1.2.3 二极管的伏安特性

1. 伏安特性方程

二极管的核心为 PN 结,所以二极管具有 PN 结的单向导电性。二极管的伏安特性指流过二极管的电流 i_D和二极管两端电压 u_D之间的关系。若忽略二极管的引线电阻、PN 结的体电阻等参数,在误差允许范围内,二极管的伏安方程可近似用 PN 结的伏安方程表示,其数学表达式为:

$$i_D = I_S(e^{\frac{u_D}{U_T}} - 1) \tag{1.2.1}$$

二极管的参数一般加角标 D。式中,i_D为流过二极管的电流,规定正方向由正极指向负极;u_D为加在二极管两端的电压,规定正方向为由正极指向负极,即 $u_D = (V_+ - V_-)$;I_S为二极管的反向饱和电流;U_T为温度电压当量,在室温下($T = 300$ K),$U_T \approx 26$ mV。

2. 伏安特性曲线

二极管的伏安特性曲线可用图 1.2.5 所示的电路测得,二极管的伏安特性曲线如图 1.2.6 所示,由图可知,二极管的伏安特性分为正向特性、反向特性和击穿特性 3 部分。

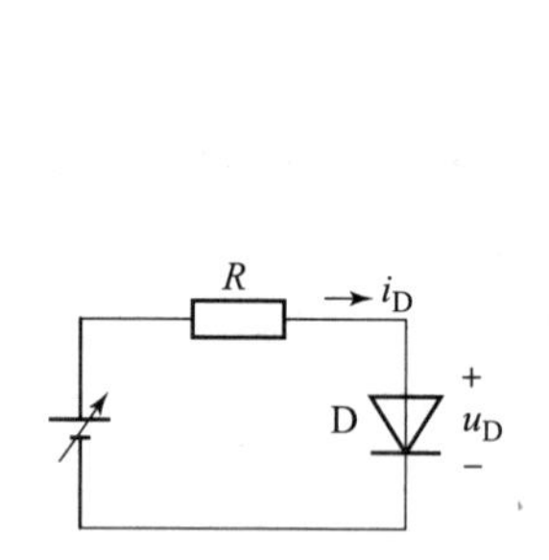

图 1.2.5 二极管伏安特性测量电路

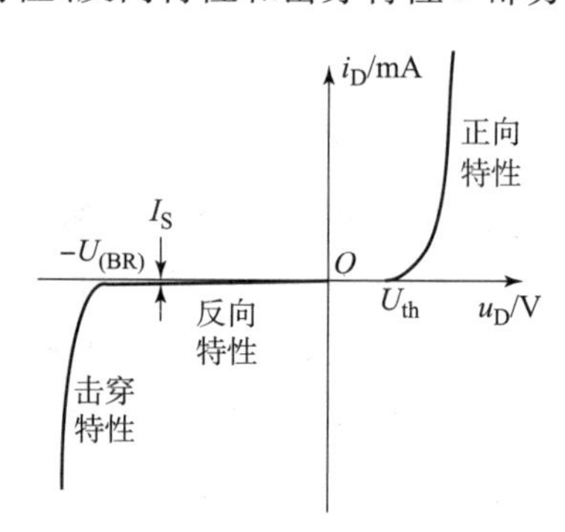

图 1.2.6 二极管的伏安特性曲线

正向特性区域:二极管加正向电压,当电压值较小时,电流极小,近似为零;当电压超过 U_{th}时,电流逐渐增大,U_{th}称为死区电压,通常硅管 $U_{th} \approx 0.5$ V,锗管 $U_{th} \approx 0.1$ V。当 $u_D > U_{th}$后电流开始按指数规律迅速增大,而二极管两端电压近似保持不变,我们称二极管具有正向恒压特性。工程上定义该恒压为二极管的导通电压,用 $U_{D(on)}$ 表示,硅管 $U_{D(on)} \approx 0.7$ V,而锗管 $U_{D(on)} \approx 0.2$ V。

反向特性区域:当二极管外加反向电压不超过一定范围时,二极管反向电流很小,二极管处于截止状态。这个反向电流称为反向饱和电流或漏电流,用 I_S表示。室温下,硅管的反向饱和电流小于0.1 μA,锗管的反向饱和电流为几十微安。

击穿特性区域:当外加反向电压超过某一数值时,反向电流会突然增大,二极管处于击穿状态,击穿时对应的临界电压称为二极管反向击穿电压,用 $U_{(BR)}$ 表示。反向击穿时二极管失去单向导电性,如果二极管没有因反向击穿而引起过热,则单向导电性不一定会被永久破坏,在撤除外加电压后,其性能仍可恢复,否则二极管就会损坏。因而使用二极管时应避免二极管外加的反向电压过高。

由上分析可知:

当 $u_D > U_{D(on)}$ 时,二极管正向导通,二极管流过较大的正向电流,二极管体现正向恒压特性,二极管两端电压 $u_D = U_{D(on)}$。

当 $-U_{(BR)} < u_D < U_{D(on)}$ 时,二极管截止,二极管流过很小的反向饱和电流。

当 $u_D < -U_{(BR)}$ 时,二极管反向击穿,二极管的反向电流迅速增大。

3. 二极管的温度特性

半导体材料特性受温度影响比较明显。二极管由半导体材料制成,因此,温度变化对二极管的导通电阻、正向电压及反向饱和电流均有较大影响。温度对二极管特性曲线的影响如图1.2.7所示。随着温度的升高,正向特性曲线左移,即正向压降减小;反向特性曲线下移,即反向电流增大。一般在室温附近,温度每升高1 ℃,其正向压降减小2～2.5 mV;温度每升高10 ℃,反向电流增大1倍左右。

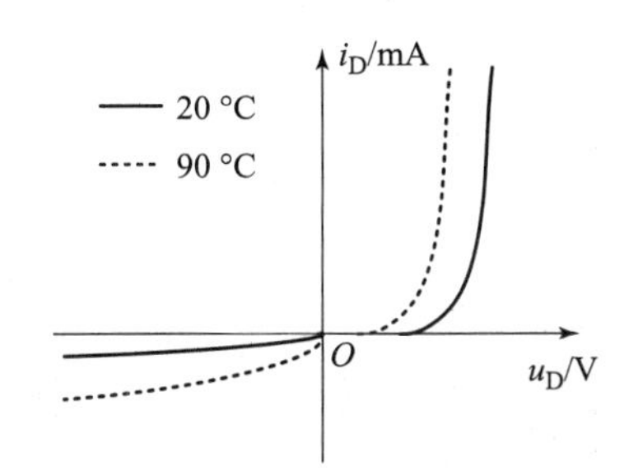

图1.2.7　温度对二极管特性曲线的影响

1.2.4　二极管参数

二极管的参数(Parameter)指用来表示二极管的性能好坏和适用范围的技术指标。不同类型的二极管有不同的特性参数,在实际应用中要合理选择二极管。常用二极管参数如下所示。

1. 最大整流电流 I_F

最大整流电流是指二极管长期连续工作时,允许通过的最大正向平均电流值。I_F 与二极管中PN结的结面积及外部散热条件等有关。当二极管流过电流时,二极管会发热,温度上升到温度上限值时(硅管为140 ℃左右,锗管为90 ℃左右),二极管会被烧坏。所以,在使用二极管时,不要超过二极管最大整流电流值。例如,常用的1N4001～1N4007型锗二极管的额定正向工作电流为1 A。

2. 最高反向工作电压 U_{RM}

当二极管工作在反向特性时,若加在二极管两端的 $u_D < -U_{(BR)}$ 时,管子会被击穿,电流迅

速增大。为了防止二极管反向击穿被损坏，规定了最高反向工作电压值，通常为反向击穿电压的一半，即 $U_{RM}=0.5\ U_{(BR)}$。例如，1N4001 二极管的 $U_{RM}=50$ V。

3. 反向电流 I_R

反向电流是指二极管在未被击穿前，流过二极管的反向电流。反向电流越小，管子的单方向导电性能越好。硅二极管比锗二极管在高温下的反向电流小，因此硅二极管具有较好的稳定性。

4. 直流电阻 R_D 和动态电阻 r_d

直流电阻定义为加在二极管两端的直流电压 U_D 与流过二极管的直流电流 I_D 之比，即：

$$R_D=\frac{U_D}{I_D} \tag{1.2.2}$$

由于二极管的伏安特性为非线性，直流电阻的大小与二极管的工作点有关，如图 1.2.8 所示，Q_1 和 Q_2 点的直流电阻不同，一般二极管的正向直流电阻为几十欧姆到几千欧姆。通常用万用表的欧姆挡测量的为二极管直流电阻。需要注意的是，使用不同的欧姆挡测量的直流电阻不同，这是由于选择不同的欧姆挡流过二极管的直流电流不同，二极管直流工作点的位置不同。

普通二极管的动态电阻定义在正向特性区域，如图 1.2.9 所示，动态电阻记为 r_d，r_d 为二极管特性曲线静态工作点 Q 附近电压的变化与相应电流的变化量之比，即

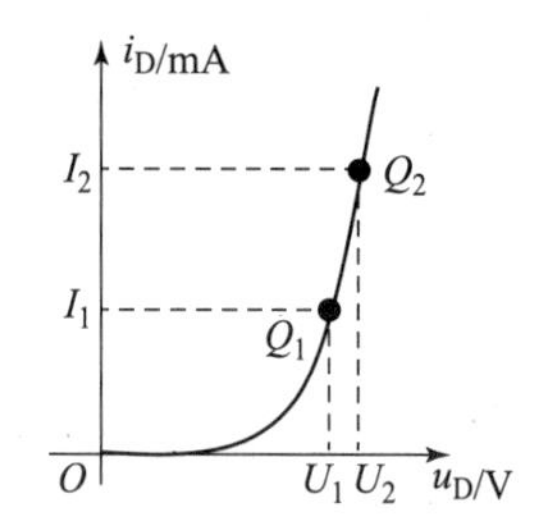

图 1.2.8 二极管的直流电阻

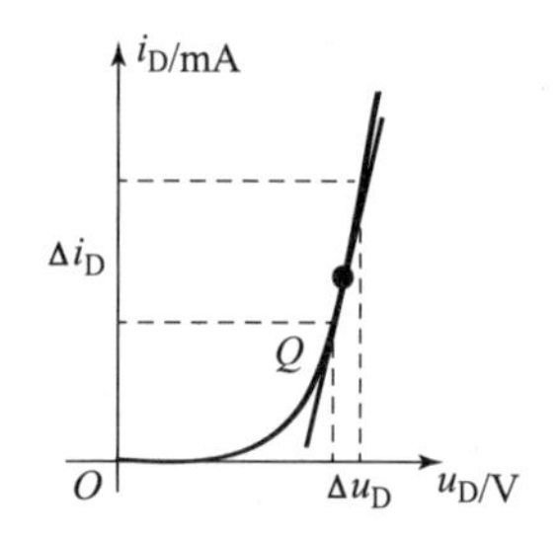

图 1.2.9 二极管的动态电阻

$$r_d=\frac{\Delta u_D}{\Delta i_D} \tag{1.2.3}$$

由于二极管具有正向恒压特性，故 r_d 一般很小，为几至几十欧姆。二极管对小信号的作用可以等效为一电阻，根据二极管的伏安特性方程：

$$i_D=I_S(e^{\frac{u_D}{U_T}}-1) \tag{1.2.4}$$

可得：

$$r_d=\frac{U_T}{I_Q} \tag{1.2.5}$$

式中，$U_T=26$ mV，可见二极管的动态电阻与静态工作点有关，而不是定值。

5. 最高工作频率 f_M

f_M 是二极管工作的最高工作频率，当信号频率超过 f_M 时，二极管的单向导电性会变差，甚至单向导电性会消失。二极管具有结电容，f_M 的值主要取决于 PN 结结电容的大小。

1.3 半导体二极管应用电路及分析方法

由二极管的伏安特性可知,二极管为非线性器件,组成的电路自然为非线性电路。在工程上常采用近似的手段进行处理,在误差允许范围内,可将非线性问题转化为线性问题,从而使电路分析更加方便、快捷。工程中常采用模型分析法进行二极管电路分析。下面主要介绍二极管的理想模型、恒压降模型及二极管电路的求解方法。

1.3.1 理想模型

二极管理想模型的伏安特性曲线为过原点的一条折线,如图 1.3.1 所示,这里忽略了二极管的导通电压 $U_{D(on)}$、反向饱和电流 I_S,且管子不会反向击穿,具有这种伏安特性的二极管称为理想二极管。由图可知:

当 $u_D>0$ 时,二极管正偏导通,二极管两端电压为 0;

当 $u_D<0$ 时,二极管反偏截止,$i_D=0$。

理想二极管可等效为一个压控开关,正偏时开关闭合,反偏时开关打开。

1.3.2 恒压降模型

二极管理想模型忽略了二极管的导通电压,在有的时候需要考虑二极管的导通电压,此时引入恒压降模型。二极管恒压降模型的伏安特性曲线为过导通电压 $U_{D(on)}$ 的一条折线,如图 1.3.2 所示,这里忽略了二极管的反向饱和电流,且管子不会反向击穿。由图可知:

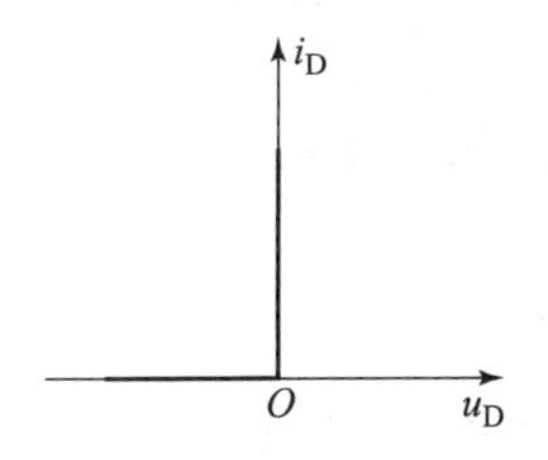

图 1.3.1 理想模型的伏安特性曲线

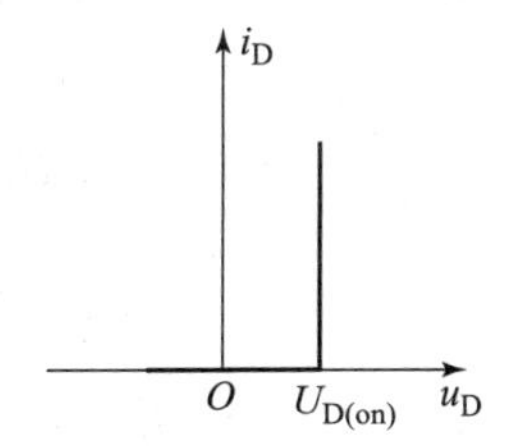

图 1.3.2 恒压降模型的伏安特性曲线

当 $u_D>U_{D(on)}$ 时,二极管正向导通,二极管两端电压为 $U_{D(on)}$,硅管取 0.7 V,锗管取 0.2 V 或 0.3 V;

当 $u_D<U_{D(on)}$ 时,二极管截止,$i_D=0$。

1.3.3 二极管电路的分析方法及应用举例

1. 二极管电路的分析方法

二极管电路的分析过程可以分成 3 个步骤:

(1)标出二极管的正、负极;

(2)断开二极管,求出正、负极电位(V_+、V_-);

(3)恢复二极管,根据不同的模型解题。

如何选择合适的模型解题是面临的主要问题,当二极管电路中电源电压远大于二极管的导通电压时，既可以采用理想模型，也可以采用恒压降模型，采用理想模型更加简便；当二极管电路中电源电压比较小时，为避免产生较大误差，应采用恒压降模型。

2. 二极管电路应用举例1

例1.3.1 电路如图1.3.3(a)所示，D为硅二极管，求出当R为1 kΩ、4 kΩ时电路中的电流和输出电压U_O。

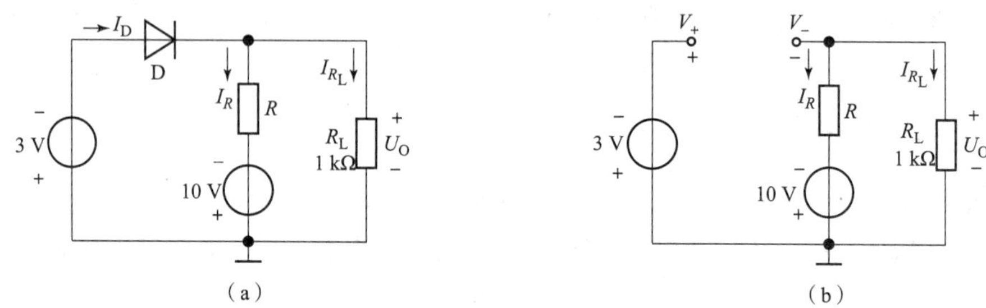

图1.3.3 例1.3.1电路图

(a)电路图；(b)二极管断开

解：由于二极管电路中电源电压有3 V和10 V，为避免产生较大误差，故采用恒压降模型。

先标出二极管的正、负极。

(1)当$R=1\ \text{k}\Omega$时。

断开二极管，由图1.3.3(b)可知，$V_+=-3\ \text{V}$，$V_-=R_L\cdot(-10\ \text{V})/(R+R_L)=-5\ \text{V}$。

由恒压降模型可知：

$V_+-V_-=(-3+5)\text{V}=2\ \text{V}>U_{D(on)}$，故二极管正向导通，二极管两端电压为0.7 V；

$$U_O=-3\ \text{V}-0.7\ \text{V}=-3.7\ \text{V}$$

$$I_{R_L}=U_O/R_L=-3.7\ \text{V}/1\ \text{k}\Omega=-3.7\ \text{mA}$$

$$I_R=\frac{-3.7\ \text{V}-(-10\ \text{V})}{1\ \text{k}\Omega}=6.3\ \text{mA}$$

$$I_D=I_R+I_{R_L}=-3.7\ \text{mA}+6.3\ \text{mA}=2.6\ \text{mA}$$

(2)当$R=4\ \text{k}\Omega$时。

断开二极管，由图1.3.3(b)可知，$V_+=-3\ \text{V}$，$V_-=R_L\cdot(-10\ \text{V})/(R+R_L)=-2\ \text{V}$。

由恒压降模型可知：

$V_+-V_-=(-3+2)\text{V}=-1\ \text{V}<U_{D(on)}$，故二极管反向截止；

$$I_D=0$$

$$U_O=-R_L\cdot(-10\ \text{V})/(R+R_L)=-2\ \text{V}$$

$$I_{R_L}=U_O/R_L=-2\ \text{V}/1\ \text{k}\Omega=-2\ \text{mA}$$

$$I_R=\frac{-2\ \text{V}-(-10\ \text{V})}{4\ \text{k}\Omega}=2\ \text{mA}$$

3. 二极管应用电路举例2

例1.3.2 电路如图1.3.4所示，二极管为理想二极管，$u_i=3\sin\omega t$ (V)，试画出输出信号的波形。

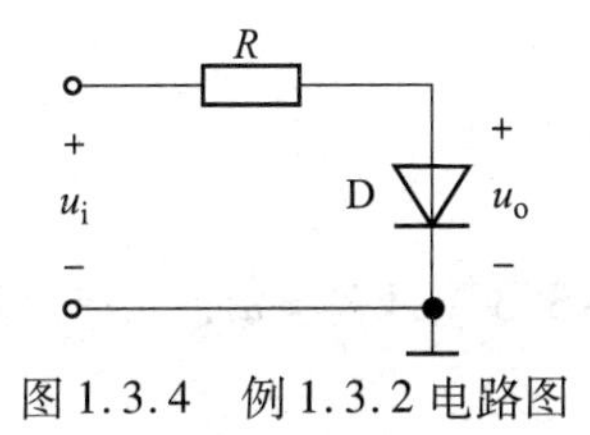

图 1.3.4　例 1.3.2 电路图

解:标出二极管的正、负极后,断开二极管,则:

$$V_+ = u_i, V_- = 0;$$

利用理想模型解题,

$(V_+ - V_-) > 0$ V,即 $u_i > 0$ V 时,二极管导通,$u_o = 0$ V;

$(V_+ - V_-) < 0$ V,即 $u_i < 0$ V 时,二极管截止,$u_o = u_i$;

输入、输出信号波形如图 1.3.5 所示。

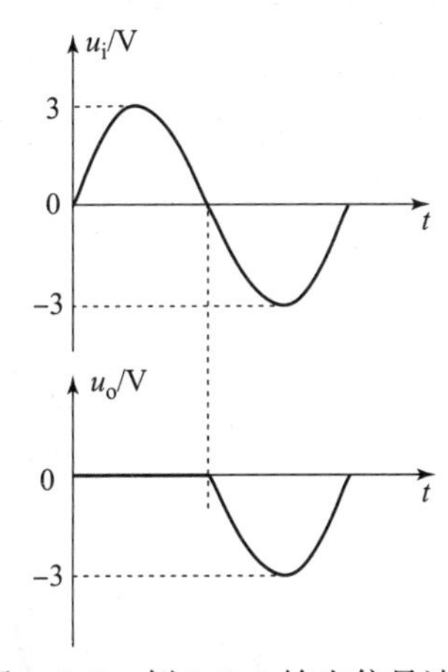

图 1.3.5　例 1.3.2 输出信号波形

4. 二极管应用电路举例 3(限幅电路)

例 1.3.3　电路如图 1.3.6 所示,D_1、D_2 为硅二极管,导通电压为 0.7 V,试画出电路的电压传输特性曲线,画出相应输入电压作用下的输出电压波形。

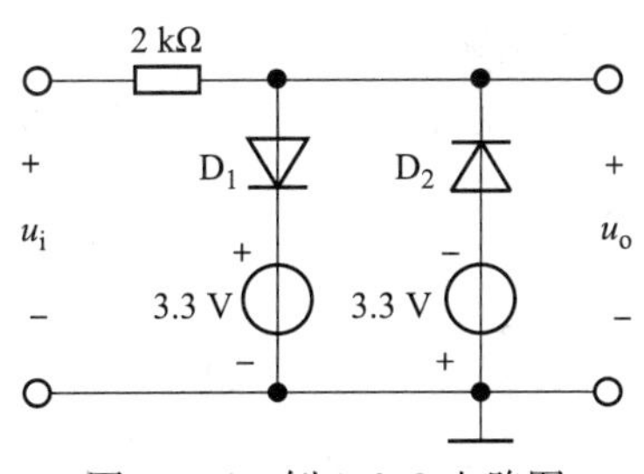

图 1.3.6　例 1.3.3 电路图

解:电压传输特性指输入信号 u_i 和输出信号 u_o 之间的关系曲线,横坐标为 u_i,纵坐标为 u_o。

注意:当电路中存在多个二极管时,二极管之间会相互影响,要分析清楚哪个管子优先导通,并注意优先导通的管子对其他管子的工作状态是否会产生影响。利用二极管的恒压降模型及二极管电路分析 3 步骤法可推导出 u_i、u_o 之间的关系,最后绘制电压传输特性曲线及输出信号波形。

(1)标出二极管的正负极;

(2)断开二极管后,

$V_{1+}=u_i$,$V_{1-}=3.3$ V;$V_{2+}=-3.3$ V,$V_{2-}=u_i$;

(3)利用恒压降模型解题。

$(V_{1+}-V_{1-})>0.7$ V,可得:$(u_i-3.3\text{ V})>0.7$ V,即 $u_i>4$ V 时,D_1 导通;

$(V_{1+}-V_{1-})<0.7$ V,可得:$(u_i-3.3\text{ V})<0.7$ V,即 $u_i<4$ V 时,D_1 截止。

$(V_{2+}-V_{2-})>0.7$ V,可得:$(-3.3\text{ V}-u_i)>0.7$ V,即 $u_i<-4$ V 时,D_2 导通;

$(V_{2+}-V_{2-})<0.7$ V,可得:$(-3.3\text{ V}-u_i)<0.7$ V,即 $u_i>-4$ V 时,D_2 截止;

可见:

$u_i>4$ V 时,D_1 导通、D_2 截止,$u_o=3.3\text{ V}+0.7\text{ V}=4$ V。

$u_i<-4$ V 时,D_1 截止、D_2 导通,$u_o=-3.3\text{ V}-0.7\text{ V}=-4$ V。

$-4\text{ V}<u_i<4$ V 时,D_1、D_2 均截止,$u_o=u_i$。

电压传输特性如图 1.3.7 所示,输入、输出信号波形如图 1.3.8 所示。

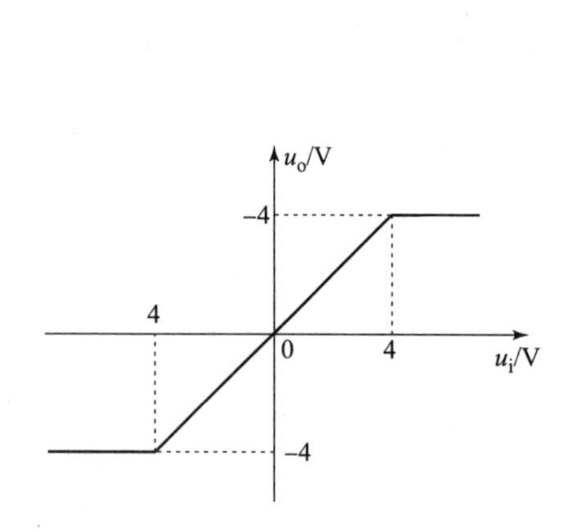

图 1.3.7 例 1.3.3 的电压传输特性

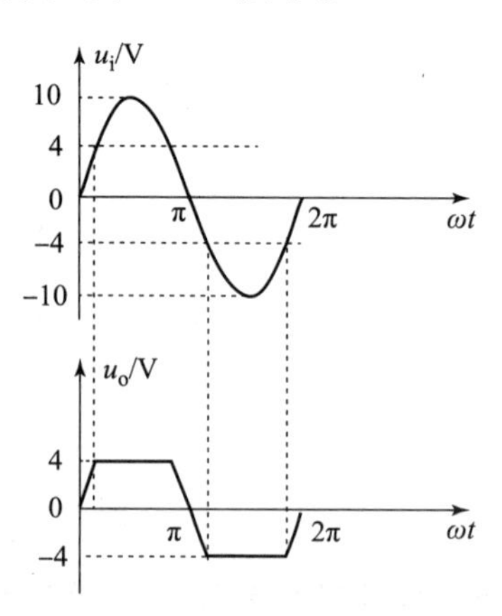

图 1.3.8 例 1.3.3 输入、输出信号波形

该电路为限幅电路,它是用来让信号在预置的电平范围内有选择地传输一部分。

5. 二极管应用电路举例 4(整流电路)

例 1.3.4 电路如图 1.3.9(a)所示,D_1、D_2、D_3、D_4 为整流二极管,$u_i=20\sin\omega t$ (V),试画出输出信号波形。

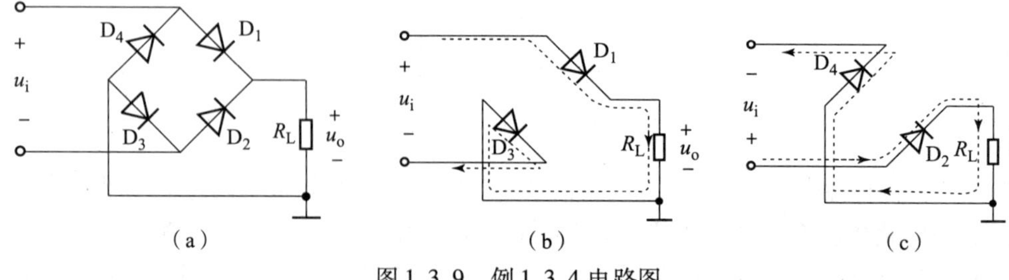

图 1.3.9 例 1.3.4 电路图

(a)电路图;(b)u_i 正半周;(c)u_i 负半周

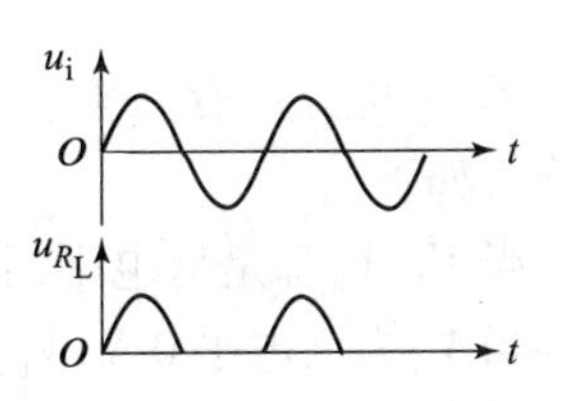

图 1.3.10　u_i正半周时的输出波形

解:输入信号峰值远大于二极管导通电压,故二极管可看作理想二极管。

当 u_i正半周时,此时 D_1 和 D_3 导通,D_2 和 D_4 截止,电流流向如图 1.3.9(b)所示,负载电流由上到下,故 $u_o = u_i$,输出电压波形如图 1.3.10 所示。

当 u_i负半周时,D_2 和 D_4 导通,D_1 和 D_3 截止,电流流向如图 1.3.9(c)所示,负载电流由上到下,此时 $u_o = -u_i$,输出电压波形如图 1.3.11 所示。

在 u_i的整个周期中由于 D_1、D_2、D_3、D_4的交替导通作用,使得负载 R_L在 u_i的整个周期内都有电流流过,而且方向不变,输出电压波形如图 1.3.12 所示。

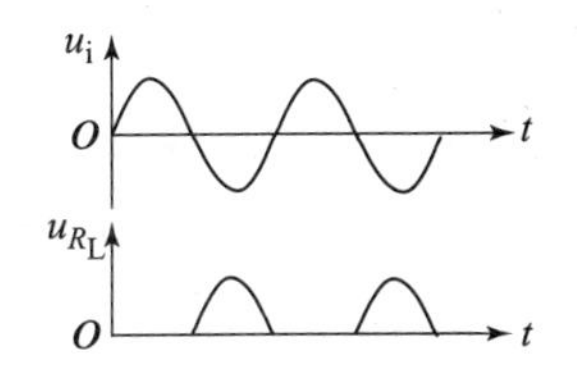

图 1.3.11　u_i负半周时的输出波形

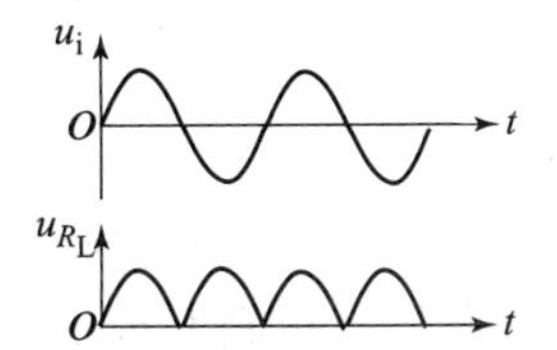

图 1.3.12　u_i 整个周期时的输出波形

该电路为直流稳压电源(第 7 章)中常用的单相桥式整流电路,可以实现全波整流。

6. 二极管应用电路举例 5(开关电路)

例 1.3.5　利用二极管的单向导电性可以构成开关电路,电路如图 1.3.13 所示。其中,二极管为理想二极管,V_A、V_B电平取值见表 1.3.1,分析 D_1、D_2的状态,求出 u_o的值,将结果填入表中。

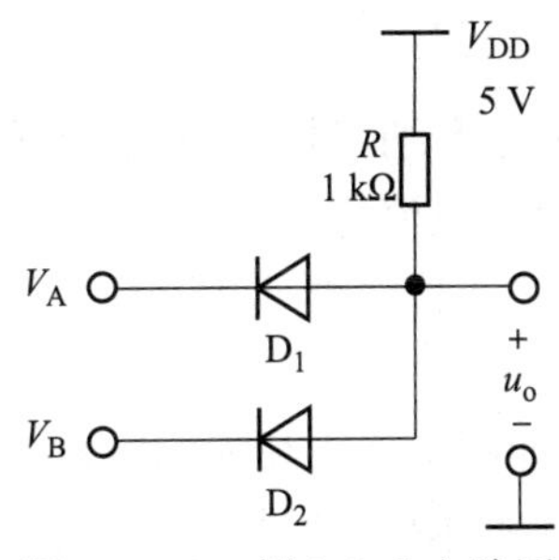

图 1.3.13　例 1.3.5 电路图

表 1.3.1　例 1.3.5 表格

V_A/V	V_B/V	D_1、D_2 的状态		u_o/V
0	0	导通	导通	0
0	3	导通	截止	0
3	0	截止	导通	0
3	3	导通	导通	3

解:当电路中存在多个二极管时,哪个二极管承受的正向电压大则优先导通,电路工作原理分析如下。

当 V_A、V_B都是低电平时,D_1、D_2同时导通,则 $u_o=0$ V。

当 V_A为低电平 0 V,V_B为高电平 3 V 时,D_1承受正向电压大则优先导通,使 u_o钳制在 0 V,从而使 D_2处于截止状态,$u_o=0$ V;当 V_A为高电平 3 V,V_B为低电平 0 V 时,D_2承受正向电压大则优先导通,使 u_o钳制在 0 V,从而使 D_1处于截止状态,$u_o=0$ V。

当 V_A、V_B都是高电平 3 V 时,D_1、D_2同时导通,则 $u_o=3$ V。

该电路可以实现数字逻辑电路中的"与"功能。

1.4 特殊二极管

特殊二极管在实际工程中应用十分广泛。特殊二极管包括稳压二极管、发光二极管、光电二极管、变容二极管、隧道二极管、肖特基二极管等。

稳压二极管是利用硅材料制成的面接触型二极管,主要用于稳压电路、限幅电路及基准电源电路中;发光二极管包括可见光、不可见光、激光等类型,其中,可见发光二极管发光颜色主要由二极管的材料决定,目前主要有红、橙、黄、绿等,主要用于显示电路;光电二极管用于光电耦合、光电传感、微型光电池等;变容二极管利用 PN 结的势垒电容制成,主要用于电子调谐、频率自动控制、调频调幅、滤波等电路;隧道二极管利用高掺杂 PN 结的隧道效应制成,主要用于振荡、保护、脉冲数字电路;肖特基二极管利用金属与半导体之间的接触势垒制成,其正向导通电压小、结电容小,广泛应用于微波混频、监测、集成数字电路等方面。

1.4.1 稳压二极管

稳压二极管(Zener diode),又称为齐纳二极管,简称为稳压管。稳压管是特殊二极管,工作在反向击穿状态,此时流过稳压管的电流可在很大范围内变化而稳压管两端的电压基本不变。稳压管主要被作为电压基准元件或稳压器使用。

1. 稳压管的伏安特性

稳压管符号及其伏安特性曲线如图 1.4.1 所示,由伏安特性可知稳压管可以工作于 3 个区域,每个区域的工作条件及稳压管所体现的特性很重要。

1)正向特性区域

工作条件:稳压管两端电压大于稳压管的正向导通电压,即 $u_Z>U_{Z(on)}$。

特点:稳压管电流与电压呈指数关系,稳压管体现出正向恒压特性,可近似认为稳压管两端电压保持不变,即 $u_Z=U_{Z(on)}$,稳压管的正向特性与普通二极管相似。

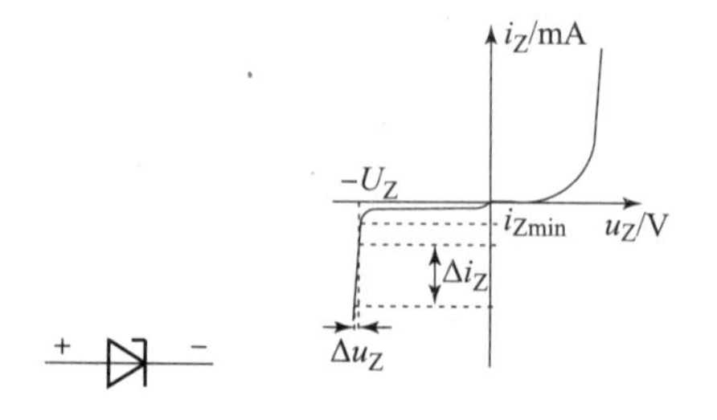

图 1.4.1　稳压管符号及其伏安特性曲线

2)截止区域

工作条件:稳压管两端电压大于稳压管的反向击穿电压而小于稳压管的正向导通电压,即 $-U_Z<u_Z<U_{Z(on)}$。

特点:稳压管电流近似为0,此时稳压管可看作开关处于断开的状态。

3)反向击穿特性

工作条件:稳压管两端电压小于稳压管的反向击穿电压,即 $u_Z < -U_Z$。

特点:稳压管两端电压几乎维持不变,稳压管体现出稳压特性。

2. 稳压管的主要参数

1)稳定电压 U_Z

稳定电压指规定电流下稳压管的反向击穿电压。稳压管的稳定电压低的为3 V,高的可达300 V。

2)稳定电流 I_Z

稳定电流指稳压管在稳压状态时的工作电流。稳定电流应处于某一范围之内,即:$I_{Zmin} < I_Z < I_{ZM}$。I_{ZM}、I_{Zmin}分别为最大工作电流和最小工作电流。当稳压管电流低于 I_{Zmin}时,稳压管稳压效果会变差;当稳压管电流高于 I_{ZM}时,稳压管有可能因电流过高而发生热击穿。

3)动态电阻 r_Z

稳压管动态电阻与普通二极管动态电阻不同,稳压管的动态电阻定义在反向击穿区,指稳压管两端电压变化与电流变化的比值。稳压管反向击穿区的曲线越陡,动态电阻越小,稳压管的稳压性能越好。r_Z 很小,为几欧姆到几十欧姆。

4)最大耗散功率 P_{ZM}

P_{ZM}指稳压管的稳定电压与最大工作电流的乘积,即 $P_{ZM} = U_Z \cdot I_{ZM}$。

3. 稳压管稳定工作条件及分析步骤

稳压管正常工作条件有两个,须同时满足,分别为:

(1)给稳压管加足够大的反偏电压,使管子工作于反向击穿区,即:$u_Z < -U_Z$。

(2)为稳压管串联大小合适的限流电阻 R,使稳压管的工作电流 $I_{Zmin} < I_Z < I_{ZM}$。

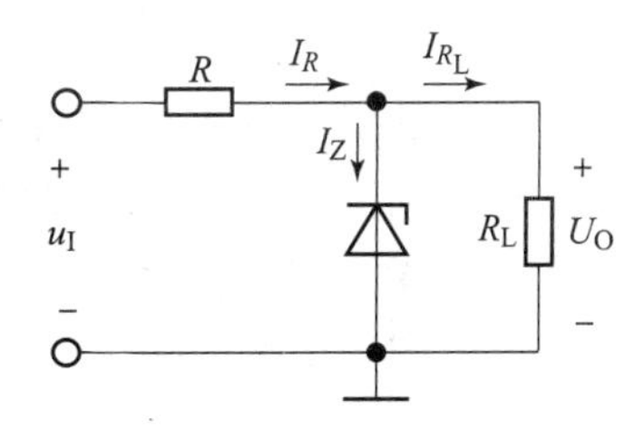

图1.4.2　稳压管常用稳压电路

稳压管电路分析步骤如下:

(1)标出稳压管的正、负极;

(2)断开稳压管,判断稳压管是否击穿并稳压;

(3)判断稳压管的工作电流是否满足 $I_{Zmin} < I_Z < I_{ZM}$。

稳压管常用稳压电路如图1.4.2所示,R 为限流电阻,R_L为负载,当稳压管正常工作时,有:

$$U_O = U_Z \tag{1.4.1}$$

$$I_R = I_Z + I_{R_L} \tag{1.4.2}$$

4. 稳压管电路分析举例

例1.4.1　电路如图1.4.3所示,$V_{CC} = 20$ V,$U_Z = 12$ V,$I_{Zmin} = 3$ mA,$I_{ZM} = 18$ mA,求流过稳压管的电流 I_Z,并判断该电路中电阻 R 阻值是否合适?

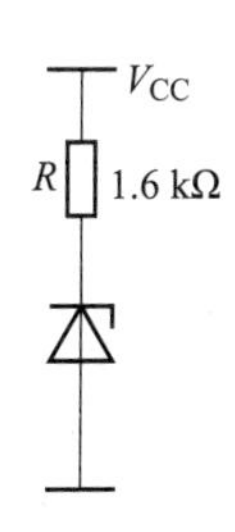

图1.4.3　例1.4.1电路图

解:断开稳压管后,求出稳压管 $V_+ = 0$ V,$V_- = 20$ V,

因为 $V_+ - V_- = -20$ V $< -U_Z$,所以稳压管处于击穿状

态，可得：

$$I_Z = \frac{V_{CC} - U_Z}{R} = 5\ \text{mA}$$

因为 3 mA < 5 mA < 18 mA，所以电阻 R 的阻值合适。

例 1.4.2 电路如图 1.4.4 所示，已知 $U_I = 12$ V，$U_Z = 6$ V，$R = 0.15$ kΩ，$I_Z = 5$ mA，$I_{ZM} = 30$ mA，求稳压管正常工作时 R_L 的取值范围。

解：若题目中没有提供 I_{Zmin}，则可认为 I_Z 为稳压管稳定工作的最小电流。

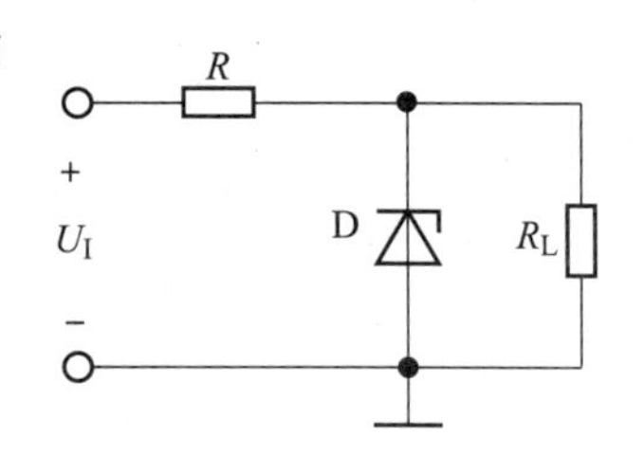

图 1.4.4 例 1.4.2 电路图

(1) 断开稳压管，则：

$$V_+ = 0\ \text{V},\ V_- = \frac{R_L}{R_L + R} \cdot U_I$$

若要稳压管处于击穿状态，则：

$$V_+ - V_- = -\frac{R_L}{R_L + R} \cdot U_I < -U_Z$$

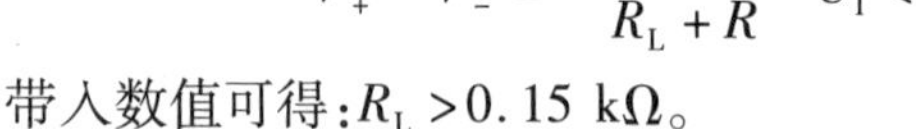

带入数值可得：$R_L > 0.15$ kΩ。

(2) 当稳压管击穿后，有：

$$I_{DZ} = \frac{U_I - U_Z}{R} - \frac{U_Z}{R_L}$$

由 $I_{Zmin} < I_Z < I_{ZM}$，可得：

$$\frac{U_Z}{\dfrac{U_I - U_Z}{R} - I_Z} < R_L < \frac{U_Z}{\dfrac{U_I - U_Z}{R} - I_{ZM}}$$

带入数值可得：0.17 kΩ < R_L < 0.6 kΩ。

综合(1)、(2)的结果可知，稳压管正常工作时 R_L 的取值范围为：0.17 kΩ < R_L < 0.6 kΩ。

例 1.4.3 电路如图 1.4.5 所示，已知 $u_i = 8\sin\omega t$ (V)，两个稳压管稳定电压 U_Z 均为 3.3 V，导通电压均为 0.7 V，限流电阻 R 阻值合适，试画出 u_o 的波形。

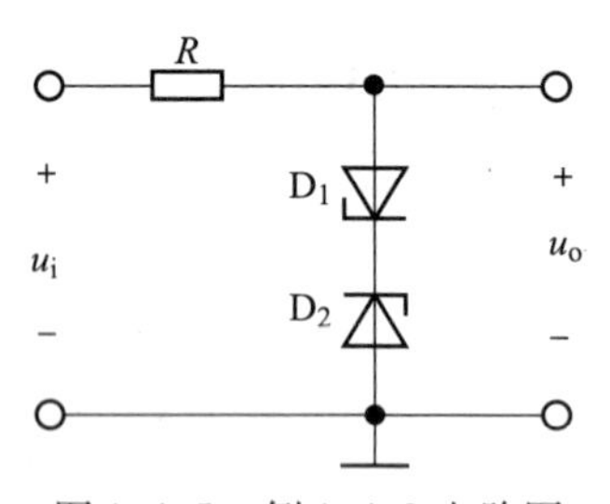

图 1.4.5 例 1.4.3 电路图

解：输入信号 u_i 为正半周时，只要 $u_i > (U_Z + U_{D(on)}) = 4$ V，则 D_1 正向导通、D_2 稳压，输出电压 $u_o = (U_Z + U_{D(on)}) = 4$ V；

输入信号 u_i 为负半周时，只要 $u_i < -(U_Z + U_{D(on)}) = -4$ V，D_1 稳压、D_2 正向导通，输出电压为 $u_o = -(U_Z + U_{D(on)}) = -4$ V；

当输入信号 $-4\ \text{V} < u_i < 4\ \text{V}$ 时，两个稳压管均截止，输出电压为 $u_o = u_i$。

输入、输出信号波形如图 1.4.6 所示。

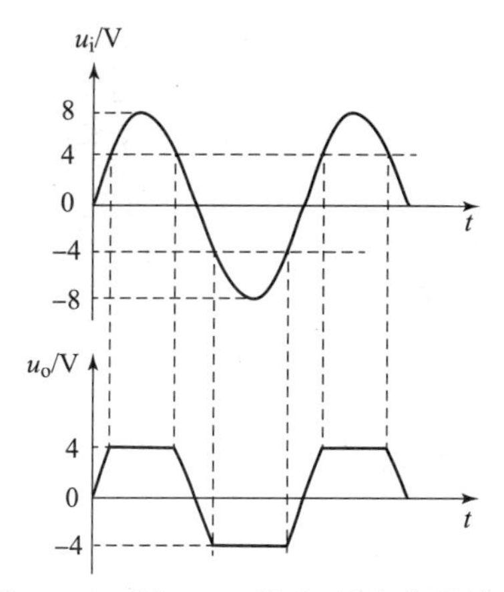

图 1.4.6　例 1.4.3 输入、输出信号波形

1.4.2　发光二极管

LED 为发光二极管的简称，全称为：Light Emitting Diode。LED 是一种能将电能转化为光能的半导体电子元件，其符号及实物如图 1.4.7 所示。

LED 由含硅（Si）、镓（Ga）、砷（As）、磷（P）、氮（N）等的半导体化合物制作而成。目前，LED 发出的光已遍及可见光、红外线及紫外线，不同半导体材料的发光二极管发光颜色不同，发光波长也不同。在可见光波段，红色发光二极管的波长一般为 650 ~ 700 nm，琥珀色发光二极管的波长一般为 630 ~ 650 nm，橙色发光二极管的波长一般为 610 ~ 630 nm，黄色发光二极管的波长一般为 585 nm 左右，绿色发光二极管的波长一般为 555 ~ 570 nm。

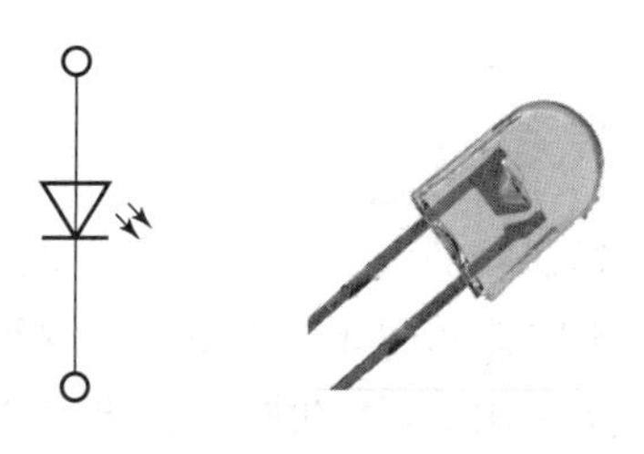

图 1.4.7　LED 符号及实物

发光二极管具有单向导电性，其伏安特性与普通二极管相似，不过其导通电压较大，且发光二极管发出的颜色不同导通电压也不同，为 1.5 ~ 3 V，红色的导通电压约为 1.6 V，绿色的约为 2 V，白色的约为 3 V。只有外加的正向电压使正向电流足够大时发光二极管才会发光，其亮度随正向电流的增大而增强，工作电流为几毫安到几十毫安，典型工作电流为 10 mA 左右。发光二极管的反向击穿电压一般大于 5 V，电源电压可以是直流也可以是交流。

发光二极管基本应用电路如图 1.4.8 所示，电路中要合理选择限流电阻 R 的大小，保证发光二极管既能正常工作也不会由于电流过大而烧毁。

LED 作为新型的发光器件具有体积小、电压低、使用寿命长、高亮度、低热量、环保等优点。目前，主要应用在指示、照明、显示、装饰、背光源、交通、汽车等领域。

常见的数码管也是半导体发光器件，可分为七段数码管和八段数码管，区别在于八段数码管比七段数码管多一个用于显示小数点的发光二极管单元，其基本单元是发光二极管。一般的七段数码管拥有 8 个发光二极管用以显示十进制 0 至 9 的数字，也可以显示英文字母，包括十六进制和二十进制中的英文 A 至 F。现大部分的七段数码管会以斜体显示，数码管符号及实物如图 1.4.9 所示。

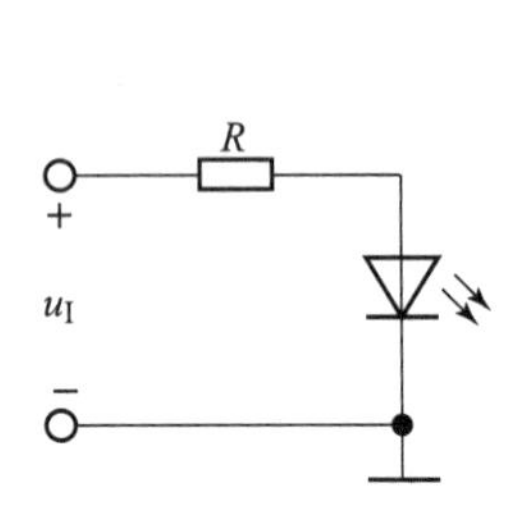

图 1.4.8　LED 基本应用电路

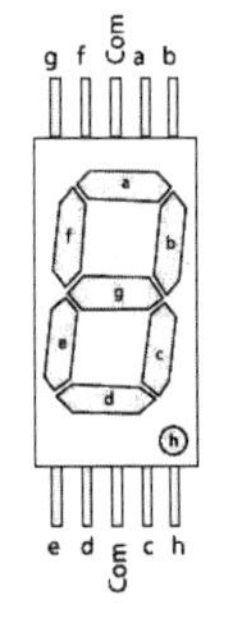

图 1.4.9　数码管符号及实物

数码管分为共阳极和共阴极,共阳极的数码管的正极(或阳极)为 8 个发光二极管的共有正极,其他接点为独立发光二极管的负极(或阴极),使用者只需把正极接电,不同的负极接地就能控制七段数码管显示不同的数字。共阴极的七段数码管与共阳极接法相反。数码管共阴极接法如图 1.4.10 所示。

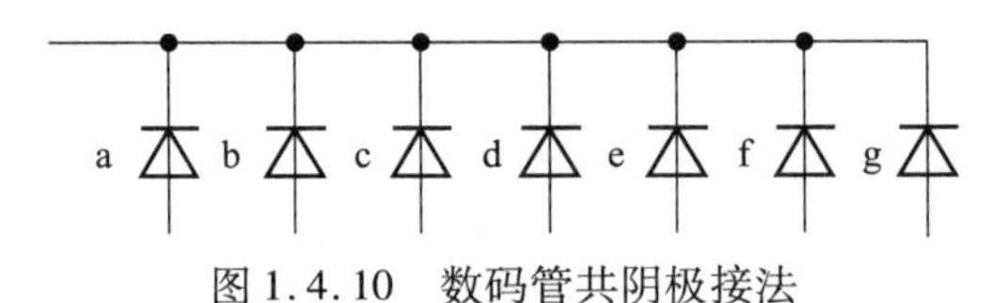

图 1.4.10　数码管共阴极接法

LED 数码管的工作电流为 3 ~ 10 mA,当电流超过 30 mA 时会将数码管烧毁。因此,需要在数码管的每一段串入一个电阻进行限流。电阻的选择范围为 470 Ω 到 1 kΩ。如电源电压为 5 V,限流电阻为 1 kΩ,则一个二极管的导通电压约为 1.8 V,电流为(5 V − 1.8 V)/1 kΩ = 3.2 mA。即采用 1 kΩ 的限流电阻时流过数码管每段的电流为 3.2 mA,数码管可以正常发光显示。

1.4.3　光电二极管

光电二极管(Photo − Diode)也是由一个 PN 结组成的,可以把光信号转换成电信号的光电传感器件。光电二极管的 PN 结结面积相对较大,而且在管壳上有一个接收光照的透明窗口,其符号和实物如图 1.4.11 所示。

光电二极管是在反向电压作用下工作的,当光电二极管没有接收到光时,其反向电流极其微弱,称为暗电流;当光电二极管接收到光照时,反向电流迅速增大到几十微安,称为光电流。反向电流随光强度的增强而增大。外部光照强度的变化引起光电二极管反向电流的变化,这就可以把光信号转换成电信号,成为光电传感器件。

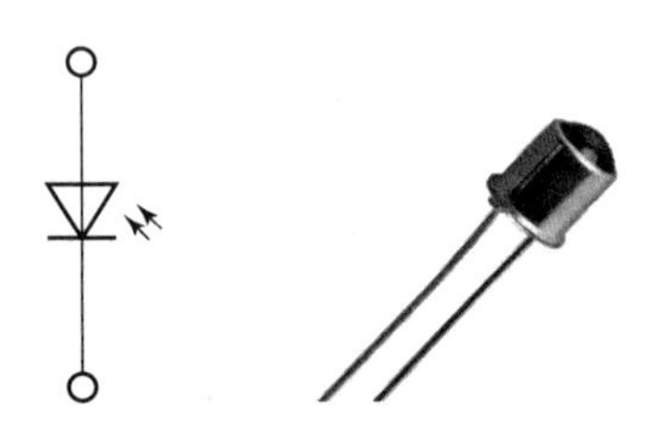

图 1.4.11　光电二极管符号及实物

1.4.4　肖特基二极管

肖特基二极管是以其发明人肖特基博士(Schottky)命名的,SBD 是肖特基势垒二极管(Schottky Barrier Diode)的简称。SBD 不是利用 P 型半导体与 N 型半导体接触形成 PN 结原理制作的,而是利用金属与半导体接触形成的金属-半导体结原理制作的。因此,SBD 也称为金属-半导体(接触)二极管或表面势垒二极管,它是一种热载流子二极管。

SBD 的主要优点包括两个方面:

(1)由于肖特基势垒高度低于 PN 结势垒高度,故其正向导通门限电压和正向压降都比 PN 结二极管低(约低 0.2 V)。

(2)由于 SBD 是一种多数载流子导电器件,不存在少数载流子寿命和反向恢复问题。SBD 的反向恢复时间只是肖特基势垒电容的充、放电时间,完全不同于 PN 结二极管的反向恢复时间。由于 SBD 的反向恢复电荷非常少,故开关速度非常快,开关损耗也特别小,尤其适合于高频应用。

肖特基二极管是一种低功耗、超高速半导体器件,广泛应用于开关电源、变频器、驱动器等电路,作高频整流二极管、低压整流二极管、大电流整流二极管、续流二极管、保护二极管使用,或在微波通信等电路中作整流二极管、小信号检波二极管使用。

1.5 Multisim 仿真

1.5.1 二极管的仿真

以二极管限幅电路为例,如图 1.5.1(a)所示。电路中二极管的导通电压为 0.7 V,利用示波器观察输入、输出信号的波形。

实验中,利用示波器 A 通道观察输入信号波形,B 通道观察节点 2 的输出信号波形,为观察方便将 B 通道波形的纵坐标下移一个单元格,示波器波形如图 1.5.1(b)所示。

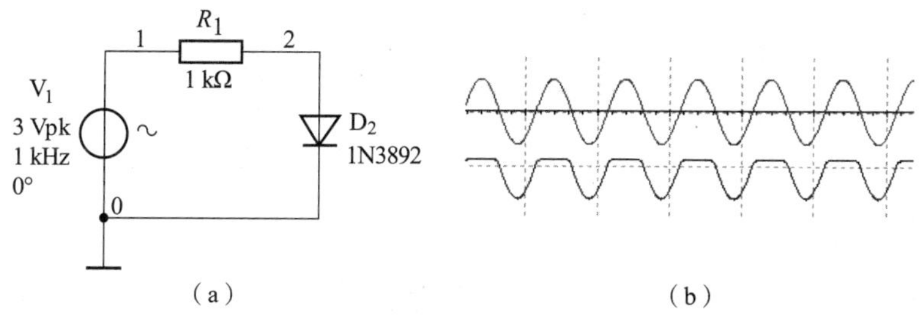

图 1.5.1 限幅电路及其示波器波形

(a)电路图;(b)示波器波形

1.5.2 稳压管的仿真

稳压管电路如图 1.5.2 所示,查询稳压管参数可知 $U_Z=2.2$ V,导通电压约为 0.7 V,利用示波器 A 通道观察输入信号的波形,B 通道观察输出信号的波形。

1. 开关断开

电路工作状态见表 1.5.1。

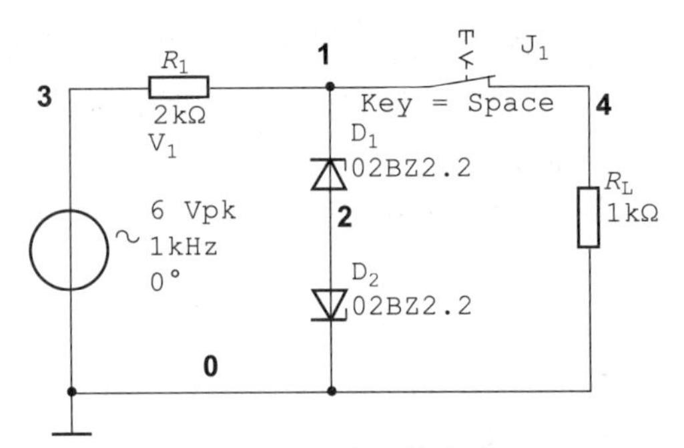

图 1.5.2　稳压管电路

表 1.5.1　电路工作状态

u_i	D_1、D_2 的状态	u_o
$u_i>(U_Z+U_{Z(on)})=2.9$ V	D_1 稳压、D_2 正向导通	2.9 V
$u_i<-(U_Z+U_{Z(on)})=-2.9$ V	D_1 正向导通、D_2 稳压	−2.9 V
-2.9 V $<u_i<2.9$ V	D_1、D_2 均截止	u_i

单击仿真按钮,示波器波形如图 1.5.3 所示,仿真结果与理论分析吻合。

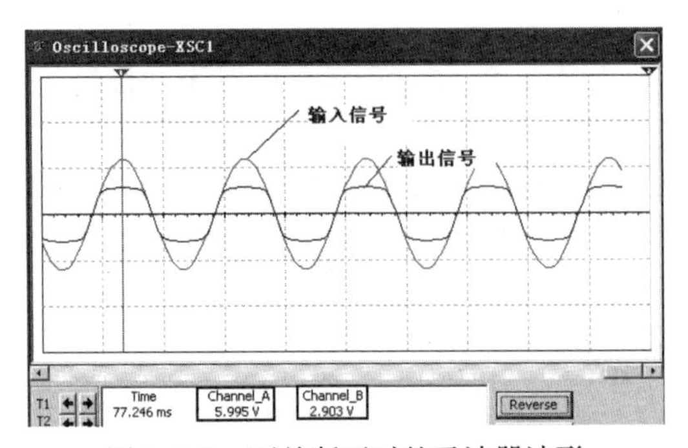

图 1.5.3　开关断开时的示波器波形

2. 开关闭合

无论输入信号为正半周还是负半周,稳压管均处于截止状态,输出电压为$\frac{1}{3}u_i=2$ V,示波器波形如图 1.5.4 所示。

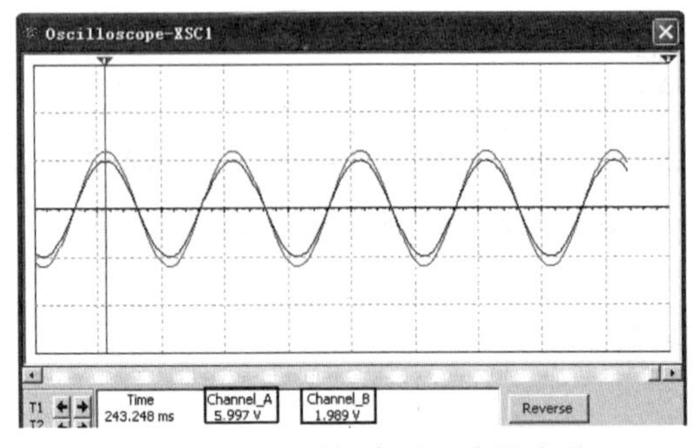

图 1.5.4　开关闭合时示波器波形

本章知识点归纳

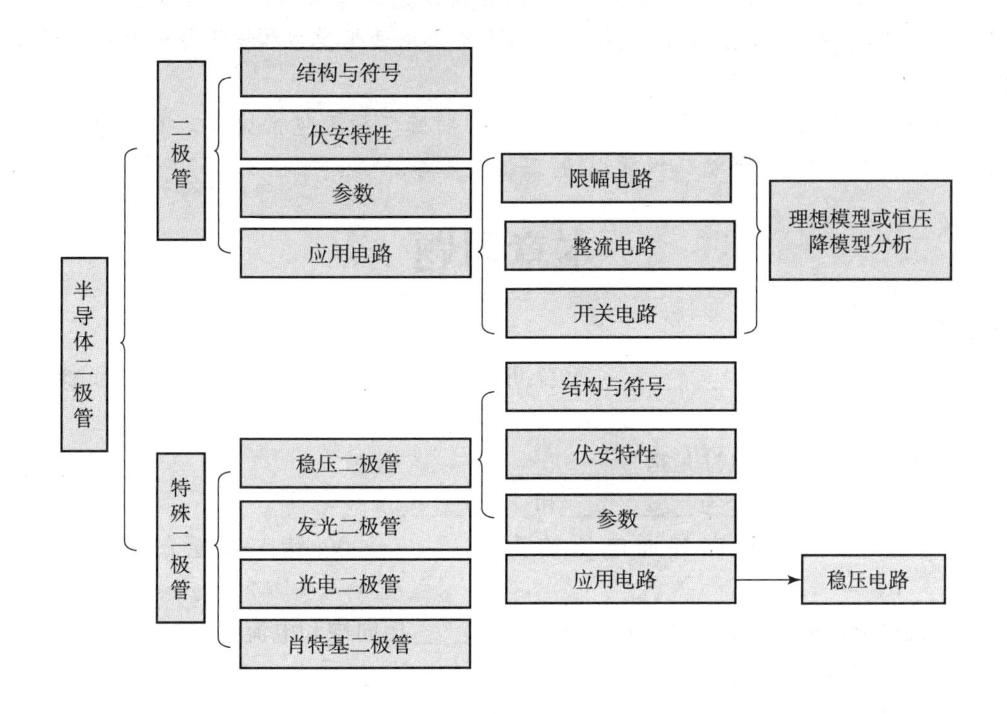

本章小结

(1)本征半导体与杂质半导体的特性比较见表1.1。

表1.1 本征半导体与杂质半导体的特性比较

项目	本征半导体	N型半导体	P型半导体
掺杂元素	无	五价元素	三价元素
载流子	电子-空穴对	多子为电子,少子为空穴	多子为空穴,少子为电子
导电率	小	大,与杂质浓度成正比	大,与杂质浓度成正比

(2)PN结是N型半导体和P型半导体在其交界面附近形成的空间电荷区。PN结的主要特性为单向导电性,指:当$V_P > V_N$时,PN结正向偏置,PN结导通,呈现低电阻,具有较大的正向电流;当$V_P < V_N$时,PN结反向偏置,PN结截止,呈现高电阻,具有很小的反向饱和电流。

(3)二极管的核心部分为PN结,二极管的伏安特性分为正向特性、反向特性和击穿特性3部分。二极管具有正向恒压特性,其导通电压用$U_{D(on)}$表示,硅管的$U_{D(on)} \approx 0.7$ V,而锗管的$U_{D(on)} \approx 0.2$ V。当二极管外加反向电压不超过一定范围时,二极管反向电流很小,二极管处于截止状态。当外加反向电压超过某一数值时,反向电流会突然增大,二极管处于击穿状态。二极管的主要参数包括最大整流电流、最高反向工作电压、反向电流、直流电阻、动态电阻、最高工作频率等。

(4)在工程上常采用近似的手段进行处理,在误差允许范围内,可将非线性问题转化为线性问题,从而使电路分析更加方便、快捷。工程中常采用理想模型和恒压降模型对二极管电路进行分析。

(5)特殊二极管在实际工程中应用十分广泛。特殊二极管包括稳压二极管、发光二极管、光电二极管、变容二极管、隧道二极管、肖特基二极管等。

本章习题

一、填空题

1.1 本征半导体掺入__________元素,形成 N 型半导体,掺入__________元素,形成 P 型半导体。

1.2 PN 结的单向导电性是指__________。

1.3 PN 结的电容可分为__________和__________。

1.4 硅二极管的正向导通电压约为__________V,锗二极管的导通电压约为__________V。

1.5 温度升高时,二极管的导通电压__________,反向饱和电流__________。

1.6 二极管的最高反向工作电压为击穿电压的__________。

二、选择题

2.1 N 型半导体的多子为(　　),少子为(　　)。

A. 电子　　B. 空穴　　C. 施主原子　　D. 受主原子

2.2 施主原子(　　),受主原子(　　)。

A. 带正电　　B. 带负电　　C. 不带电

2.3 PN 结正偏时 P 区电位(　　)N 区电位,PN 结反偏时 P 区电位(　　)N 区电位。

A. 高于　　B. 低于　　C. 等于

2.4 理想二极管的导通电压为(　　)V。

A. 0.7　　B. 0.2　　C. 0.5　　D. 0

2.5 二极管正偏时主要体现出(　　),反偏时主要体现出(　　)。

A. 扩散电容　　B. 势垒电容　　C. 电解电容

2.6 二极管的势垒电容随反向电压的增大而(　　)。

A. 增大　　B. 减小　　C. 不变

2.7 稳压二极管和变容二极管在正常工作时,应(　　)。

A. 均加正向电压

B. 均加反向电压

C. 前者加正向电压,后者加反向电压

D. 前者加反向电压,后者加正向电压

2.8 发光二极管正常工作时的正向压降大约为(　　)。

A. 0.2 ~ 0.3 V　　B. 0.6 ~ 0.7 V　　C. 1.6 ~ 3 V　　D. 0.1 ~ 1 V

2.9　二极管的势垒电容随反向电压的增大而(　　)。

A. 增大　　B. 减小　　C. 不变

2.10　在高速脉冲作用下,普通晶体二极管可能会失去单向导电性能,这种说法(　　)。

A. 正确　　B. 错误

2.11　半导体二极管的正向导通电阻的大小(　　)。

A. 为一常数,与工作电流无关

B. 不为常数,随电流加大而减小

C. 不为常数,随电流加大而加大

D. 不为常数,随电流加大先减小后加大

2.12　稳压二极管的动态电阻(交流电阻)为(　　)。

A. 几欧 ~ 几十欧　　B. 几欧 ~ 几百欧

C. 几十欧 ~ 几百欧　　D. 几百欧 ~ 几千欧

2.13　稳压管的动态电阻 r_Z是指(　　)。

A. 稳定电压 U_Z与相应的电流 I_Z之比

B. 稳压管击穿时,两端电压变化量 ΔU_Z与相应电流变化量 ΔI_Z的比值

C. 稳压管正向压降与相应正向电流的比值

三、计算题

3.1　电路如图 1.1 所示,D 为硅二极管,求流过 R 的电流 I_R和输出电压 U_O。

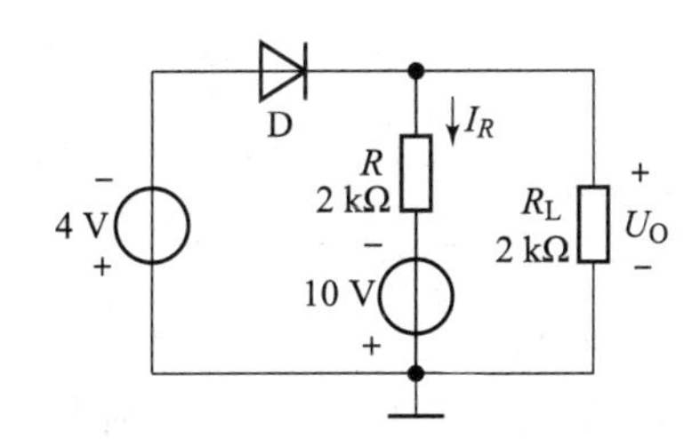

图 1.1　第 1 章习题用图(1)

3.2　电路如图 1.2 所示,二极管为理想二极管,$u_i = 5\sin\omega t$ (V),试画出输出信号 u_o 的波形。

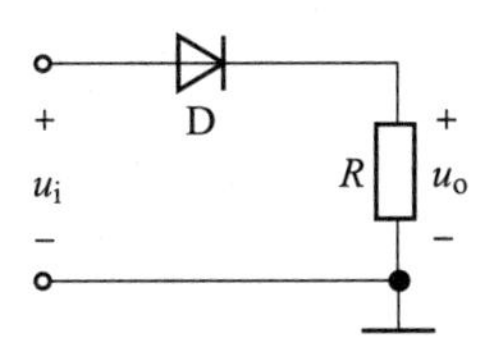

图 1.2　第 1 章习题用图(2)

3.3　电路如图 1.3 所示,二极管的导通电压为 0.7 V,$u_i = 2\sin\omega t$ (V),试画出输出信号 u_o 的波形。

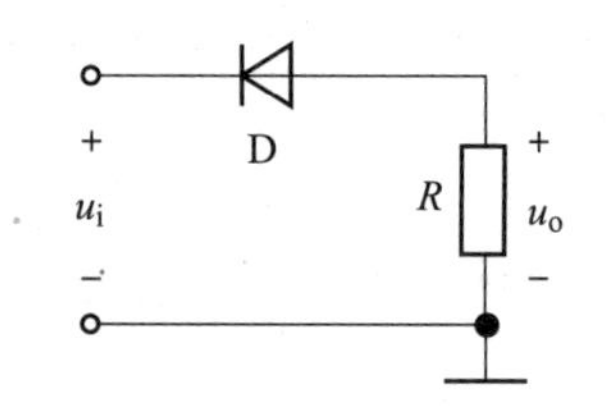

图 1.3 第 1 章习题用图(3)

3.4 电路如图 1.4 所示，D_1、D_2为硅二极管，导通电压为 0.7 V，$u_i = 10\sin\omega t$ (V)，试画出电路的电压传输特性曲线及输出电压波形。

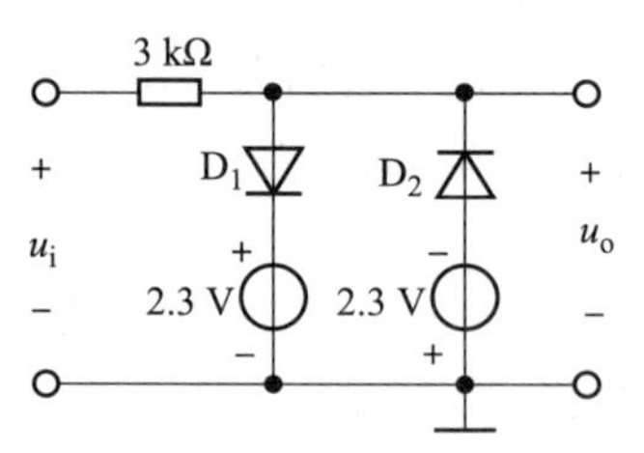

图 1.4 第 1 章习题用图(4)

3.5 电路如图 1.5 所示，管子为锗二极管，输入信号如图 1.6 所示，试画出电路的电压传输特性曲线及输出电压波形。

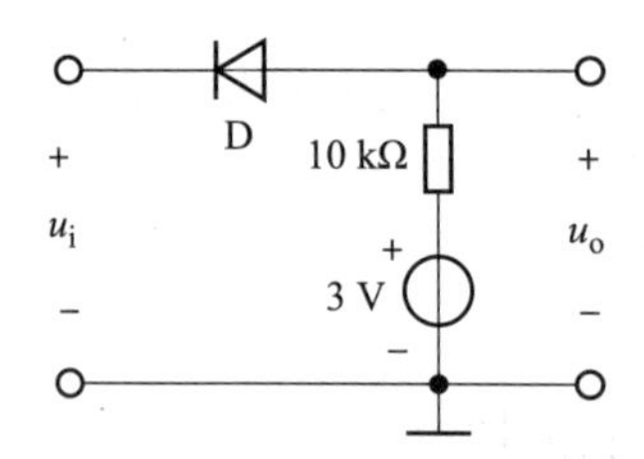

图1.5 第 1 章习题用图(5)

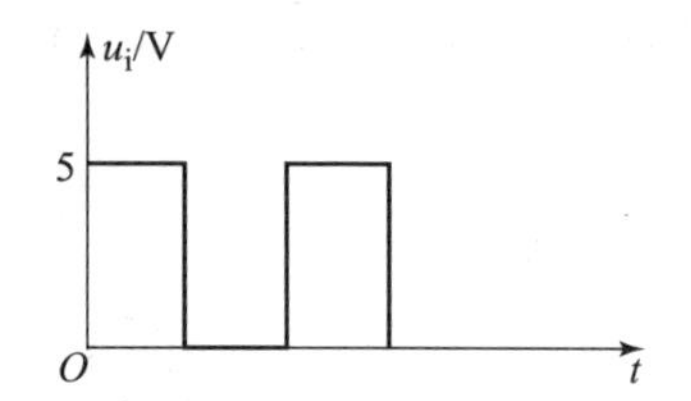

图 1.6 第 1 章习题用图(6)

3.6 已知常温下晶体二极管的工作点电流为 2 mA，则其交流等效电阻 r_d为多少？

3.7 电路如图 1.7 所示，已知 $u_i = 6\sin\omega t$ (V)，$U_{Z1} = U_{Z2} = 2.2$ V，导通电压均为 0.7 V，画出 u_o的波形。

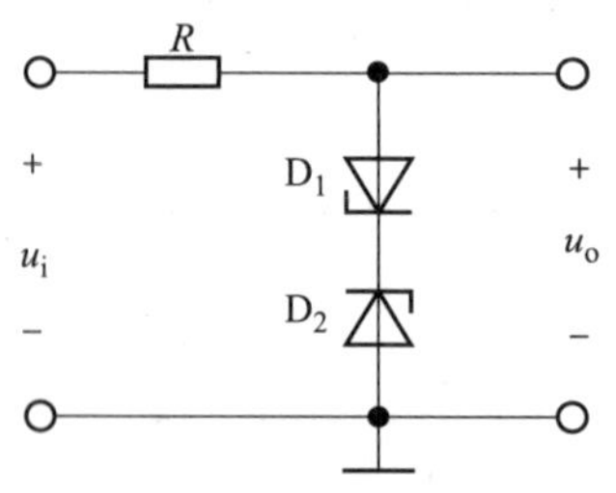

图 1.7 第 1 章习题用图(7)

3.8 电路如图 1.8 所示，已知 $u_i = 8\sin\omega t$ (V)，$U_Z = 5$ V，导通电压均忽略不计，流过稳压管的电流合适，$R_1 = R_2 = 2$ kΩ，试画出在开关 S 分别打开、闭合时 u_o的波形。

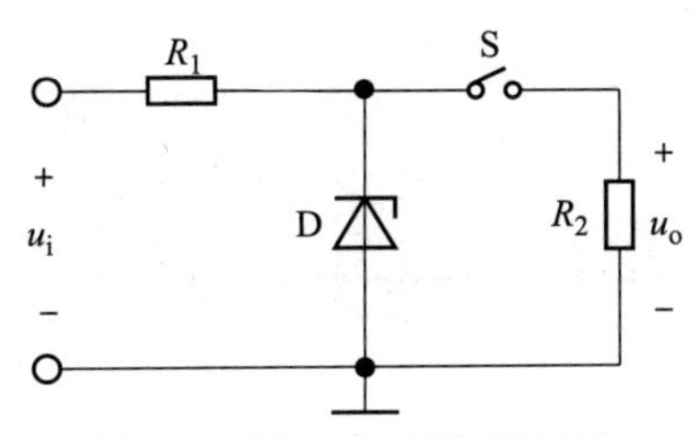

图 1.8　第 1 章习题用图(8)

3.9　稳压电路如图 1.9 所示，$U_I = 10$ V，稳压管的参数 $U_Z = 6$ V，$I_Z = 10$ mA，$I_{ZM} = 30$ mA，试求：

(1)流过稳压管的电流及产生的耗散功率；

(2)限流电阻 R 所消耗的功率。

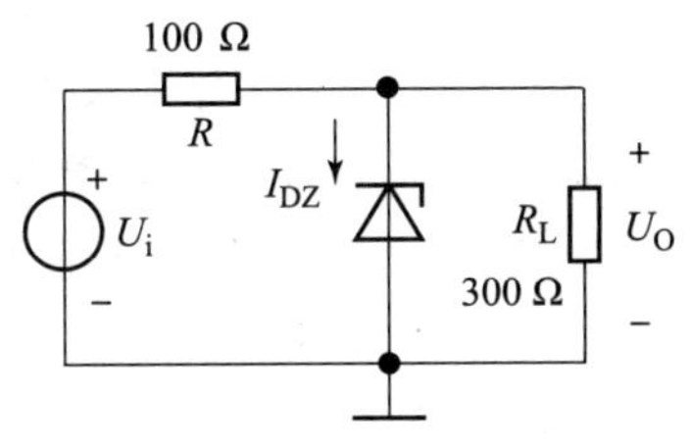

图 1.9　第 1 章习题用图(9)

3.10　电源指示灯电路如图 1.10 所示，V_{CC} = 5 V，D 为红色发光二极管，开关闭合时 LED 点亮，开关断开时 LED 灭，试估算限流电阻 R 的阻值。

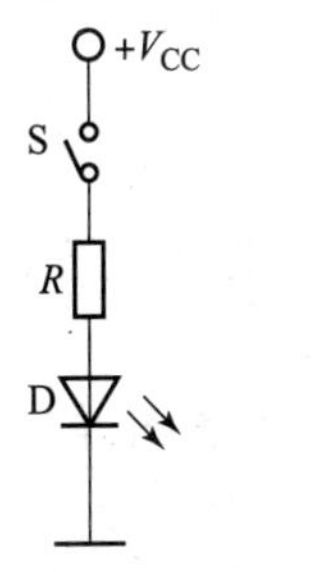

图 1.10　第 1 章习题用图(10)

第 2 章

半导体三极管及其应用

●本章导读

半导体三极管分为双极型三极管和单极型三极管。双极型三极管有电子和空穴两种载流子参与导电，简称为 BJT(Bipolar Junction Transistor)。半导体三极管是半导体基本元器件之一，具有电流放大的作用，是一种电流控制电流的半导体器件。单极型三极管也称为场效应管，是由一种载流子参与导电、电压控制电流的半导体器件。半导体三极管是电子电路的核心元件，其作用是放大微弱信号，也可用作开关元件使用。

2.1　晶体管及其工作原理

2.1.1　晶体管的结构

晶体管是在一块半导体基片上利用集成电路工艺制作而成的两个相距很近的 PN 结。按照制作材料可分为硅管和锗管，按照结构可分为 NPN 管和 PNP 管。

图 2.1.1(a)为 NPN 晶体管的结构示意图，两个 PN 结把晶体管分成 3 部分，分别为发射区、基区、集电区。其中发射区掺杂浓度很高；基区厚度很薄，掺杂浓度很低；集电区面积很大，掺杂浓度较低。基区引出的电极称为基极(Base)，用 b 表示；发射区引出的电极称为发射极(Emitter)，用 e 表示；集电区引出的电极称为集电极(Collector)，用 c 表示。靠近发射区的 PN 结(junction)称为发射结，靠近集电区的 PN 结称为集电结。NPN 管的符号如图 2.1.1(b)所示，箭头表示发射结正偏时发射极的电流方向。

PNP 晶体管的结构与符号如图 2.1.2 所示，其结构与 NPN 管互补，这种互补结构使 NPN 管和 PNP 管的很多特性相对应，各电极的电流方向相反，电压方向相反，所以，只要推导出 NPN 管的工作原理和相关特性参数，就很容易得到 PNP 管的工作原理和相关特性参数。

注意：从符号的箭头可区分 NPN 管和 PNP 管。

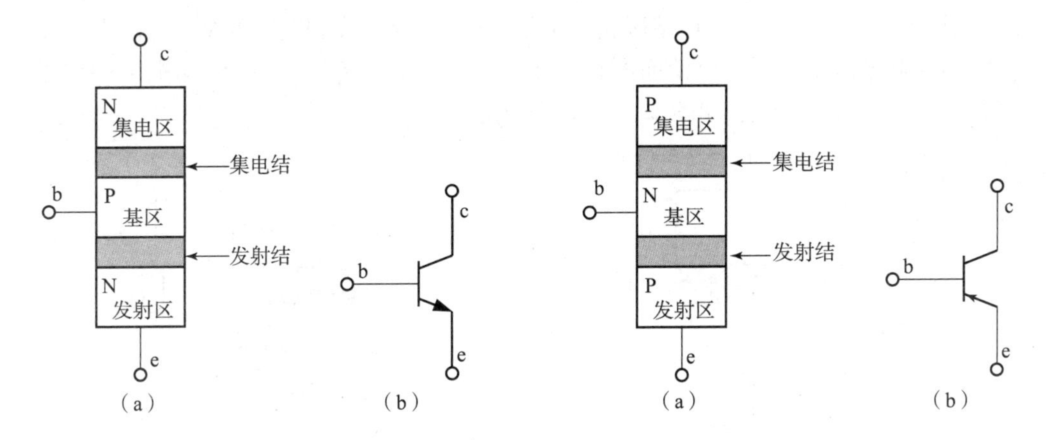

图 2.1.1 NPN 管的结构与符号

(a)NPN 管的结构;(b)NPN 管的符号

图 2.1.2 PNP 管的结构与符号

(a)PNP 管的结构;(b)PNP 管的符号

2.1.2 晶体管的工作原理

在模拟电子技术中主要的设计任务之一就是放大电信号,核心器件就是放大器件。只有晶体管工作在合适状态,才能够放大信号,否则会产生失真(Distortion)。这里需要弄懂 3 个问题:

(1)晶体管有几个工作状态?

(2)每个工作状态是由什么决定的?

(3)晶体管在每种状态下有什么特点?

晶体管具有放大、饱和、截止和倒置 4 种工作状态。在模拟电子技术中常要求晶体管工作在放大状态,在数字逻辑电路中常要求晶体管工作在饱和和截止状态,倒置状态很少应用。这四种状态由晶体管的 2 个 PN 结的外加电压条件(正偏、反偏)决定。

下面以 NPN 管为例介绍晶体管在放大、饱和、截止状态下的工作原理及特点。

1. 放大状态

1)偏置电路

晶体管放大状态的条件为发射结正偏,集电结反偏,即 $V_C > V_B > V_E$,电路如图 2.1.3 所示。基极电源 V_{BB}与基极电阻 R_B及 NPN 管的发射结构成输入回路,该回路使发射结正偏导通,$U_{BE} \approx 0.7$ V(硅管),发射结导通后其电阻很小。集电极电源 V_{CC}与集电极电阻 R_C及 NPN 管的发射结、集电结构成输出回路,由于 U_{BE}很小,故 V_{CC}主要降落在 R_C和集电结上,使集电结处于反偏状态。

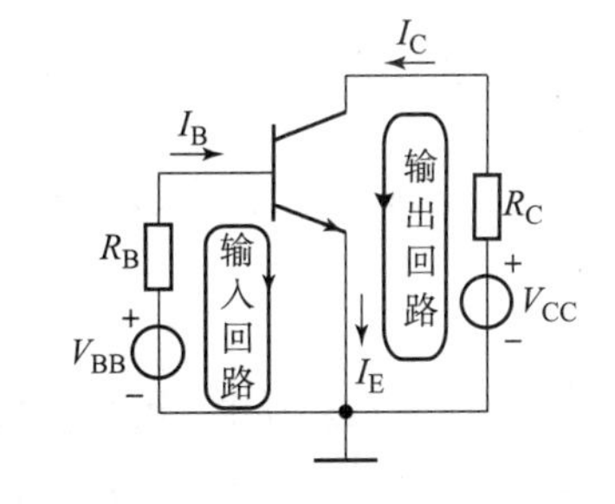

图 2.1.3 NPN 管偏置电路图

2)电流分配关系

发射结正偏,发射区的多子电子向基区扩散,形成电流 I_{EN},同时基区的多子空穴向发射区扩散形成电流 I_{EP},如图 2.1.4(a)所示。由于基区掺杂浓度很小,发射区掺杂浓度很高,所以 $I_{EN} \gg I_{EP}$。

从发射区到达基区的电子,在基区属于少子,其中极少部分和基区的多子空穴复合形成电流 I_{BN},大部分电子由于集电结反偏而漂移到集电区,形成电流 I_{CN}。此外,集电区的少子空穴也漂移到基区,形成电流 I_{CBO},如图 2.1.4(b)所示。

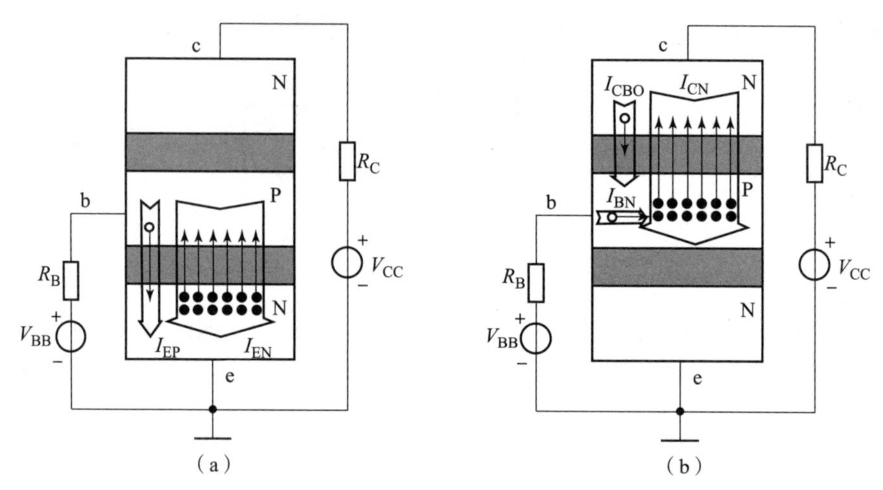

图 2.1.4 NPN 管放大时载流子运动方向及产生的电流

(a)发射结载流子移动简图;(b)集电结载流子移动简图

由上分析可知,NPN 管处于放大状态时发射区发射出多子,故称其为发射区,集电区收集电子,故称其为集电区,b、c、e 各级电流如下:

$$I_{EN}=I_{CN}+I_{BN} \tag{2.1.1}$$

$$I_E=I_{EN}+I_{EP}\approx I_{EN} \tag{2.1.2}$$

$$I_C=I_{CN}+I_{CBO}\approx I_{CN} \tag{2.1.3}$$

$$I_B=I_{BN}-I_{CBO} \tag{2.1.4}$$

由以上可得:

$$I_E=I_C+I_B \tag{2.1.5}$$

当晶体管制作完成后,I_{BN}、I_{CN}、I_{EN}的分配比例就确定了,可用 $\bar{\beta}$ 表示,称为共发射极直流电流放大系数,即:

$$\bar{\beta}=\frac{I_{CN}}{I_{BN}}=\frac{I_C-I_{CBO}}{I_B+I_{CBO}} \tag{2.1.6}$$

很显然,$\bar{\beta}\gg 1$。

$$I_C=\bar{\beta}I_B+(1+\bar{\beta})I_{CBO}=\bar{\beta}I_B+I_{CEO} \tag{2.1.7}$$

式中,I_{CEO}称为穿透电流,通常 I_{CEO}可以忽略不计,故在工程上常用到以下表达式:

$$I_C\approx\bar{\beta}I_B \tag{2.1.8}$$

$$I_E=(1+\bar{\beta})I_B\approx\bar{\beta}I_B=I_C \tag{2.1.9}$$

由以上分析可见,当晶体管工作在放大状态时,基极输入电流 I_B有微小的变化,在集电极就能得到较大的输出电流 I_C,说明晶体管具有电流放大的作用,属于电流控制电流型器件。

2. 饱和状态

在图 2.1.4 所示的电路中,减小 R_B的阻值,则 I_B增大,I_C随之增大,U_{CE}减小,U_{CB}随之减小,

当基极电阻 R_B减小到一定值时，集电结电压 $U_{CB}<0$，此时，发射结与集电结均正偏，即 $V_B>V_C$，$V_B>V_E$，管子进入饱和状态。

当集电结正偏时，不利于收集基区的电子，这样较多的电子和基区的空穴复合形成电流 I_B，I_C将不像放大状态时那样按比例增大，而是受到 U_{CE}的控制。晶体管饱和时，U_{CE}最终趋于不变，称之为饱和压降，用 U_{CES}表示，小功率晶体管的 $U_{CES}\approx 0.3$ V。

由以上分析可知，当管子处于饱和状态时，$I_C\neq\bar{\beta}I_B$，而且 $U_{CES}\approx 0.3$ V。

3. 截止状态

当发射结、集电结均反偏，即 $V_B<V_C$，$V_B<V_E$时，发射区很难向基区和集电区发射电子，故晶体管处于截止状态，各级电流近似为 0。实际上，只要发射结正偏未导通，发射区就很难向基区和集电区发射电子，各级电流近似为零，在电路中只要保证发射结零偏、集电结反偏，就可以使晶体管可靠截止。

由于 PNP 管和 NPN 管结构互补，因此，PNP 管工作在放大、饱和、截止时各级的电位条件和 NPN 管恰好相反，这里不再赘述。

综上所述，晶体管处于放大、饱和、截止时的条件与特点可用表 2.1.1 表示。

表 2.1.1　晶体管处于放大、饱和、截止时的条件与特点

工作状态	直流偏置条件	各电极之间的电位关系		特点
		NPN	PNP	
放大	发射结正偏，集电结反偏	$V_C>V_B>V_E$	$V_C<V_B<V_E$	$I_C=\beta\cdot I_B$
饱和	发射结正偏，集电结正偏	$V_B>V_E$，$V_B>V_C$	$V_B<V_E$，$V_B<V_C$	$U_{CE}=U_{CES}\approx 0.3$ V
截止	发射结反偏，集电结反偏	$V_B<V_E$，$V_B<V_C$	$V_B>V_E$，$V_B>V_C$	各级电流近似为 0

例 2.1.1　已知硅晶体管各极电位如图 2.1.5 所示，判断晶体管的类型及工作状态。

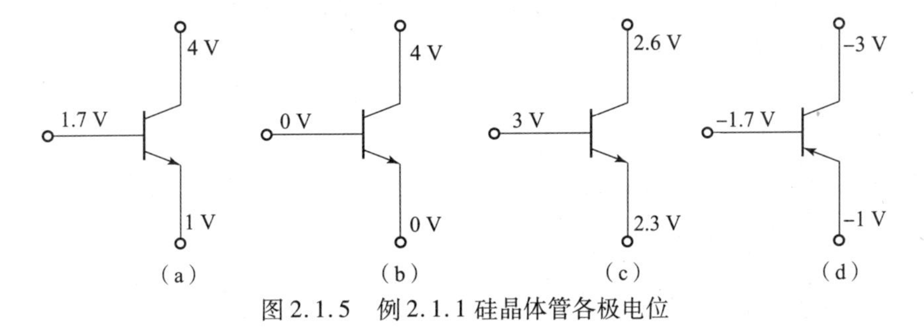

图 2.1.5　例 2.1.1 硅晶体管各极电位

解：图 2.1.5(a)，管子为 NPN 型，由图可知，发射结正偏、集电结反偏；也可以用电位关系判断，即 $V_C>V_B>V_E$，故管子处于放大状态。

图 2.1.5(b)，管子为 NPN 型，$V_B<V_C$、$V_B=V_E$，即发射结零偏、集电结反偏，故管子处于截止状态。

图2.1.5(c),管子为NPN型,且$V_B > V_C$、$V_B > V_E$,故管子处于饱和状态。

图2.1.5(d),管子为PNP型,且$V_C < V_B < V_E$,故管子处于放大状态。

例2.1.2 图2.1.6所示为放大状态的三极管,判断其3个电极,说明它是NPN型还是PNP型?并估算β值。

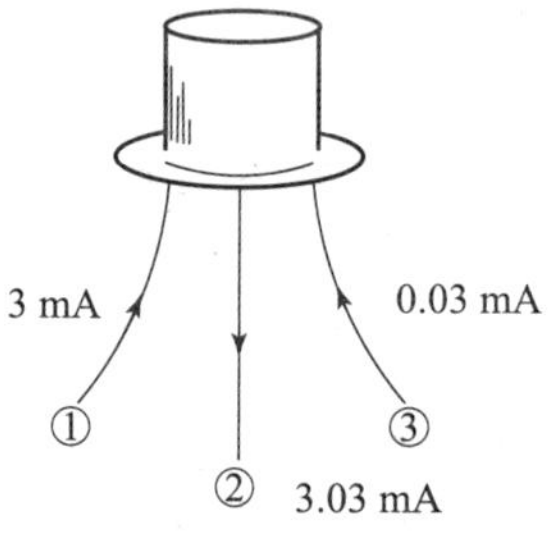

图2.1.6 例2.1.2图

解:这要利用晶体管工作于不同状态时的特点进行分析。

(1)无论管子处于何种状态,3个电极电流关系始终满足$I_E = I_B + I_C$。

(2)只有三极管处于放大状态时,$I_C = \beta I_B$;当管子处于饱和时,$I_C \neq \beta I_B$;当管子处于截止时,各极电流均近似为0。

(3)NPN管发射极电流流向器件外,PNP管发射极电流流向器件里。

由上可知,晶体管的②的电流最大,故②为发射极,①为集电极,③为基极;发射极电流流向器件外,故晶体管为NPN型;$\beta = 3\ \text{mA}/0.03\ \text{mA} = 100$。

2.1.3 晶体管的伏安特性及主要参数

晶体管的伏安特性指晶体管的各电极电压与电流之间的函数关系。分析电路如图2.1.7所示,电路分为输入回路和输出回路,故伏安特性讨论输入特性和输出特性。

1. 输入特性

输入特性(Input characteristic)描述当U_{CE}为某一常数时,输入电流i_B与输入电压u_{BE}之间的函数关系,即

$$i_B = f(u_{BE})\big|_{U_{CE}=\text{const}} \tag{2.1.10}$$

输入特性曲线如图2.1.8所示,因为发射结正偏,晶体管的输入特性类似于二极管的正向伏安特性。其中,$U_{CE}=0$ V的那一条相当于发射结的正向特性曲线。当$U_{CE} \geq 1$ V时,$u_{CB} = U_{CE} - u_{BE} > 0$,集电结已进入反偏状态,开始收集电子,且基区复合减少,i_C/i_B增大,特性曲线将向右稍微移动一些。但U_{CE}再增加时,曲线右移不明显。

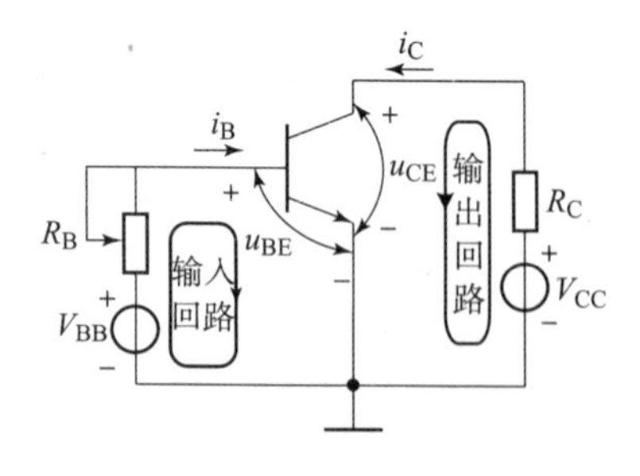

图2.1.7 分析伏安特性的电路

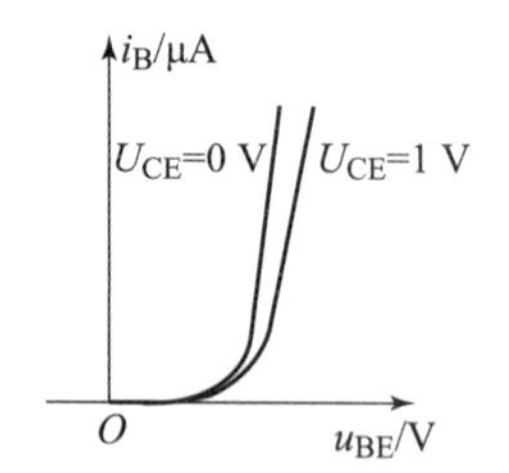

图2.1.8 输入特性曲线

2. 输出特性

输出特性(Output characteristic)描述I_B为某一常数时,输出电流i_C与输出电压u_{CE}之间的函数关系,即

$$i_C = f(u_{CE})\big|_{I_B=\text{const}} \tag{2.1.11}$$

输出特性曲线如图 2.1.9 所示，它是以 I_B 为参变量的一族特性曲线，分成放大区（Active region）、饱和区（Saturation region）、截止区（Cutoff region）。

饱和区的特点：三极管的管压降 u_{CE} 很小，工程上认为小功率三极管处于饱和时 $U_{CES} \approx 0.3$ V。

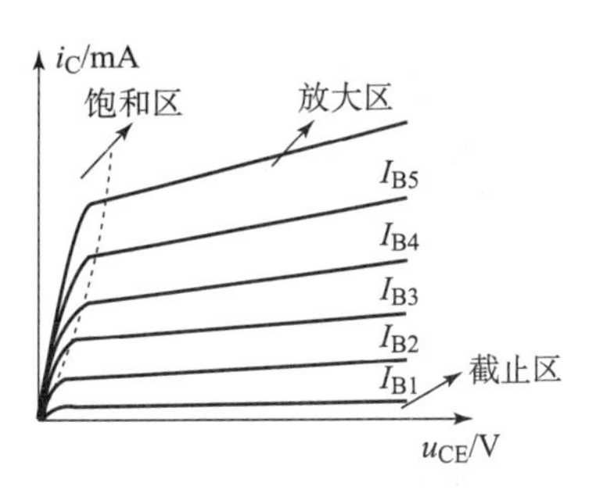

图 2.1.9 输出特性曲线

放大区的特点：输出特性曲线基本平行等距，且 $I_C = \beta I_B$。近似认为 β 在放大区保持不变，但由于在放大区输出特性曲线略微上翘，即 I_B 不变而 I_C 略微增大，导致 β 随着静态工作点的不同而变化，只是在放大区 β 变化不明显。

截止区的特点：基极、集电极电流很小，近似为 0。

注意：(1) 利用输出特性曲线可求出三极管的 β 值，如图 2.1.10所示。

(2) 输出特性曲线的每一点位置由晶体管的 I_B、I_C、U_{CE} 3 个量共同决定，如图 2.1.10 所示，因此，只有晶体管的 I_B、I_C、U_{CE} 合适，三极管才会工作在放大状态。

(3) 实际三极管的输出特性曲线在放大区略微上翘，这是由基区宽变效应引起的。基区宽变效应指晶体管的 U_{CE} 增大时，集电结变宽，使基区有效宽度减小，导致晶体管的 β 增大，I_C 随之增大。放大区的特性曲线反相延长线交于一点，交点电压称为厄利电压，用 U_{AF} 表示，如图 2.1.11 所示。

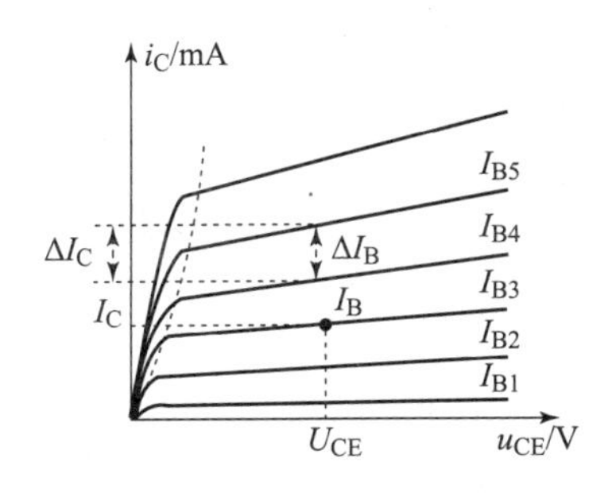

图 2.1.10 输出特性曲线应用

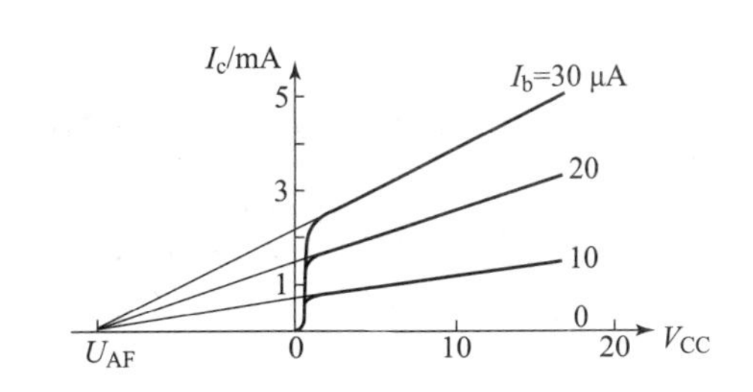

图 2.1.11 厄利电压

3. 晶体管主要参数

1) 电流放大系数

共发射极直流电流放大系数定义为：

$$\bar{\beta} \approx \frac{I_C}{I_B} \tag{2.1.12}$$

共发射极交流电流放大系数定义为：

$$\beta = \frac{\Delta i_C}{\Delta i_B}\bigg|_Q \tag{2.1.13}$$

$\bar{\beta}$ 和 β 含义不同，$\bar{\beta}$ 反映晶体管直流电流之比，β 反映动态电流之比。目前，当晶体管工作在放大区时，二者基本相等，因此，工程上都用 β 表示。β 的值一般选择在几十至一百多。

共基极直流电流放大系数定义为：

$$\bar{\alpha} \approx \frac{I_C}{I_E} \tag{2.1.14}$$

共基极交流电流放大系数定义为：

$$\alpha = \left.\frac{\Delta i_C}{\Delta i_E}\right|_Q \tag{2.1.15}$$

两个参数均略小于1，工程上都用 α 表示。

α 和 β 的关系如下：

$$\beta = \frac{\alpha}{1-\alpha} \tag{2.1.16}$$

2）极间反向电流

极间反向电流包括 I_{CBO} 和 I_{CEO}，二者受温度影响。

I_{CBO} 为集电极－基极反向饱和电流，该电流为发射极开路（open）时流过集电结的反向饱和电流。在一定温度下，这个反向电流基本上是个常数，这个电流很小，它随温度的变化而变化。

I_{CEO} 为集电极－发射极反向饱和电流，该电流为基极开路时，从集电结到发射结的电流。由于该电流从集电区穿过基区流至发射区，所以又称穿透电流。其中，$I_{CEO}=(1+\beta)I_{CBO}$。可见，I_{CEO}、I_{CBO} 都随温度的上升而增大，I_{CEO} 受温度影响尤为严重，而且硅管的 I_{CEO} 比锗管的 I_{CEO} 要小，因此，实际情况中常选用硅晶体管。而且，当 β 较大时，I_{CEO} 也会较大，因此，实际中晶体管的 I_{CEO} 不宜过大，β 一般为几十至一百多。

3）晶体管的截止频率与特征频率

电流增益下降为低频值的0.707（或减小3 dB）时的频率称为截止频率，如图2.1.12所示。其中，f_β 为共射极截止频率，f_α 为共基极截止频率。

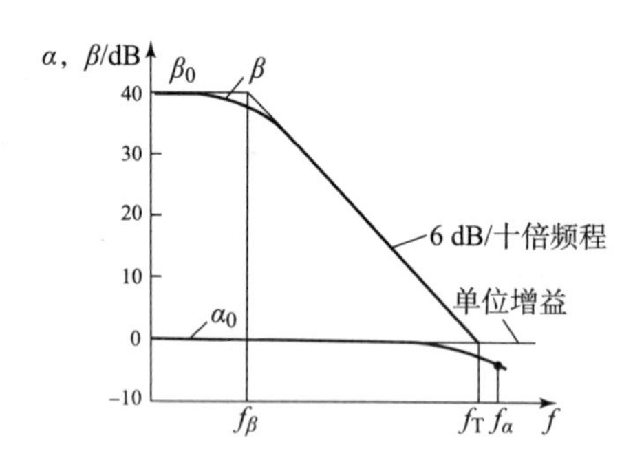

图2.1.12　晶体管的截止频率与特征频率

共射极电流增益 β 下降为1时的频率称为特征频率，用 f_T 表示。很明显，$f_\alpha > f_T > f_\beta$。

4）极限参数

（1）最大集电极电流值 I_{CM}。

当 I_C 超过某一个值 I_{CM} 时 β 明显下降。

（2）最大集电结耗散功率 P_{CM}。

即集电结上允许损耗的功率最大值。硅管的上限温度达150 ℃、锗管的上限温度达70 ℃。为了降低温度，常采用加散热装置的方法。

(3)反向击穿电压 $U_{(BR)CBO}$。

即发射极开路时集电结的反向击穿电压,该数值和晶体管的材料及发射区的掺杂浓度有关。反向击穿电压 $U_{(BR)CEO}$ 指基极开路时集电极和发射极之间的反向击穿电压,该数值和晶体管的 β 值及 $U_{(BR)CBO}$ 有关。

由 I_{CM}、P_{CM} 和 $U_{(BR)CBO}$ 共同确定晶体管的安全工作区。

5)晶体管的输入电阻和输出电阻

晶体管的输入电阻指基极 b 和发射极 e 之间的动态电阻 r_{be},晶体管的输入电阻比较小,一般在千欧姆左右。晶体管的输出电阻指集电极 c 和发射极 e 之间的动态电阻 r_{ce},晶体管的输出电阻比较大,一般为几十千欧姆。

注意:晶体管的输入电阻和输出电阻与由晶体管构成的放大电路的输入电阻及输出电阻不同。

2.1.4　复合管

在实际电路中,可采用多个晶体管构成复合管来代替一个晶体管,采用复合管可以增强管子的电流驱动能力,提高管子的电流放大系数。复合管也称为达林顿管,主要用于:(1)大负载驱动电路;(2)音频功率放大器电路;(3)中、大容量的开关电路;(4)用于自动控制电路。

1. 复合管的组成

复合管的组成原则如下:

(1)在合适的偏置下,每个管子的各极电流具有合适的通路,且管子工作在放大状态。

(2)为了实现电流放大,应将第一管的集电极或发射极电流作为第二管的基极电流。

复合管通常由两个三极管组成,这两个三极管可以是同型号的,也可以是不同型号的;可以是相同功率的,也可以是不同功率的。复合管电路连接一般有 4 种接法:NPN + NPN、PNP + PNP、NPN + PNP、PNP + NPN,如图 2.1.13 所示。

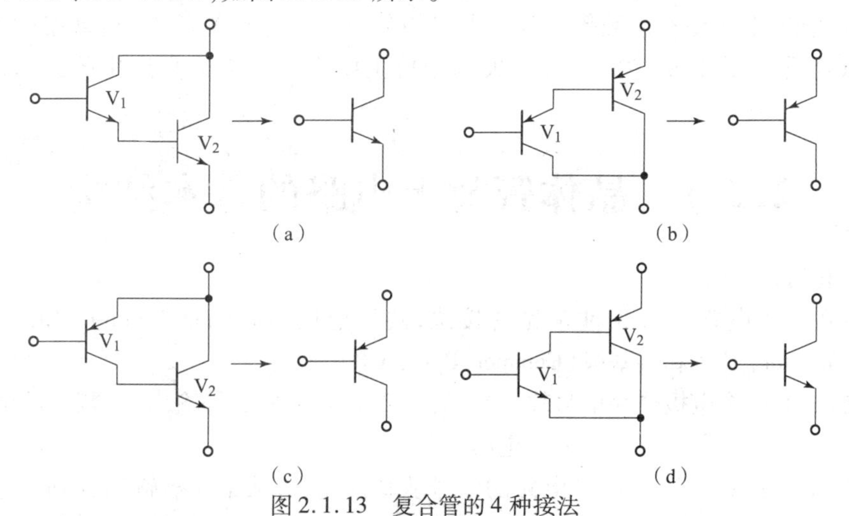

图 2.1.13　复合管的 4 种接法

(a)NPN + NPN;(b)PNP + PNP;(c)PNP + NPN;(d)NPN + PNP

两个三极管组成一个新的复合管后,它的 3 个电极仍然称为:基极、集电极、发射极,所以,复合管在电路中的使用方法和单个普通三极管一样。

复合管的类型也分为 NPN 型和 PNP 型,由复合管中的第一个管决定。

2. 复合管的电流放大系数及输入电阻

图 2.1.14 中,V_1的基极电流 i_{B1}为复合管的基极电流 i_B,V_1、V_2的集电极电流之和为复合管的集电极电流 i_C,即 $i_C=i_{C1}+i_{C2}$,V_1的发射极电流 i_{E1}为 V_2管的基极电流 i_{B2},因此有:

$$i_C=i_{C1}+i_{C2}=\beta_1\cdot i_{B1}+\beta_2\cdot(1+\beta_1)\cdot i_{B1}=(\beta_1+\beta_2+\beta_1\cdot\beta_2)\cdot i_{B1}$$

由于 $\beta_1\cdot\beta_2\gg(\beta_1+\beta_1)$,故复合管的电流放大系数 $\beta\approx\beta_1\cdot\beta_2$。

图 2.1.14 的小信号等效电路如图 2.1.15 所示,则复合管的输入电阻 r_{be}为

$$r_{be}=r_{be1}+(1+\beta_1)r_{be2}$$

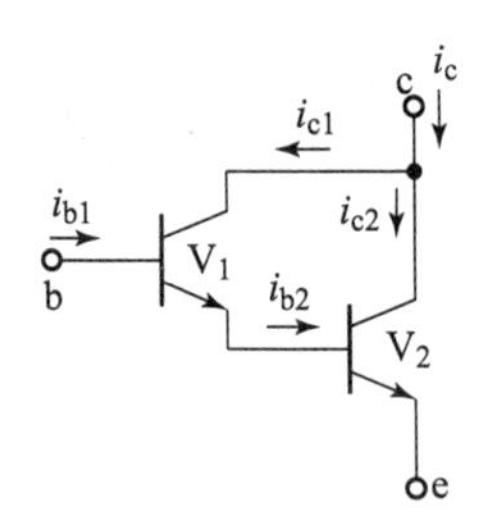

图 2.1.14 NPN 型复合管

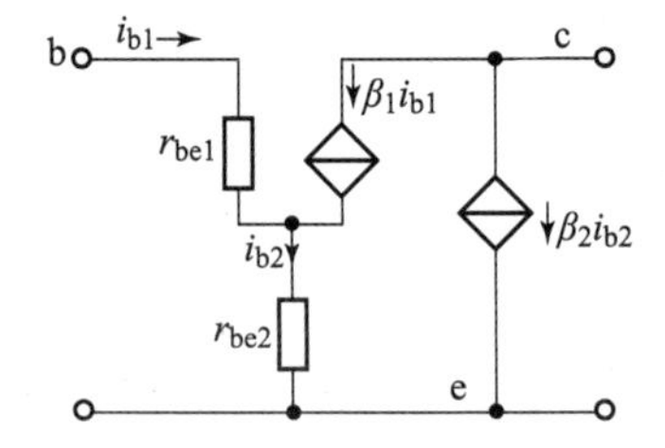

图 2.1.15 图 2.1.14 的小信号等效电路

可见,复合管增大了管子的输入电阻,提高了管子的电流放大能力。

2.2 晶体管基本电路及分析方法

放大电路最基本的分析方法有 3 种:静态分析、动态分析、失真分析。静态分析主要是求解电路的静态工作点,保证三极管能更好地放大信号。静态工作点不但影响电路输出信号是否失真,还和动态参数密切相关,因此,稳定静态工作点非常必要。动态分析主要是分析输出信号波形,求解动态参数等。放大电路的分析一定遵循先静态、后动态的原则,只有静态工作点合适,动态分析才有意义。失真分析主要用于分析失真产生的原因,解决失真的方法。

2.2.1 晶体管放大电路的基本结构

1. 晶体管的 3 种组态

晶体管在放大电路中有 3 种常见的接法,共发射极(Common Emitter, CE)、共集电极(Common Collector, CC)和共基极(Common Base, CB)。

判断方法为:一个电极作为信号输入端,另一个电极作为信号输出端,剩下的电极作为公共端;剩下什么电极就称为共什么放大电路。

从图 2.2.1 可知,图 2.2.1(a)电路的信号从基极输入,从集电极输出,因此,电路属于共发射极放大电路(CE);图 2.2.1(b)电路的信号从基极输入,从发射极输出,因此,电路属于共集电极放大电路(CC);图 2.2.1(c)电路的信号从发射极输入,从集电极输出,因此,电路属于共基极放大电路(CB)。

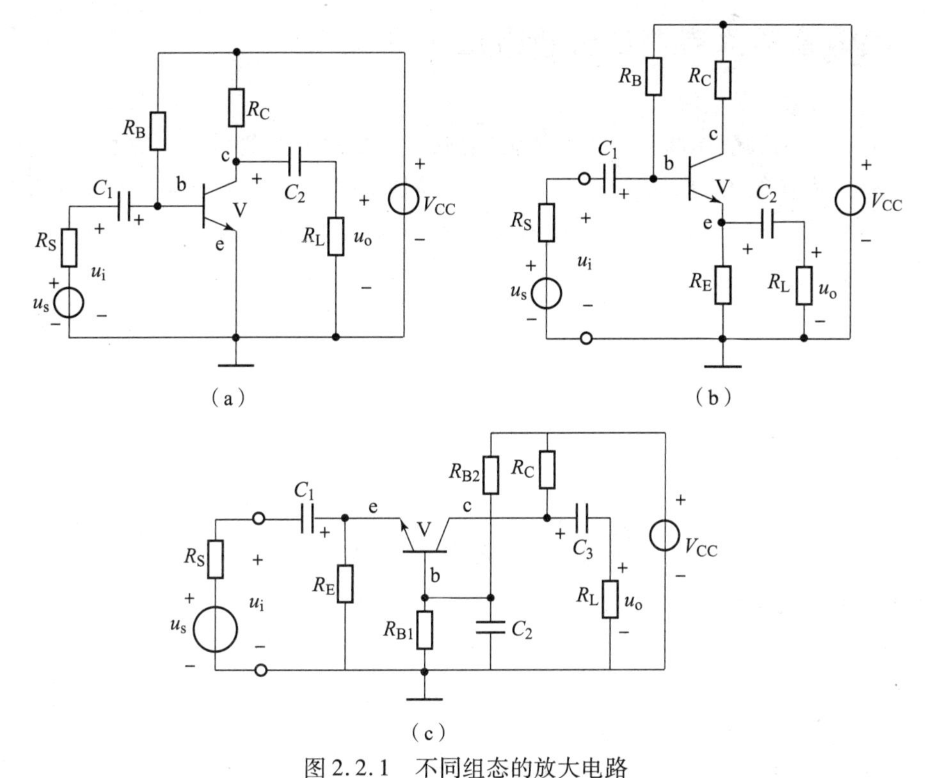

图 2.2.1　不同组态的放大电路

(a)共发射极放大电路;(b)共集电极放大电路;(c)共基极放大电路

2. 晶体管放大电路的组成

以共发射极放大电路为例介绍晶体管放大电路的组成,电路如图 2.2.2 所示,为表示方便,12 V 电源用 $+V_{CC}$ 表示。核心元件为晶体管,R_B 为基极电阻,R_C 为集电极电阻,R_B、R_C 及 $+V_{CC}$ 为晶体管提供合适的偏置,保证晶体管处于放大状态。电容器 C_1、C_2 起耦合作用,电容器的容量应足够大,保证输入信号频率范围内的容抗足够小,可以保证信号无阻地传输;同时电容器又有"隔直"作用,信号源和负载不会影响放大器的直流偏置。u_s 为信号源,R_S 为信号源内阻,输入信号 u_i 为输入放大电路的交流信号。R_L 为电路负载(load),负载上只有交流信号输出,负载上的信号为输出信号 u_o。

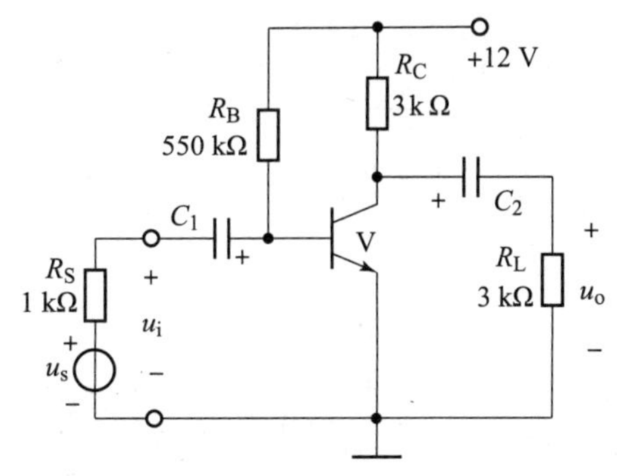

图 2.2.2　共发射极放大电路

2.2.2 晶体管放大电路的分析方法

1. 放大电路中交、直流信号共存

电路中直流电源保证晶体管工作在放大状态，从而保证晶体管可以不失真地放大小信号，而交流信号是用来被放大的小信号。图2.2.2中晶体管集电极的电压波形如图2.2.3所示，U_{CQ}为集电极的直流电位，交流信号叠加在该直流电位之上。因此，在晶体管中交、直流信号是同时存在的。

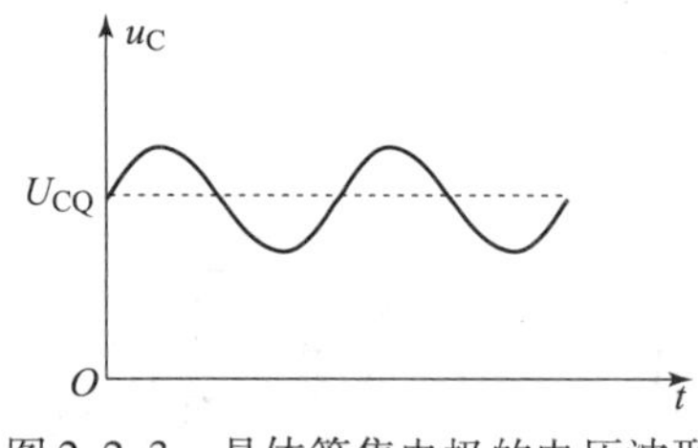

图2.2.3　晶体管集电极的电压波形

2. 放大电路中参数的表示方法

在分析中为方便区分各种电压、电流量，对交、直流信号的符号做如下约定，以基极电流为例。

I_B表示基极直流电流，即主标、角标都大写。

i_b表示基极交流瞬态电流，即主标、角标都小写。

I_b表示基极交流电路的有效值，即主标大写，角标小写。

i_B表示基极交、直流电流的叠加，即主标小写，角标大写。

3. 放大电路的分析方法

放大电路的分析方法如图2.2.4所示。

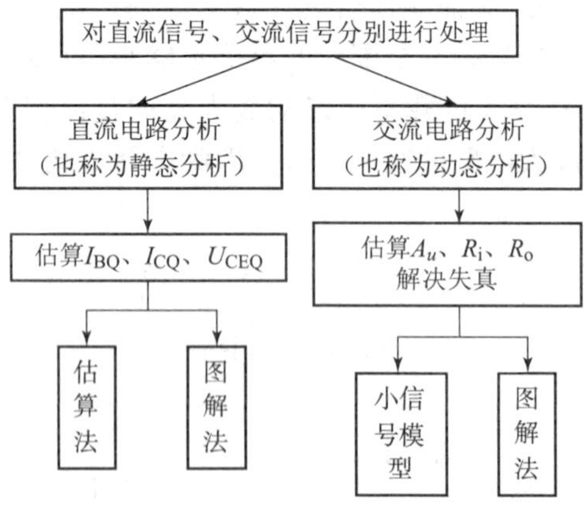

图2.2.4　放大电路的分析方法

既然放大电路中是交、直流信号混合，那么就对交流、直流信号分开讨论。

先讨论直流信号，对直流信号的分析简称为静态分析。静态分析中要求解晶体管的I_{BQ}、I_{CQ}、U_{CEQ}，保证晶体管工作在放大区。静态分析的方法包括估算法和图解法，重点学习估算法。

然后讨论交流信号,对交流信号的分析称为动态分析。动态分析一方面求解放大电路的动态参数,另一方面也要解决信号放大中的失真问题。动态分析方法包括小信号模型和图解法,重点学习小信号模型。

2.2.3 晶体管放大电路的静态分析

放大电路输入信号为零时的工作状态称为静态。静态时,电路中只有直流电源,晶体管的U_{BEQ}、U_{CEQ}、I_{BQ}和I_{CQ}都是直流量,称为静态工作点Q(Quiescent point)。实际中,U_{BEQ}为常数。只有静态工作点合适,才能使晶体管工作在放大状态,从而更好地放大交流小信号。

1. 直流通路

直流通路:直流电源作用下直流电流流经的通路。

绘制直流通路的作用:用于研究静态工作点,使电路处于放大区。

绘制直流通路的规定如下:(1)电容视为开路;(2)电感视为短路;(3)交流电压源视为短路,交流电流源视为开路,但要保留电源及其内阻。

在图2.2.2所示电路中,电容C_1、C_2断开,所得直流通路如图2.2.5所示。

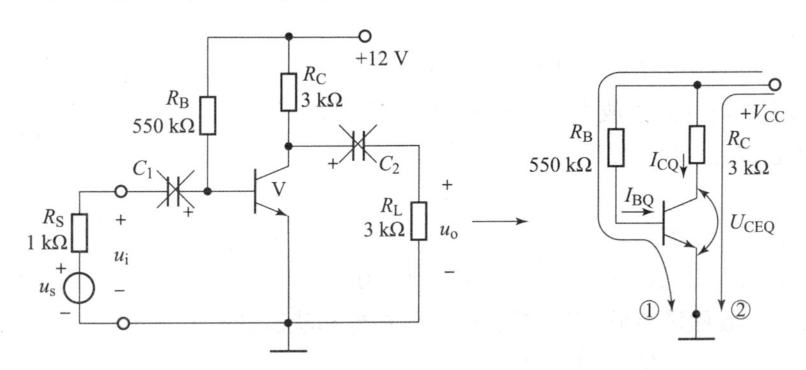

图2.2.5 图2.2.2电路的直流通路

2. 估算法

绘制好直流通路后,就可以估算电路的静态工作点。估算电路的Q点时需要明确晶体管的β值,这里假设晶体管的$\beta=100$。首先,在电路中标出要估算的直流量,如图2.2.5所示,然后根据基尔霍夫电压定律求解直流量。求解过程如下:

(1)在直流通路中选择输入回路①,如图2.2.5所示,该回路包含需要求解的I_{BQ},由基尔霍夫定律可得:

$$I_{BQ}=\frac{V_{CC}-U_{BEQ}}{R_B}=\frac{(12-0.7)\ \text{V}}{550\ \text{k}\Omega}\approx 20\ \mu\text{A} \tag{2.2.1}$$

(2)由晶体管放大特征方程可得:

$$I_{CQ}=\beta\cdot I_{BQ}=2\ \text{mA} \tag{2.2.2}$$

(3)选择输出回路②,该回路包含需要求解的U_{CEQ},由基尔霍夫电压定律可得:

$$U_{CEQ}=V_{CC}-I_{CQ}\cdot R_C=6\ \text{V} \tag{2.2.3}$$

3. 图解法

利用图解法求解静态工作点,需要利用晶体管的输出特性曲线,这里以图2.2.5电路为例

介绍图解法求解 Q 点的方法,求解步骤如下:

(1)绘制电路的直流通路,如图 2.2.5 所示。

(2)估算晶体管的基极电流 I_{BQ}。

由式(2.2.1)可知,$I_{BQ} \approx 20\ \mu A$。

(3)求解电路中 u_{CE} 和 i_C 的关系表达式,并在输出特性曲线中绘制表达式对应的图像。

由式(2.2.3)确定对应的线段称为直流负载线,如图 2.2.6所示。

(4)在输出特性曲线中确定 Q 点。

直流负载线与 $I_{BQ} \approx 20\ \mu A$ 对应输出特性曲线的交点为 Q 点,可得 $I_{CQ} \approx 2.1\ mA$、$U_{CEQ} \approx 6\ V$。

图 2.2.6 图解法求静态工作点

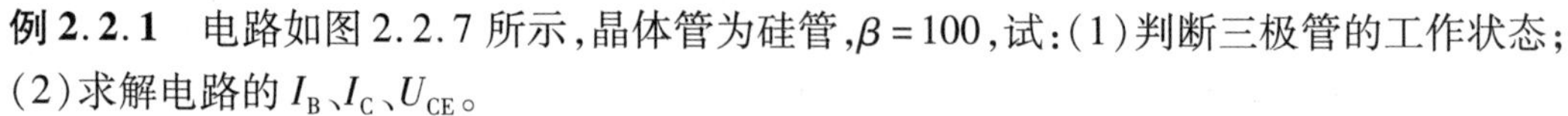

例 2.2.1 电路如图 2.2.7 所示,晶体管为硅管,$\beta = 100$,试:(1)判断三极管的工作状态;(2)求解电路的 I_B、I_C、U_{CE}。

解: 三极管的发射结处于正偏状态,故 $U_{BE} = 0.7\ V$,由式(2.2.1)可知:

$$I_B = (12 - 0.7)\ V/110\ k\Omega \approx 0.1\ mA$$

由于不知道三极管处于放大还是饱和状态,故假设三极管工作在放大状态,则由晶体管放大特征方程可得

$$I_C = \beta \cdot I_B = 10\ mA$$

由式(2.2.3)可估算出 U_{CE}

$$U_{CE} = 12\ V - 10\ mA \times 3\ k\Omega = -18\ V < 0$$

由于 $U_{CE} < 0$,故假设不成立,三极管应工作在饱和状态,则

$$U_{CES} = 0.3\ V$$

$$I_C = (12 - 0.3)\ V/3\ k\Omega = 3.9\ mA$$

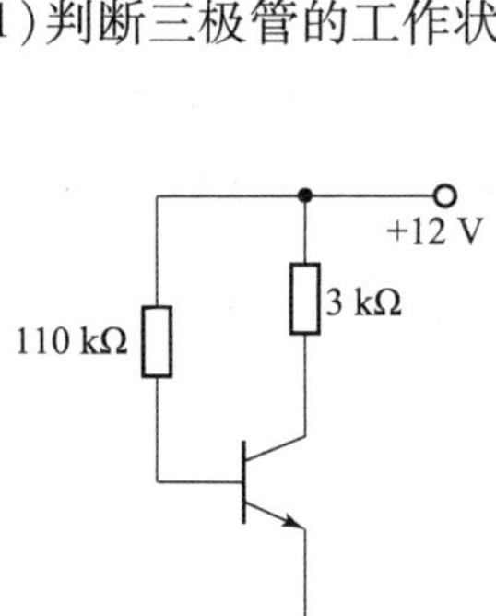

图 2.2.7 例 2.2.1 电路图

可见,利用直流通路的估算法可以判断晶体管的工作状态。

例 2.2.2 放大电路如图 2.2.8(a)所示,晶体管为硅管,$\alpha = 0.98$,试:(1)判断晶体管电路的组态;(2)画出电路的直流通路并估算静态工作点。

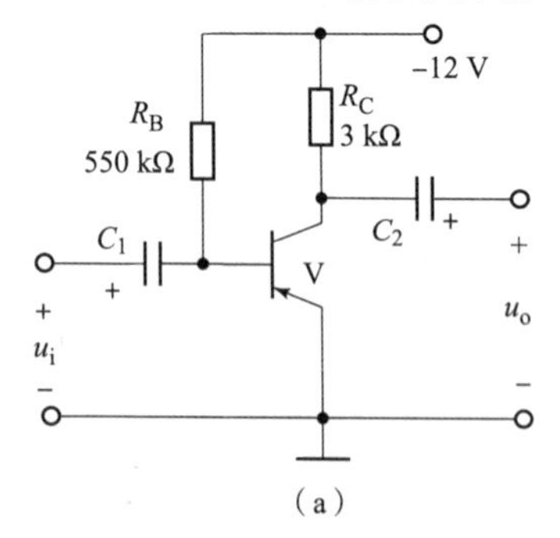

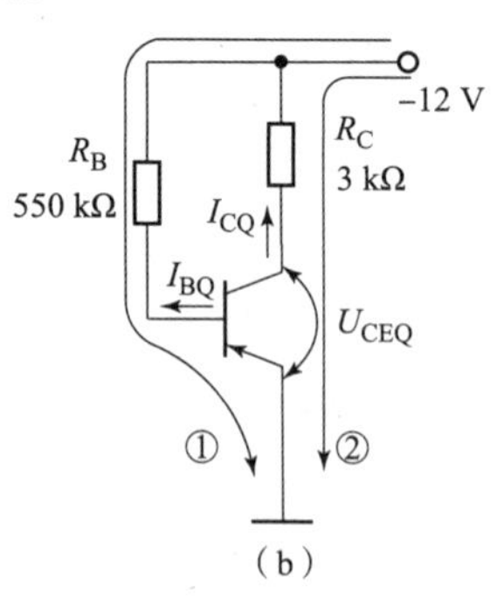

图 2.2.8 例 2.2.2 电路图及其直流通路

(a)电路图;(b)直流通路

解:(1)信号由三极管基极输入,三极管集电极输出,电路属于共发射极放大电路。

(2)由于管子为PNP管,故 $U_{BE(on)} = -0.7\ V$,α 为共基极电流放大系数,β 为共发射极电流放大系数,二者关系为:$\beta=\alpha/(1-\alpha)$。

故该管子 $\beta\approx50$。

直流通路如图2.2.8(b)所示。

选择输入回路①,由基尔霍夫电压定律可得:

$I_{BQ}=(12-0.7)\ V/550\ k\Omega\approx20\ \mu A$

由晶体管放大特征方程可得:

$I_{CQ}=\beta\cdot I_{BQ}=1\ mA$

选择输出回路②,由基尔霍夫电压定律可得:

$U_{CEQ}=-V_{CC}+I_{CQ}\cdot R_C=-12+1\ mA\times3\ k\Omega=-9\ V$

2.2.4 晶体管放大电路的动态分析

对交流信号的分析称为动态分析。动态分析用于分析电路对小信号的放大能力,一方面需要求解放大电路的动态参数 A_u、R_i、R_o,另一方面也要解决信号放大中的失真问题,动态分析方法包括小信号模型和图解法。

动态分析步骤一般如下:

(1)绘制电路的交流通路。

(2)绘制电路的小信号等效电路。

(3)估算动态参数。

这一小节先介绍放大电路的性能指标,其次介绍交流通路,然后介绍小信号模型,最后介绍动态参数的估算过程。

1. 放大电路的性能指标

放大电路的性能如何,可以用许多性能指标进行衡量,主要性能指标有放大倍数、输入电阻、输出电阻(也称为动态参数)及通频带等。一个放大电路可用图2.2.9所示的有源四端网络表示。其中,u_s为信号源电压,R_S为信号源内阻,i-0端口为放大电路的输入端,放大电路的输入电压和电流分别为 u_i 和 i_i。o-0端口为放大电路的输出端,R_L为负载电阻,放大电路的输出电压和电流分别为 u_o 和 i_o。图中电压、电流方向均符合四端网络的规定。

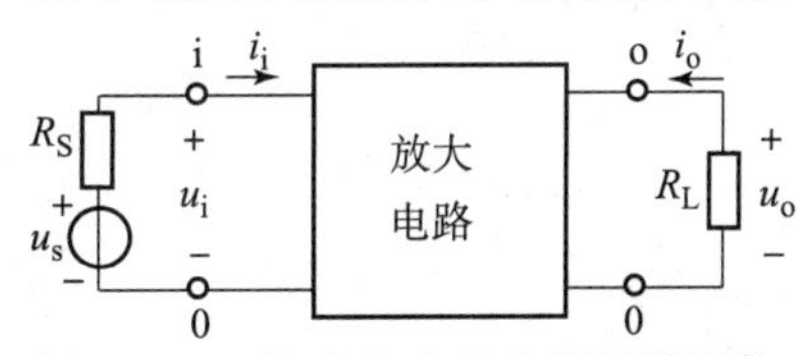

图2.2.9 放大电路的有源四端网络

在放大电路的实际工作频段,即中频段中,可忽略电路中电抗元件的影响,可将四端网络等效为纯电阻网络。在纯电阻网络中,u_o和 u_i具有相同的波形,仅幅度和极性有所变化,故在放大电路中频段,各小信号交流电量均采用瞬时值表示,即电量主标、角标均小写。

1)放大倍数

放大倍数也称为增益(Gain),用 A 表示,放大倍数等于放大电路的交流输出量和交流输入量之比,它是衡量放大电路放大能力的重要指标。

电压放大倍数为输出电压 u_o 和输入电压 u_i 之比，即：

$$A_u = u_o / u_i \tag{2.2.4}$$

电流放大倍数为输出电流 i_o 和输入电流 i_i 之比，即：

$$A_i = i_o / i_i \tag{2.2.5}$$

互阻放大倍数为输出电压 u_o 和输入电流 i_i 之比，即：

$$A_r = u_o / i_i \tag{2.2.6}$$

互导放大倍数为输出电流 i_o 和输入电压 u_i 之比，即：

$$A_g = i_o / u_i \tag{2.2.7}$$

功率放大倍数为输出功率 P_o 和输入功率 P_i 之比，即：

$$A_p = P_o / P_i \tag{2.2.8}$$

其中，A_u、A_i、A_p 为无量纲，A_r 的单位为欧姆（Ω），A_g 的单位为西门子（S）。其中，电压放大倍数的应用最为广泛。实际电路中，当 A_u、A_i、A_p 的值比较大时，工程上习惯用分贝（dB）表示增益，定义如下：

$$\begin{aligned} &\text{电压增益 } A_u(\text{dB}) = 20\ \lg|u_o/u_i| \\ &\text{电流增益 } A_i(\text{dB}) = 20\ \lg|i_o/i_i| \end{aligned} \tag{2.2.9}$$

2）输入电阻

输入电阻 R_i 定义为放大电路输入端的电压 u_i 与输入电流 i_i 的比值，即：

$$R_i = u_i / i_i \tag{2.2.10}$$

它是从放大电路 i－0 输入端口向放大电路内部看进去的等效电阻，如图 2.2.10（a）所示。

对输入为电压信号的放大电路，如图 2.2.10（a）所示，R_i 为信号源 u_s 的等效负载，由图可知：

$$u_i = \frac{R_i}{R_S + R_i} \cdot u_s \tag{2.2.11}$$

可见，R_i 越大，放大电路可以从信号源获取更多的电压信号，近似为恒压输入。

对输入为电流信号的放大电路，如图 2.2.10(b)所示，R_i 为信号源 i_s 的等效负载，由图可知：

$$i_i = \frac{R_S}{R_S + R_i} \cdot i_s \tag{2.2.12}$$

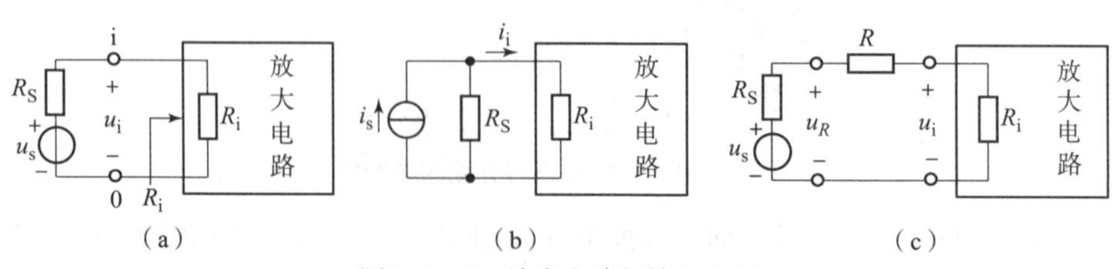

图 2.2.10　放大电路的输入电阻

(a)电压信号源；(b)电流信号源；(c)测量输入电阻电路

可见，R_i 越小，放大电路可以从信号源获取更多的电流信号，近似为恒流输入。

因此，输入电阻的大小决定了放大电路从信号源吸取信号幅值的大小，它表征了放大电路对信号源的负载特性，其大小取决于输入信号的类型。

按照定义,输入电阻的测量需要测量输入电压和输入电流,但由于测量电流需要将电流表串联到电路中,这样操作十分不便,工程中常采用串联电阻法来测量放大电路的输入电阻,电路原理图如图 2.2.10(c)所示,电路中串联电阻 R 的阻值应该和输入电阻 R_i接近,以便于减小测量误差。

在输出信号不失真的情况下,测量 u_R和 u_i的数值(峰值或有效值),则输入电阻为:

$$R_i = \frac{u_i}{u_R - u_i} R \tag{2.2.13}$$

3)输出电阻

输出电阻 R_o定义为当信号电压源短路或信号电流源开路并断开负载电阻 R_L时,从放大电路 o-0 输出端口看进去的等效电阻,即:

$$R_o = \frac{u}{i}\bigg|_{\substack{u_s=0 \\ R_L=\infty}} \tag{2.2.14}$$

实际上,放大电路输出端可以等效为一个信号源,如图 2.2.11(a)所示,u_{ot}为开路电压,R_o为信号源内阻。可见,输出电压 u_o为 R_L对 u_{ot}分压得到的,即:

$$u_o = \frac{R_L}{R_L + R_o} \cdot u_{ot} \tag{2.2.15}$$

若要求放大电路的输出电压不随负载变化,则输出电阻越小越好;若要求放大电路的输出电流不随负载变化,则输出电阻越大越好。输出电阻表征了放大电路带负载能力的特性。

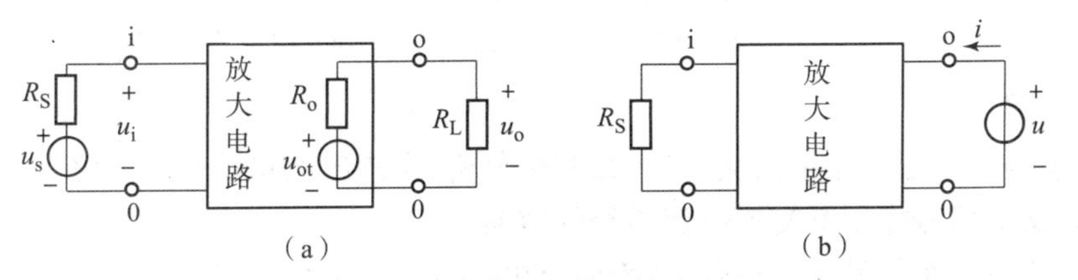

图 2.2.11 放大电路的输出电阻

(a)放大电路输出端等效为信号源;(b)求解输出电阻的电路

输出电阻的估算可采用定义法,如图 2.2.11(b)所示,分 3 步求解:

(1)使输入电压源短路(或电流源开路),电源内阻保留;

(2)负载断开,在负载的位置加入理想电压源 u,产生的电流为 i;

(3)利用电压和电流的关系计算出输出电阻,即:$R_o = u/i$。

工程中输出电阻测量方法如下:

(1)先测量开路电压 u_{ot};

(2)加入负载 R_L后测量输出电压 u_o;

(3)则输出电阻为:

$$R_o = \left(\frac{u_{ot}}{u_o} - 1\right) R_L \tag{2.2.16}$$

4)通频带

放大电路中常存在耦合电容、晶体管的结电容等电抗型元件,这些元件的电抗值和信号频率有关,这使放大电路对不同频率信号的放大能力不同,因此,放大电路的放大倍数为信号频率的函数。当输入信号的频率过低或过高时,不但放大倍数的数值会变小,还将产生超前或滞后的相移。其中,放大倍数的大小和频率的关系称为幅频特性;放大倍数的相位和频率的关系称为相频特性。

一般情况下,放大电路的幅频特性曲线如图 2.2.12 所示。由图可见,中频区放大电路的放大倍数保持不变,用 A_{um} 表示,在高频、低频区放大倍数都减小,当电路放大倍数降为中频增益的 $1/\sqrt{2}$(或 0.707)时所对应的频率称为截止频率,在低频区称为下限截止频率,用 f_L 表示,在高频区称为上限截止频率,用 f_H 表示。f_L 和 f_H 之间的频率范围称为放大电路的通频带,用 BW 表示,即:

$$BW = f_H - f_L \tag{2.2.17}$$

近似认为,放大电路对通频带内信号的放大倍数保持不变。通频带越宽,表明放大电路对信号频率的适应能力越强。

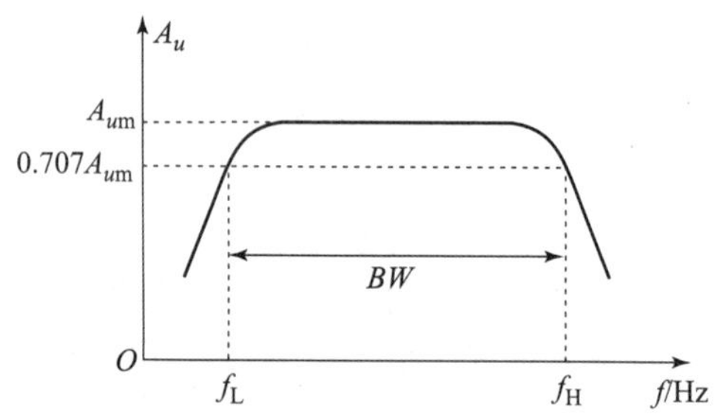

图 2.2.12　放大电路的幅频特性曲线

2. 交流通路

动态分析时只考虑电路中的交流量,为简化分析,常画出电路的交流通路。

定义:在交流信号作用下交流电流流经的通路。

作用:用于得到小信号等效电路,从而研究电路的动态参数。

绘制交流通路的规定:(1)电容视为短路;(2)电感视为开路;(3)无内阻的直流电源视为短路。

在图 2.2.2 所示电路中,电容 C_1、C_2 短路,电源 V_{CC} 短路接地,如图 2.2.13(a)所示,为了方便后续绘制小信号等效电路,常将晶体管上方的元件全部绘制到下方,如图 2.2.13(b)所示。

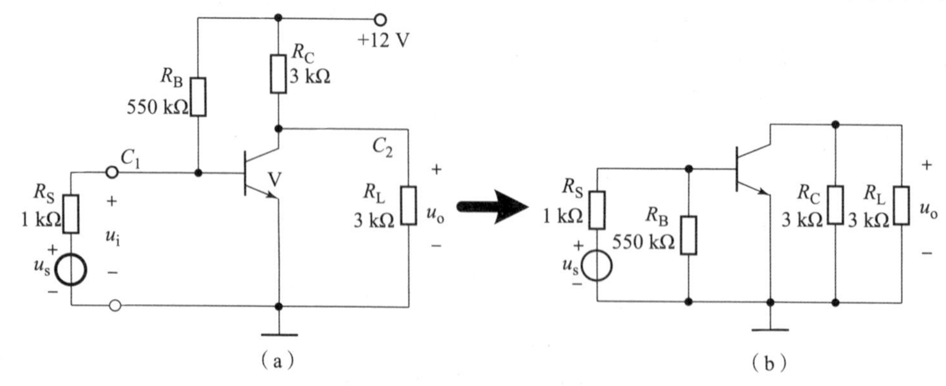

图 2.2.13　图 2.2.2 电路的交流通路

(a)电路图;(b)交流通路

3. 晶体管的小信号模型

1）等效思想

小信号模型使用的条件为：低频、变化量的小信号。

当交流信号幅值较小时，放大电路在动态时的工作点只在静态工作点附近做微小的变化。虽然放大电路是非线性电路，但在较小的变化范围内，晶体管的非线性特性可近似为线性特性，即可以用一个线性等效电路（线性化模型）来代替小信号时的晶体管，利用处理线性电路的方法分析放大电路。

2）等效过程

晶体管可分为输入回路和输出回路，如图 2.2.14（a）所示，因此，小信号模型的等效过程分别从晶体管的输入回路和输出回路进行讨论。

（1）晶体管输入回路等效电路。

晶体管输入特性曲线如图 2.2.14（b）所示，在晶体管输入回路中包含 u_{be} 和 i_b 两个交流量，因此，输入回路相当于讨论 u_{be} 和 i_b 的关系，这类似于二极管的小信号特性。当 u_{BE} 在 Q 点附近很小范围变化时，这段伏安特性曲线可近似看作直线，u_{BE} 和 i_B 的变化量的比值近似为常数，可用动态电阻 r_{be} 表示。

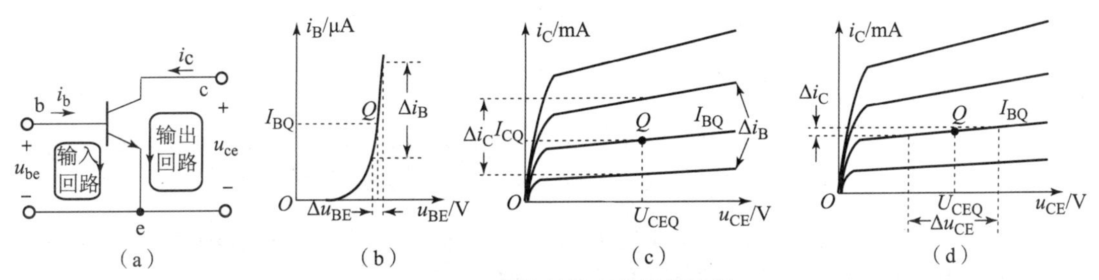

图 2.2.14 小信号模型的等效过程

（a）晶体管回路；（b）输入特性曲线；（c）i_B 对 i_C 的控制；（d）u_{CE} 对 i_C 的控制

$$r_{be}=\left.\frac{\Delta u_{BE}}{\Delta i_B}\right|_{\substack{i_B=I_{BQ}\\u_{CE}=U_{CEQ}}}=\left.\frac{u_{be}}{i_b}\right|_{\substack{i_B=I_{BQ}\\u_{CE}=U_{CEQ}}}\tag{2.2.18}$$

因此，晶体管输入小信号时，b、e 之间可以等效为电阻 r_{be}，r_{be} 也称为晶体管的输入电阻。

r_{be} 可用下式进行估算：

$$r_{be}=r_{bb'}+(1+\beta)\frac{U_T}{I_{EQ}}\tag{2.2.19}$$

其中，$r_{bb'}$ 为基区体电阻，不同管子其值不同，一般从几十到几百欧姆，对于低频小功率管可按照 200 Ω 进行估算；U_T 为温度电压当量，室温时 $U_T\approx 26$ mV；I_{EQ} 为静态工作点电流，可见静态工作点不同，r_{be} 的值不同，所以 r_{be} 为动态电阻。

当发射极电流 I_{EQ} 为 0.1 ~5 mA 时，该表达式估算的 r_{be} 较为准确，否则产生的误差较大。

（2）晶体管输出回路等效电路。

在晶体管输出回路中包含 u_{ce} 和 i_c 两个交流量，因此，输出回路相当于讨论 i_c 大小和哪些因素有关。

首先 i_c 是 i_b 的函数，当 i_b 在 Q 点附近变化时，引起 i_c 的变化，如图 2.2.14（c）所示，而且 $i_c=\beta\cdot i_b$。

此时,c、e 之间可以等效为受控电流源,受控电流源大小为βi_b,受控电流源方向为由 c 指向 e。

其次,输出特性曲线在放大区略微上翘,这意味着即使i_B不变,当u_{CE}变化时,也会引起i_C的变化,如图 2.2.14(b)所示。当变化范围不大时,输出特性曲线可看作一条直线,u_{CE}和i_C的变化量的比值近似为常数,可用动态电阻r_{ce}表示,即:

$$r_{ce}=\frac{\Delta u_{CE}}{\Delta i_C}\bigg|_{\substack{i_B=I_{BQ}\\u_{CE}=U_{CEQ}}}=\frac{u_{ce}}{i_c}\bigg|_{\substack{i_B=I_{BQ}\\u_{CE}=U_{CEQ}}} \tag{2.2.20}$$

r_{ce}也称为晶体管的输出电阻,由于输出特性曲线在放大区几乎和横轴平行,故其值很大,不同管子的r_{ce}不同,一般在几十千欧左右。r_{ce}和晶体管 Q 点有关,r_{ce}为一个动态电阻。

由此可见,晶体管的 c、e 之间可以等效为一个受控电流源和一个动态电阻r_{ce}。

3)等效结果

综上所述,当晶体管输入小信号时,b、e 之间可以等效为动态电阻r_{be},晶体管的 c、e 之间可以等效为一个受控电流源和一个动态电阻r_{ce},晶体管的小信号模型如图 2.2.15(a)所示。由于r_{ce}很大,工程上常忽略其影响,因此,工程上常用的小信号模型如图 2.2.15(b)所示。

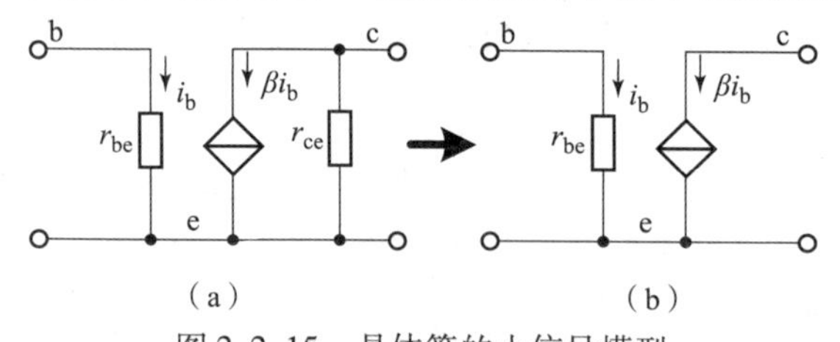

(a) (b)

图 2.2.15 晶体管的小信号模型

(a)小信号等效模型;(b)简化后的小信号等效模型

注意:小信号模型是晶体管工作在放大状态,输入低频小信号,并且没有考虑晶体管 PN 结结电容的条件下得到的,因此不能用小信号模型分析高频、大信号电路。

小信号模型中的电流源为受控电流源,其电流大小和方向不能假定,是由控制信号i_b的大小和流向决定的,画小信号模型时,必须标出i_b和受控电流源的方向。

4. 放大电路的小信号等效电路

绘制放大电路的小信号等效电路主要为了求解电路的动态参数。

绘制方法:只要将交流通路中的三极管用小信号模型代替即可,即:三极管的 b、e 之间用r_{be}代替,c、e 之间用受控电流源代替。

图 2.2.2 所示的共发射极放大电路的交流通路如图 2.2.16(a)所示,小信号等效电路如图 2.2.16(b)所示,虚线框中为等效部分,其他保持不变。

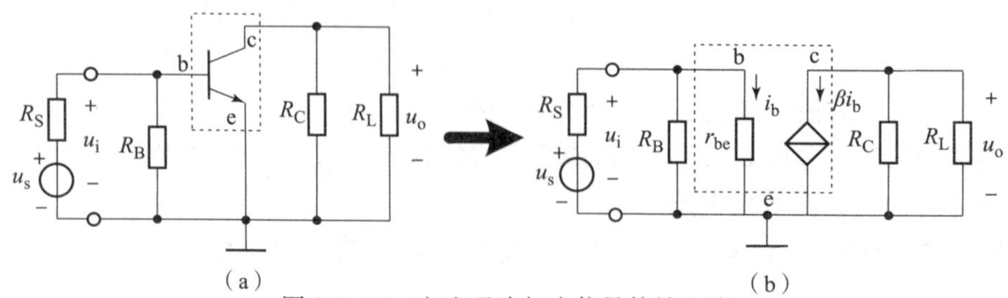

(a) (b)

图 2.2.16 交流通路与小信号等效电路

(a)交流通路;(b)小信号等效电路

5. 估算法求解动态参数

在绘制出小信号等效电路后，就可以求解放大电路的 A_u、R_i、R_o 了，假设晶体管的 $r_{bb'}=200\ \Omega$，$\beta=100$。

1）求解电压放大倍数 A_u

由静态分析估算可知，$I_{EQ}\approx 2\ mA$，晶体管的 r_{be} 为：

$$r_{be}=r_{bb'}+(1+\beta)\frac{U_T}{I_{EQ}}=200\ \Omega+101\times\frac{26\ mV}{2\ mA}=1.5\ k\Omega \tag{2.2.21}$$

由图 2.2.16(b)所示的小信号等效电路可知，输入电压 $u_i=u_{r_{be}}$，故：

$$u_i=i_b\cdot r_{be} \tag{2.2.22}$$

输出电压 u_o 为负载 R_L 两端电压，也等于 $R_C/\!/R_L$ 两端电压，故：

$$u_o=-\beta i_b\cdot(R_C/\!/R_L) \tag{2.2.23}$$

由于输出电压规定为上正下负，实际电流方向为由下到上，规定方向和实际方向相反，故增加负号，则有：

$$A_u=\frac{u_o}{u_i}=-\frac{\beta R_C/\!/R_L}{r_{be}}=-\frac{100\times 3/\!/3}{1.5}=-100 \tag{2.2.24}$$

其中，负号说明输入信号与输出信号极性相反。

2）求解输入电阻 R_i

按照定义，输入电阻为从输入端口看进去的有效电阻，由图 2.2.16(b)所示的小信号等效电路可知：

$$R_i=R_B/\!/r_{be}=550\ k\Omega/\!/1.5\ k\Omega\approx 1.5\ k\Omega \tag{2.2.25}$$

3）求解输出电阻 R_o

输出电阻按照定义求解。先将输入电压源短路，电源内阻 R_S 保留；然后负载 R_L 断开，在负载的位置加入理想电压源 u，产生的电流为 i，此时电路如图 2.2.17 所示。

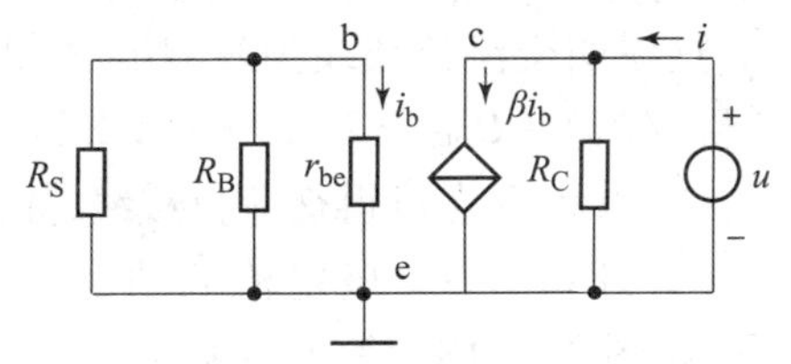

图 2.2.17 输出电阻求解电路

一般通过推导电流 i 的关系来计算输出电阻 R_o。由图 2.2.17 可得：

$$i=i_{R_C}+\beta i_b \tag{2.2.26}$$

βi_b 为受控电流源，受到 i_b 的控制，由于信号源置 0，因此，$i_b=0$，故 $\beta i_b=0$。

$$i=i_{R_C}=u/R_C=3\ k\Omega \tag{2.2.27}$$

6. 图解法

设在图 2.2.2 所示电路中的 $u_i=10\sin\omega t\ (mV)$，试求晶体管的输入电流 i_B、输入电压 u_{BE}、输出电流 i_C、输出电压 u_{CE} 和放大电路的电压放大倍数 A_u，由静态分析可知，$I_{BQ}=20\ \mu A$，$I_{CQ}=2\ mA$，$U_{CEQ}=6\ V$。

利用图解法求解参数一般分为两步，首先在输入回路进行求解，然后在输出回路求解。

1)输入回路图解

当输入交流信号时,晶体管的 $u_{BE}=u_i+U_{BEQ}=(0.01\sin\omega t+0.7)\ V$,各波形如图 2.2.18 所示,利用输入特性曲线可画出 i_B 的波形,在 u_{BE} 变化的范围内,输入特性曲线可看作一条直线,因此 i_B 的波形也按照正弦波变化,如图 2.2.18(b)所示,由图可读出 $I_{bm}\approx 5\ \mu A$,因此,$i_B=i_b+I_{BQ}=(5\sin\omega t+20)\ \mu A$。

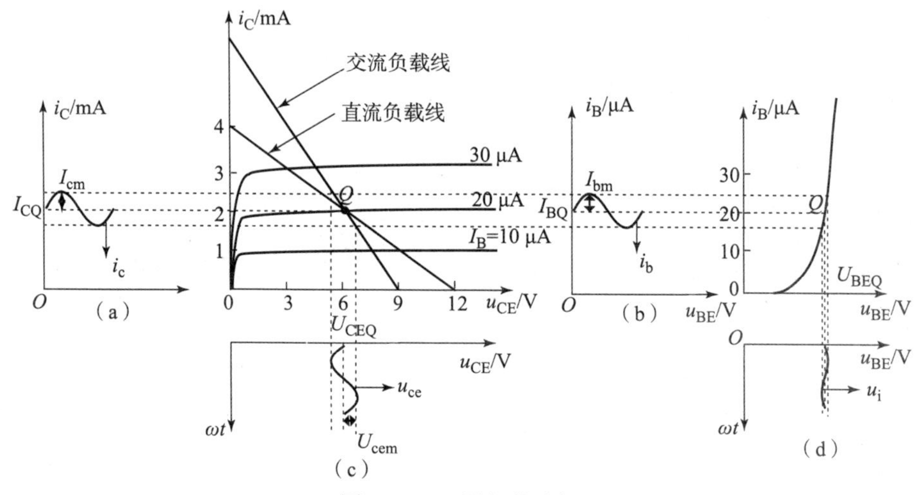

图 2.2.18 图解分法析

2)输出回路图解

对输出回路进行图解分析,需要先绘制电路的交流负载线,由于电路负载 R_L 在交流信号作用时连入电路,故交流负载线和直流负载线不同。

由图 2.2.13(b)所示的交流通路可知,晶体管的 $u_{ce}=-i_c\cdot(R_C/\!/R_L)$。

由 $u_{CE}=u_{ce}+U_{CEQ}$ 和 $i_c=i_C-I_{CQ}$ 可得:$u_{CE}=I_{CQ}\cdot(R_C/\!/R_L)-i_C\cdot(R_C/\!/R_L)+U_{CEQ}$。

令 $i_C=I_{CQ}$,可得 $u_{CE}=U_{CEQ}$,这说明交流负载线为过 Q 点的斜率为 $1/(R_C/\!/R_L)$ 的一条直线。令 $i_C=0$,可得 $u_{ce}=I_{CQ}\cdot(R_C/\!/R_L)+U_{CEQ}=2\ mA\cdot 1.5\ k\Omega+6\ V=9\ V$,则交流负载线与横轴交点坐标为(9 V,0),连接该交点和 Q 点可得交流负载线,如图 2.2.18(c)所示。

得到交流负载线后,按图 2.2.18(b)中基极电流 i_B 的变化值,找到与交流负载线的交点,便可以画出 i_C 和 u_{CE} 的波形,如图 2.2.18(a)、(c)所示。由于 $i_C=\beta i_B$,因此,i_C 和 i_B 的变化趋势相同,按正弦规律变化,其峰值约为 0.5 mA,而 u_{CE} 的变化趋势与 u_{BE} 相反,其峰值约为 0.8 V。

由图可得:

$$i_C=I_{CQ}+i_c=(2+0.5\sin\omega t)\,mA$$

$$u_{CE}=U_{CEQ}+u_{ce}=(6-0.8\sin\omega t)\,V$$

$$A_u=\frac{u_o}{u_i}=\frac{u_{ce}}{u_{be}}=-\frac{0.8\sin\omega t\ (V)}{0.01\ \sin\omega t\ (V)}=-80$$

2.2.5 晶体管放大电路的失真分析

放大电路的主要作用是放大小信号,对于放大电路最基本的要求是:(1)信号不失真;

(2)信号能够被放大。如果输出信号产生失真,则“放大”毫无意义。那么,失真和哪些因素有关?失真分为哪几类?如何消除失真?

1. 失真类型

失真按性质分,有非线性失真和线性失真。

线性失真是指信号频率分量间幅度和相位关系的变化;

非线性失真是指信号波形发生了畸变,并产生了新的频率分量的失真。这里仅介绍非线性失真。

非线性失真分为3类:饱和失真、截止失真、饱和截止同时产生。

2. 产生失真的因素

下面以NPN管构成的放大电路为例介绍失真情况。

三极管的输出特性曲线分为3个区域:饱和区、放大区、截止区。不同的工作区域三极管所处的状态不同,因此三极管的工作状态是由三极管的静态工作点所决定的。

当三极管工作在饱和、截止状态时,电路不能很好地放大信号,输出信号有可能产生失真。因此,失真主要由三极管的Q点决定。

3. 失真产生的原因及消除方法

饱和失真产生的原因:放大电路Q点处于饱和区,如图2.2.19(a)所示,NPN管发生饱和失真时波形的负半周发生变形。

消除饱和失真的方法:将Q点从饱和区移动到放大区,一般通过增大R_B的方式将Q点从饱和区移动到放大区,也可以减少R_C或增大V_{CC}。

截止失真产生的原因:放大电路Q点处于截止区,如图2.2.19(b)所示,NPN管发生截止失真时波形的正半周发生变形。

消除截止失真的方法为:将Q点从截止区移动到放大区,一般通过减小R_B的方式将Q点从截止区移动到放大区。

即使Q点处于放大区,如果输入信号过大,电路可能同时产生饱和、截止失真,如图2.2.19(c)所示,波形的正、负半周均发生变形。此时,应减小输入信号的幅度。

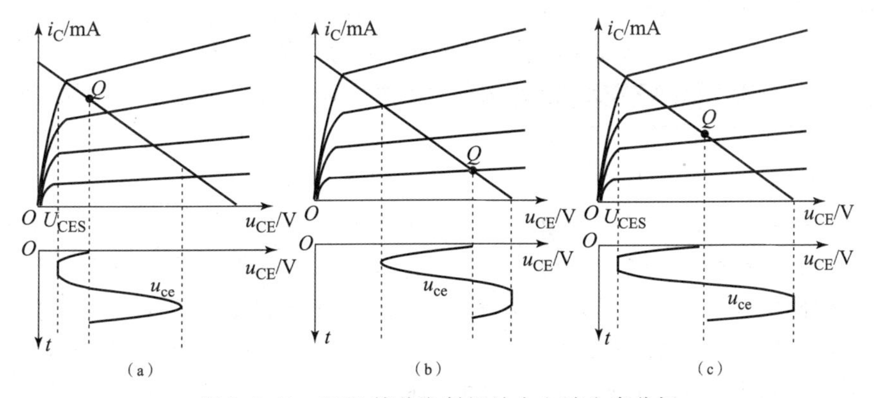

图2.2.19　NPN管共发射极放大电路失真分析

(a)饱和失真;(b)截止失真;(c)饱和、截止失真同时产生

2.3　场效应管的工作原理及其基本应用

场效应晶体管(Field Effect Transistor,FET)简称场效应管。场效应管只有一种载流子参与导电,也称为单极型晶体管。与双极型晶体管相比,场效应管具有如下特点:

(1)场效应管是电压控制电流型器件。

(2)场效应管的输入电阻很高($10^7\sim10^{12}\ \Omega$),因此,它的输入端电流极小,可以认为$i_G=0$。

(3)场效应管中只有一种载流子参与导电,因此,它的温度稳定性较好。

(4)场效应管的抗辐射能力强。

(5)场效应管功耗小、噪声小。

场效应管的分类如图 2.3.1 所示,场效应管分为结型场效应管(JFET,即:Junction Field Effect Transistor)和金属 - 氧化物 - 半导体场效应管(MOS 管,即:Metal - Oxide - Semiconductor type Field Effect Transistor)两大类。

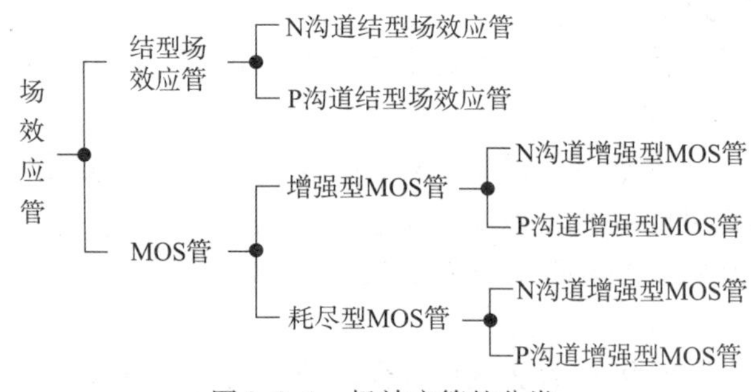

图 2.3.1　场效应管的分类

2.3.1　MOS 管的结构与工作原理

1. 增强型 MOS 管的结构

增强型(Enhancement)MOS 管简称为 EMOS 管,分为 NEMOS、PEMOS。

N 沟道增强型 MOS 管(NEMOS)的结构示意图如图 2.3.2(a)所示。在一块掺杂浓度较低的 P 型硅衬底上,用光刻、扩散工艺制作两个高掺杂浓度的 N^+ 区,并用金属铝引出两个电极,分别称为漏极 D(Drain)和源极 S(Source)。然后,在半导体表面覆盖一层很薄的二氧化硅(SiO_2)绝缘层,在漏极和源极之间的绝缘层上再装上一个铝电极,称为栅极 G(Gate)。另外,在衬底上也引出一个电极 B,这就构成了一个 N 沟道增强型 MOS 管。很明显管子是由金属、氧化物、半导体而构成的,因此,称其为 MOS 管。这种管子的栅极 G 与其他电极间是绝缘的,故又称其为绝缘栅场效应管。图 2.3.2(b)所示为 N 沟道增强型 MOS 管的符号,衬底箭头方向指向器件里,表示由 P 型的衬底指向 N 型的沟道。

P 沟道增强型 MOS 管(PEMOS)的结构示意图如图 2.3.2(c)所示,可见其各区域的掺杂类型和 N 沟道增强型 MOS 管的掺杂类型恰好互补,除此之外,其他部分是完全相同的,这种互补结构可以帮助我们很容易由 NEMOS 管的特性推导出 PEMOS 管的特性。P 沟道增强型

MOS 管的符号如图 2.3.2(d)所示，该符号和 N 沟道增强型 MOS 管的符号十分类似，只是其衬底箭头方向指向器件外。

注意：当衬底极 B 悬空时，MOS 管的结构是完全对称的，其源极 S 和漏极 D 可以对调使用；当衬底极 B 和源极 S 互连后，源极 S 和漏极 D 不可以对调使用，实际情况中一般衬底极和源极在内部已经互连，此时，外部呈现的引脚就只有 3 个。

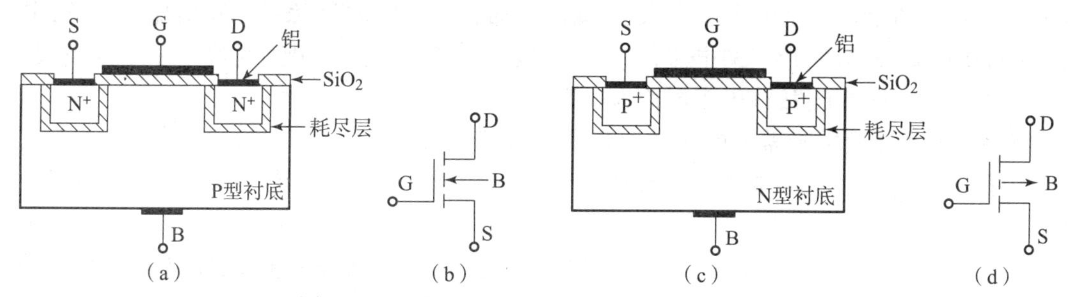

图 2.3.2　增强型 MOS 管的结构示意图及符号

(a)NEMOS 管结构示意图;(b)NEMOS 管符号;(c)PEMOS 管结构示意图;(d)PEMOS 管符号

2. 增强型 MOS 管的工作原理

由增强型 MOS 管的结构可知，栅极 G 与源极 S、漏极 D 之间是绝缘的，因此，$i_G=0$，在 MOS 管中只有漏、源之间存在电流，而且 $i_D=i_S$，因此，增强型 MOS 管的工作原理主要讨论电流 i_D的变化是由哪些因素引起的，对应的电流方程式是什么。

下面以 N 沟道增强型 MOS 管为例分析增强型 MOS 管的工作原理。

MOS 管也分输入回路和输出回路，如图 2.3.3 所示，输入回路中包含的电量为 u_{GS}，输出回路中包含的电量为 i_D和 u_{DS}，因此增强型 MOS 管的工作原理分两方面讨论：(1)u_{GS}对 i_D的控制作用；(2)u_{DS}对 i_D的控制作用。u_{GS}和 u_{DS}均能引起 i_D的变化。

1)u_{GS}对 i_D的控制作用

(1)$u_{GS}=0$。由图 2.3.3(a)可知，漏区、衬底和源区之间形成两个背靠背的 PN 结，无论在 D、S 之间加何种极性的电压，总会有一个 PN 结处于反相截止状态，故 $i_D\approx0$，此时，MOS 管处于夹断状态。

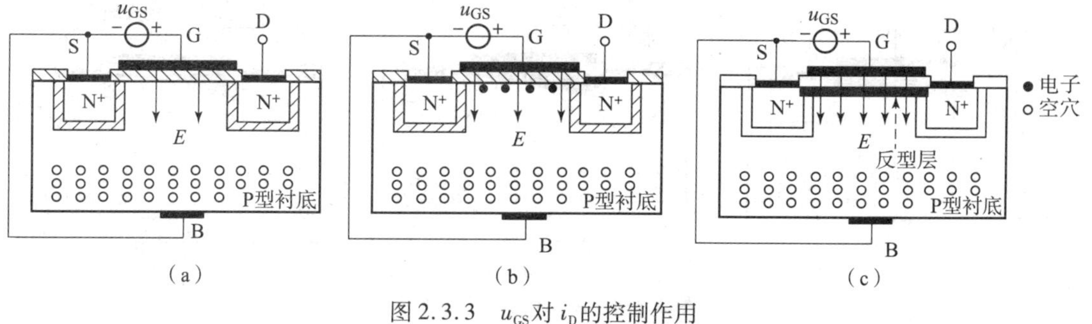

图 2.3.3　u_{GS}对 i_D的控制作用

(a)$u_{GS}=0$;(b)$u_{GS}>0$;(c)产生反型层

(2)$u_{GS}>0$。将 MOS 管的源极和衬底极相连，在 S、G 之间加正电压 u_{GS}，在 MOS 管中产生一个垂直于半导体表面且由栅极指向 P 型衬底的电场 E。

当 u_{GS}很小时，电场 E 也很小，该电场排斥 P 型衬底中的多子空穴，在半导体表面下形成无自由电荷的空间电荷区，如图 2.3.3(a)所示。

当 u_{GS}继续增大时，电场 E 随之增大，该电场排斥 P 型衬底空穴的同时，也吸引了 P 型衬底的少子电子，如图 2.3.3(b)所示。

当 u_{GS}增大到一定值时，电场吸引了足够的电子，在 P 型衬底表面形成薄薄的自由电子层，如图 2.3.3(c)所示。这个电子层将源区、漏区连通，只要在漏极、源极之间增加正电压，电子就会由源极向漏极移动，形成漏电流，方向由漏极指向源极。由于 P 型衬底中多子为空穴，而参与导电的为少子电子，故该电子层称为反型层。

将刚刚形成反型层所需要的栅源电压称为开启电压，用 $U_{GS(th)}$ 表示，其值由管子工艺决定。由于只有 $u_{GS} > U_{GS(th)}$，管子中才会形成导电沟道，才可能产生漏极电流，故称这种管子为增强型 MOS 管。

可见，MOS 管通过控制 u_{GS}的大小来控制漏极电流 i_D的有无和大小，故称 MOS 管为电压控制电流型器件。

2) u_{DS}对 i_D的控制作用

首先为 MOS 管增加合适的 u_{GS}，$u_{GS} > U_{GS(th)}$ 并保持不变，此时，管子产生导电沟道，然后在漏、源之间增加正电压 u_{DS}。

当 u_{DS} 比较小时，沟道中由漏极到源极的电位逐渐降低，导致栅极和沟道之间的电压沿沟道逐渐增大，这使导电沟道由漏极到源极方向逐渐增厚，其截面呈现梯形，如图 2.3.4(a)所示，但其电阻近似保持不变，故 i_D随 u_{DS}的增大而增大，称管子处于线性状态。

MOS 管中存在电压关系 $u_{GD} = u_{GS} - u_{DS}$，当 u_{DS}增大到一定值时，u_{GD}减小为 $U_{GS(th)}$，此时在源极处沟道刚刚消失，称为预夹断，如图 2.3.4(b)所示，可见预夹断的条件为 $u_{DS} = u_{GS} - U_{GS(th)}$。

当 u_{DS}继续增大时，预夹断点逐渐向源极靠近，形成一段高阻区，如图 2.3.4(c)所示，这样增加的 u_{DS}全部降落在高阻区，对漏极电流没有贡献，漏极电流近似保持不变，称管子处于饱和状态。

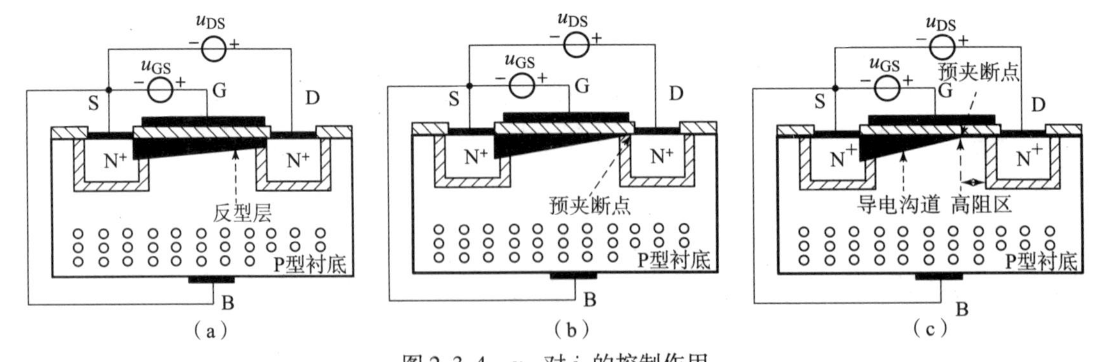

图 2.3.4 u_{DS}对 i_D的控制作用

(a)沟道未夹断；(b)沟道预夹断；(c)沟道夹断

可见：

当 $u_{GS} < U_{GS(th)}$ 时，$i_D \approx 0$，管子处于夹断状态；

当 $u_{GS}>U_{GS(th)}$ 且 $u_{DS}<u_{GS}-U_{GS(th)}$ 时，i_D 随 u_{DS} 的增大而增大，管子处于线性状态；

当 $u_{GS}>U_{GS(th)}$ 且 $u_{DS}>u_{GS}-U_{GS(th)}$ 时，i_D 基本保持不变，管子处于饱和状态。

P 沟道增强型 MOS 管的工作原理与 N 沟道增强型 MOS 管很类似，只是各极电压关系不同，现总结如表 2.3.1 所示。

表 2.3.1　增强型 MOS 管工作条件

	N 沟道增强型 MOS 管	P 沟道增强型 MOS 管
开启电压	$U_{GS(th)}>0$	$U_{GS(th)}<0$
夹断条件	$u_{GS}<U_{GS(th)}$	$u_{GS}>U_{GS(th)}$
线性状态	$u_{GS}>U_{GS(th)}$ 且 $u_{DS}<u_{GS}-U_{GS(th)}$	$u_{GS}<U_{GS(th)}$ 且 $u_{DS}>u_{GS}-U_{GS(th)}$
饱和状态	$u_{GS}>U_{GS(th)}$ 且 $u_{DS}>u_{GS}-U_{GS(th)}$	$u_{GS}<U_{GS(th)}$ 且 $u_{DS}<u_{GS}-U_{GS(th)}$

3. 增强型 MOS 管的伏安特性

1）转移特性

MOS 管转移特性（Transfer characteristic）曲线描述：当源漏电压 u_{DS} 为常量时，漏极电流 i_D 与栅源电压 u_{GS} 之间的函数关系，即：

$$i_D=f(u_{GS})\big|_{u_{DS}=\text{常数}} \tag{2.3.1}$$

由表达式可知，当 u_{DS} 取某一固定值时可以得到一条输出特性曲线，当 u_{DS} 取不同值时可以得到一组输出特性曲线，N 沟道增强型 MOS 管的某条转移特性曲线如图 2.3.5 所示。

增强型 MOS 管工作在饱和状态时，转移特性曲线具有平方律特性，即：

$$i_D=I_{DO}\left(\frac{u_{GS}}{U_{GS(th)}}-1\right)^2\ (u_{GS}>U_{GS(th)}) \tag{2.3.2}$$

2）输出特性

MOS 管输出特性曲线描述：当栅源电压 u_{GS} 为常量时，漏极电流 i_D 与漏源电压 U_{DS} 之间的函数关系，即：

$$i_D=f(u_{DS})\big|_{u_{GS}=\text{常数}} \tag{2.3.3}$$

由表达式可知，当 u_{GS} 取某一固定值时可以得到一条输出特性曲线，当 u_{GS} 取不同值时可以得到一组输出特性曲线，N 沟道增强型 MOS 管的输出特性曲线如图 2.3.6 所示。

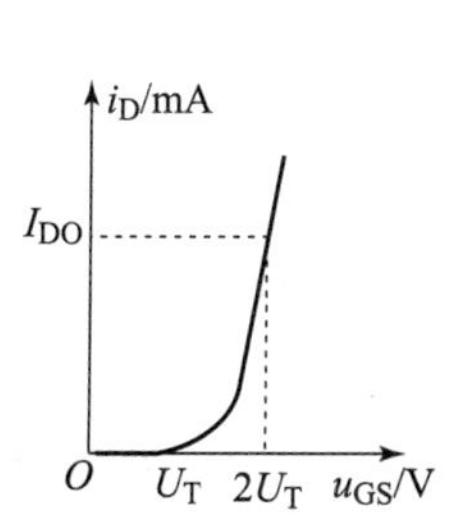

图 2.3.5　N 沟道增强型 MOS 管的某条转移特性曲线

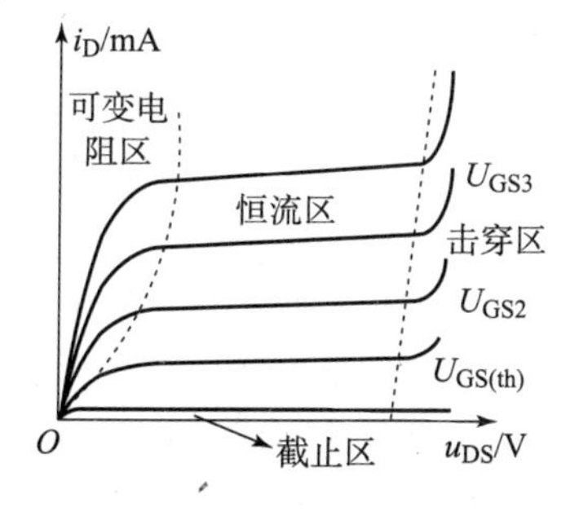

图 2.3.6　N 沟道增强型 MOS 管的一组输出特性曲线

由输出特性曲线可知场效应管有 4 个工作区域：

(1)可变电阻区(Variable resistance region)，在各条曲线上使 $u_{DS} < u_{GS} - U_{GS(th)}$ 的点连接而成的曲线称为预夹断轨迹，预夹断轨迹左边的区域称为可变电阻区。在可变电阻区，u_{GS} 确定，直线的斜率也确定，斜率的倒数为漏、源之间的等效电阻。因此，在可变电阻区可以通过改变 u_{GS} 的大小来改变漏、源之间的等效电阻。

(2)恒流区(Constant current region)，预夹断轨迹右侧的区域称为恒流区。当 $u_{DS} > u_{GS} - U_{GS(th)}$ 时，各曲线近似为一族平行于横轴的平行线，当 u_{DS} 增大时，曲线略微上翘。因此，可以将 i_D 近似为电压 u_{GS} 控制的电流源。当场效应管用于放大信号时，应使场效应管工作在饱和区。

(3)截止区(Pinch - off region)，当 $u_{GS} < U_{GS(th)}$ 时，导电沟道没有形成，漏极电流为 0。

(4)击穿区(Breakdown region)，当 u_{DS} 大于一定值时，场效应管发生击穿效应，漏极电流迅速增大。

4. 耗尽型 MOS 管

1)耗尽型 MOS 管的结构

耗尽型(Depletion)MOS 管简称为 DMOS，其结构与增强型 MOS 管基本相同，唯一的区别是在制造过程中，在栅极下方的二氧化硅中掺入大量的离子，其中，N 沟道耗尽型 MOS 管掺入正离子，P 沟道耗尽型 MOS 管掺入负离子，因此，即使 $u_{GS} = 0$，管子中也会存在导电沟道。N 沟道耗尽型 MOS 管的结构示意图与符号如图 2.3.7(a)、(b)所示，P 沟道耗尽型 MOS 管的结构示意图与符号如图 2.3.7(c)、(d)所示。

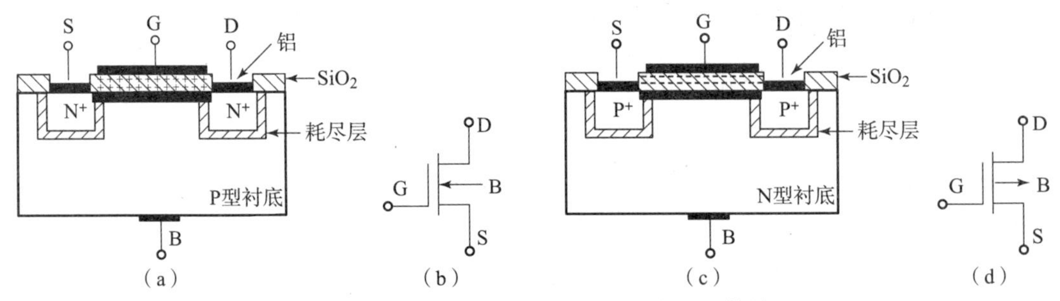

图 2.3.7 耗尽型 MOS 管的结构示意图及符号

(a)N 沟道 DMOS 管示意图；(b)N 沟道 DMOS 管符号；(c)P 沟道 DMOS 管示意图；(d)P 沟道 DMOS 管符号

2)工作原理

耗尽型 MOS 管和增强型 MOS 管的工作原理十分相似，也属于电压控制电流型器件。以 N 沟道耗尽型 MOS 管为例介绍其工作原理。

当 $u_{GS} \geqslant 0$ 时，外加电源产生的电场方向与二氧化硅中正离子产生的电场方向相同，反型层增厚，只要增加正向的 u_{DS}，管子中的 $i_D \neq 0$。

当 $u_{GS} < 0$ 时，外加电源产生的电场方向与二氧化硅中正离子产生的电场方向相反，反型层变薄，当 u_{GS} 减小到某一负值时，反型层消失，沟道处于夹断状态，$i_D = 0$。使反型层消失的栅源电压称为夹断电压，用 $U_{GS(off)}$ 表示。

u_{DS} 对管子的控制作用与 N 沟道增强型 MOS 管相同，这里不再赘述。

N 沟道耗尽型 MOS 管的工作原理与 P 沟道耗尽型 MOS 管很类似，只是各极电压关系不同,现总结如表 2.3.2 所示。

表 2.3.2　耗尽型 MOS 管工作条件

	N 沟道耗尽型 MOS 管	P 沟道耗尽型 MOS 管
夹断电压	$U_{GS(off)}<0$	$U_{GS(off)}>0$
夹断条件	$u_{GS}<U_{GS(off)}$	$u_{GS}>U_{GS(off)}$
线性状态	$u_{GS}>U_{GS(off)}$ 且 $u_{DS}<u_{GS}-U_{GS(off)}$	$u_{GS}<U_{GS(off)}$ 且 $u_{DS}>u_{GS}-U_{GS(off)}$
饱和状态	$u_{GS}>U_{GS(off)}$ 且 $u_{DS}>u_{GS}-U_{GS(off)}$	$u_{GS}<U_{GS(off)}$ 且 $u_{DS}<u_{GS}-U_{GS(off)}$

3)伏安特性

N 沟道耗尽型 MOS 管的转移特性曲线如图 2.3.8(a)所示,其 u_{GS} 可负、可正、可为 0,耗尽型 MOS 管工作在饱和状态时,转移特性曲线也具有平方律特性,即:

$$i_D=I_{DSS}\left(1-\frac{u_{GS}}{U_{GS(off)}}\right)^2 \tag{2.3.4}$$

其中,I_{DSS} 称为饱和漏极电流,为 $u_{GS}=0$ 时的漏极电流。

N 沟道耗尽型 MOS 管的输出特性曲线如图 2.3.8(b)所示,该输出特性曲线同样分为 4 个工作区域:可变电阻区、恒流区、截止区、击穿区。

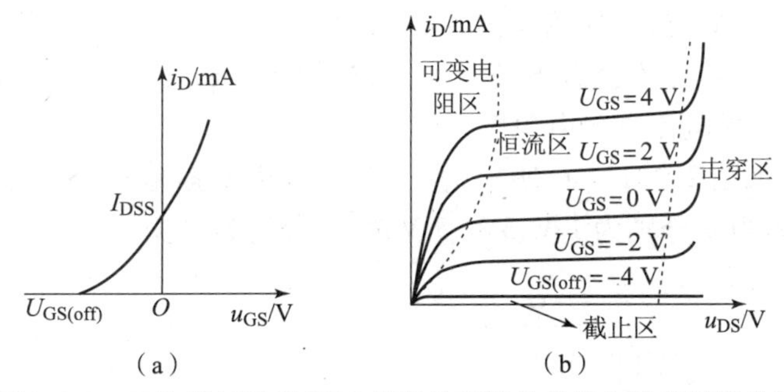

图 2.3.8　N 沟道耗尽型 MOS 管的转移特性曲线与输出特性曲线

(a)转移特性曲线;(b)输出特性曲线

例 2.3.1　场效应管的转移特性曲线如图 2.3.9 所示,试:

(1)指出各场效应管的类型;

(2)对于耗尽型管,求出 $U_{GS(off)}$、I_{DSS};对于增强型管,求出 $U_{GS(th)}$。

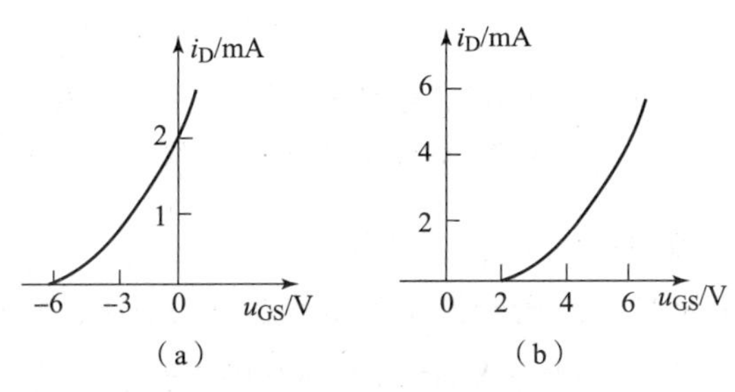

图 2.3.9　例 2.3.1 图

答:(1)u_{GS}可正、可负、可为0,且$U_{GS(off)}<0$,故管子为N沟道耗尽型MOS管。$U_{GS(off)}=-6$ V;$I_{DSS}=2$ mA,电流方向为由漏极流向源极。

(2)u_{GS}大于某一正值后才会有电流产生,故管子为N沟道增强型MOS管。$U_{GS(th)}=2$ V,漏极电流方向为由源极流向漏极。

例2.3.2 场效应管的输出特性曲线如图2.3.10所示,试:

(1)指出各场效应管的类型;

(2)对于耗尽型管,求出$U_{GS(off)}$、I_{DSS};对于增强型管,求出$U_{GS(th)}$。

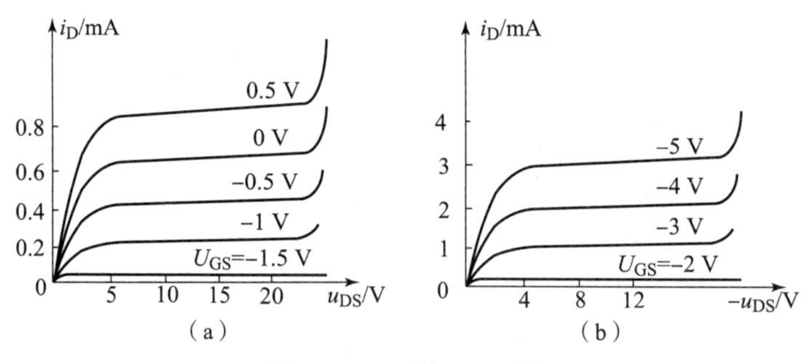

图2.3.10 例2.3.2图

答:(1)u_{GS}可正、可负、可为0,且横轴为u_{DS},故管子为N沟道耗尽型MOS管。$U_{GS(off)}=-1.5$ V,$I_{DSS}\approx0.6$ mA,电流方向由漏极流向源极。

(2)u_{GS}小于某一负值后才会有电流产生,且横轴为$-u_{DS}$,故管子为P沟道增强型MOS管。$U_{GS(th)}=-2$ V,漏极电流方向由源极流向漏极。

例2.3.3 电路如图2.3.11(a)所示,管子为N沟道增强型MOS管,输出特性曲线如图2.3.11(b)所示,分析当u_i分别为1 V、3 V、5 V时u_o分别为多少?

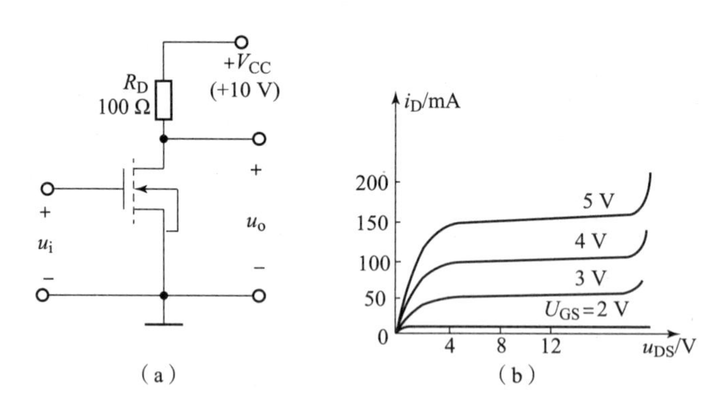

图2.3.11 例2.3.3电路图及管子输出特性曲线

(a)电路图;(b)管子输出特性曲线

答:由输出特性曲线可知管子的$U_{GS(th)}=2$ V。

当$u_i=1$ V时,$u_{GS}=u_i<U_{GS(th)}$,管子处于截止状态,故$i_D=0$,因而:

$$u_o=V_{CC}-i_D\cdot R_D=10\ \text{V}$$

当$u_i=3$ V时,$u_{GS}=u_i>U_{GS(th)}$,导电沟道形成,假设管子工作在饱和区,则由管子的输出

特性曲线可知,此时 $i_D \approx 50$ mA,则:

$$u_o = V_{CC} - i_D \cdot R_D = 5\ V$$

$u_{DS} = u_o = 5$ V,$u_{GS} - U_{GS(th)} = 3$ V -2 V $=1$ V,可见 $u_{DS} > u_{GS} - U_{GS(th)}$,说明假设成立,管子工作在饱和区。

当 $u_i = 5$ V 时,$u_{GS} = u_i > U_{GS(th)}$,导电沟道形成,假设管子工作在饱和区,则由图可知此时 $i_D \approx 150$ mA,则:

$$u_o = V_{CC} - i_D \cdot R_D = -5\ V$$

$u_{DS} = u_o = -5$ V,说明假设不成立,管子已经不工作在恒流区,而是工作在可变电阻区。从输出特性曲线可求得 $u_{GS} = 5$ V 时漏、源间的等效电阻为:

$$R_D = \frac{u_{DS}}{I_D} = \frac{2\ V}{125\ mA} \approx 16\ \Omega$$

所以

$$u_o = \frac{R_{DS}}{R_D + R_{DS}} V_{CC} \approx 1.38\ V$$

$u_{DS} = u_o = 1.38$ V,$u_{GS} - U_{GS(th)} = 5$ V -2 V $=3$ V,可见 $u_{DS} < u_{GS} - U_{GS(th)}$,故管子工作在可变电阻区。

2.3.2 结型场效应管的结构与工作原理

1. 结构

结型(Junction)场效应管(JFET)的结构、工作原理与 MOS 管不同,但是也属于电压控制电流型器件。按照导电沟道分 N 沟道和 P 沟道两种。这里以 N 沟道结型场效应管为例。

N 沟道结型场效应管的结构示意图及符号如图 2.3.12(a)、(b)所示,是在同一块 N 形半导体上制作两个高掺杂的 P 区,并将它们连接在一起,所引出的电极称为栅极 G,N 型半导体两端分别引出两个电极,分别称为漏极 D、源极 S。当加电压 u_{GS}时,电流在中间的 N 型区域流过,故称为 N 沟道结型场效应管,由于管子存在原始沟道,故结型场效应管也属于耗尽型管子。

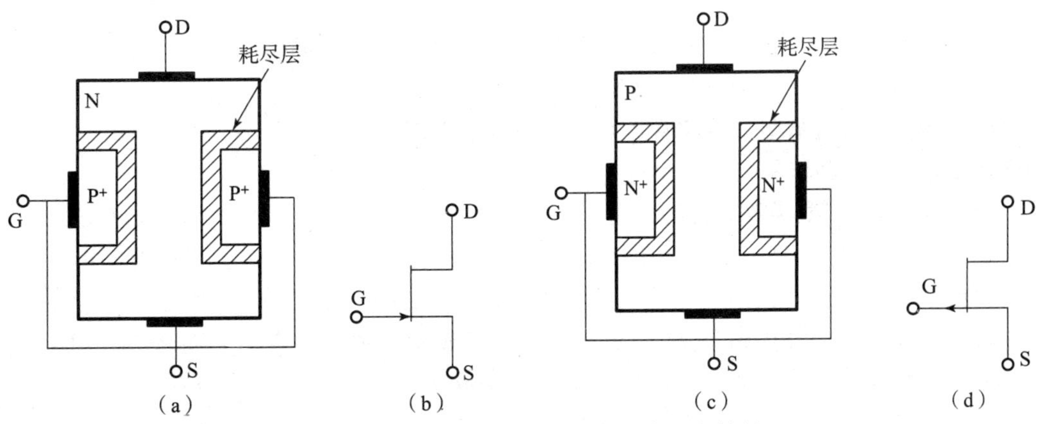

图 2.3.12 结型场效应管的结构示意图与符号

(a)N 沟道结型场效应管的结构示意图;(b)N 沟道结型场效应管符号;
(c)P 沟道结型场效应管的结构示意图;(d)P 沟道结型场效应管符号

P 沟道结型场效应管的结构示意图及符号如图 2. 3. 12(c)、(d)所示，可见其各区域的掺杂类型和 N 沟道结型场效应管的掺杂类型恰好互补，除此之外，其他部分是完全相同的。

2. 工作原理

这里以 N 沟道结型场效应管为例介绍结型场效应管的工作原理。

结型场效应管的栅极与源极、漏极之间不是绝缘的，为了使结型场效应管具有较高的输入电阻且栅极电流近似为 0，要求栅极和沟道的 PN 结处于反偏截止状态，因此 N 沟道结型场效应管的 $u_{GS}<0$、$u_{DS}>0$。

1）u_{GS}对 i_D的控制作用

当为管子增加负的 u_{GS}时，PN 结处于反偏，空间电荷区变宽，如图 2. 3. 13(a)所示，这导致导电沟道变窄，沟道电阻增大，漏电流 i_D减小，可见改变 u_{GS}的大小可改变漏电流 i_D的大小，因此结型场效应管也属于电压控制电流型器件。

当 u_{GS}的负值较大时，PN 结的空间电荷区变宽，如图 2. 3. 13(b)所示。当 u_{GS}的负值足够大时，PN 结的空间电荷区足够宽，导电沟道将完全夹断，此时沟道电阻区域无穷大，$i_D\approx 0$，如图 2. 3. 13(c)所示，沟道夹断所需的 u_{GS}称为夹断电压，用 $U_{GS(off)}$表示，N 沟道结型场效应管的夹断电压小于 0。

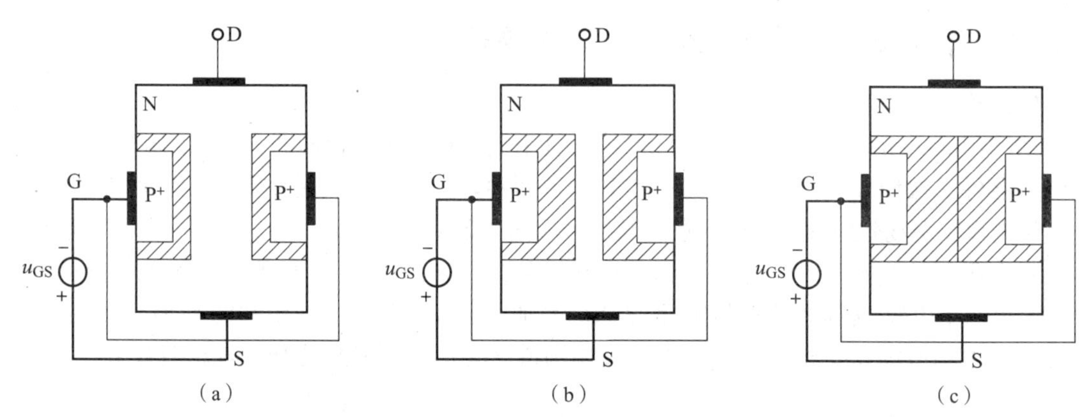

图 2. 3. 13　N 沟道结型场效应管的 u_{GS}对 i_D的控制过程

(a)u_{GS}较小；(b)u_{GS}增大；(c)沟道夹断

由此可见，N 沟道结型场效应管正常工作时 u_{GS}的取值范围为：$U_{GS(off)}<u_{GS}<0$。

2）u_{DS}对 i_D的控制作用

当 u_{DS}较低时，结型场效应管的沟道呈现为电阻特性，即工作在电阻工作区，如图 2. 3. 14(a)所示，这时漏极电流基本上随着电压 u_{DS}的增大而线性上升，但漏极电流随着栅极电压 u_{GS}的增大而以平方律的方式增大；当进一步增大 u_{DS}时，沟道即首先在漏极一端被夹断，则漏极电流达到最大而饱和（饱和电流的大小决定于没有被夹断的沟道的电阻），如图 2. 3. 14(b)所示，这就是结型场效应管的饱和放大区，这时结型场效应管呈现为一个恒流源。

3）伏安特性

N 沟道结型场效应管的转移特性曲线如图 2. 3. 15(a)所示，输出特性曲线如图 2. 3. 15(b)所示。

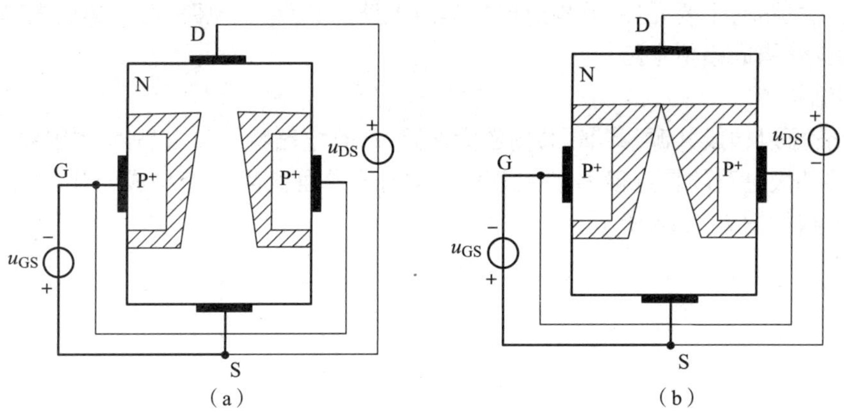

图 2.3.14　N 沟道结型场效应管的 u_{DS} 对 i_D 的控制过程

(a) 沟道未被夹断；(b) 沟道夹断

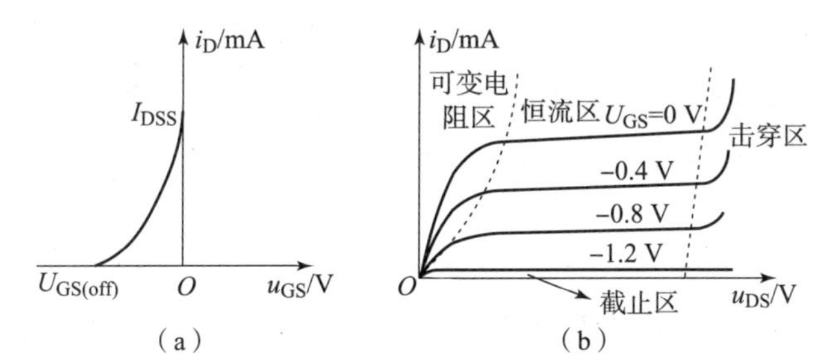

图 2.3.15　N 沟道结型场效应管转移特性曲线与输出特性曲线

(a) 转移特性曲线；(b) 输出特性曲线

2.3.3　场效应管的主要参数

1. 夹断电压 $U_{GS(off)}$

夹断电压是耗尽型管导电沟道夹断时所需的栅源电压。即当 u_{DS} 为某一固定值(一般为 10 V)，使 i_D 等于一个微小的电流(一般为 5 μA)时，栅源之间所加的电压。

2. 开启电压 $U_{GS(th)}$

开启电压是增强型管形成反型层时所需的栅源电压。即当 u_{DS} 为某一固定值(一般为 10 V)，使 $i_D>0$(一般为 5 μA)时，栅源之间所加的最小电压。

3. 饱和漏极电流 I_{DSS}

I_{DSS} 为耗尽型管子特有的参数，即在 $u_{GS}=0$ 的情况下产生预夹断时的漏极电流。通常令 $u_{DS}=10$ V、$u_{GS}=0$ V 时测出的漏极电流为饱和漏极电流。

4. 输入电阻 R_{GS}

场效应管的栅源输入电阻的典型值，对于结型场效应管，反偏时 R_{GS} 大于 10^7 Ω，对于绝缘栅型场效应管，R_{GS} 为 $10^9\sim10^{15}$ Ω。

2.3.4　场效应管电路及其分析方法

场效应管和晶体管一样可以构成放大电路和开关电路，而且场效应管由于其工艺简单，是构成现代集成电路的主要元件,可构成模拟集成电路、数字集成电路、射频集成电路等。

1. 场效应管构成模拟电路

1)电路结构

场效应管可以构成共源、共漏、共栅放大电路,而且电路特点与由晶体管构成的共发射极、共集电极、共基极电路的特点很类似。这里以N沟通增强型MOS管构成的共源放大电路为例进行分析,电路如图2.3.16所示。

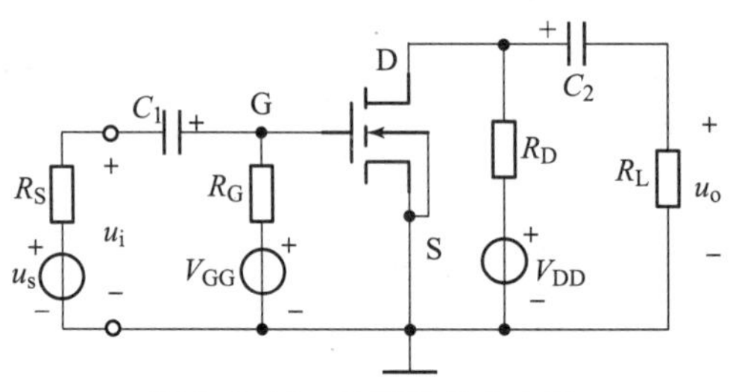

图2.3.16 共源极放大电路

u_s为电压信号源,由栅极输入,u_o为输出电压,由漏极输出,源极为公共端,故电路构成共源极放大电路。R_G为栅极电阻,V_{GG}为栅极直流电源,R_D为漏极电阻,V_{DD}为漏极电源,C_1、C_2为耦合电容,R_L为负载。

2)静态分析

场效应管放大电路与晶体管放大电路类似,必须给电路设置合适的静态工作点,电路才能很好地放大小信号。

静态分析时,先绘制电路的直流通路,电容看作断开,电压信号源短路,其直流通路如图2.3.17所示,则:

$$U_{GSQ}=V_{GG} \tag{2.3.5}$$

$$I_{DQ}=I_{DO}\left(\frac{U_{GSQ}}{U_{GS(th)}}-1\right)^2 \tag{2.3.6}$$

$$U_{DSQ}=V_{DD}-I_{DQ}\cdot R_D \tag{2.3.7}$$

其中,I_{DO}为$u_{GS}=2U_{GS(th)}$时,管子的漏极电流。

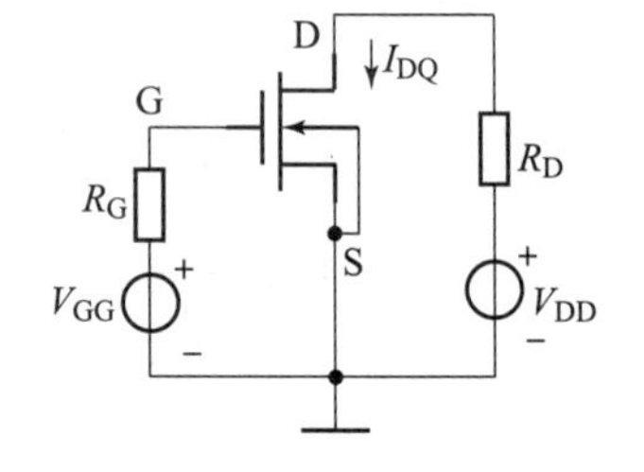

图2.3.17 电路的直流通路

3)小信号模型

场效应管属于非线性元件,当管子工作在放大状态时,信号在Q点附近较小的范围内变化,场效应管可以用线性电路进行等效,分析思路和晶体管类似。

场效应管的小信号模型如图2.3.18(a)所示,由于栅极电流$i_G\approx 0$,场效应管的输入电路近似为开路;在输出回路中,漏极电流i_D同时受到u_{GS}和u_{DS}的控制,其中u_{gs}引起的漏极电流变化量$i_d=g_m u_{gs}$,即等效为受控电压源,u_{ds}引起的漏极电流变化量$i_d=u_{ds}/r_{ds}$。这样输出电路等效为受控电压源$g_m u_{gs}$和漏源电阻r_{ds}并联的形式,由于场效应管的输出特性曲线在放大区几乎平行于横轴,故r_{ds}的值很大,可忽略不计,简化后的小信号模型如图2.3.18(b)所示。

注意:小信号模型对6种场效应管均适用,但要注意受控电压源的方向。

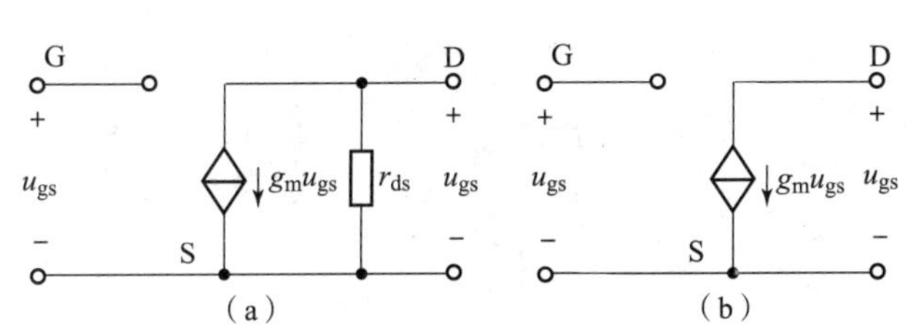

图 2.3.18 场效应管的小信号模型

(a)小信号模型;(b)简化后的小信号模型

2. 场效应管构成数字电路

利用场效应管的导通及截止,可以构成数字逻辑电路,例如非门、与非、或非、异或等门电路,因此场效应管在数字电路中应用十分广泛。在数字电路中,如果不做特殊说明一般采用增强型 MOS 管构成电路。一般 PMOS 管的衬底极连接到电源 V_{DD};一般 NMOS 管的衬底连接到 GND。数字集成电路常用如图 2.3.19 所示的符号表示 MOS 管,其中,图 2.3.19(a)为 NMOS 管,图 2.3.19(b)为 PMOS 管,衬底已经默认连接到 GND 或 V_{DD}。

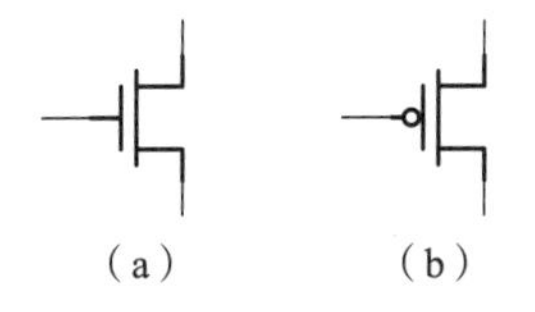

图 2.3.19 MOS 管符号

(a)NMOS 管;(b)PMOS 管

MOS 管在数字电路中可近似等效为开关,其中栅极电位 V_G 控制开关的“闭合”“打开”。对于 NMOS 管,当 $V_G=1$(高电平)时 NMOS 管导通,近似等效为开关闭合;当 $V_G=0$(低电平)时 NMOS 管截止,近似等效为开关打开,如图 2.3.20(a)所示。对于 PMOS 管,工作情况和 NMOS 管恰好相反,当 $V_G=0$ 时 PMOS 管导通,近似等效为开关闭合,当 $V_G=1$ 时 PMOS 管截止,近似等效为开关打开,如图 2.3.20(b)所示(注意:管子导通时,漏、源之间具有一定电阻)。

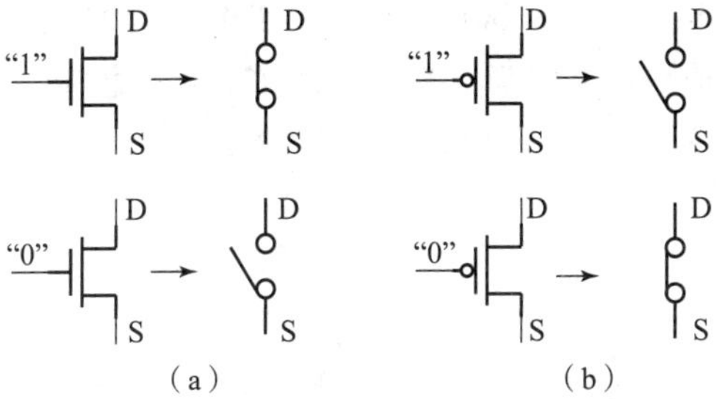

图 2.3.20 MOS 工作情况

(a)NMOS 管工作情况;(b)PMOS 管工作情况

1)反相器

反相器符号如图 2.3.21(a)所示,CMOS 反相器由增强型 NMOS 管和增强型 PMOS 管构成,电路如图 2.3.21(b)所示,信号由两管的栅极输入、漏极输出。当 $A=0$ 时,NMOS 管截止、PMOS 管导通、$F=V_{DD}$,如图 2.3.21(c)所示;当 $A=1$ 时,NMOS 管导通、PMOS 管截止、$F=0$,如图 2.3.21(d)所示。

2)与非门

2 输入与非门符号如图 2.3.22(a)所示,电路如图 2.3.22(b)所示,逻辑表达式为:

$$F=\overline{AB}$$

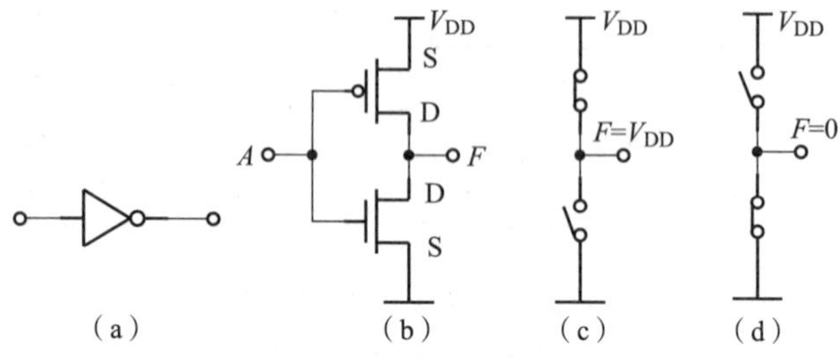

图 2.3.21 CMOS 反相器的符号、结构和工作情况

(a)反相器符号;(b)CMOS 反相器结构;(c)工作情况($A=0$);(d)工作情况($A=1$)

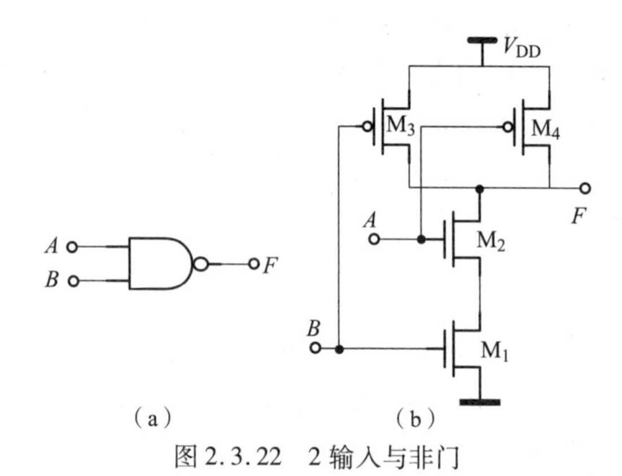

图 2.3.22 2 输入与非门

(a)符号;(b)电路

电路中每个输入信号既连接到 PMOS 管栅极又连到 NMOS 管栅极,这样 2 输入与非门需要两个 NMOS 管和两个 PMOS 管,且 NMOS 管串联、PMOS 管并联,输出信号 F 由 NMOS 阵列和 PMOS 阵列中间引出。信号由两管栅极输入,由两管漏极输出。

当 $A=0$、$B=0$ 时,NMOS 管全部截止,PMOS 管全部导通,等效电路如图 2.3.23(a)所示,则 $F=V_{DD}$。

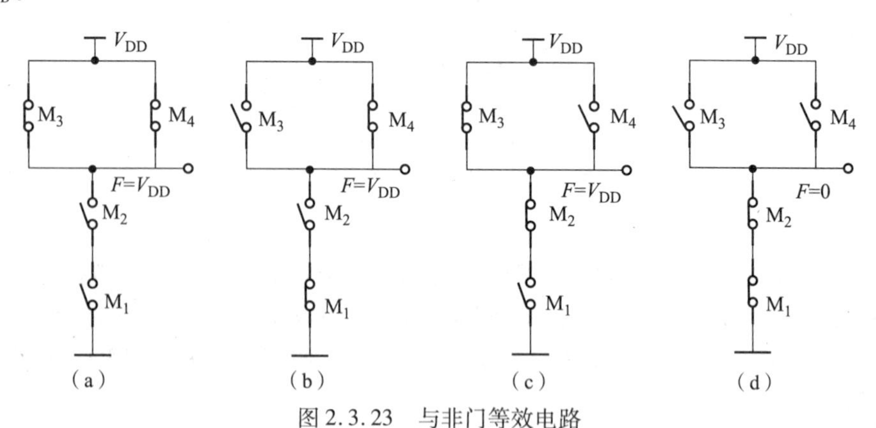

图 2.3.23 与非门等效电路

(a)$A=0$、$B=0$;(b)$A=0$、$B=1$;(c)$A=1$、$B=0$;(d)$A=1$、$B=1$

当 $A=0$、$B=1$ 时,M_2、M_3 管截止,M_1、M_4 管导通,等效电路如图 2.3.23(b)所示,由于 NMOS 串联,只要有一个管子断开,NMOS 部分就是断开的;由于 PMOS 并联,只要有一个管子

导通,PMOS 部分就导通,则 $F = V_{DD}$。

当 $A = 1$、$B = 0$ 时,工作情况和 $A = 0$、$B = 1$ 时类似,等效电路如图 2.3.23(c)所示,$F = V_{DD}$。

当 $A = 1$、$B = 1$ 时,NMOS 管全部导通,PMOS 管全部截止,等效电路如图 2.3.23(d)所示,则 $F = 0$。

电路真值表见表 2.3.3。

表 2.3.3　与非门真值表

A	*B*	*F*
0	0	1
0	1	1
1	0	1
1	1	0

其他电路的逻辑功能可以按照这种方式进行分析。

2.4　Multisim 仿真

2.4.1　晶体管输出特性曲线的仿真

利用伏安分析仪可以得到晶体管的输出特性曲线,测试电路如图 2.4.1 所示,伏安分析仪的参数设置如图 2.4.2 所示,仿真结果如图 2.4.3 所示。

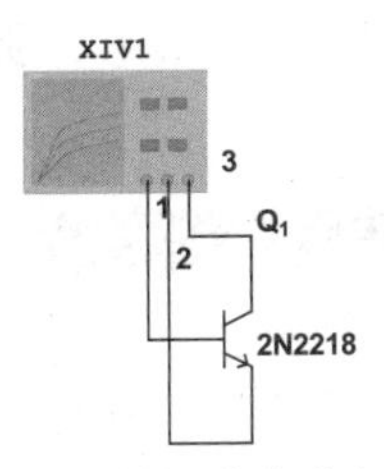

图 2.4.1　输出特性曲线分析测试电路

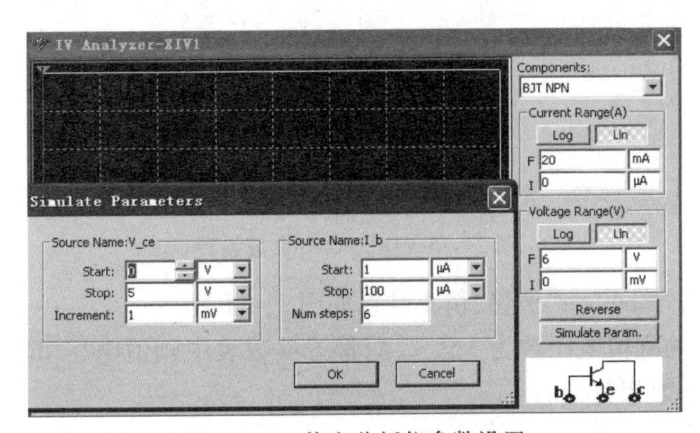

图 2.4.2　伏安分析仪参数设置

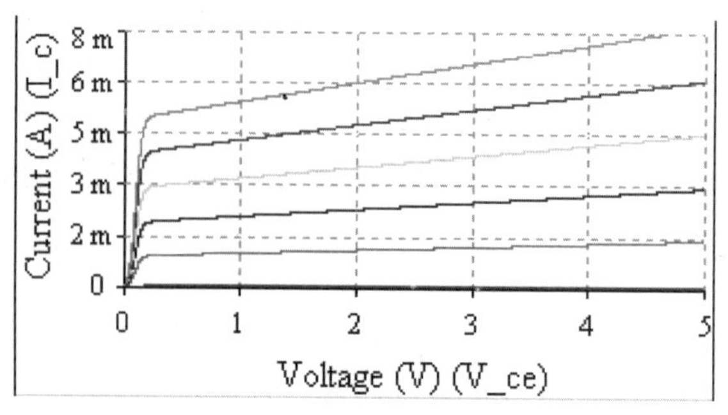

图 2.4.3　三极管的输出特性曲线

2.4.2　MOS 管转移特性曲线的仿真

利用 DC Sweep 可以得到场效应管的转移特性曲线，仿真分析电路如图 2.4.4 所示，管子类型为 N 沟道增强型 MOS 管，电路中 U_{GS}为栅源电压，U_{DS}为漏源电压。

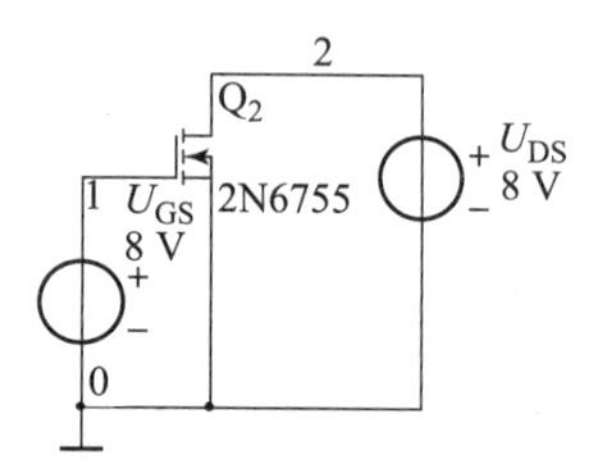

图 2.4.4　转移特性曲线测试电路

选择"Simulate"菜单中"Analyses"下的"DC Sweep"命令，打开"DC Sweep Analysis"对话框，"Analysis Parameters"选项卡参数设置如图 2.4.5 所示。在"Output"选项卡中设置漏极电流 i_D为输出变量。

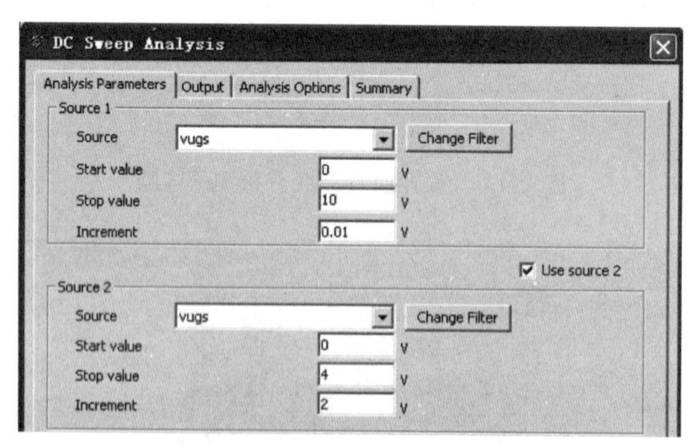

图 2.4.5　DC Sweep 参数设置

设置完成后单击"Simulate"按钮，仿真结果如图 2.4.6 所示。

由图可知，管子的阈值电压约为 3.7 V，而管子参数表中阈值电压 $U_{TO}=3.67049$ V，仿真结果与软件提供的参数相符合。

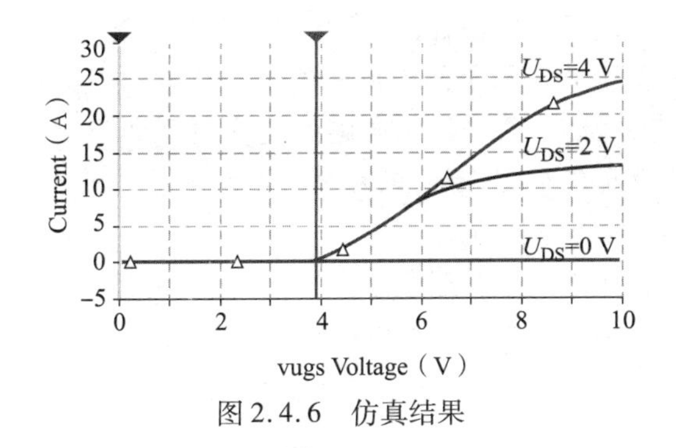

图 2.4.6　仿真结果

本章知识点归纳

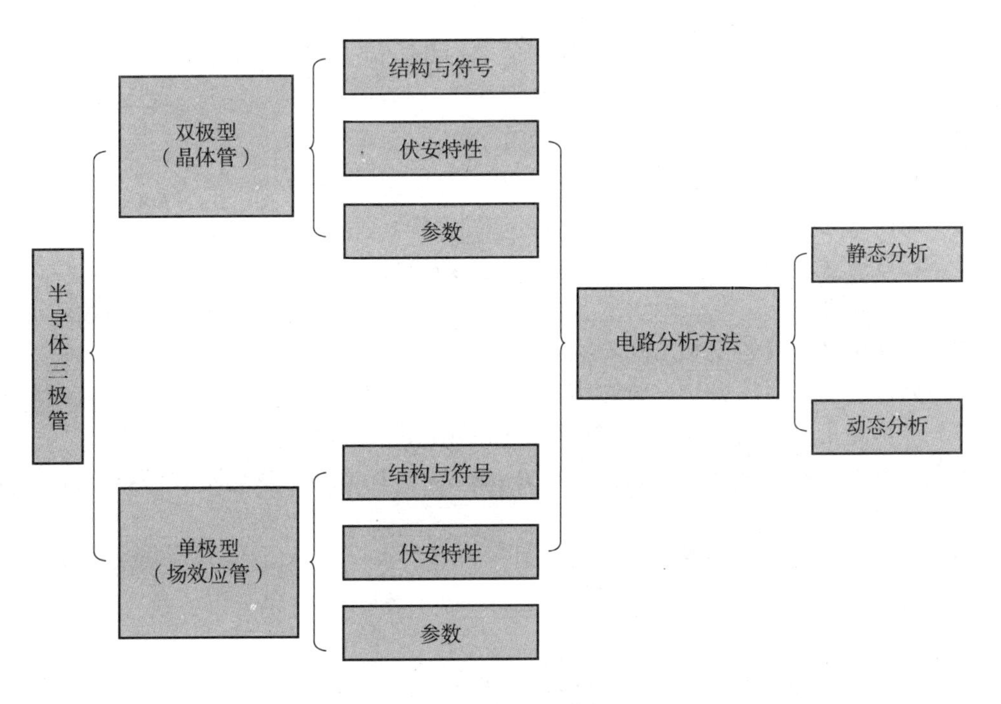

本章小结

(1)半导体三极管分为双极型三极管和单极型三极管。双极型半导体三极管简称为双极型三极管、晶体管或三极管,是电流控制电流的半导体器件。单极型三极管也称为场效应管,是电压控制电流的半导体器件。半导体三极管是电子电路的核心元件,其作用是把微弱信号放大成大信号,也可用作开关元件。

(2)晶体管按结构分为 NPN 管和 PNP 管,二者结构互补。晶体管可工作在放大、饱和、截止等状态,各状态条件、电位关系及特点见表 2.1.1。

(3)利用晶体管可构成放大电路,常见的有共发射极、共集电极、共基极 3 种组态的放大电路。在放大电路中交、直流信号同时存在,在分析中先对电路进行静态分析,保证晶体管工作在放大状态；然后对电路进行动态分析，求解电路的动态参数。

(4) 晶体管放大电路的静态分析需绘制电路的直流通路，求解晶体管的 Q 点，分析方法包括图解法和估算法。动态分析时，需要绘制电路的交流通路和小信号等效电路。在动态分析中，常将晶体管用小信号模型代替，从而使电路分析更加方便。放大电路的动态参数主要包括放大倍数 A_u、输入电阻 R_i、输出电阻 R_o。

(5) 场效应管具有输入电阻高、温度稳定性较好、抗辐射能力强、功耗小、噪声小等特点。场效应管分为结型场效应管和 MOS 管，也可分为增强型、耗尽型，也可分为 N 沟道、P 沟道。存在原始沟道的为耗尽型管，具有夹断电压、饱和漏极电流等参数；没有原始沟道的为增强型管，具有开启电压等参数。

(6) 场效应管可工作在恒流区、可变电阻区、截止区、击穿区。场效应管分析电路的方法和晶体管类似，先进行静态分析，再进行动态分析。

本章习题

一、填空题

1.1 晶体管按照结构可分为__________和__________。

1.2 晶体管为__________控制__________型器件。

1.3 场效应管为__________控制__________型器件。

1.4 晶体管有__________、__________、__________、__________ 4 种工作状态。

1.5 小功率晶体管的饱和压降 $U_{CES} \approx$ __________ V。

1.6 晶体管工作在放大状态时，发射极__________，集电极__________。

1.7 晶体管工作在放大状态时，测得 $I_B = 20\ \mu A$、$I_C = 2\ mA$，则管子的 β 约为__________。

1.8 室温下，测得晶体管静态时 $I_{BQ} = 20\ \mu A$、$I_{CQ} = 2\ mA$、$r_{bb'}$ 忽略不计，则管子的 r_{be} 约为__________ kΩ。

1.9 晶体管基本放大电路有__________、__________、__________ 3 种接法。

1.10 场效应管分为__________、__________两大类。

二、选择题

2.1 晶体管与场效应管均为非线性器件，前者为(　　)，后者为(　　)。

A. 指数型　　B. 一次函数型　　C. 平方律型

2.2 测得电路中工作在放大区的某晶体管 3 个极的电位分别为 0 V、-0.7 V 和 -4.7 V，则该管为 (　　)。

A. NPN 型锗管　　B. PNP 型锗管　　C. NPN 型硅管　　D. PNP 型硅管

2.3 晶体管的主要特点是具有(　　)。

A. 单向导电性　　B. 电流放大作用　　C. 稳压作用

2.4 单管放大电路的静态基极电流 I_B 适当增加时，晶体管的输入电阻 r_{be} 将(　　)。

A. 减小　　B. 增加　　C. 不变

2.5 BJT 管作放大时的输入电阻与输出电阻为(　　)。

A. 均很小　　B. 均很大

C. 前者较小,后者很大　　　　D. 前者很大,后者很小

2.6 场效应管的输入、输出电阻为(　　)。

A. 均很小　　　　B. 均很大

C. 前者很大,后者较小　　　　D. 前者较小,后者较大

2.7 晶体管共发射极的截止频率f_β的定义是(　　)。

A. $\beta=\beta_0$时的工作频率　　　　B. $\beta=0.707\beta_0$时的工作频率

C. $\beta=2\beta_0$时的工作频率　　　　D. $\beta=1$ 时的工作频率

2.8 某放大电路输入信号峰值为 10 mV,利用万用表交流挡测得输出电压数值为 100 mV,则该电路电压放大倍数的大小约为(　　)。

A. 10　　B. 7　　C. 14

2.9 某放大电路的负载 $R_L=4$ kΩ,利用万用表交流挡测得电路开路电压为 100 mV,增加负载后测得输出电压为 50 mV,则该电路输出电阻的大小约为(　　)kΩ。

A. 1　　B. 2　　C. 3　　D. 4

三、计算题

3.1 已知放大电路中晶体管的各极电流大小和方向如图 2.1 所示,判别晶体管的三个电极,估算其β值,判断管子类型(NPN 型还是 PNP 型)。

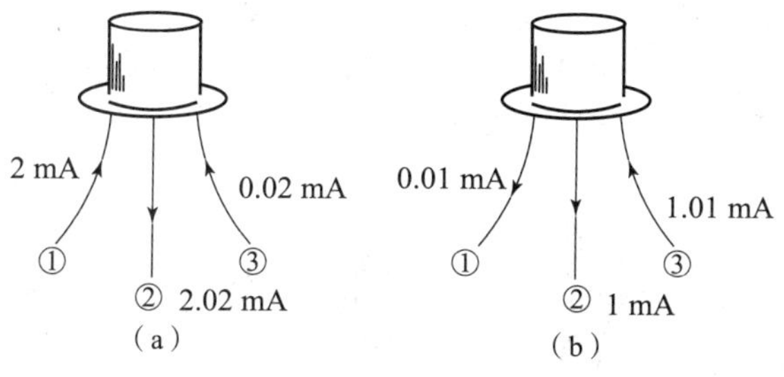

图 2.1　第 2 章习题用图(1)

3.2 测得某放大电路中晶体管的 3 个电极的电位分别为 -3.5 V、-3.3 V、-5 V,该晶体管为 NPN 型还是 PNP 型?属于硅管还是锗管?并判别晶体管的 3 个电极。

3.3 测得某放大电路中晶体管的 3 个电极的电位分别为 3.5 V、2.8 V、5 V,该晶体管为 NPN 型还是 PNP 型?属于硅管还是锗管?并判别晶体管的 3 个电极。

3.4 晶体管各极电位如图 2.2 所示,判断晶体管的类型及晶体管的工作状态。

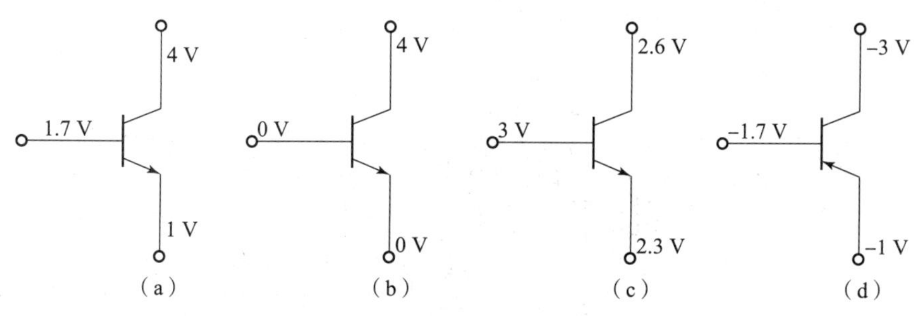

图 2.2　第 2 章习题用图(2)

3.5　电路如图 2.3 所示，晶体管为硅管，$\beta=100$，试：

(1) 判断三极管的工作状态；

(2) 求出电路的 I_{BQ}、I_{CQ}、U_{CEQ}。

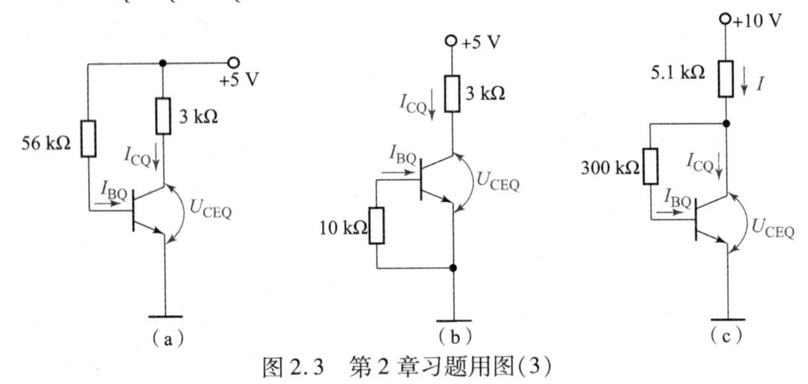

图 2.3　第 2 章习题用图(3)

3.6　放大电路如图 2.4 所示，晶体管为硅管，$\beta=100$，试：

(1) 判断晶体管电路的组态；

(2) 画出电路的直流通路并估算静态工作点；

(3) 画出交流通路和小信号等效电路。

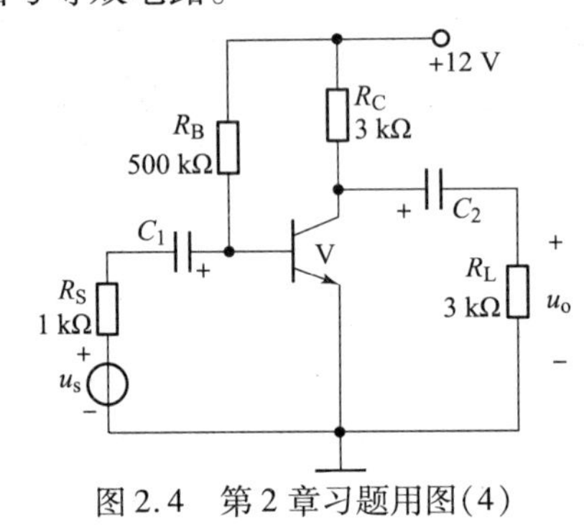

图 2.4　第 2 章习题用图(4)

3.7　放大电路如图 2.5 所示，晶体管为硅管，$\beta=100$，试：

(1) 判断晶体管电路的组态；

(2) 画出电路的直流通路并估算静态工作点；

(3) 画出交流通路和小信号等效电路。

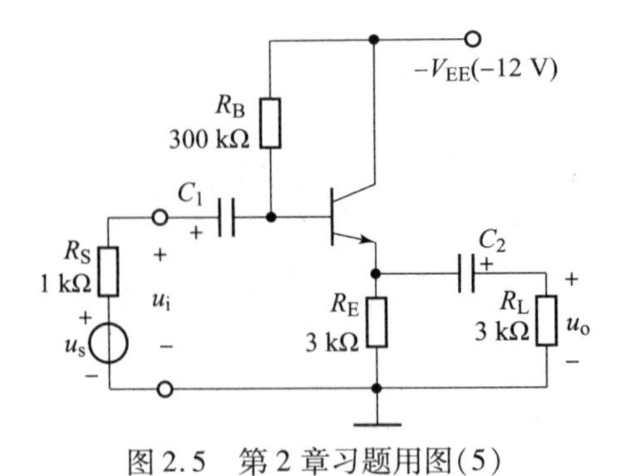

图 2.5　第 2 章习题用图(5)

3.8　电路如图2.6(a)所示,利用示波器观察输出信号波形,结果如图(b)、(c)、(d)所示,判断这些为哪类失真?如何消除?

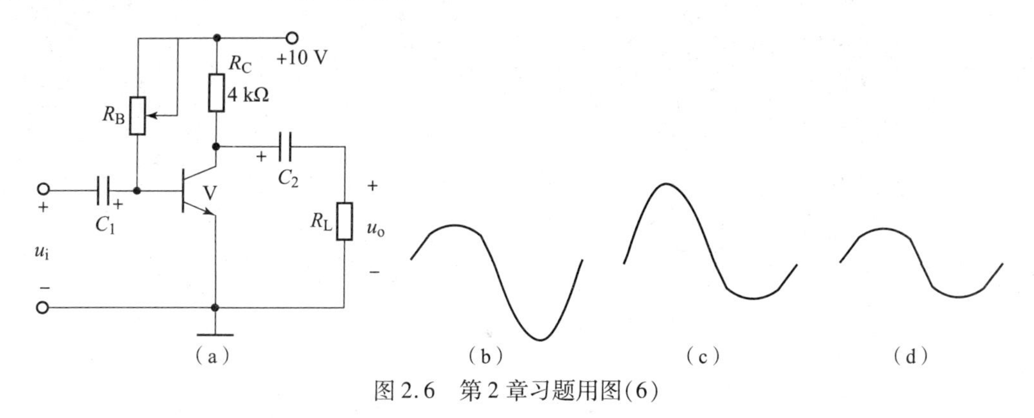

图2.6　第2章习题用图(6)

3.9　已知场效应管的转移特性曲线如图2.7所示:

(1)指出各场效应管的类型并画出管子的符号;

(2)对于耗尽型管,求出 $U_{GS(off)}$、I_{DSS};对于增强型管,求出 $U_{GS(th)}$。

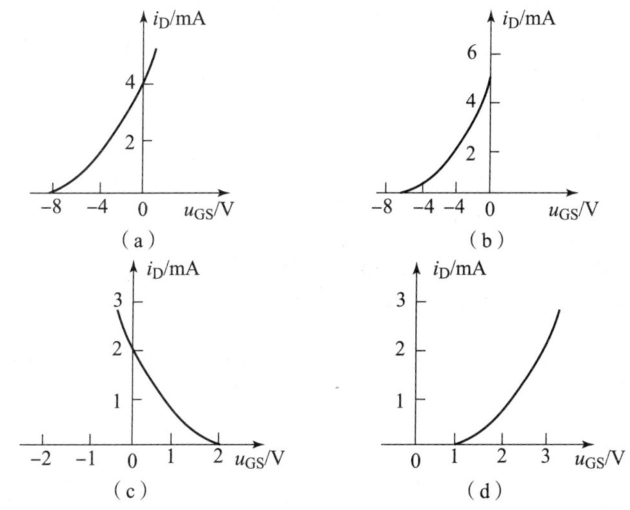

图2.7　第2章习题用图(7)

3.10　已知场效应管的输出特性曲线如图2.8所示:

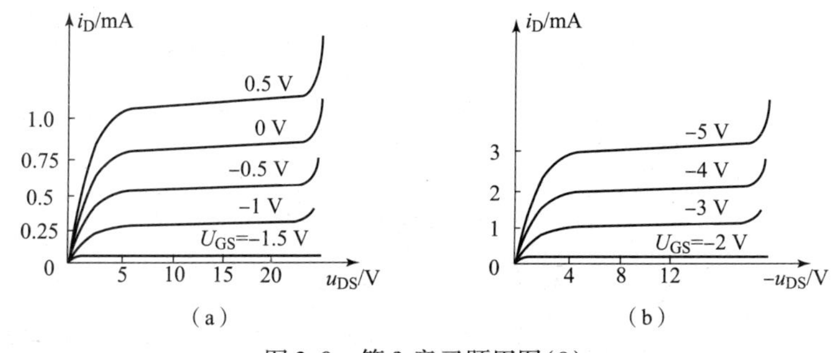

图2.8　第2章习题用图(8)

(1)指出各场效应管的类型并画出管子的符号;

(2)对于耗尽型管,求出 $U_{GS(off)}$、I_{DSS};对于增强型管,求出 $U_{GS(th)}$。

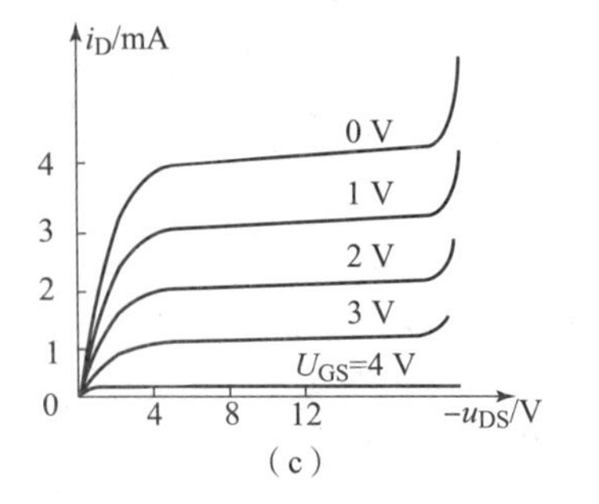

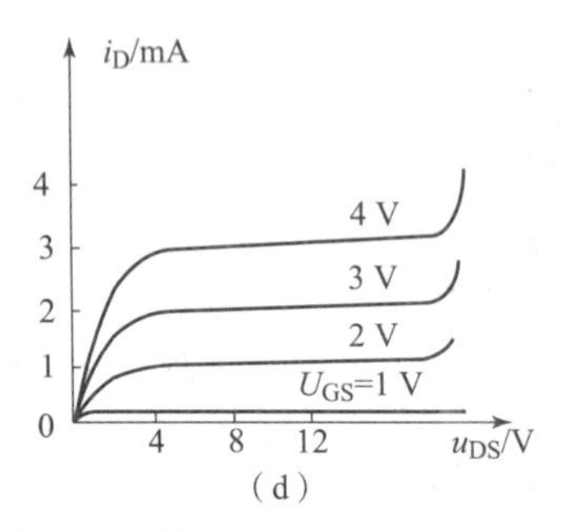

图 2.8 第 2 章习题用图(8)(续)

3.11 管子为 N 沟道增强型 MOS 管,电路及转移特性曲线如图 2.9 所示,试分析 u_i 分别为 2 V、6 V 时管子工作在什么状态?分别求出 u_o 的值。

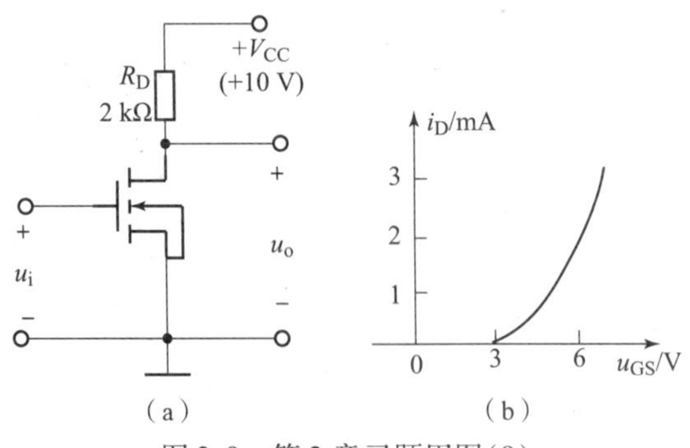

图 2.9 第 2 章习题用图(9)

(a)电路;(b)转移特性曲线

3.12 电路如图 2.10 所示,分析该电路的功能,画出真值表,并写出电路的逻辑运算表达式。

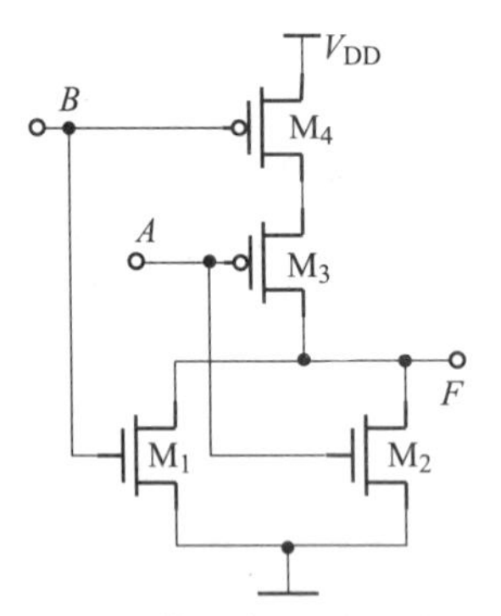

图 2.10 第 2 章习题用图(10)

第二部分　电路与应用篇

第 3 章

基本放大电路

本章导读

放大电路不仅是模拟电路中重点研究的内容,也是应用最为广泛的电路之一,是构成系统电路的基本单元之一。

为了改善电路的性能,在第 2 章介绍的放大电路基础上派生出其他类型的放大电路:为了提高放大电路的放大倍数,引入多级放大电路;为了抑制电路的零点漂移、抑制噪声,引入差分放大电路;为提高电路的输出功率,引入功率放大电路。不同类型的电路特点不同、作用不同。

本章内容包括单级放大电路、差分放大电路、功率放大电路、多级放大电路以及集成运算放大器的引入,进而分析各种电路的组成、工作原理和设计方法。

3.1 放大电路的基本结构

放大电路的基本结构如图 3.1.1(a)所示,主要由信号源、放大电路、直流电源、负载组成。

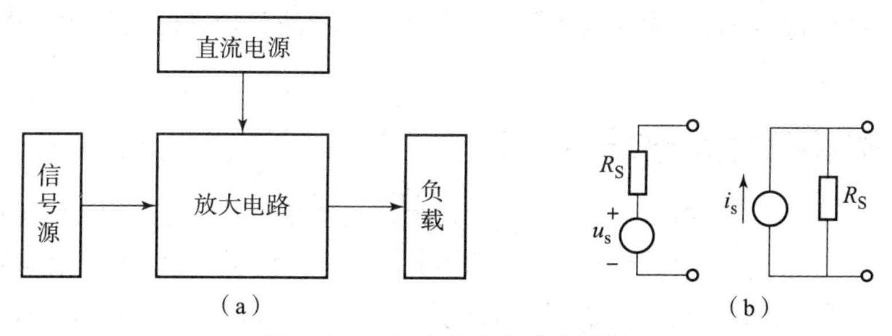

图 3.1.1　放大电路的基本结构

(a)放大电路的基本结构;(b)信号源类型

在电子电路中,放大的对象是小信号变化量。信号源提供需要放大的小信号,信号源可以将日常生活的非电信号(温度、压力、湿度……)转化为模拟电信号(电压、电流)。在多级放大电路中,前一级的输出信号也可以作为后一级的信号源。信号源可以等效为电压源和电流源,如图 3.1.1(b)所示,R_S为信号源内阻,理想电压源的内阻 $R_S \approx 0$,理想电流源的内阻 $R_S \approx \infty$。

基本放大电路由半导体三极管(晶体管或场效应管)构成,此时要求晶体管工作在放大区,场效应管工作在恒流区。单级放大电路结构简单,但性能较差,若单级放大电路达不到实际要求,可将单级放大电路构成多级放大电路,以提高电路性能。放大的前提是信号不失真,如果输出信号产生失真则电路就谈不上放大,保证信号不失真的前提是放大电路有合适的静态工作点。放大的特征为功率放大,表现为输出电压大于输入电压,或者输出电流大于输入电流,或者二者兼之。

直流电源一方面为半导体三极管提供合适的偏置,保证管子工作在放大区,不失真地放大小信号,另一方面承担了能量转换的作用。放大的本质是在输入小信号的作用下,通过有源元件(晶体管)对直流电源进行转换和控制,使负载从电源中获取能量更大的信号。

3.2 基本组态放大电路

单级放大电路是由单个晶体管和外围电阻、电容等元件构成的放大电路,当元件选取合适时电路能够放大一定频率范围内的小信号。基本组态放大电路类型如图 3.2.1 所示,由晶体管可构成共射极(CE)、共集电极(CC)、共基极(CB)3 种组态的单级放大电路;由场效应管可构成共源(CS)、共漏(CD)、共栅(CG)3 种组态的单级放大电路。

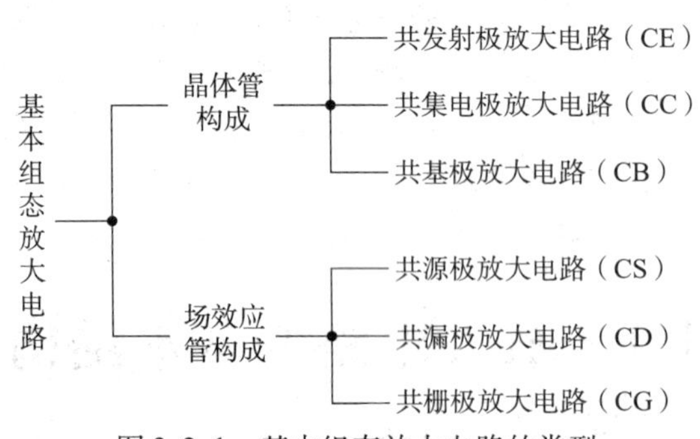

图 3.2.1 基本组态放大电路的类型

电路结构不同、特点不同、用途也不同,本节通过不同的分析方法可得出各电路的特点,确定电路的用途。

3.2.1 共发射极放大电路(CE)

共发射极放大电路不仅可以放大电压信号,也能放大电流信号,在放大电路中常常起到放大小信号的作用。共发射极电路结构有很多种,其中分压偏置共发射极放大电路的静态工作点 Q 点稳定,能随温度的变化而自动调节,是一种典型的单级放大电路。

1. 电路结构

分压偏置共发射极放大电路如图 3.2.2 所示。电路中小信号由基极输入,放大后的信号由集电极输出,发射极作为电路的公共端,故电路组态为共发射极。R_L 为负载电阻。C_1、C_2 为耦合电容,具有隔直通交的作用,保证信号源和负载对放大电路静态工作点没有影响,为了减小交流小信号在耦合电容上的损耗,要求耦合电容容抗较小,一般采用容量较大的电解电容。C_E 为旁路电容,分析直流信号时,C_E 开路,保证 R_E 对电路静态工作点有作用;分析交流信号时,C_E 短路,保证 R_E 对电路的动态参数没有影响,这要求 C_E 的容抗越小越好,在低频小信号电路中常采用容量较大的电解电容,使用时注意电容正极的接法。R_{B1}、R_{B2} 为基极分压电阻,R_C 为集电极电阻,R_E 为发射极电阻,直流电源 V_{CC} 为晶体管提供合适的静态偏置,使管子工作在放大状态。

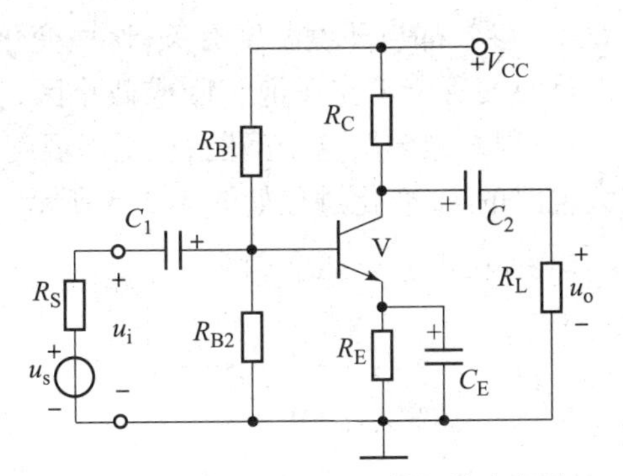

图 3.2.2 分压偏置共发射极放大电路

2. 静态分析

电路处于放大状态时静态工作点一般采用估算法求解，其步骤为：

(1)画出电路的直流通路。

(2)选择回路，计算基极电压 U_{BQ}。

(3)选择回路，计算晶体管的 I_{CQ}、I_{BQ}、U_{CEQ}。

绘制直流通路时，电容看作开路，如图 3.2.3(a)所示，故电路中虚线部分没有直流信号流过，不属于直流通路，电路直流通路如图 3.2.3(b)所示。

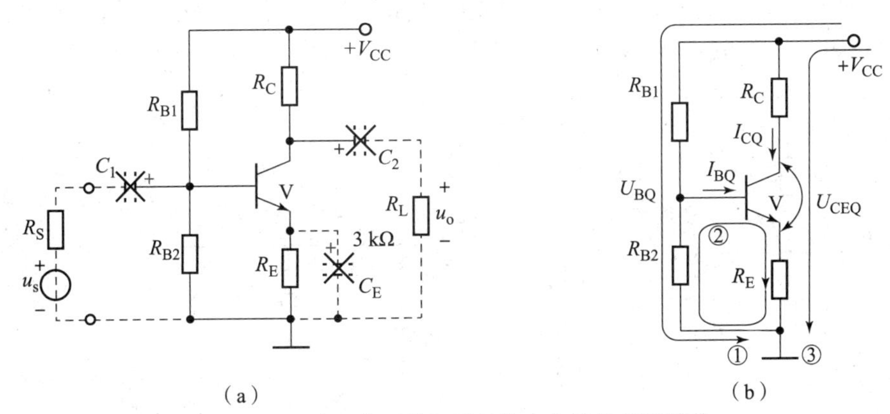

图 3.2.3 分压偏置共发射极放大电路的直流通路

(a)电路图；(b)直流通路

基极电流 I_{BQ}很小，故 $I_{BQ} \ll I_{R_{B2}}$，因此 $I_{R_{B1}} = I_{R_{B2}}$，选择回路①，由基尔霍夫定律可得：

$$U_{BQ} \approx \frac{R_{B2}}{R_{B1} + R_{B2}} V_{CC} \tag{3.2.1}$$

选择回路②，由基尔霍夫定律可得：

$$I_{CQ} \approx I_{EQ} = \frac{U_{BQ} - U_{BEQ}}{R_E} \tag{3.2.2}$$

由放大特征方程可得：

$$I_{BQ} = I_{CQ}/\beta \tag{3.2.3}$$

选择回路③可得：

$$U_{CEQ} = V_{CC} - I_{CQ} \cdot (R_C + R_E) \tag{3.2.4}$$

由于晶体管的 U_{BEQ}、β、I_{CEQ} 等参数都与环境温度有关，这些变化会引起 I_{CQ} 的变化，从而引起电路静态工作点的漂移，严重时使管子工作在饱和区或截止区，从而使输出信号产生失真。分压偏置共发射极放大电路可以很好地解决这个问题，这里以温度升高为例进行分析，温度升高时，分压偏置共发射极放大电路的 I_{CQ} 变化过程如图 3.2.4 所示。

$$T\uparrow \longrightarrow I_{CQ}\uparrow \longrightarrow U_{EQ}\uparrow \longrightarrow U_{BEQ}\downarrow$$

$$I_{CQ}\downarrow \longleftarrow I_{BQ}\downarrow \longleftarrow$$

图 3.2.4　分压偏置共发射极放大电路的 I_{CQ} 变化过程

当温度升高时，I_{CQ} 增大，则发射极电阻 R_E 上的压降增大，发射极电压 U_{EQ} 增大，而 U_{BQ} 是由 R_{B1}、R_{B2} 分压得到的，与温度无关，因此 U_{BEQ} 减小，基极电流 I_{BQ} 减小，I_{CQ} 减小，这样由于 R_E 的反馈作用，使电路温度变化时，I_{CQ} 保持不变，稳定了电路的静态工作点。

3. 动态分析

放大电路的动态分析主要是求解电路的 3 个动态参数：电压放大倍数（A_u）、输入电阻（R_i）、输出电阻（R_o）。

首先绘制电路的交流通路，电容可看作短路，直流电源 V_{CC} 对交流信号视为短路，如图 3.2.5(a) 所示，为了便于绘制小信号等效电路，将图 3.2.5(a) 中所有元件排列成一行，整理后的交流通路如图 3.2.5(b) 所示。将交流通路中的晶体管用小信号模型代替，得到电路的小信号等效电路，如图 3.2.6(a) 所示。

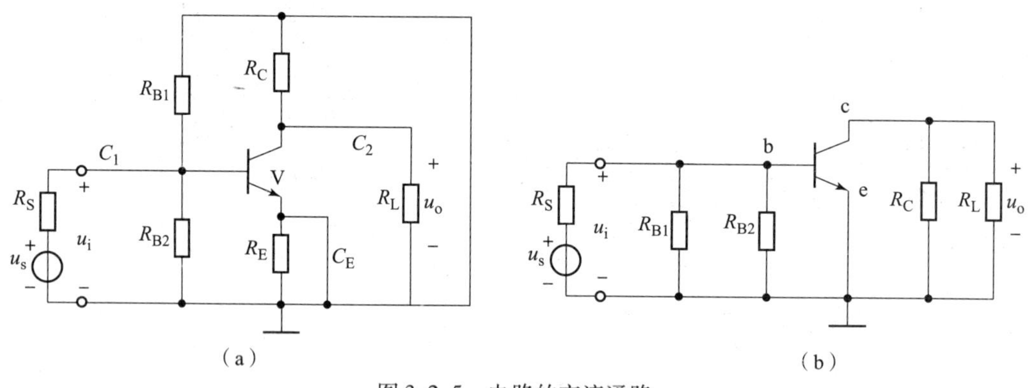

图 3.2.5　电路的交流通路

(a) 电路图；(b) 交流通路

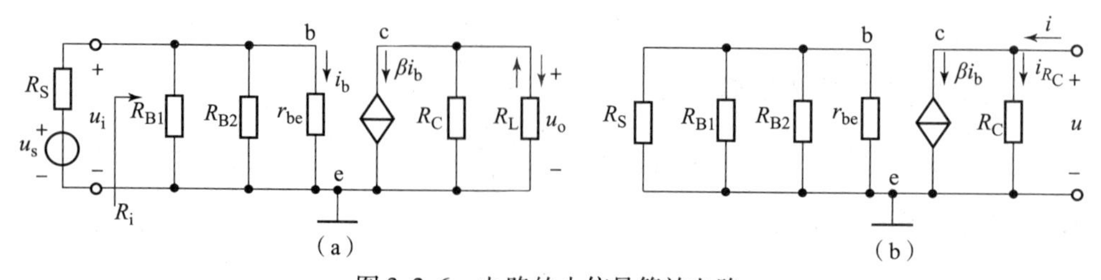

图 3.2.6　电路的小信号等效电路

(a) 小信号等效电路；(b) 求解输出电阻的等效电路图

1）电压放大倍数（A_u）

由静态分析得到的 I_{CQ} 可求出晶体管的 r_{be}：

$$r_{be}=r_{bb'}+(1+\beta)\frac{U_T}{I_{EQ}} \tag{3.2.5}$$

输入电压 $u_i=i_b\cdot r_{be}$，输出电压 $u_o=-\beta i_b\cdot(R_C/\!/R_L)$，由于规定输出电压为上正下负，但是实际电压方向由下到上，故输出电压增加负号，所以电压放大倍数为：

$$A_u=\frac{u_o}{u_i}=-\frac{\beta(R_C/\!/R_L)}{r_{be}} \tag{3.2.6}$$

电压放大倍数中的负号说明输出信号与输入信号极性相反。

2）输入电阻

输入电阻为从输入端口看进去的等效电阻，由图3.2.6（a）可知，输入端口两端电阻为

$$R_i=r_{be}/\!/R_{B1}/\!/R_{B2} \tag{3.2.7}$$

3）输出电阻

输出电阻按照2.2.4节中介绍的方法计算，首先令电压源置零，信号源内阻保留，然后将负载换成电压源 u，上正下负，产生的电流为 i，如图3.2.6（b）所示，通常通过讨论电流关系可计算出输出电阻。

由图3.2.6（b）可知，$i=i_{R_C}+\beta i_b$，由于电压源为0，故 $i_b=0$，则受控电流源 $\beta i_b=0$，而 $i_{R_C}=u/R_C$，因此，电路的输出电阻 R_o 等于：

$$R_o=\frac{u}{i}=R_C \tag{3.2.8}$$

例3.2.1　电路如图3.2.2所示，已知 $\beta=100$，$r_{bb'}$ 忽略不计，$U_{BEQ}=0.7\ \text{V}$，$V_{CC}=+12\ \text{V}$，$R_{B1}=30\ \text{k}\Omega$，$R_{B2}=10\ \text{k}\Omega$，$R_C=4\ \text{k}\Omega$，$R_E=2\ \text{k}\Omega$，$R_L=4\ \text{k}\Omega$，$R_S=1\ \text{k}\Omega$，各电容对交流信号短路，试：

（1）求解电路的静态工作点；

（2）求解电压放大倍数、输入电阻、输出电阻及源电压放大倍数 A_{us}；

（3）断开 C_E，求解电压放大倍数、输入电阻、输出电阻。

解：（1）静态分析。

$$U_{BQ}\approx\frac{R_{B2}}{R_{B1}+R_{B2}}V_{CC}=\frac{10}{10+30}\times12\ \text{V}=3\ \text{V}$$

$$I_{CQ}\approx I_{EQ}=\frac{U_{BQ}-U_{BEQ}}{R_E}=\frac{(3-0.7)\ \text{V}}{2\ \text{k}\Omega}=1.15\ \text{mA}$$

$$I_{BQ}=I_{CQ}/\beta=11.5\ \mu\text{A}$$

$$U_{CEQ}=V_{CC}-I_{CQ}\cdot(R_C+R_E)=12\ \text{V}-1.15\ \text{mA}\cdot(2\ \text{k}\Omega+4\ \text{k}\Omega)=5.1\ \text{V}$$

（2）动态分析。

$$r_{be}=r_{bb'}+(1+\beta)\frac{U_T}{I_{EQ}}=101\times\frac{26\ \text{mV}}{1.15\ \text{mA}}\approx2.3\ \text{k}\Omega$$

$$A_u=\frac{u_o}{u_i}=-\frac{\beta(R_C/\!/R_L)}{r_{be}}=-\frac{100(4/\!/4)\ \text{k}\Omega}{2.3\ \text{k}\Omega}\approx-87$$

$$R_i = r_{be} // R_{B1} // R_{B2} \approx 1.7\ \text{k}\Omega$$

$$R_o = R_C = 4\ \text{k}\Omega$$

$$A_{us} = \frac{u_o}{u_s} = \frac{u_o}{u_i}\frac{u_i}{u_s} = A_u \cdot \frac{R_i}{R_i + R_S} = -87 \cdot \frac{1.7}{1.7+1} \approx -55$$

(3)断开 C_E。

断开 C_E 后，R_E 在交流信号作用时连入电路，故电路的交流通路和小信号等效电路如图3.2.7所示。

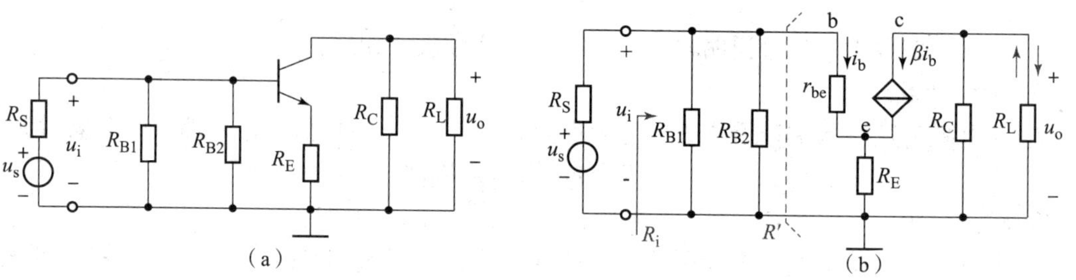

图 3.2.7　C_E 开路后的交流通路和小信号等效电路

(a)交流通路；(b)小信号等效电路

由图 3.2.7 可得，输入电压 $u_i = i_b \cdot r_{be} + (1+\beta) i_b \cdot R_E$，输出电压 $u_o = -\beta i_b \cdot (R_C // R_L)$，所以，电压放大倍数为

$$A_u = \frac{u_o}{u_i} = -\frac{\beta(R_C // R_L)}{r_{be} + (1+\beta) R_E} \approx -1$$

和第(2)问相比，去掉 C_E 后电路电压放大倍数明显减小。

输入电阻为从输入端口看进去的等效电阻，由图 3.2.7(b)可知：

$$R_i = R_{B1} // R_{B2} // R' = R_{B1} // R_{B2} // (r_{be} + (1+\beta) R_E) \approx 7.3\ \text{k}\Omega$$

输出电阻计算过程中，由于电压源为 0，故 $i_b = 0$，则受控电流源 $\beta i_b = 0$，因此，电路的输出电阻 R_o 等于：

$$R_o = \frac{u}{i} = R_C = 4\ \text{k}\Omega$$

由上分析可知，共发射极放大电路可以放大电流也可以放大电压，输出电压和输入电压反相，电路的输入电阻和输出电阻适中，共发射极放大电路广泛用于小信号放大电路。

3.2.2　共集电极放大电路(CC)

1. 电路结构

共集电极放大电路如图 3.2.8 所示，电路中小信号由基极输入，放大后的信号由发射极输出，集电极作为电路的公共端，故电路为共集电极电路，也称为射极输出器。其中，C_1、C_2 为耦合电容，R_B 为基极分压电阻，R_S 为信号源内阻，R_E 为发射极电阻，R_L 为负载电阻。

2. 静态分析

首先绘制电路的直流通路，如图 3.2.9 所示。

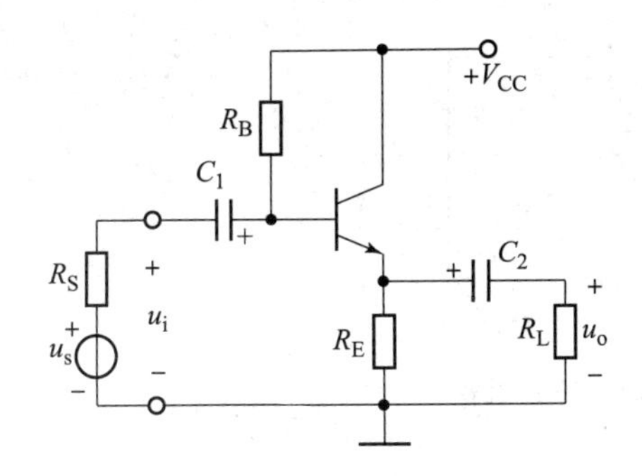

图 3.2.8　共集电极放大电路

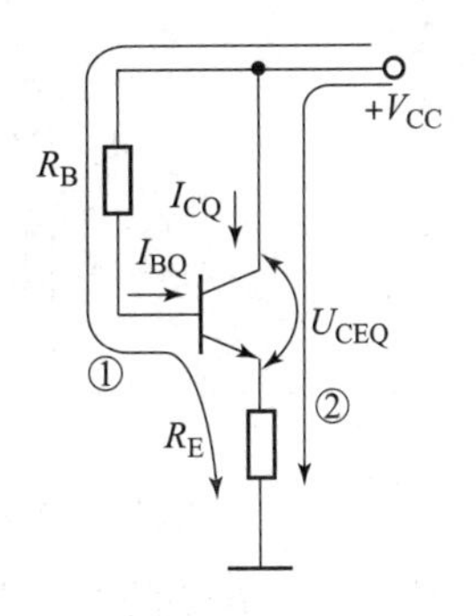

图 3.2.9　共集电极放大电路的直流通路

选择回路①可得：

$$I_{\mathrm{BQ}}=\frac{V_{\mathrm{CC}}-U_{\mathrm{BEQ}}}{R_{\mathrm{B}}+(1+\beta)R_{\mathrm{E}}} \tag{3.2.9}$$

由放大特征方程可得：

$$I_{\mathrm{CQ}}=\beta I_{\mathrm{BQ}}$$

选择回路②可得：

$$U_{\mathrm{CEQ}}=V_{\mathrm{CC}}-I_{\mathrm{CQ}}\cdot R_{\mathrm{E}}$$

3. 动态分析

共集电极放大电路的交流通路和小信号等效电路如图 3.2.10 所示。

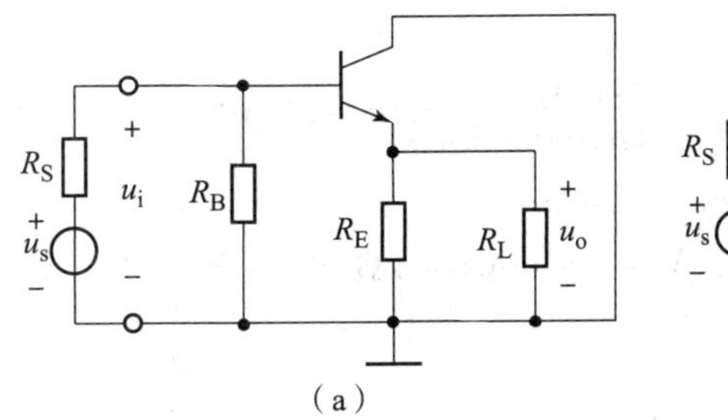

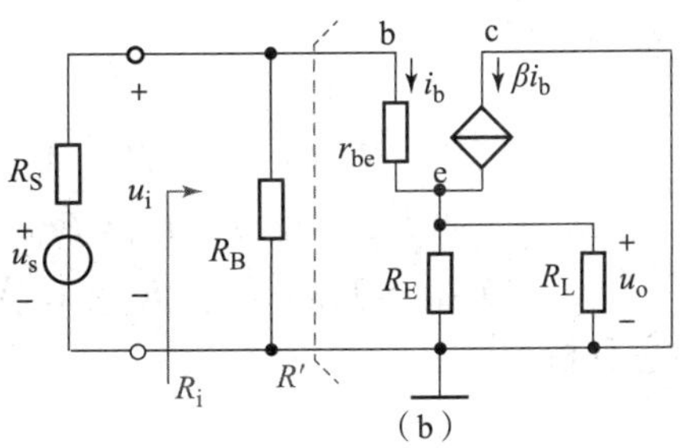

图 3.2.10　共集电极放大电路的交流通路和小信号等效电路

(a)交流通路；(b)小信号等效电路

1)电压放大倍数 A_u

输入电压 $u_{\mathrm{i}}=i_{\mathrm{b}}\cdot r_{\mathrm{be}}+(1+\beta)i_{\mathrm{b}}\cdot(R_{\mathrm{E}}/\!/R_{\mathrm{L}})$，输出电压 $u_{\mathrm{o}}=-\beta i_{\mathrm{b}}\cdot(R_{\mathrm{E}}/\!/R_{\mathrm{L}})$，所以电压放大倍数为：

$$A_u=\frac{u_{\mathrm{o}}}{u_{\mathrm{i}}}=\frac{(1+\beta)(R_{\mathrm{E}}/\!/R_{\mathrm{L}})}{r_{\mathrm{be}}+(1+\beta)(R_{\mathrm{E}}/\!/R_{\mathrm{L}})} \tag{3.2.10}$$

一般 $r_{\mathrm{be}}\ll(1+\beta)(R_{\mathrm{E}}/\!/R_{\mathrm{L}})$，故估算可得 $A_u\approx1$。

2)输入电阻 R_{i}

输入电阻为从输入端口看进去的等效电阻，由图 3.2.10(b)可知：

$$R_{\mathrm{i}}=R_{\mathrm{B}}/\!/R'=R_{\mathrm{B}}/\!/[r_{\mathrm{be}}+(1+\beta)\cdot(R_{\mathrm{E}}/\!/R_{\mathrm{L}})] \tag{3.2.11}$$

3)输出电阻 R_{o}

令电压源置零，负载换成电源 u，产生的电流为 i，小信号电路如图 3.2.11 所示，则 $R_{\mathrm{o}}=u/i$。

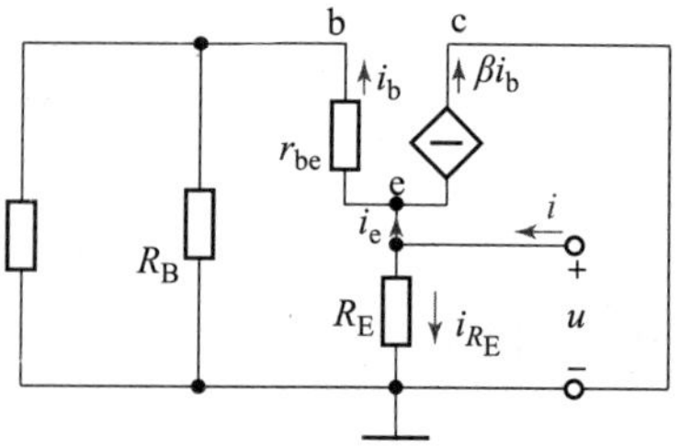

图 3.2.11　求解 R_o的小信号等效电路

电路中常常通过讨论 i 的关系得到 R_o的表达式。

基极电流 $i_b = u/(r_{be} + R_S /\!/ R_B)$，方向向上，则受控电流源方向向上，如图 3.2.11 所示，则：

$$i = i_{R_E} + (1+\beta) i_b \tag{3.2.12}$$

$$i = u/R_E + (1+\beta) u/(r_{be} + R_S /\!/ R_B) \tag{3.2.13}$$

$$R_o = \frac{u}{i} = R_E /\!/ \frac{r_{be} + R_S /\!/ R_B}{1+\beta} \tag{3.2.14}$$

例 3.2.2　电路如图 3.2.8 所示，已知 $\beta = 100$，$r_{bb'}$忽略不计，$U_{BEQ} = 0.7\ \text{V}$，$V_{CC} = +12\ \text{V}$，$R_B = 400\ \text{k}\Omega$，$R_E = 4\ \text{k}\Omega$，$R_L = 4\ \text{k}\Omega$，$R_S = 1\ \text{k}\Omega$，各电容对交流信号短路，试：

(1)求解电路的静态工作点；

(2)求解电压放大倍数、输入电阻、输出电阻及源电压放大倍数 A_{us}。

解：(1)静态分析。

$$I_{BQ} = \frac{V_{CC} - U_{BEQ}}{R_B + (1+\beta) R_E} = \frac{(12-0.7)\ \text{V}}{400\ \text{k}\Omega + 101 \times 4\ \text{k}\Omega} \approx 14\ \mu\text{A}$$

$$I_{CQ} = \beta I_{BQ} = 1.4\ \text{mA}$$

$$U_{CEQ} = V_{CC} - I_{CQ} \cdot R_E = 12\ \text{V} - 1.4\ \text{mA} \times 4\ \text{k}\Omega = 6.4\ \text{V}$$

(2)动态分析。

$$r_{be} = r_{bb'} + (1+\beta) \frac{U_T}{I_{EQ}} = 101 \times \frac{26\ \text{mV}}{1.4\ \text{mA}} \approx 1.9\ \text{k}\Omega$$

$$A_u = \frac{u_o}{u_i} = \frac{(1+\beta)(R_E /\!/ R_L)}{r_{be} + (1+\beta)(R_E /\!/ R_L)} = \frac{101 \times (4 /\!/ 4)\ \text{k}\Omega}{1.9\ \text{k}\Omega + 101 \times (4 /\!/ 4)\ \text{k}\Omega} = 0.99$$

$$R_i = R_B /\!/ [r_{be} + (1+\beta) \cdot (R_E /\!/ R_L)] = 400 /\!/ [1.9 + 101 \times (4 /\!/ 4)]\ \text{k}\Omega \approx 134\ \text{k}\Omega$$

$$R_o = R_E /\!/ \frac{r_{be} + R_S /\!/ R_B}{1+\beta} = 4 /\!/ \frac{1.9 + 1 /\!/ 400}{101}\ \text{k}\Omega \approx 29\ \Omega$$

由上分析可知，共集电极放大电路能放大电流，不能放大电压，电压放大倍数近似等于 1，而且输出电压和输入电压同相，电路输入电阻很高，输出电阻很小。

共集电极放大电路的输出电阻很小，因此，该电路带负载能力很强，输出信号的动态范围很宽，常作为多级放大电路的输出级。

共集电极放大电路的输入电阻很高，可以从信号源获取更多信号，但是从信号源吸取的功率很小，故对信号源影响很小，常作为电路的输入级。

由于共集电极电路输入电阻高，输出电阻很小，电压放大倍数为 1，故共集电极电路常作为缓冲级。利用其较高的输入电阻减弱对信号源的影响，利用其较小的输出电阻提高电路的带负载能力，同时共集电极放大电路的引入不会改变整个电路的增益。

3.2.3　共基极放大电路(CE)

1. 电路结构

共基极放大电路如图 3.2.12 所示，电路中小信号由发射极输入，信号由集电极输出，基极作为电路的公共端，故电路构成共基极电路。

2. 静态分析

首先绘制电路的直流通路，如图 3.2.13 所示，由图可见，共基极放大电路的直流通路与分压偏置共发射极放大电路的直流通路相同，因此，Q 点的求解方法完全相同，这里不再赘述。

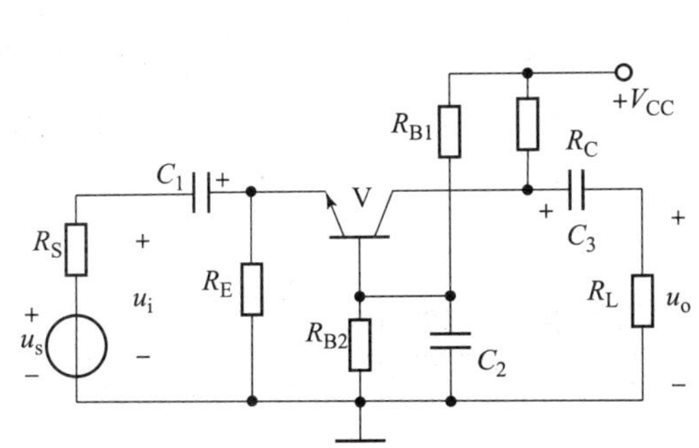

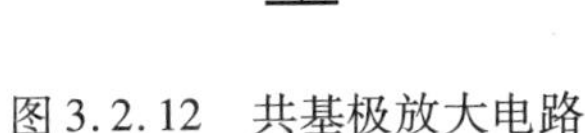

图 3.2.12　共基极放大电路

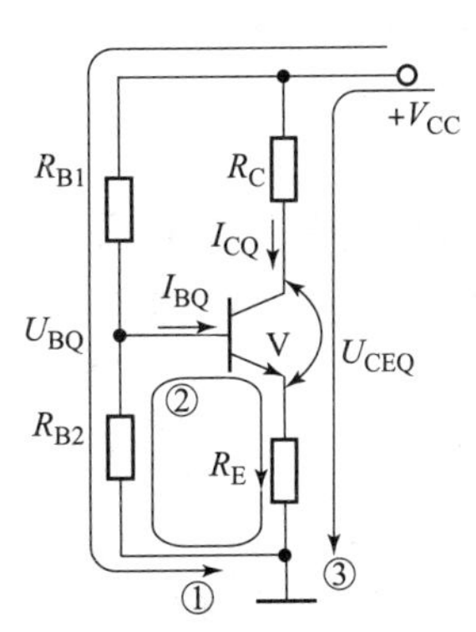

图 3.2.13　共基极放大电路的直流通路

3. 动态分析

共基极放大电路的交流通路和小信号等效电路如图 3.2.14 所示。

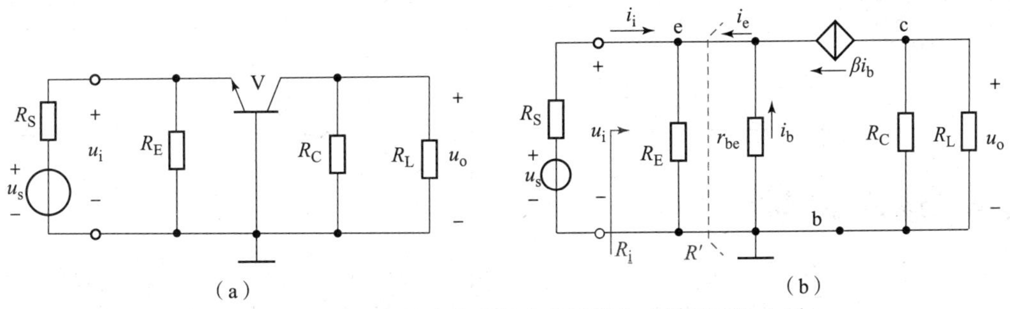

图 3.2.14　共基极放大电路的交流通路与小信号等效电路

(a)交流通路；(b)小信号等效电路

1)电压放大倍数 A_u

输入电压 $u_i = -i_b \cdot r_{be}$，输出电压 $u_o = -\beta i_b \cdot (R_C /\!/ R_L)$，所以电压放大倍数为：

$$A_u = \frac{u_o}{u_i} = \frac{\beta(R_C /\!/ R_L)}{r_{be}} \tag{3.2.15}$$

共基极放大电路的电压放大倍数较大，而且 A_u 为正值，说明共基极放大电路输入信号与输出信号极性相同。

2）输入电阻 R_i

输入电阻为从输入端口看进去的等效电阻，由图 3.2.14(b) 可知，$R_i = R_E /\!/ R'$。

$$R' = r_{be} = \frac{u_i}{-i_e} = \frac{-i_b \cdot r_{be}}{-(1+\beta)i_b} = \frac{r_{be}}{1+\beta} \tag{3.2.16}$$

$$R_i = R_E /\!/ R' = R_E /\!/ \frac{r_{be}}{1+\beta} \tag{3.2.17}$$

由于 $r_{be}/(1+\beta)$ 数值很小，故共基极电路的输入电阻很小。

3）输出电阻 R_o

输出电阻按照 2.2.4 节中介绍的方法计算，首先令电压源置零，信号源内阻保留，然后将负载处换成电压源 u，且上正下负，产生的电流为 i。由于电压源为 0，故 $i_b=0$，则受控电流源 $\beta i_b=0$，受控电流源可看作开路，因此可求出电路的输出电阻，为：

$$R_o = \frac{u}{i} = R_C \tag{3.2.18}$$

以上分析表明，共基极放大电路可以放大电压信号，但是不能放大电流信号。电路输入电阻很小，不能用电压信号源获取较多信号。

共发射极、共集电极、共基极放大电路的特点见表 3.2.1。

表 3.2.1　共发射极、共集电极、共基极放大电路的特点

项目	共发射极	共集电极	共基极
输入电阻的大小	中等	大	小
输出电阻的大小	较大	小	较大
电压放大能力	有	无($A_u \approx 1$)	有
电流放大能力	有	有	无
u_o与 u_i的相位关系	反相	同相	同相
应用范围	低频、中间级	输入级、输出级、缓冲级	高频、宽频带放大

3.2.4　场效应管放大电路

场效应管可以构成 3 种组态的放大电路，分别为共源极（CS）、共漏极（CD）、共栅极（CG）放大电路，这 3 类放大电路在结构形态、电路特点上，分别与双极型晶体管的共发射极、共集电极、共基极放大电路类似。

本节以共源极放大电路为例介绍场效应管放大电路的分析方法。

1. 电路结构

共源极放大电路如图 3.2.15 所示，V 为 N 沟道增强型场效应管，C_1、C_2为耦合电容，C_S为旁路电容，R_{G1}、R_{G2}为分压电阻，R_{G2}上的压降为场效应管的栅极提供偏置电压，故该电路称为分压式自偏压放大电路。R_{G3}上没有电流，对电路的静态工作点没有影响，R_D为漏极负载电阻，R_S为源极电阻。

2. 静态分析

主要求解场效应管的 I_{DQ}、U_{GSQ}、U_{DSQ}，保证管子工作在恒流区，可以很好地放大小信号。

如图3.2.15所示电路的直流通路如图3.2.16所示，由于 R_{G3} 上没有电流，故没有绘制在直流通路中。

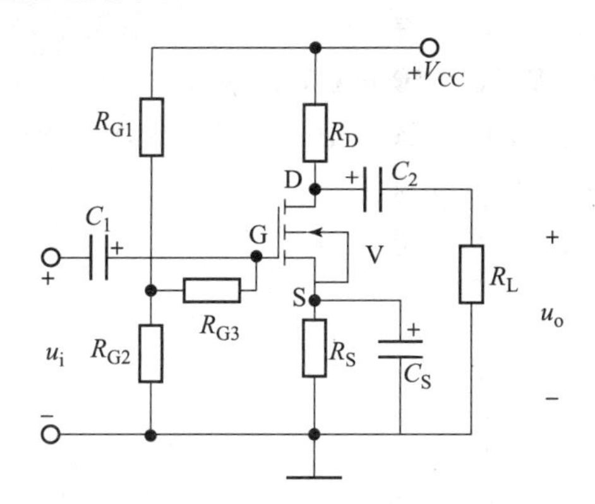

图3.2.15　分压式自偏压放大电路

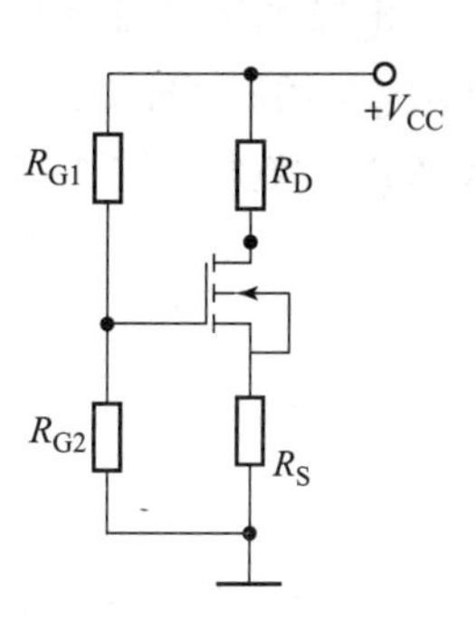

图3.2.16　图3.2.15电路的直流通路

由于场效应管栅极电流为0，故：

$$V_{GQ} = \frac{R_{G2}}{R_{G1}+R_{G2}} \cdot V_{CC} \tag{3.2.19}$$

管子的栅源电压为：

$$U_{GSQ} = V_{GQ} - V_{SQ} = V_{GQ} - I_{DQ} \cdot R_S \tag{3.2.20}$$

当管子工作在饱和状态时，管子的漏极电流为：

$$I_{DQ} = I_{DO}\left(\frac{U_{GSQ}}{U_{GS(th)}} - 1\right)^2 \tag{3.2.21}$$

管子的漏源电压为：

$$U_{DSQ} = V_{CC} - I_{DQ} \cdot (R_S + R_D) \tag{3.2.22}$$

通过以上3式，可求出场效应管的 I_{DQ}、U_{GSQ}、U_{DSQ}。

3. 动态分析

如图3.2.15所示电路的小信号等效电路如图3.2.17所示。

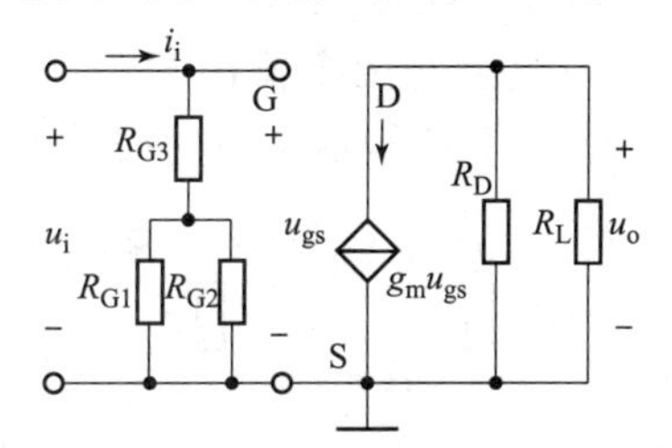

图3.2.17　图3.2.15电路的小信号等效电路

电路中输入电压 $u_i = u_{gs}$，输出电压 $u_o = -g_m u_{gs} \cdot (R_D // R_L)$，所以电压放大倍数为：

$$A_u = -\frac{g_m u_{gs} \cdot (R_D // R_L)}{u_{gs}} = -g_m \cdot (R_D // R_L) \tag{3.2.23}$$

输入电阻为从输入端口看进去的等效电阻，由图3.2.17可知：

$$R_i = R_{G3} + R_{G1} /\!/ R_{G2} \quad (3.2.24)$$

输出电阻按照 2.2.4 节中介绍的方法计算，首先令电压源置零，信号源内阻保留，然后将负载换成电压源 u，产生的电流为 i。由于电压源为 0，故 $u_{gs}=0$，则受控电流源 $g_m u_{gs}=0$，受控电流源可看作开路，因此可求出电路的输出电阻为：

$$R_o = R_D \quad (3.2.25)$$

例 3.2.3 电路如图 3.2.17 所示，已知 $U_{GS(th)}=5\ V$，$I_{DO}=10\ mA$，静态时 $I_{DQ}=0.4\ mA$，$R_{G1}=200\ k\Omega$，$R_{G2}=100\ k\Omega$，$R_{G3}=5\ M\Omega$，$R_D=10\ k\Omega$，$R_S=10\ k\Omega$，$R_L=10\ k\Omega$，各电容对交流信号短路，试求解电压放大倍数 A_u、输入电阻 R_i、输出电阻 R_o。

解：

$$g_m = \frac{2}{U_{GS(th)}}\sqrt{I_{DO}\cdot I_{DQ}} = 0.8\ mS$$

$$A_u = -g_m\cdot(R_D /\!/ R_L) = -4$$

$$R_i = R_{G3} + R_{G1} /\!/ R_{G2} \approx R_{G3} = 5\ M\Omega$$

$$R_o = R_D = 10\ k\Omega$$

3.3 差分放大电路

差分放大电路(Differential amplifier)，简称差放电路，对温度漂移具有很强的抑制能力，因此在模拟集成电路中具有重要的作用。它作为直接耦合多级放大电路中的第一级，具有放大差模信号、抑制共模信号的特性。差分放大电路主要分为两种：长尾式差分放大电路和恒流源差分放大电路。

在本章中主要介绍差分放大电路的结构特点、静态分析方法及差模信号和共模信号输入时电路的动态分析方法。

3.3.1 差放电路的结构及输入输出方式

1. 差分放大电路的结构

差分放大电路的基本电路如图 3.3.1 所示，电路结构左、右对称，三极管 V_1、V_2是两个对管，V_1、V_2两管集电极电阻 R_C阻值相等。电路共有两个输入端口，输入信号 u_{i1}、u_{i2}分别加在 V_1、V_2的基极，称为 1 端口和 2 端口；电路有两个输出端口，u_{o1}、u_{o2}分别由 V_1、V_2的集电极输出，称为 3 端口和 4 端口，每半边 V_1、V_2分别组成共发射极放大电路。

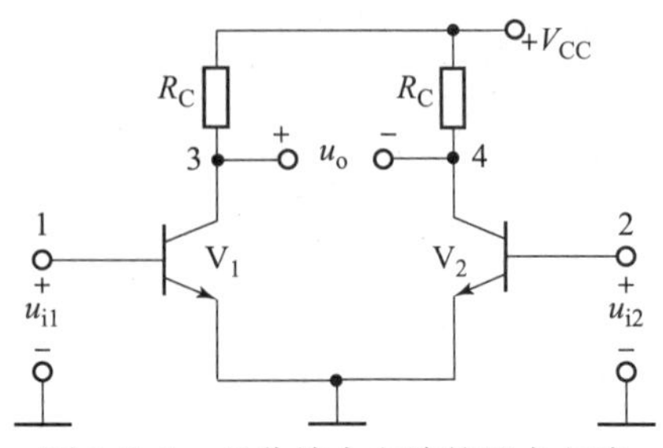

图 3.3.1 差分放大电路的基本电路

对称电路的元件参数完全相同，管子特性也相同，则三极管集电极静态电位随温度的变化情况也相同，电路以两个三极管的集电极电位差作为输出，那么由温度漂移引起的电压变化量就相互抵消，从而有效地克服了温度漂移。

$$T\uparrow \longrightarrow \begin{matrix} I_{C1}\uparrow \\ I_{C2}\uparrow \end{matrix} \xrightarrow{\text{结构对称}} \begin{matrix} \Delta I_{C1}=\Delta I_{C2} \\ \Delta V_{C1}=\Delta V_{C2} \end{matrix} \rightarrow \Delta U_{o}=\Delta V_{C1}-\Delta V_{C1}=0$$

但是，因为静态时 V_1、V_2的发射结零偏，无法正常工作。一般在 V_1、V_2的发射极增加相应元件构成不同类型的差分放大电路。在 V_1、V_2的发射极增加电阻和负电源 $-V_{EE}$的差放称为长尾式差分放大电路，如图 3.3.2(a)所示；在 V_1、V_2的发射极增加电流源的差放称为恒流源差分放大电路，如图 3.3.2(b)所示。电流源有多种，如图 3.3.2(c)所示为如图 3.3.2(b)所示电路中用到的某一种恒流源。

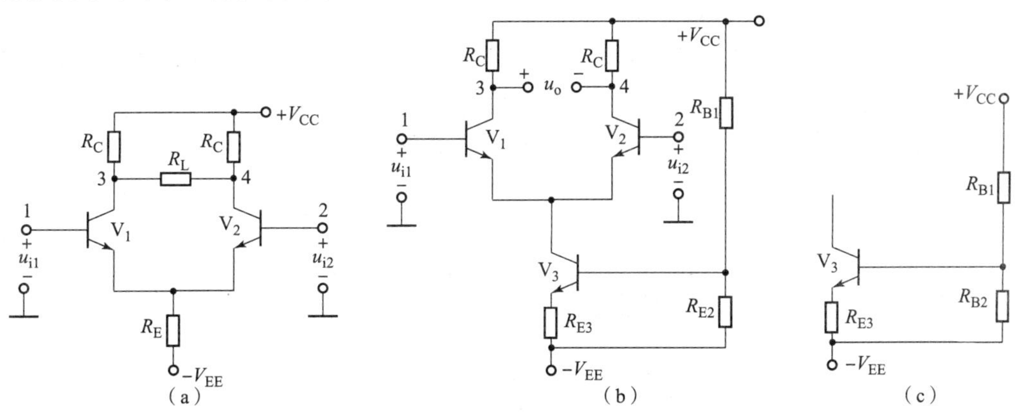

图 3.3.2　长尾式和恒流源差分放大电路

(a)长尾式差分放大电路；(b)恒流源差分放大电路；(c)恒流源电路

2. 差放的输入输出方式

若信号加到 1 端和 2 端之间，则称为双端输入，如图 3.3.1 所示。

若信号仅从一个输入端和地之间加入，另一端接地，则称为单端输入，如图 3.3.3(a)所示。

若信号从 V_1 和 V_2 的集电极输出，则称为双端输出，如图 3.3.3(b)所示。

若信号仅从 V_1 和 V_2 的集电极对地输出，另一端开路，则称为单端输出，如图 3.3.3(c)所示。

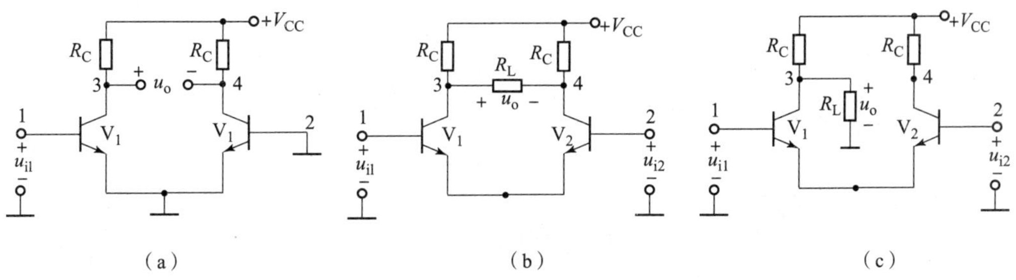

图 3.3.3　差分放大电路的输入、输出方式

(a)单端输入；(b)双端输出；(c)单端输出

由输入、输出方式组合可知，差分放大电路共有 4 种输入输出方式，即：双端输入双端输出、双端输入单端输出、单端输入双端输出、单端输入单端输出。

注意：后续通过分析可知，无论静态分析还是动态分析，只和差分放大电路的输出方式有关，与输入方式无关，这样可将电路类型简化为两大类。

3.3.2 差分放大电路的静态分析

差分放大电路静态工作点的求解过程和单级、多级放大电路静态工作点的求解过程不同，且不同形式电路的静态工作点的求解过程也不同，要分别讨论。

1. 长尾式差分放大电路双端输出

长尾式差分放大电路双端输出时的直流通路如图 3.3.4 所示，由图可知，双端输出时，由于电路左、右完全对称，两管的静态工作点完全相同，因此只要求出某一管的静态工作点即可，这里求解 V_1 管的静态工作点。双端输出时，由于 $V_{CQ1}=V_{CQ2}$，故负载上的电流为 0，可以认为负载断开。

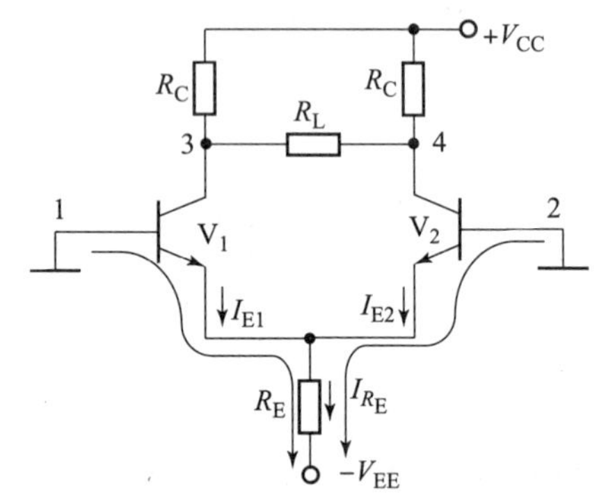

图 3.3.4 长尾式差放电路双端输出时的直流通路

由于 V_1、V_2 两管参数一样，故 $I_{EQ1}=I_{EQ2}$，则 $I_{R_E}=2I_{EQ1}\approx 2I_{CQ1}$。

首先估算 I_{R_E}，选择回路得：

$$U_{BEQ1}+I_{R_E}\cdot R_E-V_{EE}=0 \tag{3.3.1}$$

$$I_{R_E}=\frac{V_{EE}-U_{BEQ1}}{R_E} \tag{3.3.2}$$

故可求得：

$$I_{CQ1}\approx\frac{1}{2}I_{R_E}=\frac{V_{EE}-U_{BEQ1}}{2R_E} \tag{3.3.3}$$

由放大特征方程得：

$$I_{BQ1}=I_{CQ1}/\beta \tag{3.3.4}$$

U_{CEQ1} 求解采用以下方式：

$$U_{CEQ1}=V_{CQ1}-V_{EQ1} \tag{3.3.5}$$

其中：$V_{CQ1}=V_{CC}-I_{CQ1}\cdot R_C$，$V_{EQ1}=-U_{BEQ1}$。

2. 长尾式差分放大电路单端输出

单端输出时，信号可以从 3 端口输出，也可以从 4 端口输出，两种情况求解 Q 点方法相同，这里以信号由3端口输出为例进行讲解。单端输出时，直流通路如图3.3.5所示。由图可知，单端输出时由于电路不再对称，两个对管 V_1、V_2 的静态工作点是不同的。但是，计算 I_{BQ1} 和 I_{BQ2} 的回路①和回路②相同，回路中包含的电量也近似相同，因此 $I_{BQ1} \approx I_{BQ2}$，故 $I_{CQ1} \approx I_{CQ2}$，$V_{EQ1} \approx V_{EQ2}$，但是 V_{CQ1} 和 V_{CQ2} 不等，因此 U_{CEQ1} 不等于 U_{CEQ2}，两管的 U_{CEQ} 要分别去求。

通过比较图3.3.4和图3.3.5可知，单端输出时 I_{BQ}、I_{CQ}、V_{EQ}、V_{CQ2} 的求解方法和双端输出的完全相同，仅 V_{CQ1} 的求解方法不同。

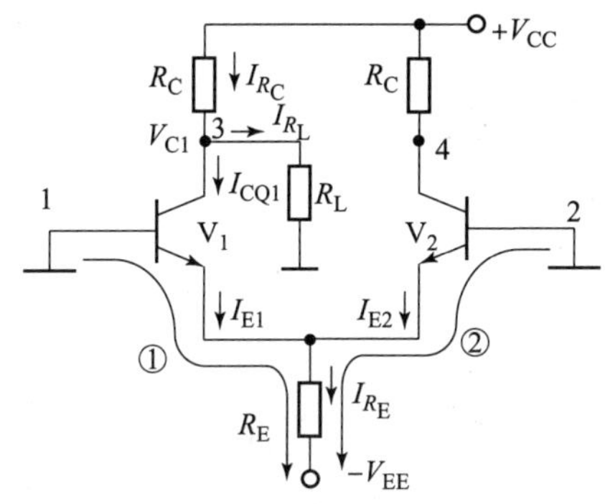

图3.3.5　长尾式差放电路3端口输出时的直流通路

首先估算 I_{R_E}，选择回路得：

$$U_{BEQ1} + I_{R_E} \cdot R_E - V_{EE} = 0 \tag{3.3.6}$$

$$I_{R_E} = \frac{V_{EE} - U_{BEQ1}}{R_E} \tag{3.3.7}$$

故可求得：

$$I_{CQ1} \approx \frac{1}{2} I_{R_E} = \frac{V_{EE} - U_{BEQ1}}{2R_E} \tag{3.3.8}$$

由放大特征方程得：

$$I_{BQ1} = I_{CQ1}/\beta \tag{3.3.9}$$

U_{CEQ2} 求解采用以下方式：

$$U_{CEQ2} = V_{CQ2} - V_{EQ2} = V_{CC} - I_{CQ2} \cdot R_C + U_{BEQ2} \tag{3.3.10}$$

其中：$V_{CQ1} = V_{CC} - I_{CQ1} \cdot R_C$，$V_{EQ1} = -U_{BEQ1}$。

V_{CQ1} 求解方法如下：

设集电极电位 V_{CQ1} 为正，则集电极有3条支路，I_{R_C} 方向由上到下，I_{CQ1} 方向由上到下，负载电流 I_{R_L} 方向向右，如图3.3.5所示，则：

$$I_{R_C} = I_{CQ1} + I_{R_L} \tag{3.3.11}$$

$$\frac{V_{CC} - V_{CQ1}}{R_{CQ1}} = I_{CQ1} + \frac{V_{CQ1}}{R_L} \tag{3.3.12}$$

解方程可求得 V_{CQ1}，则可求得 U_{CEQ1}。

3. 恒流源差分放大电路的静态分析

恒流源差分放大电路的直流通路如图3.3.6(a)所示。对于此类恒流源差放，计算静态工作点按照以下步骤进行：

(1)先求尾电流源中的 $U_{R_{B2}}$；

(2)求解 I_{EQ3}(近似等于 I_{CQ3})；

(3)求解 I_{CQ1}、I_{CQ2}($I_{CQ1}=I_{CQ2}=0.5\ I_{CQ3}$)及 I_{BQ1}、I_{BQ2}；

(4)求解 U_{CEQ1}、U_{CEQ2}。

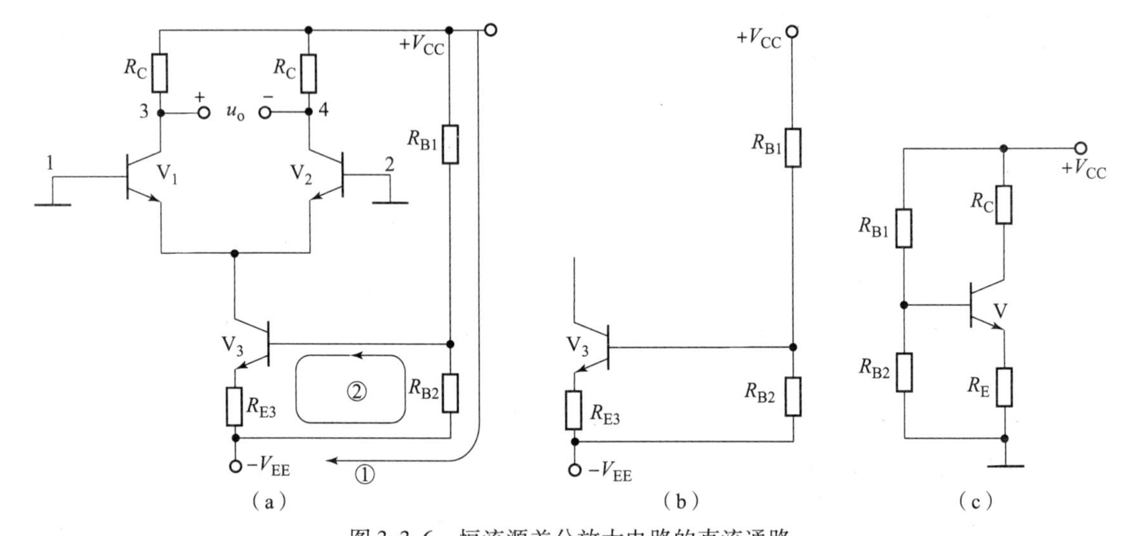

图 3.3.6 恒流源差分放大电路的直流通路

(a)恒流源差分放大电路;(b)恒流源电路;(c)分压偏置电路

恒流源部分电路如图 3.3.6(b)所示，在 V_3基极有两个分压电阻，该部分电路和分压偏置共发射极放大电路的直流通路非常类似，如图 3.3.6(c)所示。因此，V_3的基极电流可以忽略不计，选择 3.3.6(a)图中的回路①可估算出 $U_{R_{B2}}$：

$$U_{R_{B2}}=\frac{R_{B2}}{R_{B1}+R_{B2}}(V_{CC}+V_{EE}) \tag{3.3.13}$$

选择回路②可求得 V_3管的发射极电流 I_{EQ3}：

$$I_{EQ3}=\frac{U_{R_{B2}}-U_{BEQ3}}{R_{E3}}\approx I_{CQ3} \tag{3.3.14}$$

$$I_{CQ1}=I_{CQ2}\approx\frac{I_{CQ3}}{2} \tag{3.3.15}$$

$$I_{BQ1}=I_{BQ2}=I_{CQ1}/\beta \tag{3.3.16}$$

计算出 I_{CQ}后，恒流源差分放大电路双端输出与单端输出 U_{CEQ}的计算方法与长尾式差分放大电路相同，这里不再赘述。

3.3.3 差分放大电路的小信号分析

差分放大电路的输入信号共有 3 种形式：差模信号、共模信号、比较信号。为讨论方便，V_1基极输入信号称为 u_{i1}，V_2基极输入信号称为 u_{i2}；V_1集电极的输出信号称为 u_{o1}，V_2集电极的输出信号称为 u_{o2}。

1. 小信号输入方式

1）差模信号

差模信号（Differential – mode signal）定义：u_{i1}和u_{i2}为大小相等、相位相反的一对信号，即$u_{i1}=-u_{i2}$。当差模信号输入时，总的差模输入信号$u_{id}=u_{i1}-u_{i2}$，总的差模输出信号$u_{od}=u_{o1}-u_{o2}$。差模信号输入时，电压放大倍数称为差模电压放大倍数（A_{ud}），$A_{ud}=u_{od}/u_{id}$。

2）共模信号

共模信号（Common – mode signal）定义：u_{i1}和u_{i2}为大小相等，相位相同的一对信号，即$u_{i1}=u_{i2}$。当共模信号输入时，总的共模输入信号$u_{ic}=(u_{i1}+u_{i2})/2$，总的共模输出信号$u_{oc}=u_{o1}-u_{o2}$。共模信号输入时，电压放大倍数称为共模电压放大倍数（A_{uc}），$A_{uc}=u_{oc}/u_{ic}$。

3）比较信号

比较信号定义：u_{i1}和u_{i2}为大小不等的一对信号。比较信号是由差模信号和共模信号组成的，其中：

$$\left.\begin{aligned} u_{i1} &= \frac{u_{id}}{2}+u_{ic} \\ u_{i2} &= -\frac{u_{id}}{2}+u_{ic} \end{aligned}\right\} \tag{3.3.17}$$

差模信号是用来被放大的信号，共模信号是噪声或温度漂移信号。实际中，输入到差分放大电路的信号是既有差模信号也有共模信号的比较信号，只不过差分放大电路可以放大差模信号，同时抑制共模信号。差分放大电路的输出信号是差模信号和共模信号的叠加，即：

$$u_o=A_{ud}\cdot u_{id}+A_{uc}\cdot u_{ic} \tag{3.3.18}$$

4）共模抑制比

实际电路中，既有共模信号输入，也有差模信号输入。为了放大差模信号，抑制共模信号，通常用共模抑制比（K_{CMR}）（Common Mode Rejection）来表征这种能力，定义为差模电压放大倍数和共模电压放大倍数之比的绝对值，即：

$$K_{CMR}=\left|\frac{A_{ud}}{A_{uc}}\right| \tag{3.3.19}$$

共模抑制比越大，说明差分放大电路对共模信号的抑制能力越强，当电路理想对称时，共模抑制比趋于无穷大。由于共模抑制比较高，所以电路中常用分贝来表示，即：

$$K_{CMR}(dB)=20\lg\left|\frac{A_{ud}}{A_{uc}}\right| \tag{3.3.20}$$

2. 差分放大电路的差模动态分析

小信号输入时，长尾式差分放大电路的交流通路如图 3.3.7（a）所示，恒流源的电流源部分可以等效为电阻r_s，其交流通路如图 3.3.7（b）所示，二者电路结构相同，只是r_s阻值远大于R_E的阻值。当差模信号输入时，1 端口和 2 端口信号大小相同、极性相反，因此V_1、V_2发射极的交流电流大小相等、方向相反，则长尾电阻R_E或恒流源动态电阻r_s上流过的交流电压为 0，故R_E、r_s在差模信号输入时不起作用，相当于短路，则长尾式差分放大电路和恒流源差分放大电路的交流通路如图 3.3.7（c）所示，故差模动态分析时完全相同。

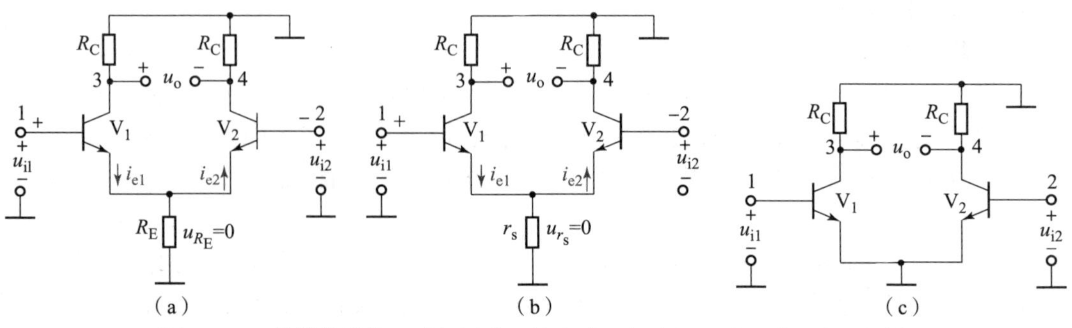

图 3.3.7 差模信号输入时长尾式差放电路和恒流源差放电路的交流通路

(a)长尾式差放电路的交流通路;(b)恒流源差放电路的交流通路;(c)交流通路

1)双入双出差模动态分析

双入双出差分放大电路的交流通路如图 3.3.8(a)所示,此时电路左、右完全对称。由于差模信号输入且 V_1、V_2均构成共发射极放大电路,故 $u_{o1}=-u_{o2}$,因此负载 R_L中间位置的电位为0,则左边电路的负载为 $R_L/2$,右边电路的负载为 $R_L/2$,等效电路如图 3.3.8(b)所示。

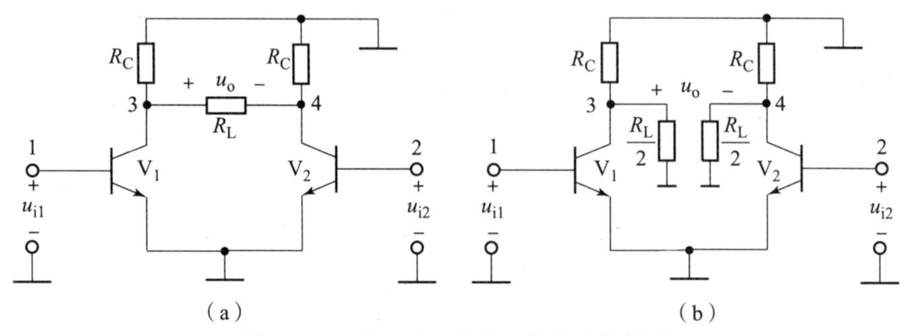

图 3.3.8 双入双出差放电路的交流通路

(a)双入双出差分放大电路;(b)等效电路

差模电压放大倍数为:

$$A_{ud}=\frac{u_{od}}{u_{id}}=\frac{u_{o1}-u_{o2}}{u_{i1}-u_{i2}}=\frac{2u_{o1}}{2u_{i1}}=A_{u1} \tag{3.3.21}$$

上式表明,双端输出时差分放大电路的差模电压放大倍数 A_{ud}等于半边电路的电压放大倍数 A_{u1}。

差模输入电阻 R_{id}为从两个输入端口看进去的等效电阻,由图 3.3.8(a)可知:

$$R_{id}=2R_{i1} \tag{3.3.22}$$

差模输出电阻 R_{od}为从两个输出端口看进去的等效电阻,由图 3.3.8(a)可知:

$$R_{od}=2R_{o1} \tag{3.3.23}$$

由式(3.3.21)、式(3.3.22)、式(3.3.23)可知,只需求出差分放大电路的半边电路的动态参数即可,而半边电路为共发射极放大电路,那么以上动态参数的求解可转化为共发射极放大电路动态参数的求解。

如图 3.3.8(b)所示电路的半边电路的交流通路如图 3.3.9(a)所示,半边电路的小信号等效电路如图 3.3.9(b)所示。

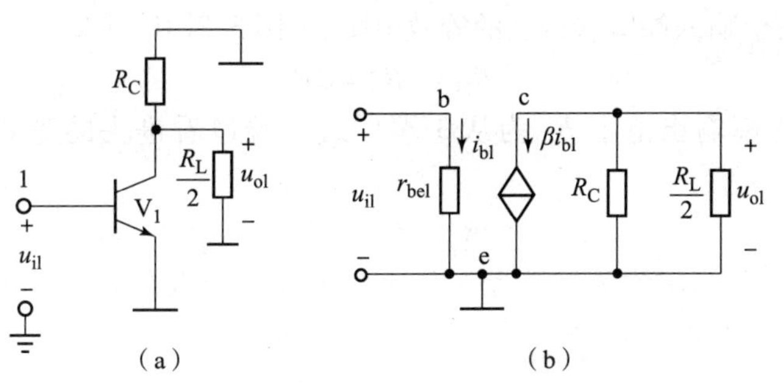

图 3.3.9　半边电路的交流通路与小信号等效电路

(a)半边电路的交流通路；(b)小信号等效电路

$$A_{ud}=A_{u1}=-\frac{\beta R_C /\!/ \frac{R_L}{2}}{r_{be1}} \tag{3.3.24}$$

$$R_{id}=2R_{i1}=2r_{be} \tag{3.3.25}$$

$$R_{od}=2R_{o1}=2R_C \tag{3.3.26}$$

2)双入单出差模动态分析

若信号由 3 端口输出，如图 3.3.10(a)所示。

则差模电压放大倍数为：

$$A_{ud}=\frac{u_{od}}{u_{id}}=\frac{u_{o1}}{u_{i1}-u_{i2}}=\frac{u_{o1}}{2u_{i1}}=\frac{1}{2}A_{u1} \tag{3.3.27}$$

若信号由 4 端口输出，如图 3.3.10(b)所示。

则差模电压放大倍数为：

$$A_{ud}=\frac{u_{od}}{u_{id}}=\frac{u_{o2}}{u_{i1}-u_{i2}}=\frac{u_{o2}}{-2u_{i2}}=-\frac{1}{2}A_{u2} \tag{3.3.28}$$

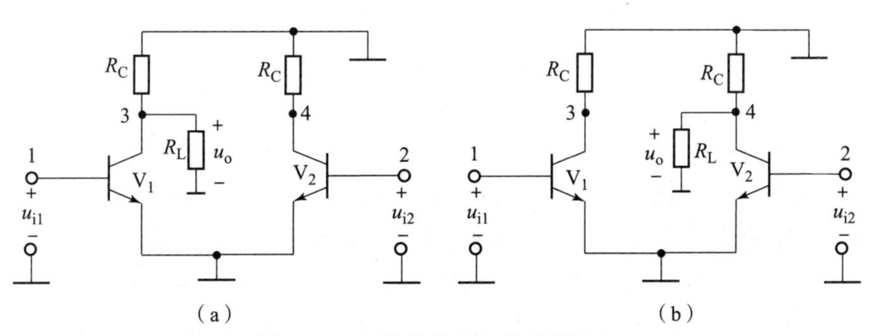

图 3.3.10　差分放大电路单端输出

(a)3 端口输出电路；(b)4 端口输出电路

式(3.3.27)、式(3.3.28)中 $A_{u1}=A_{u2}$，可见单端输出时差模电压放大倍数 A_{ud} 等于半边电路的电压放大倍数的一半。

若信号从 3 端口输出，则 1 端口称为反相输入端，2 端口称为同相输入端；若信号从 4 端口输出，则 1 端口称为同相输入端，2 端口称为反相输入端。无论信号从哪个端口输出，差模

输入电阻 R_{id} 为从两个输入端口看进去的等效电阻，由图 3.3.10 可知：

$$R_{id}=2R_{i1}=2R_{i2} \tag{3.3.29}$$

单端输出时，差模输出电阻 R_{od} 为从 3 端口或 4 端口看进去的等效电阻，由图 3.3.10 可知：

$$R_{od}=R_{o1}=R_{o2} \tag{3.3.30}$$

这里以信号从 3 端口输出为例进行分析，只需画出半边电路的交流通路，如图 3.3.11(a) 所示，半边电路的小信号等效电路如图 3.3.11(b) 所示。

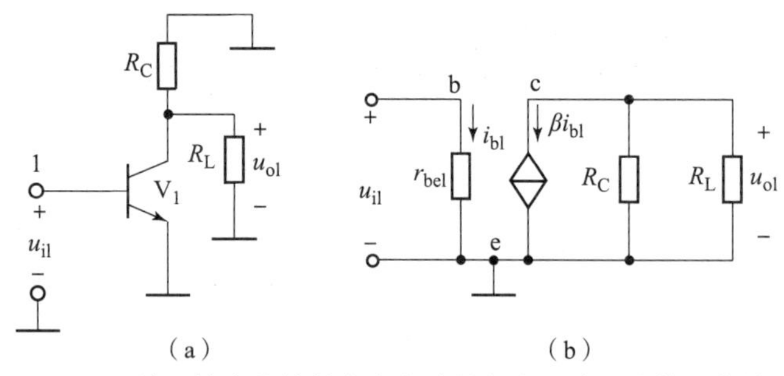

图 3.3.11　3 端口输出差放的半边电路的交流通路和小信号等效电路

(a) 半边等效电路；(b) 小信号等效电路

$$A_{ud}=\frac{1}{2}A_{u1}=-\frac{1}{2}\frac{\beta R_C /\!/ R_L}{r_{be1}} \tag{3.3.31}$$

$$R_{id}=2R_{i1}=2r_{be} \tag{3.3.32}$$

$$R_{od}=R_{o1}=R_C \tag{3.3.33}$$

同理可得到 4 端口输出时的差模动态参数，即：

$$A_{ud}=-\frac{1}{2}A_{u1}=\frac{1}{2}\frac{\beta R_C /\!/ R_L}{r_{be1}} \tag{3.3.34}$$

$$R_{id}=2R_{i1}=2r_{be} \tag{3.3.35}$$

$$R_{od}=R_{o1}=R_C \tag{3.3.36}$$

3) 单端输入差模动态分析

单端输入差分放大电路的交流通路如图 3.3.12(a) 所示，1 端口有信号输入，2 端口信号为 0。将该电路的输入信号进行等效变换，变换后电路如图 3.3.12(b) 所示，由图可知单端输入时差放既有差模信号输入也有共模信号输入，差模信号 $u_{id}=u_{i1}/2-(-u_{i1}/2)=u_{i1}$，共模信号 $u_{ic}=(u_{i1}/2+u_{i1}/2)/2=u_{i1}/2$。若只对差模信号分析，则信号输入方式可等效为双端输入，因此，单端输入差模动态分析方法与双端输入差模动态分析方法完全相同，这里不再赘述。

以上分析表明，差分放大电路的差模动态分析只与输出方式有关，与输入方式无关，因此，差分放大电路的差模动态分析只分为双端输出和单端输出。

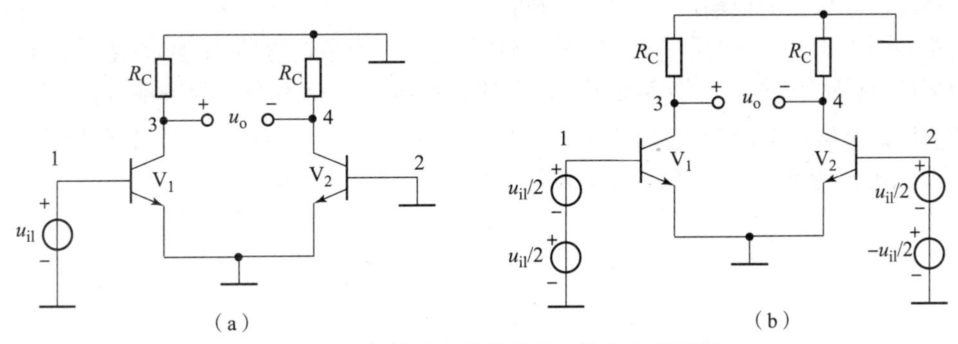

图 3.3.12　单端输入差分放大电路的交流通路

(a)单端输入差放电路;(b)等效电路

3. 差放的共模动态分析

共模信号输入时,V_1、V_2管发射极交流电流相等,此时流过长尾电阻(或恒流源等效电阻)的交流电流 i 不为 0,而且 $i=2i_{R_E}$(或 $i=2i_{r_s}$),如图 3.3.13 所示,即 $R_E(r_s)$对共模信号起作用。

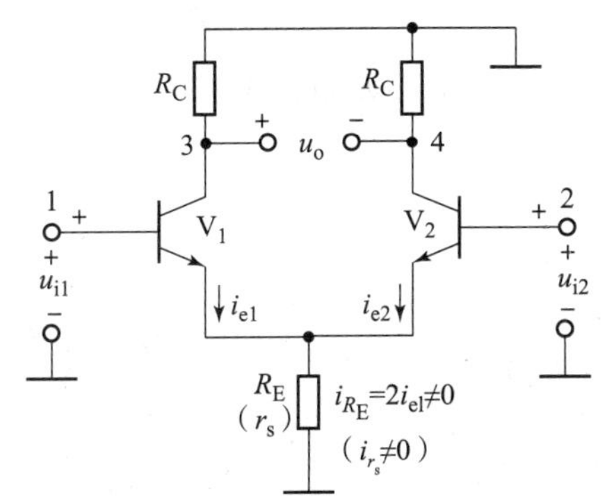

图 3.3.13　共模信号输入时差放的交流通路

1)双端输出

双端输出时,电路完全对称,左、右半边电路的放大倍数相同,1、2 端口的输入信号相同,故 3、4 端口的输出信号完全相同,即:$u_{o1}=u_{o2}$,故 $u_{oc}=u_{o1}-u_{o2}=0$,因此双端输出时,有:

$$A_{uc}=\frac{u_{oc}}{u_{ic}}=0 \tag{3.3.37}$$

可见双端输出理想状态下差分放大电路可以完全抑制共模信号。

2)单端输出

单端输出时,电路不完全对称,若信号由 3 端口输出,则:

$$A_{uc}=\frac{u_{oc}}{u_{ic}}=\frac{u_{o1}}{u_{i1}}=A_{u1} \tag{3.3.38}$$

若信号由 4 端口输出,则:

$$A_{uc}=\frac{u_{oc}}{u_{ic}}=\frac{u_{o2}}{u_{i2}}=A_{u2} \tag{3.3.39}$$

可见,差分放大电路共模电压放大倍数等于半边电路的电压放大倍数,这里以长尾式差分放大电路的信号从 3 端口输出为例进行分析。

电路如图 3.3.14(a)所示，负载加在 3 端口，为了得到半边电路，需要将 R_E分解到每半边电路中，分解规则为：保证 R_E分解前后，其上的交流电压保持不变。分解前，$u_{R_E}=i_{R_E}\cdot R_E=2i_{e1}\cdot R_E$；假设分解后电阻为 R，则 $u_R=i_{e1}\cdot R=2i_{e1}\cdot R_E$，可见只有 $R=2R_E$才能保证分解前后 R_E的交流电压保持不变，分解后的等效电路如图 3.3.14(b)所示。

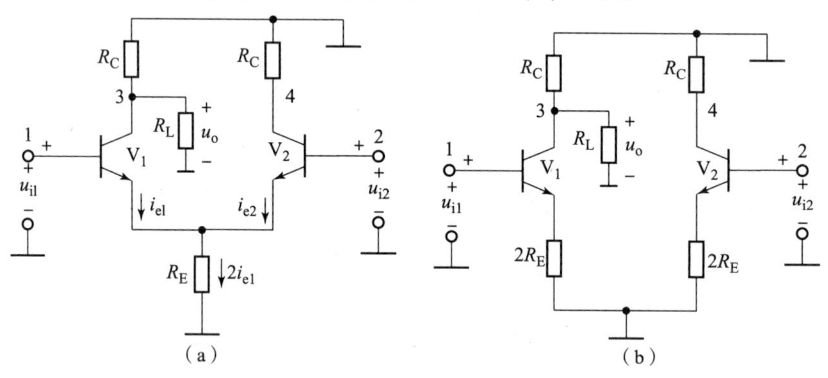

图 3.3.14　单端输出差放电路的交流通路

(a)单端输出差放电路的交流通路；(b)等效电路

如图 3.3.14(b)所示电路的半边电路如图 3.3.15(a)所示，小信号等效电路如图 3.3.15(b)所示。

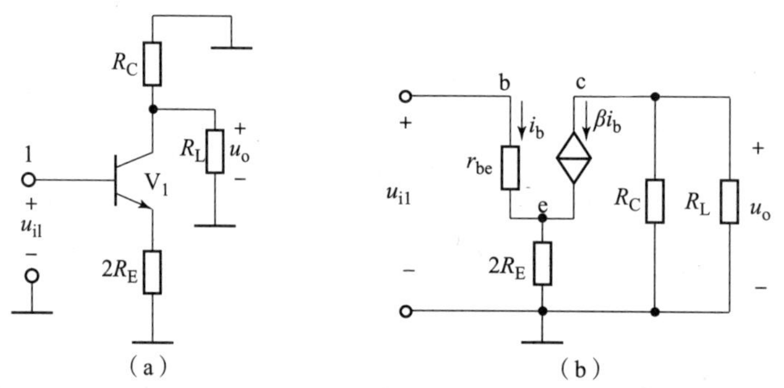

图 3.3.15　单端输出差放电路的半边电路的交流通路和小信号等效电路

(a)半边电路；(b)小信号等效电路

共模电压放大倍数为：

$$A_{uc}=A_{u1}=-\frac{\beta R_C /\!/ R_L}{r_{be}+2(1+\beta)R_E} \tag{3.3.40}$$

此外，共模输入电阻为：

$$R_{ic}=2R_{i1}=2[r_{be}+2(1+\beta)\ R_E] \tag{3.3.41}$$

单端输出时共模输出电阻为：

$$R_{oc}=R_{o1}=R_C \tag{3.3.42}$$

由上分析可知，若要提高差放对共模信号的抑制能力，就需要增大长尾电阻 R_E的阻值，但是增大 R_E的阻值会带来两个问题，首先增大 R_E的同时需要增大直流电源的电压值，否则流过管子的电流会很小；其次，大电阻不容易集成。

恒流源差放电路具有较小的直流电阻(可以采用较小的直流电源),具有较大的动态电阻(共模抑制能力强),因此在单端输出时常采用恒流源差放电路。

3.3.4 电流源

为了更好地抑制共模信号,在差放中常常引入电流源(即恒流源)。

电流源有以下特点:电流源的小信号等效电阻很大,直流电阻很小,可用作放大器的有源负载;电流源的输出电流恒定,可用作放大器的偏置电路,改善放大器电压增益的线性度;电流源的输出电流恒定,实现对电容的恒流源充、放电,广泛应用于振荡电路中。利用晶体管和场效应管均可以构成电流源,这里介绍几种常用的电流源电路。

1. 基本电流源

图3.3.16(a)为差分放大电路中最基本的电流源(即恒流源),这种电路结构非常类似于分压偏置共发射极电路的结构。其工作原理为,当晶体管外围元件和电源电压合适时,晶体管工作在放大状态,由晶体管的输出特性曲线图3.3.16(b)可知,晶体管工作在放大区时 i_C 基本恒定,可以将该电路作为电流源为其他电路提供恒定的静态电流。同时,由输出特性曲线可知,放大区中曲线基本平行于横轴,故晶体管的动态电阻 r_{ce} 很高。此外,只要晶体管的 u_{CE} 大于饱和压降,就能保证管子工作在放大区。因此,在差分放大电路单端输出时,可以采用恒流源代替长尾电阻,首先恒流源可以为电路提供较为恒定的电流,其次该电路只需要较小电压,最后恒流源较大的动态电阻可以提高差放对共模信号的抑制能力。一般常用图3.3.16(c)所示的符号表示恒流源,I_O 为恒流源的静态电流,r_s 为恒流源的动态电阻。

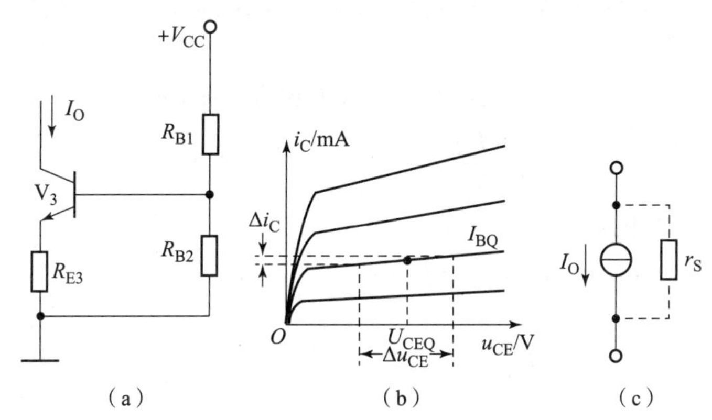

图3.3.16 差分放大电路中最基本的恒流源

(a)恒流源电路;(b)输出特性曲线;(c)等效模型

2. 镜像电流源

1)晶体管构成的镜像电流源

由晶体管构成的镜像电流源电路如图3.3.17(a)所示,V_1、V_2 为两个特性完全相同的晶体管,其中 V_1 管的基极和集电极相连,使得 $U_{CE}=U_{BE}$,这样只要 V_{CC} 和 R 取值合适,V_1 管就工作在放大区,不可能进入饱和区。由于 V_1、V_2 基极互连、发射极互连,使得 $U_{BE1}=U_{BE2}$,故 $I_{B1}=I_{B2}$,而两管的 β 相等,使 $I_O=I_{C2}=\beta I_{B2}=\beta I_{B1}=I_{C1}\approx I_{REF}$。可见,由于电路的特殊结构,使 I_{REF} 和 I_O 呈镜像关系,因此该电路称为镜像电流源,I_{REF} 为参考电流,I_O 为输出电流。

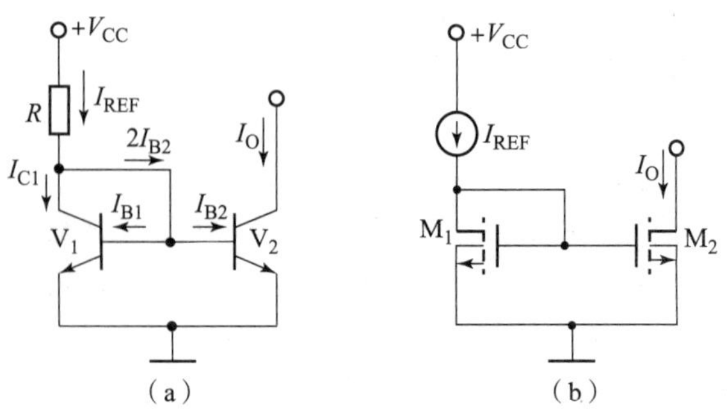

图 3.3.17 由晶体管和 MOS 管构成的镜像电流源

(a)晶体管构成的镜像电流源;(b)MOS 管构成的镜像电流源

当$\beta \gg 2$时,有:

$$I_O \approx I_{REF} = \frac{V_{CC} - U_{BE}}{R} \tag{3.3.43}$$

2)MOS 管构成的镜像电流源

由 MOS 管构成的镜像电流源如图 3.3.17(b)所示,M_1管的栅极和漏极互连,则 $U_{GS1} = U_{DS1}$,这使 M_1工作在饱和区,不会处于可变电阻区。当 M_1和 M_2的沟道长度 L 足够长时,可忽略沟道长度调制效应,则:

$$I_O = \frac{(W/L)_2}{(W/L)_1} I_{REF} \tag{3.3.44}$$

式中,L 为 MOS 管沟道长度,W 为 MOS 管沟道宽度,输出电流 I_O由器件的尺寸决定。

3. 比例电流源

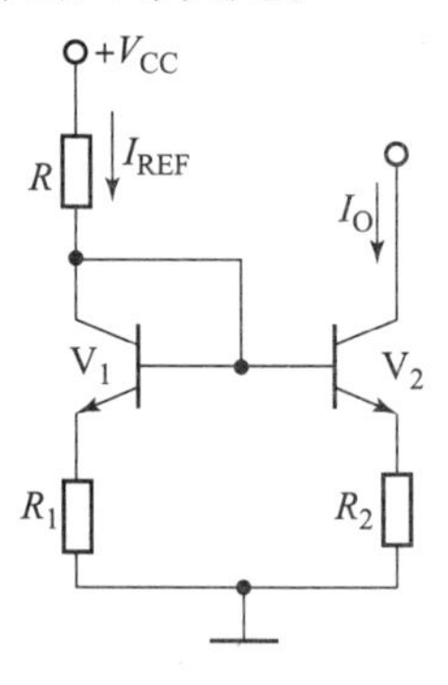

图 3.3.18 比例电流源

比例电流源电路如图 3.3.18 所示,图中,I_{REF}为参考电流,为:

$$I_{REF} \approx \frac{V_{CC} - U_{BE}}{R + R_1} \tag{3.3.45}$$

当$\beta \gg 2$且 I_{REF}和 I_O相差不大时,有:

$$U_{BE1} + I_{REF} \cdot R_1 = U_{BE2} + I_O \cdot R_2 \tag{3.3.46}$$

由于 $U_{BE1} \approx U_{BE2}$,故可得:

$$I_O \approx \frac{R_1}{R_2} I_{REF} \tag{3.3.47}$$

由此可见,比例电流源中参考电流源 I_{REF}主要由电阻 R 决定,输出电流 I_O和参考电流 I_{REF}成比例关系,而改变 R_1、R_2的比值可改变 I_{REF}和 I_O的比值。

3.4 功率放大电路

实际电路中要求电路的输出级能够输出一定的功率,以便于驱动负载,功率放大电路(Power amplifier)可以为负载提供足够的信号功率。功率放大电路不仅要求输出高电压或输出大电流,而且要求在电源电压确定的情况下,输出功率尽可能大,因此功率放大电路应该注意以下几点:

(1)功率放大电路输出信号为大信号,在分析功率放大电路时不能采用小信号等效模型。

(2)为了获得尽可能大的输出功率,必须使输出信号电压和电流都要大,三极管工作在极限状态,要选用功率管。

(3)要求功率放大电路带负载能力要强,输出电阻与负载应尽量匹配。

(4)效率要高,放大电路输出给负载的功率是由直流电源提供的,若效率不高,则耗能高,管子温度升高,缩短管子的寿命。放大电路的效率用 η 表示,$\eta = P_0/P_E$,其中,P_0为输出功率,等于输出电压和输出电流有效值的乘积,P_E为电源提供的功率。

(5)尽可能减小非线性失真。

(6)电路还要考虑散热。

目前使用较为广泛的是无输出电容的功率放大电路(简称 OCL)和无输出变压器的功率放大电路(简称 OTL)。

本章主要介绍常见功率放大电路的结构、消除失真的方法、参数计算等。

3.4.1　功率放大电路的类型

按功放输出级功放管的数量,可以分为单端放大器和推挽放大器。

单端放大器的输出级由一个放大元件完成对信号正、负两个半周的放大,前面介绍的晶体管的 CE、CC、CB 等电路属于单端放大器。

推挽放大器的输出级有两个放大器,两个放大器在整个周期中轮流导通,共同完成信号的放大任务。

按功放中功放管的导电方式不同,可以分为甲类功放(又称 A 类)、乙类功放(又称 B 类)、甲乙类功放(又称 AB 类)、丙类和丁类功放(又称 D 类)。

甲类功放是指在信号的整个周期内(正弦波的正、负两个半周),放大器的任何功率输出元件都不会出现电流截止(即停止输出)的一类放大器,甲类功放管的导通角为 2π,如图 3.4.1(a)所示。甲类功放管的工作点 Q 设定在负载线的中点附近,前面介绍的基本组态放大电路属于甲类工作方式。但是,甲类静态功耗较大、效率很低,目前基本上不再使用这些电路作为功放电路。

乙类功放是指晶体管仅在正半周或负半周导通,导通角为 π,如图 3.4.1(b)所示。乙类功放管的静态工作点是直流负载线和输出特性曲线横轴的交点,当没有信号输入时,输出端几乎不消耗功率,因此,其静态功耗非常小、效率高,但是输出信号产生失真。

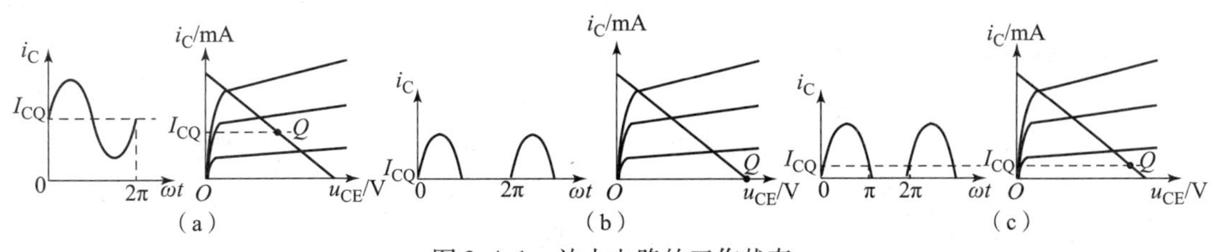

图 3.4.1　放大电路的工作状态

(a)甲类;(b)乙类;(c)甲乙类

甲乙类功放界于甲类和乙类之间,其导通时间大于信号的半个周期而小于一个周期,其导通角介于 π ~ 2π。甲乙类功放的静态功耗较小、效率较高。当甲乙类功放采用两管推挽工作时，可以有效避免交越失真，因此甲乙类功放获得了极为广泛的应用。

丙类功放指晶体管仅有小于半个周期的导通时间，即导通角介于 $0 \sim \pi$。

丁类功放也称数字式放大器，利用极高频率的转换开关电路来放大音频信号，具有效率高、体积小的优点。

由上可见，甲类、乙类和甲乙类放大器是模拟放大器，丁类放大器是数字放大器。乙类和甲乙类推挽放大器比甲类放大器效率高、失真较小，功放晶体管功耗较小、散热好，但乙类放大器在晶体管导通与截止状态的转换过程中会因其开关特性不佳或因电路参数选择不当而产生交替失真。而丁类放大器具有效率高、低失真、频率响应曲线好、外围元器件少等优点。甲乙类放大器和丁类放大器是目前音频功率放大器的基本电路形式。

3.4.2 OCL 功率放大电路

1. 乙类 OCL 功率放大电路

1）电路结构

OCL 功率放大电路如图 3.4.2 所示，V_1 和 V_2 为两个功率互补对管，信号从两管的基极输入，信号从两管的发射极输出。电路采用双电源供电，$+V_{CC}$ 和 $-V_{EE}$，电路输出端没有耦合电容，故称为 OCL(Output Capacitorless)功放。

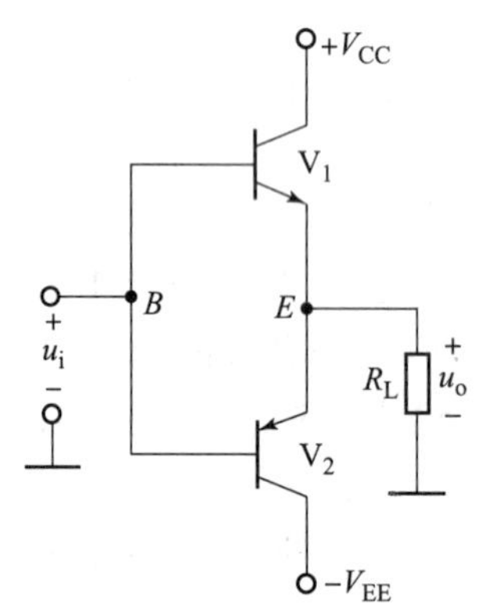

图 3.4.2 乙类 OCL 功率放大电路

2）静态分析

静态时，$u_i = 0$，故 $V_B = 0$ V；由于电路为双电源供电，V_1 和 V_2 为互补对管，因此 $U_{CE1} = -U_{CE2} = V_{CC}$，$V_E = 0$ V，负载上静态电流 $I_{R_L} = 0$ A，负载静态电压 $U_{R_L} = 0$ V，说明在静态时负载上没有直流电流流过，静态功耗为 0。

3）动态分析

OCL 功放电路中，信号从 V_1、V_2 的基极输入，从 V_1、V_2 的发射极输出，功率管 V_1、V_2 均构成共集电极电路，故输入信号与输出信号大小相等、极性相同。

当输入信号为正半周时，$V_B > 0$，V_1 管的发射结正偏，V_1 管导通；V_2 管的发射结反偏，V_2 管截止，此时 V_{CC} 通过 V_1 向 R_L 提供电流 i_{R_L}，电路的输出波形与输入波形近似相等，如图 3.4.3(a)所示。

当输入信号为负半周时，$V_B < 0$，V_1 管的发射结反偏，V_1 管截止；V_2 管的发射结正偏，V_2 管导通，此时 $-V_{EE}$ 通过 V_2 向 R_L 提供电流 i_{R_L}，电路的输出波形与输入波形近似相等，如图 3.4.3(b)所示。

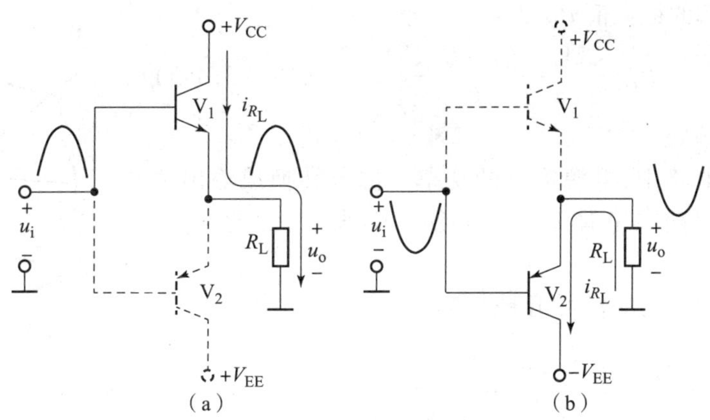

图 3.4.3 乙类 OCL 功率放大电路的工作原理

(a)输入信号的正半周;(b)输入信号的负半周

可见,在整个周期中,V_1、V_2管交替工作,正、负电源轮流供电,使电路输出一个和输入信号相同的完整信号。又因为共集电极电路的输出电阻很小,故电路具有较强的带负载能力。

OCL 功率放大电路的性能指标计算如下:

(1)输出功率 P_o。

输出功率定义为输出电流的有效值和输出电压的有效值的乘积,即:

$$P_o = \frac{U_{om}I_{om}}{\sqrt{2}\sqrt{2}} = \frac{1}{2}U_{om}I_{om} = \frac{U_{om}^2}{2R_L} \tag{3.4.1}$$

其中,U_{om}为输出电压的峰值,可见当电路元件确定后,如果要提高电路的输出功率,需要增大输出电压的峰值。

(2)直流电源提供的功率 P_D。

假设输出信号为正弦波,$u_o = U_{om}\sin\omega t$,则电源提供的电流 $i_o = u_o/R_L$,该电流是变化量,故电源提供的功率也是变化量,求解电源提供的功率可以求其平均值。此外,V_{CC}和 V_{EE}只工作半个周期,而且 V_{CC}和 V_{EE}提供的功率是相等的,所以直流电源提供的功率等于 V_{CC}提供功率的 2 倍,即 $P_D = 2P_{D1}$。

$$P_D = 2P_{D1} = 2\frac{1}{T}\int_0^T V_{CC}i_o\mathrm{d}t = \frac{V_{CC}}{\pi}\int_0^{\pi}\frac{U_{om}\sin\omega t}{R_L}\mathrm{d}(\omega t) = \frac{2V_{CC}}{\pi}\frac{U_{om}}{R_L} \tag{3.4.2}$$

(3)功放的效率 η。

$$\eta = \frac{P_{om}}{P_D} \times 100\% \tag{3.4.3}$$

由式(3.4.1)、式(3.4.2)可知,P_o和 P_D的大小由 U_{om}大小决定,当 U_{om}达到最大值时,输出功率和电源提供的功率也达到最大值。图 3.4.4 为 V_1管的输出特性曲线,Q 点坐标为(V_{CC},0),为了避免 V_1进入饱和区,故输出电压峰值的最大值 $U_{omm} = V_{CC} - U_{CES}$,$U_{CES}$为管子的饱和压降。

最大不失真输出功率 P_{om}为:

$$P_{om} = \frac{1}{2}\frac{U_{omm}^2}{R_L} = \frac{1}{2}\frac{(V_{CC} - U_{CES})^2}{R_L} \tag{3.4.4}$$

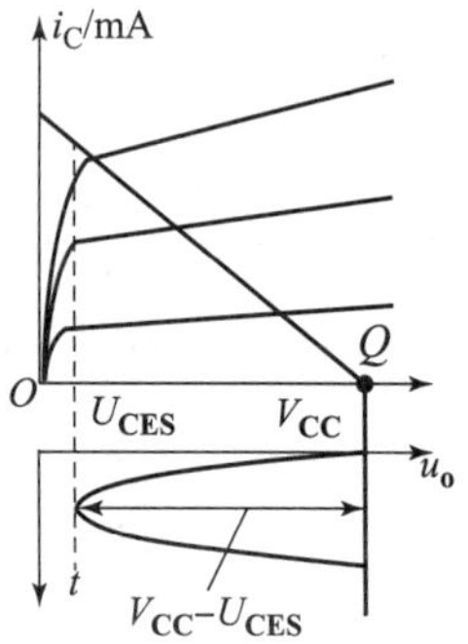

电源提供功率的最大值 $P_{\rm Dm}$ 为：

$$P_{\rm Dm}=\frac{2V_{\rm CC}}{\pi}\frac{V_{\rm CC}-U_{\rm CES}}{R_{\rm L}} \tag{3.4.5}$$

(4)功耗。

在功率放大电路中，电源提供的功率一部分转换成输出功率，另一部分则消耗在晶体管上，功耗用 $P_{\rm T}$ 表示，因此 $P_{\rm T}=P_{\rm D}-P_{\rm o}$。

每个晶体管的平均功耗可用下式表示：

$$P_{\rm T1}=\frac{1}{2}P_{\rm T}=\frac{V_{\rm CC}U_{\rm om}}{\pi R_{\rm L}}-\frac{U_{\rm om}^2}{4R_{\rm L}} \tag{3.4.6}$$

为了得到功耗的最大值，可将 $P_{\rm T1}$ 对 $U_{\rm om}$ 求导数，即：

$$\frac{{\rm d}P_{\rm T1}}{{\rm d}U_{\rm om}}=0 \tag{3.4.7}$$

可得：当 $U_{\rm om}=\frac{2}{\pi}\cdot V_{\rm CC}\approx 0.6V_{\rm CC}$ 时，管耗达到最大。

图 3.4.4 V_1 管的输出特性曲线（$U_{\rm om}$ 达最大值）

2. 甲乙类 OCL 功率放大电路

设管子为硅管，只有 $U_{\rm BE}>0.7$ V 时，NPN 管才会真正导通，也就是 $u_{\rm i}>0.7$ V 时，V_1 导通；只有 $U_{\rm BE}<-0.7$ V 时，PNP 管才会真正导通，也就是 $u_{\rm i}<-0.7$ V 时，V_2 导通；所以，两管交替时，V_1、V_2 均截止，此时输出信号 $u_{\rm o}=0$，称之为交越失真。输入、输出信号波形如图 3.4.5 所示。

为了消除交越失真，显然应给晶体管的发射结增加很小的正向偏压，电压大小近似等于发射结的导通电压，即晶体管在静态时处于微弱导通状态。只要 $u_{\rm i}>0$，NPN 管就处于导通状态，只要 $u_{\rm i}<0$，PNP 管就处于导通状态，从而消除交越失真。由于静态时，晶体管中电流不为 0，故管子工作在甲乙类状态。

甲乙类 OCL 功率放大电路如图 3.4.6 所示，在图 3.4.3 的基础上增加了两个二极管 D_1、D_2 和两个电阻 R_1、R_2。

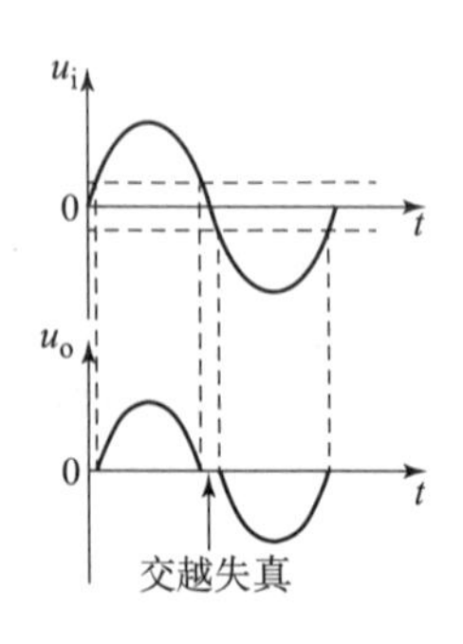

图 3.4.5 交越失真时输入、输出信号的波形

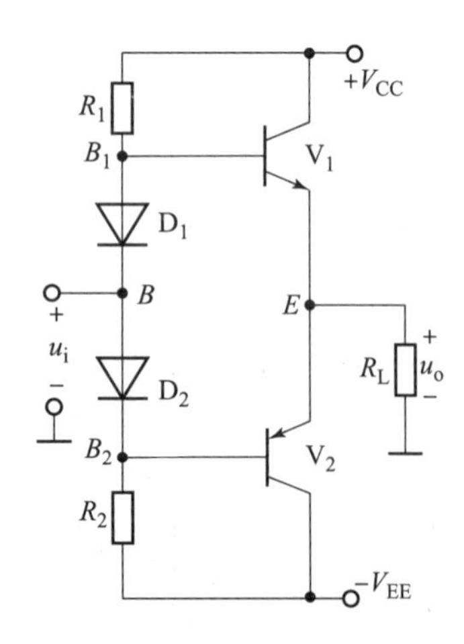

图 3.4.6 甲乙类 OCL 功率放大电路

静态时，D_1、D_2和R_1、R_2构成的支路导通，由于$R_1 = R_2$，D_3、D_4为同类型二极管，故$V_B = 0$，$V_{B1} = U_{D(on)}$，$V_{B2} = -U_{D(on)}$；晶体管为互补对管，因此$U_{CE1} = -U_{CE2} = V_{CC}$，$V_E = 0$ V；这样$U_{BE1} = U_{D(on)}$，$U_{BE2} = -U_{D(on)}$，晶体管发射结处于微弱导通状态，从而消除了交越失真。此外，R_1与R_2一方面与二极管构成回路使二极管导通，从而为三极管提供合适的偏置，另一方面起到限流作用，防止二极管电流过大被损坏。

由于甲乙类 OCL 功率放大电路中晶体管处于微弱导通状态，管子的静态电流很小，而电路的输出电压、输出电流均较大，故管子的静态电流可忽略不计，这样可以采用前面推导过的乙类 OCL 功率放大电路的有关公式估算甲乙类 OCL 功率放大电路的相关参数，这里不再赘述。

为了提高功率放大电路的性能，常采用不同结构的甲乙类 OCL 功率放大电路。如图 3.4.7 所示电路为利用晶体管消除交越失真的甲乙类 OCL 功率放大电路，在电路中的V_3、V_4可以等效为二极管，为V_1、V_2的基极提供合适偏置，从而消除交越失真。此外，由于V_1、V_3为同类型管子，V_2、V_4为同类型管子，故温度变化时，V_1、V_3的u_{BE}变化相同，V_2、V_4的u_{BE}变化也相同，这使电路的偏置电压不易改变，电路具有温度补偿作用。

为了提高管子的电流驱动能力，可以将功率放大电路的互补对管换成复合管，电路如图 3.4.8 所示。V_2、V_3、V_4、V_5构成互补对称功放管，调节R_P的阻值可以为复合管提供合适的偏置，从而消除交越失真。

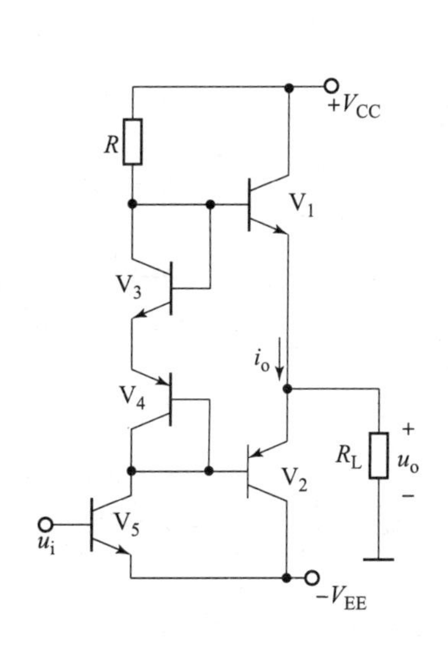

图 3.4.7　甲乙类 OCL 功率放大电路(晶体管)

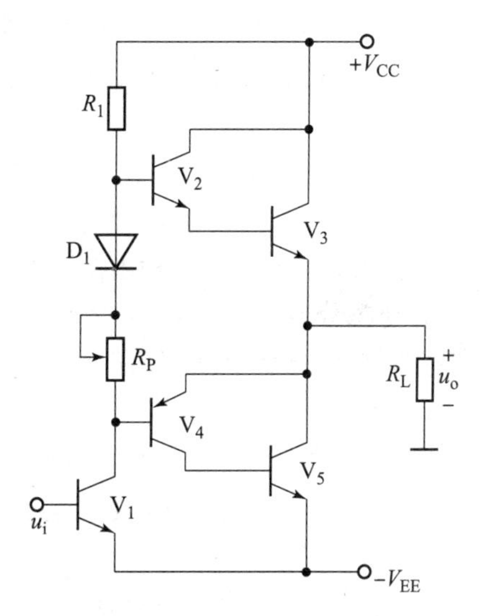

图3.4.8　复合管构成的功率放大电路

例 3.4.1　电路如图 3.4.6 所示，设$U_{CES} = 2$ V，$R_L = 50\ \Omega$，$V_{CC} = V_{EE} = 12$ V，求：

(1) 当$u_i = 0$时，B、E点电位为多大？流过R_L的电流有多大？

(2) R_1、R_2、D_1、D_2起什么作用；

(3) 为保证输出波形不失真，输入信号u_i的最大振幅为多大？求此时电路的输出功率、电源提供的功率及效率。

解：电路双电源供电，输出端没有耦合电容，故电路属于乙类 OCL 功率放大电路。

(1) 静态时(即$u_i = 0$)，$V_B = 0$，由于V_1、V_2为互补对管，且电路双电源供电，故$V_E = 0$，因此，流过R_L的电流为 0。

(2)R_1、R_2、D_1、D_2构成通路,R_1、R_2起限流作用,D_1、D_2为晶体管的基极提供偏置,从而消除交越失真。

(3)为使输出波形不失真,应有 $U_{imm}=U_{omm}=V_{CC}-U_{CES}=10\ V$,则:

$$P_{om}=\frac{1}{2}\frac{(V_{CC}-U_{CES})^2}{R_L}=1\ W$$

$$P_{Dm}=\frac{2V_{CC}}{\pi}\frac{V_{CC}-U_{CES}}{R_L}\approx 1.53\ W$$

$$\eta=\frac{P_{om}}{P_D}\times 100\%\approx 65\%$$

3.4.3 OTL 功率放大电路

OTL(Output transformless)功率放大电路如图 3.4.9 所示,V_1 和 V_2 为两个功率对管,电路为单电源供电,D_1 和 D_2 为 V_1、V_2 的基极增加偏置,电路属于甲乙类 OTL 功率放大电路,电路可以消除交越失真。电容 C 一方面具有隔直通交的作用,保证负载上面只有交流信号、没有直流信号,另一方面电容 C 相当于 V_2 管的直流电源,电源电压为 $V_{CC}/2$。

1. 静态分析

由于 $R_1=R_2$,D_1和 D_2 为同种类型的二极管(其导通电压为 $U_{D(on)}$),故:$V_B=V_{CC}/2$, $V_{B1}=V_{CC}/2+U_{D(on)}$, $V_{B2}=V_{CC}/2-U_{D(on)}$。$V_1$、$V_2$为功率对管,故:$U_{CE1}=-U_{CE2}=V_{CC}/2$,故 $V_E=V_{CC}/2$。因此,$U_{BE1}=U_{D(on)}$,$U_{BE2}=-U_{D(on)}$,此时三极管处于微弱导通状态,故:$I_B=I_C\neq 0$。由于静态时两个三极管发射极电位等于 $V_{CC}/2$,这保证了交流输出信号正、负半周对称。

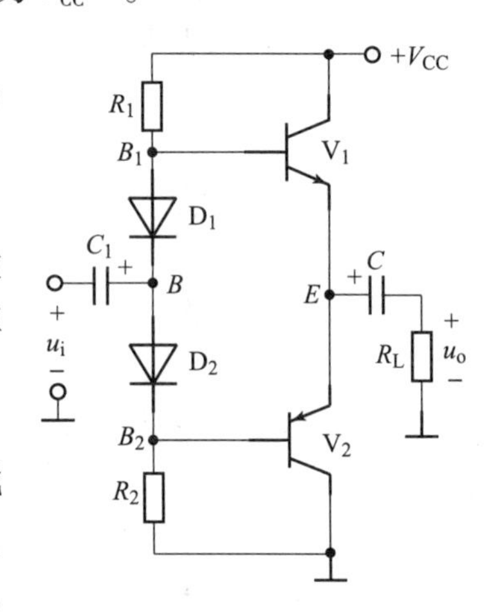

图 3.4.9 OTL 功率放大电路

2. 动态分析

OTL 功放电路中,输入信号为正半周时,V_1 管导通,V_2 管截止,V_{CC}供电,有效电源电压为 $V_{CC}/2$;输入信号为负半周时,V_1 管截止,V_2管导通,电容 C 充当电源为 V_2供电;在整个周期中,V_1、V_2管交替工作,电路均为射极输出器,即输出信号与输入信号相等。

由于 OTL 功放电路中只有一个直流电源 V_{CC},故将公式中的 V_{CC}变为 OCL 电路的相关公式中的 V_{CC}的$\frac{1}{2}$即可,OTL 电路相关参数计算公式如下。

(1)输出功率 P_o。

$$P_o=\frac{U_{om}}{\sqrt{2}}\frac{I_{om}}{\sqrt{2}}=\frac{1}{2}U_{om}I_{om}=\frac{U_{om}^2}{2R_L} \tag{3.4.8}$$

当输出电压达到最大值($V_{CC}-U_{CES}$)时,输出功率达到最大,其值为:

$$P_{om}=\frac{1}{2}\frac{U_{omm}^2}{R_L}=\frac{1}{2}\frac{(V_{CC}/2-U_{CES})^2}{R_L} \tag{3.4.9}$$

(2)直流电源提供的功率 P_{Dm}。

$$P_{Dm}=\frac{V_{CC}U_{om}}{\pi R_L} \tag{3.4.10}$$

最大不失真输出时为:

$$P_{Dm}=\frac{V_{CC}}{\pi}\frac{V_{CC}/2-U_{CES}}{R_L} \tag{3.4.11}$$

(3)功放的效率 η。

$$\eta=\frac{P_{om}}{P_{Dm}}\times 100\% \tag{3.4.12}$$

例 3.4.2　电路如图 3.4.10 所示,设 V_3、V_5的饱和压降可以忽略,求:

(1)如何使输出获得最大正、负对称波形?

(2)设管子饱和压降可以忽略,求最大不失真输出功率,以及电源提供的功率和效率。

解:(1)由于电路单电源供电,输出端有耦合电容,故为 OTL 功率放大电路,V_2、V_3、V_4、V_5 构成互补对称功放管。

调节 V_1 的基极偏置,使管子的集电极电流变化,从而使 R_1 上的压降发生变化,E 点电位发生变化,当 $V_E=V_{CC}/2=10$ V 时,输出信号波形对称。

(2)
$$P_{om}=\frac{(V_{CC}/2-U_{CES})^2}{2R_L}\approx 5\text{ W}$$

$$P_{Dm}=\frac{V_{CC}\cdot(V_{CC}/2-U_{CES})}{\pi R_L}\approx 7.2\text{ W}$$

$$\eta=\frac{P_{om}}{P_{Dm}}\times 100\%\approx 70\%$$

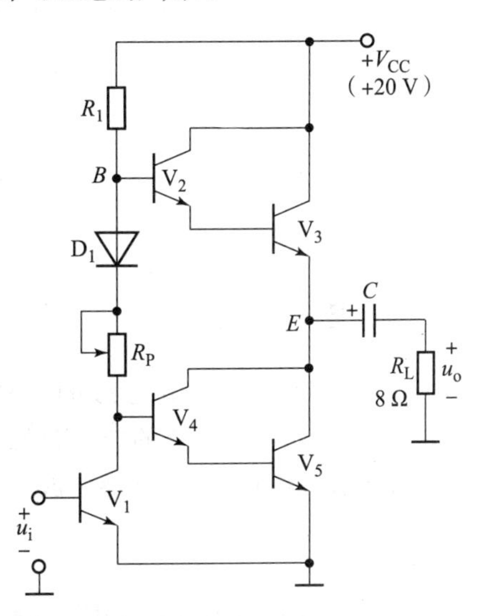

图 3.4.10　甲乙类 OTL 功率放大电路

3.4.4　集成功率放大电路

1. LM1875 及其应用

LM1875 是美国国家半导体器件公司生产的音频功放芯片,采用 V 形 5 脚单列直插式塑料封装结构,封装如图 3.4.11 所示。该功放芯片在 ±25 V 电源电压供电、4 Ω 负载时可获得 20 W 的输出功率,在 ±30 V 电源供电、8 Ω 负载时可获得 30 W 的功率,芯片内置多种保护电路。

芯片特点:

(1)V 形 5 脚单列直插式塑料封装结构,仅 5 只引脚;

(2)开环增益可达 90 dB;

(3)极低的失真,1 kHz、20 W 时失真仅为 0.015%;

(4)内置 AC 和 DC 短路保护电路;

(5)内置超温保护电路;

(6)峰值电流高达 4 A;

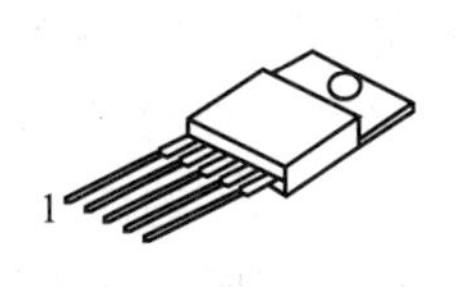

图 3.4.11　LM1875 封装

(7)极宽的工作电压范围(16 ~ 60 V);

(8)内置输出保护二极管;

(9)外接元件非常少,TO - 220 封装;

(10)输出功率大,$P_o = 20$ W($R_L = 4\ \Omega$)。

LM1875 典型应用电路如图 3.4.12 所示。

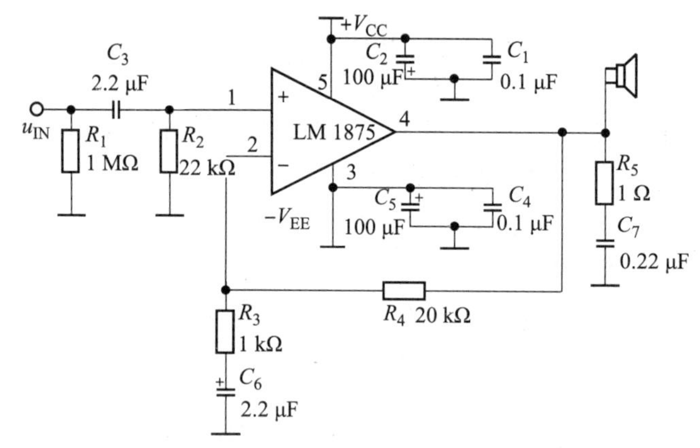

图 3.4.12　LM1875 典型应用电路

电路中 C_3电容防止后级的 LM1875 直流电位对前级电路的影响。放大电路由 LM1875、R_4、R_3、C_6 等组成,电路的放大倍数由 R_4 与 R_3 的比值决定,由于信号从 LM1875 的同相端输入,故构成同相比例放大电路,放大倍数为:

$$A_u = \left(1 + \frac{R_4}{R_3}\right) \tag{4.3.13}$$

C_6用于稳定 LM1875 的第 4 脚直流零电位的漂移,但是对音质有一定的影响,C_7、R_5的作用是防止放大器产生低频自激。本放大器的负载阻抗为 4 ~ 16 Ω。

C_1、C_2、C_4、C_5用于滤除直流电源中的高频噪声和低频噪声,保证电源提供恒定的直流电压。

为了保证功放有较好的音质,电源变压器的输出功率不得低于 80 W,输出电压为 ±25 V。

2. TDA1521 及其应用

TDA1521 是荷兰飞利浦公司设计的高性能双通道音频功放,在电压为 ±16 V、阻抗为 8 Ω 时,输出功率为 2 × 15 W,此时的失真仅为 0.5%。输入阻抗为 20 kΩ,输入灵敏度为 600 mV,信噪比达 85 dB。其电路设有等待、静噪状态,具有过热保护、低失调电压高纹波抑制,而且热阻极低,特别适合作为立体声音响设备左、右两个声道的功放。实际应用中,在组装双通道功放或 BTL 功放时,通常首选双通道集成功放。

TDA1521 的内部电路结构、引脚排列和典型应用电路如图 3.4.13 所示。图中,两个通道的功放均构成 OCL 电路,输入电压经 220 nF 的隔直耦合电容加到各通道的输入端,输出端直接接至扬声器负载。输出端所接的 22 nF 电容与 8.2 Ω 电阻串联组成的支路为相位补偿电路,用以防止自激;C_3、C_4 和 C_7 均为电源去耦电容。使用时,应给 TDA1521 外接散热器,散热器应与负电源相连。

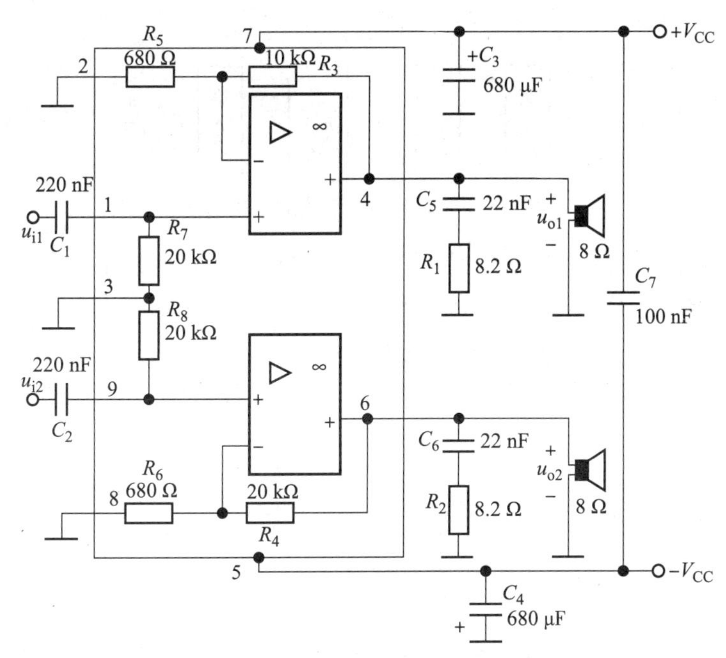

图 3.4.13　TDA1521 的内部电路结构、引脚排列与典型应用电路

3. 集成功放的使用注意事项

(1)厂家给出的集成功放性能参数往往是典型数据,而实际使用中集成功放的性能参数与工作条件有关,在不同的工作条件下,参数值可能不同,因此,使用时应进一步查阅手册,以获得符合实际情况的数据。应用时,应尽量采用手册中推荐的工作条件,因为此条件下电路的综合性能通常比较好。尤其使用较大功率的集成功放时,必须按照手册要求安装规定规格的散热装置,否则容易烧毁。

(2)集成功放应用电路的最大不失真功率可用 OCL、OTL 等电路的相应公式进行估算,可见其最大不失真功率与负载和电源电压值有关,但最大不失真功率不仅与负载和电源电压值有关,还受到电路极限参数的限制,使用时电路不能工作到超出极限参数的范围。

3.5　多级放大电路

在实际的电子设备中为了获得足够高的电压放大倍数同时获得较大输出功率,并且抑制零点漂移,常将前面介绍的若干个基本放大电路组成多级放大电路,充分发挥各自电路的特点,从而获得放大电路的最佳性能。

3.5.1　多级放大电路的结构及耦合方式

多级放大电路的结构简图如图 3.5.1 所示,其中,与输入信号相连接的第一级放大电路称为输入级,一般选择差分放大电路,其主要作用是抑制共模信号,同时差分放大电路具有一定的放大能力。与负载连接的电路称为输出级,一般选择功率放大电路,主要用于提高电路的输出功率。输入级和输出级之间称为中间级,一般选择共射极放大电路,主要用于提高电路的电压放大倍数。

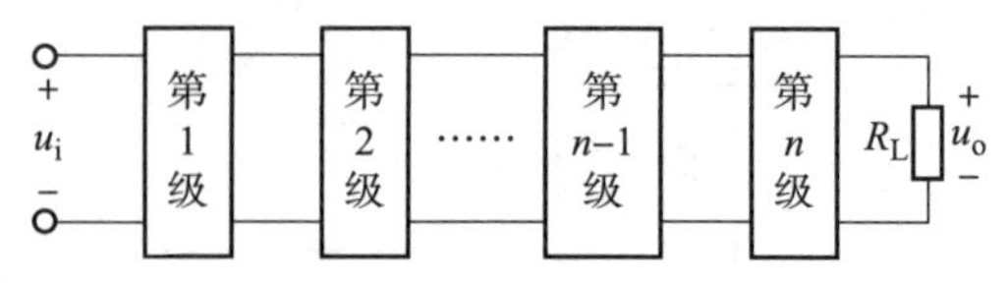

图 3.5.1　多级放大电路的结构简图

级与级之间的连接方式称为“耦合”。多级放大电路有 3 种耦合方式,分别是阻容耦合、直接耦合和变压器耦合,优、缺点比较见表 3.5.1。

表 3.5.1　3 种耦合方式优、缺点比较

耦合方式	耦合元件	优点	缺点
阻容耦合	级间采用电容连接	各级间静态工作点不受影响;设计与调试简单方便;体积小;成本低	不能放大低频、直流信号;不易集成
直接耦合	级间采用导线连接	能放大直流、低频信号;便于集成;信号传输损耗小	各级静态工作点互相影响;设计与调试不方便
变压器耦合	级间采用磁路连接	各级间静态工作点不受影响,改变变压器初、次级匝数可实现阻抗变换	不能放大低频、直流信号;不易集成;成本高

3.5.2　多级放大电路的性能指标分析

基于单级放大电路的分析基础,多级放大电路动态参数的求解可以最终转化为单级放大电路的分析。以二级放大电路为例,如图 3.5.2 所示。在多级放大电路中存在多个名称不同,却是同一个量的信号,这里从左到右依次分析。

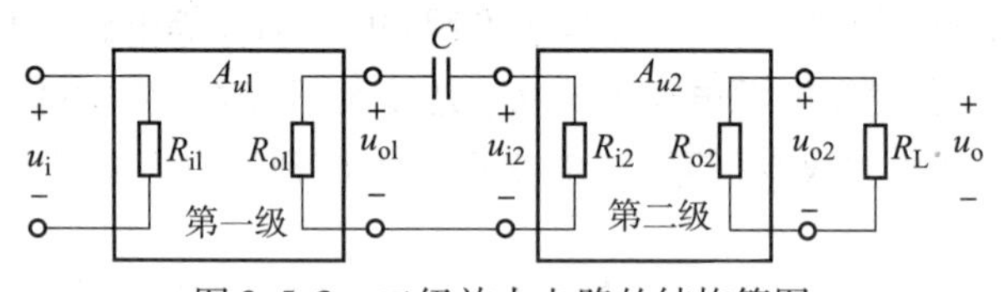

图 3.5.2　二级放大电路的结构简图

(1)总的输入信号也是第一级的输入信号,即 $u_i = u_{i1}$;

(2)总的输入电阻也是第一级的输入电阻,即 $R_i = R_{i1}$;

(3)第一级电路可以作为第二级电路的信号源,即 $u_{o1} = u_{i2}$;

(4)第一级电路的输出电阻相当于第二级电路信号源的内阻,即 $R_{o1} = R_{S2}$;

(5)第二级电路的输入电阻相当于第一级电路的负载电阻,即 $R_{i2} = R_{L1}$;

(6)总的输出信号也是第二级的输出信号,即 $u_o = u_{o2}$;

(7)总的输出电阻也是第二级的输出电阻,即 $R_o = R_{o2}$;

总电路的电压放大倍数为:

$$A_u = \frac{u_o}{u_i} = \frac{u_o u_{o1}}{u_i u_{o1}} = \frac{u_{o2} u_{o1}}{u_{i1} u_{i2}} = A_{u1} A_{u2} \tag{3.5.1}$$

即总电路的电压放大倍数为各级电压放大倍数的乘积。

总的输入电阻：

$$R_i = R_{i1} \tag{3.5.2}$$

总的输出电阻：

$$R_o = R_{o2} \tag{3.5.3}$$

可见，多级放大电路的参数求解可简化为单级放大电路的参数求解。

3.5.3　阻容耦合多级放大电路

如图 3.5.3 所示为阻容耦合二级放大电路，C 为耦合电容，第一级为共发射极放大电路，第二级为共集电极放大电路。

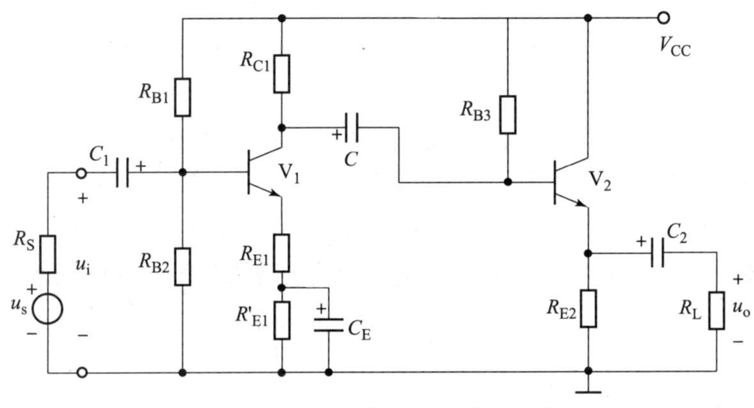

图 3.5.3　阻容耦合二级放大电路

1. 静态分析

由于耦合电容对直流量的电抗为无穷大，因此，阻容耦合放大电路各级之间的直流通路不相通，各级的静态工作点互相独立，因此，静态工作点的理论分析与 3.2.1 节中完全相同，这里不再赘述。

2. 动态分析

多级放大电路的动态分析主要是求解电路的 3 个参数：电压放大倍数、输入电阻、输出电阻。电路的小信号等效电路如图 3.5.4(a)所示。

首先求解第二级电路的放大倍数和输入电阻。因为 $R_{o1} = R_{S2}$，第二级电路等效后的小信号等效电路如图 3.5.4(b)所示，经过等效后，相当于求解一个共集电极电路的放大倍数和输入电阻。

$$A_{u2} = \frac{(1+\beta_2)\cdot(R_{E2}/\!/R_L)}{r_{be2}+(1+\beta_2)\cdot(R_{E2}/\!/R_L)} \approx 1 \tag{3.5.4}$$

$$R_{i2} = R_{B3}/\!/[r_{be2}+(1+\beta_2)\cdot(R_{E2}/\!/R_L)] \tag{3.5.5}$$

下面求解第一级放大电路的放大倍数及其输入电阻、输出电阻。

因为 $R_{i2} = R_{L1}$，第一级电路等效后的小信号等效电路如图 3.5.4(c)所示，这相当于求解一个共发射极放大电路的动态参数。

$$A_{u1} = -\frac{\beta_1\cdot(R_{C1}/\!/R_{i2})}{r_{be1}+(1+\beta_1)\cdot R_{E1}} \tag{3.5.6}$$

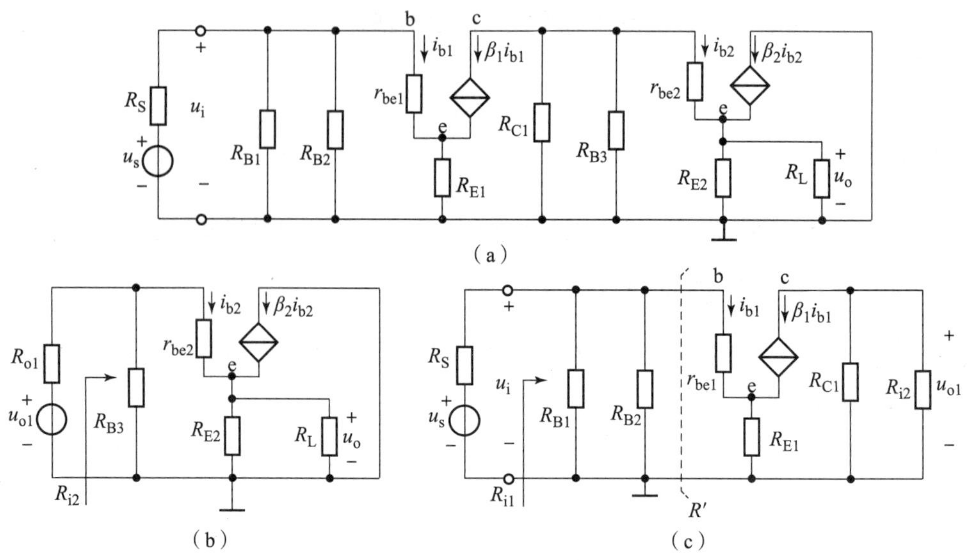

图 3.5.4　阻容耦合二级放大电路的分析

(a)小信号等效电路；(b)第二级电路小信号等效电路；(c)第一级电路小信号等效电路

$$R_i = R_{i1} = R_{B1} /\!/ R_{B2} /\!/ R' = R_{B1} /\!/ R_{B2} /\!/ [r_{be1} + (1+\beta_1) \cdot R_{E1}] \tag{3.5.7}$$

最后求解电路的输出电阻，等效后的小信号等效电路如图 3.5.4(b)所示，则：

$$R_o = R_{o2} = R_{E2} /\!/ \frac{r_{be2} + R_{o1} /\!/ R_{B3}}{1+\beta_2} \tag{3.5.8}$$

3.5.4　直接耦合多级放大电路

在直接耦合放大电路中，由于各级之间直接连接，静态工作点互相影响，当某一级静态工作点发生变化时，其他级电路静态工作点也发生变化，而且零点漂移对电路影响严重。第一级的零点漂移会随信号传递到下一级，并逐渐被放大，这样即使输入信号为零，输出电压也会偏离初始值而上、下波动。严重时，零点漂移信号会淹没有用信号，使设计人员无法辨认漂移信号与有用信号。因此，在直接耦合中第一级一般采用差分放大电路，用来抑制零点漂移。

直接耦合放大电路如图 3.5.5 所示，第一级为恒流源差分放大电路，第二级为由 PNP 管构成的共发射极放大电路。

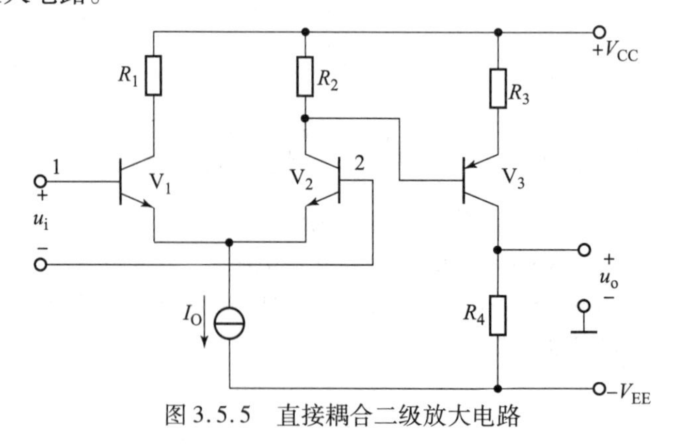

图 3.5.5　直接耦合二级放大电路

电路要求静态时输出电压为零,则 R_4的压降 $U_{R_4} = V_{EE}$;由此可得三极管 V_3的集电极电流 $I_{CQ3} = U_{R_4}/R_4$;则 R_3上的压降 $U_{R_3} = I_{CQ3} \cdot R_3$。

差分放大电路中 V_1、V_2的集电极电流 $I_{CQ1} = I_{CQ2} = \frac{1}{2}I_O$;

忽略 V_3的基极电流,则 $U_{R_2} = U_{R_3} + U_{BE3}$;则 $R_2 = U_{R_2}/I_{CQ1}$。

直接耦合放大电路的动态分析方法和阻容耦合放大电路的分析方法类似,这里不再赘述。

3.5.5 集成运算放大器

1. 集成运算放大器的组成与符号

前面介绍了由晶体管、场效应管等分立元件组成的电路称为分立电路。在半导体制造工艺的基础上,把整个电路中的元器件制作在一块很小的硅基片上,封装成具有特定功能的电子电路,称为集成电路(Integrated Circuit,缩写 IC)。按其功能、结构的不同,集成电路可以分为模拟集成电路、数字集成电路和数/模混合集成电路三大类。模拟集成电路种类繁多,而集成运算放大器(Integrated Operational Amplifier,简称集成运放),是模拟集成电路中应用最为广泛的一种,是一种高增益、高输入电阻和低输出电阻的多级直接耦合放大器。

由于受制造工艺的限制,模拟集成电路与分立元件电路相比具有如下特点:

(1)采用有源器件代替大电阻。

由于制造工艺的原因,电路中高阻值电阻多用有源器件构成的恒流源电路代替,以获得稳定的偏置电流。BJT 比二极管更易制作,一般用集电极和基极短路的 BJT 代替二极管。稳压管一般用 PNP 管的发射结代替。

(2)级间耦合方式采用直接耦合。

由于集成工艺无法制造大电容,电感制造更困难。集成电路中电容量一般不超过 100 pF,电感只能限于极小的数值(1 μH 以下)。因此,在集成电路中,级间不能采用阻容耦合方式,均采用直接耦合方式。

(3)采用多管复合结构的电路。

集成电路中复合和组合结构的电路性能较好,因此,在集成电路中多采用复合管(一般为两管复合)和组合(共射 - 共基、共集 - 共基组合等)电路。

集成运放具有体积小、重量轻、引出线和焊接点少、寿命长、可靠性高、性能好等优点,同时成本低、便于大规模生产,因此其发展十分迅速。现在集成技术的高速发展使得集成运放各项技术指标不断改进,和其他模拟集成电路正向高速、高压、低功耗、低零漂、低噪声、大功率、大规模集成、专业化等方向发展。目前在物联网、军事设备、工业设备、通信设备、计算机和家用电器等几乎遍及所有产业的各种产品中都采用了集成电路。

除了通用型集成运放外,有些特殊需要的场合还要求使用某一特定指标相对比较突出的运放,即专用型运放。常见的专用型运放有高速型、高阻型、低漂移型、低功耗型、高压型、大功率型、高精度型、跨导型、低噪声型等。

集成运放电路的组成框图如图 3.5.6 所示。

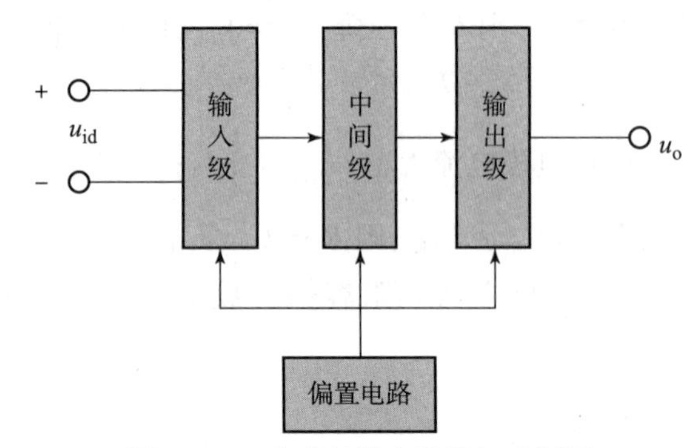

图 3.5.6　集成运放电路的组成框图

1）输入级

在 3.5.4 节中已知直接耦合方式存在零点漂移现象，且第一级的零点漂移影响最大，因此输入级最好采用差分放大电路（3.3 节有所介绍）。

2）中间级

集成运放具有高增益，主要由中间级提供，因此多采用共射或共源放大电路（3.2 节有所介绍），并且放大管常采用复合管形式，电流源作有源负载，增益能力显著提高。

3）输出级

输出级接负载，常采用互补对称放大电路（3.4 节有所介绍），以提高带负载能力。

4）偏置电路

与分立电路的偏置电路不同，集成运放采用电流源电路，为各级提供合适的静态电流。

集成运放的电路符号如图 3.5.7 所示（省略了电源端、公共端、调零端、相位补偿端等）。集成运放有两个输入端，分别称为同相输入端 u_P（“ + ”表示）和反相输入端 u_N（“ − ”表示），和一个输出端 u_o。

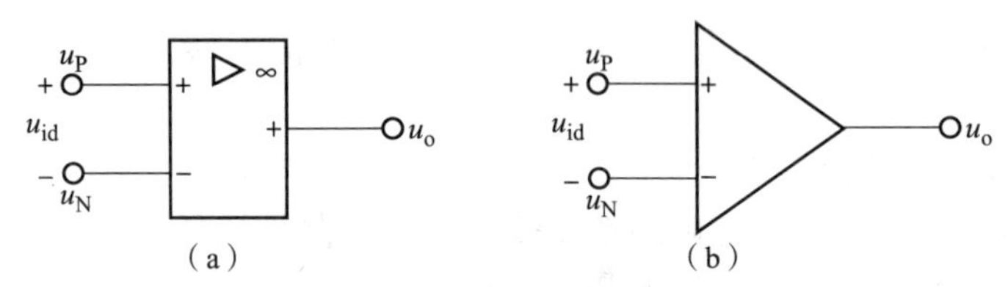

图 3.5.7　集成运放符号

（a）电路符号；（b）习惯通用符号

在实际应用时，需要了解集成运放外部各引出端的功能及相应的接法。

2. 主要参数

集成运放的参数是否正确、合理选择是使用集成运放的基本依据，因此了解其各性能参数及其意义是十分必要的。实际设计电路时技术指标均可在集成运放手册中查到。

其中，一部分参数与差分放大器和功率放大器相同，另一部分参数则是根据运算放大器本身的特点而设立的。各种主要参数均比较适中的是通用型运算放大器，对某些技术指标有特殊要求的是各种专用运算放大器。集成运放的主要参数有以下几种。

1）静态技术指标

(1)输入失调电压 U_{IO}(input offset voltage)。

输入电压为零时,将输出电压除以电压增益,即为折算到输入端的失调电压。它是表征运放内部电路对称性的指标。

(2)输入失调电流 I_{IO}(input offset current)。

在零输入时,差分输入级的差分对管基极电流之差。它用于表征差分级输入电流不对称的程度。

(3)输入偏置电流 I_{IB}(input bias current)。

运放两个输入端偏置电流的平均值。它用于衡量差分放大对管输入电流的大小。

(4)输入失调电压温漂 dU_{IO}/dT 。

在规定工作温度范围内,输入失调电压随温度的变化量与温度变化量之比值。

(5)输入失调电流温漂 dI_{IO}/dT。

在规定工作温度范围内,输入失调电流随温度的变化量与温度变化量之比值。

(6)最大差模输入电压 U_{IDmax}(maximum differential mode input voltage)。

运放两输入端能承受的最大差模输入电压。超过此电压时,差分管将出现反向击穿现象。

(7)最大共模输入电压 U_{ICmax}(maximum common mode input voltage)。

在保证运放正常工作的条件下,共模输入电压的允许最大值。共模电压超过此值时,输入差分对管出现饱和,放大器失去共模抑制能力。

2)动态技术指标

(1)开环差模电压放大倍数 A_{od}(open loop voltage gain)。

运放在无外加反馈条件下,输出电压的变化量与输入电压的变化量之比。

(2)差模输入电阻 R_{id}(input resistance)。

输入差模信号时,运放的输入电阻。

(3)共模抑制比 K_{CMR}(common mode rejection ratio)。

与差分放大电路中的定义相同,是差模电压增益 A_{od} 与共模电压增益 A_{oc} 之比,常用分贝数来表示。

$$K_{CMR} = 20\lg(A_{od}/A_{oc})\ (\mathrm{dB})$$

3.6　Multisim 仿真

3.6.1　共发射极放大电路的仿真

1. 测量静态工作点

共发射极放大电路如图 3.6.1 所示,输入信号为正弦波,峰值为 10 mV,频率为 1 kHz。

通过直流静态工作点分析(DC Operating Point)可以仿真得到电路的静态工作点。

单击菜单栏中的“Simulate”,在下拉菜单中选择“Analyses”,选择该命令下的“DC Operating Point”命令,弹出参数设置对话框,如图 3.6.2 所示。

参数设置完成后,单击“Simulate”按钮得到仿真结果,如图 3.6.3 所示,由结果可知 $U_{CE} \approx 6$ V,$\beta = I_C/I_B \approx 150$。

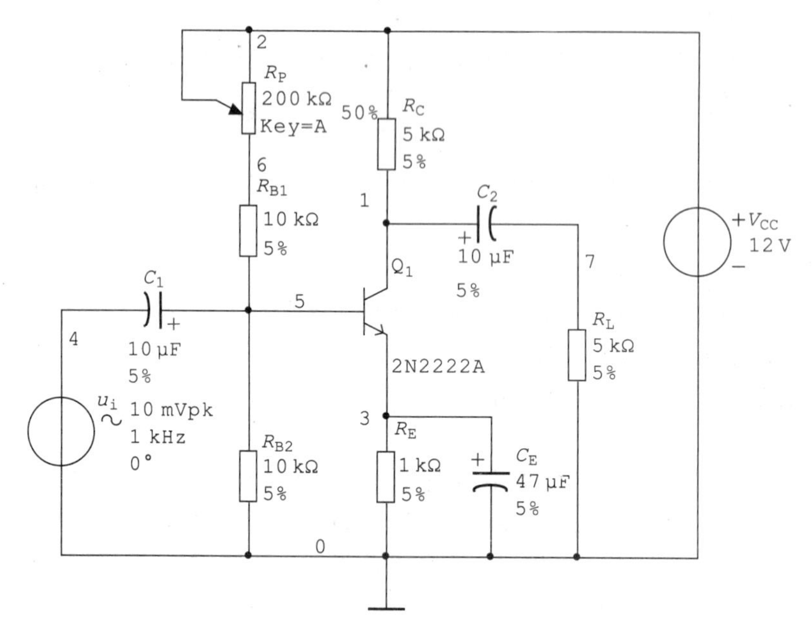

图 3.6.1　共发射极放大电路图

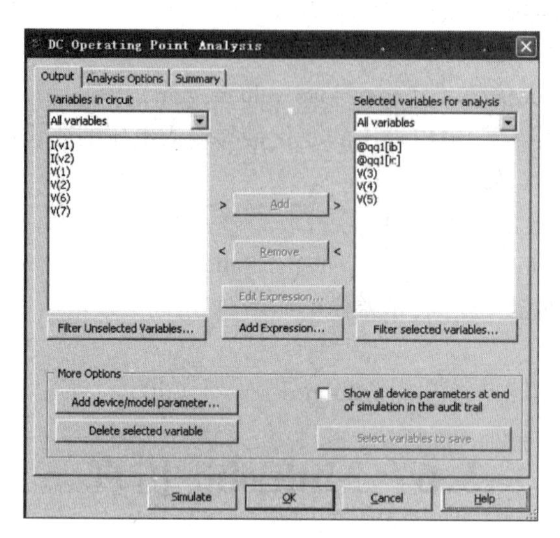

图 3.6.2　DC Operating Point 对话框

DC Operating Point

	DC Operating Point	
1	V(3)	989.72675 m
2	I(q1[ib])	6.54504 u
3	V(5)	1.61031
4	V(1)	7.08409
5	I(q1[ic])	983.18771 u

图 3.6.3　仿真结果

2. 测量放大倍数

利用软件对电路进行仿真时，一定要使输出信号处于不失真的状态，当滑动变阻器为26%时，输出信号不失真。

利用交流电压表分别测量输入电压和输出电压，就可以计算出电压放大倍数，仿真电路如图 3.6.4 所示，XMM1 用于测量输入电压，XMM2 用于测量输出电压，利用示波器观察输入信号与输出信号波形的相位关系，其中 A 通道接输入信号，B 通道接输出信号，调节输入信号的峰值为 5 mV，示波器波形如图 3.6.5 所示，输出信号没有发生失真。万用表显示输入信号有效值为 3.5 mV，输出信号有效值为 258.5 mV，则电路的电压放大倍数 $A_u \approx -74$。

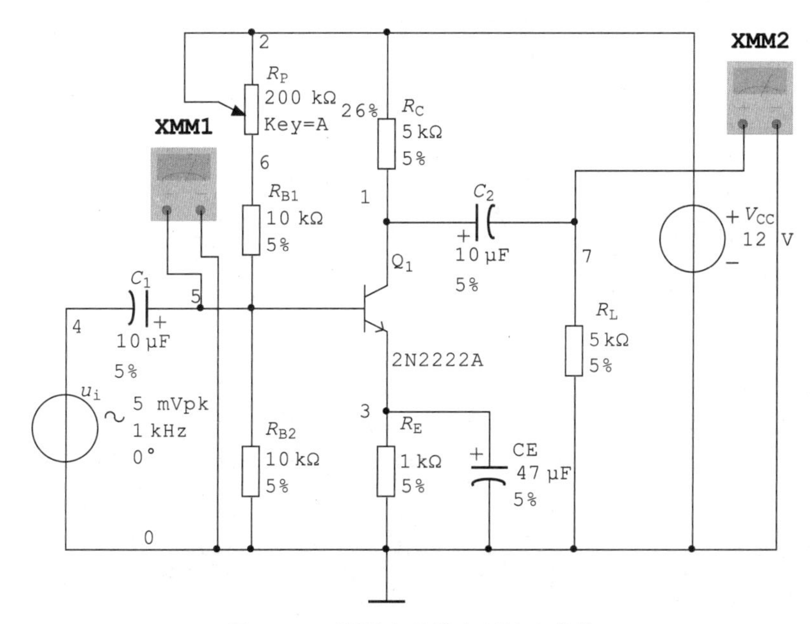

图 3.6.4　测量电路的电压放大倍数

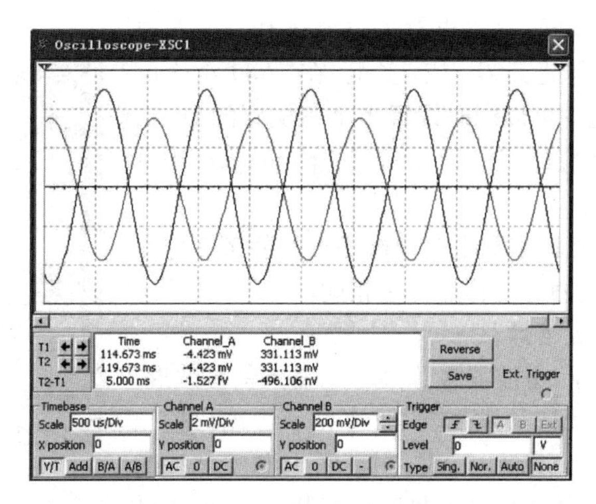

图 3.6.5　输入与输出信号的波形

3.6.2 差分放大电路的仿真

1. 测量静态工作点

差分放大电路如图 3.6.6 所示，开关打到左边则构成长尾差分放大电路，开关打到右边构成恒流源差分放大电路。

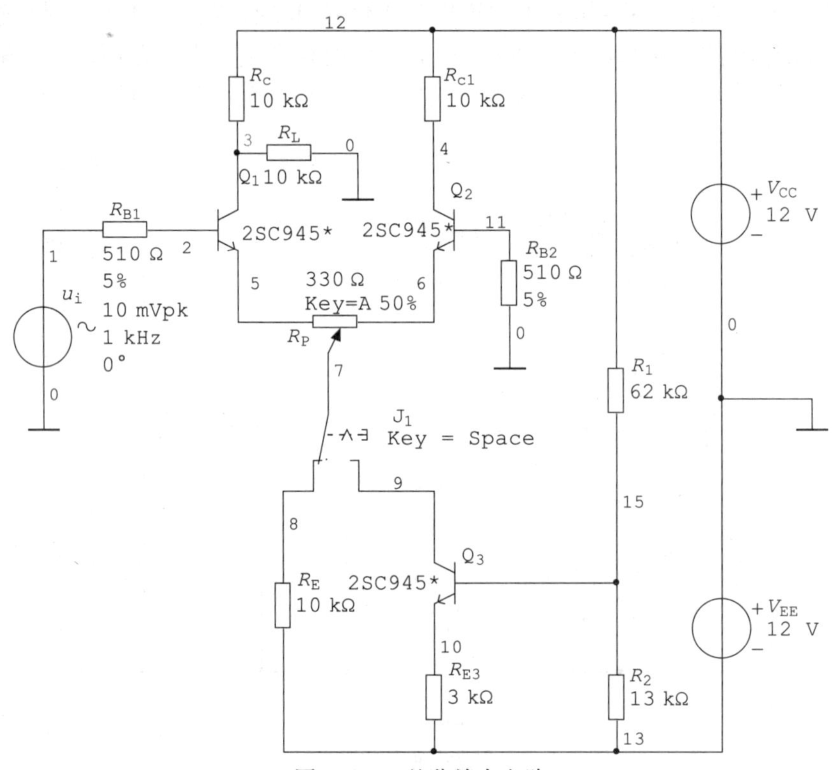

图 3.6.6 差分放大电路

利用 DC Operating Point 测量电路的静态工作点。在电路中存在多个三极管，因此其 Q 点有多组，在“Add device/model parameter”对话框中可以同时设置多个三极管的 Q 点，在“name”中可以选择相应的三极管，然后在“parameter”中选择相应的 I_C、I_B 即可。

如图 3.6.7 所示为长尾差放电路双端输出的静态工作点仿真结果，由图知两管的静态工作点完全相同。

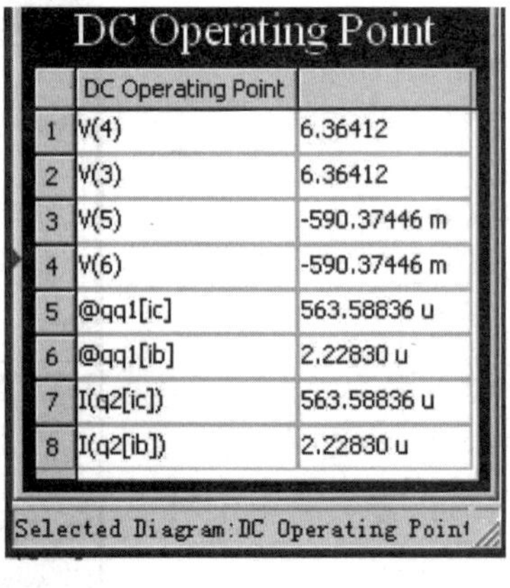

DC Operating Point

	DC Operating Point	
1	V(4)	6.36412
2	V(3)	6.36412
3	V(5)	-590.37446 m
4	V(6)	-590.37446 m
5	@qq1[ic]	563.58836 u
6	@qq1[ib]	2.22830 u
7	I(q2[ic])	563.58836 u
8	I(q2[ib])	2.22830 u

Selected Diagram:DC Operating Point

图 3.6.7 长尾差放电路双端输出的静态工作点

2. 测量差模电压放大倍数

电路如图 3.6.8 所示，示波器 A 通道显示输入信号波形，B 通道显示 3 端口的输出信号波形，C 通道显示 4 端口输出信号波形。XMM1 设置为交流电压表，测量输出电压；XMM2 设置为交流电压表，测量输入电压。打开仿真开关，示波器波形如图 3.6.9 所示，万用表读数如图 3.6.10 所示。

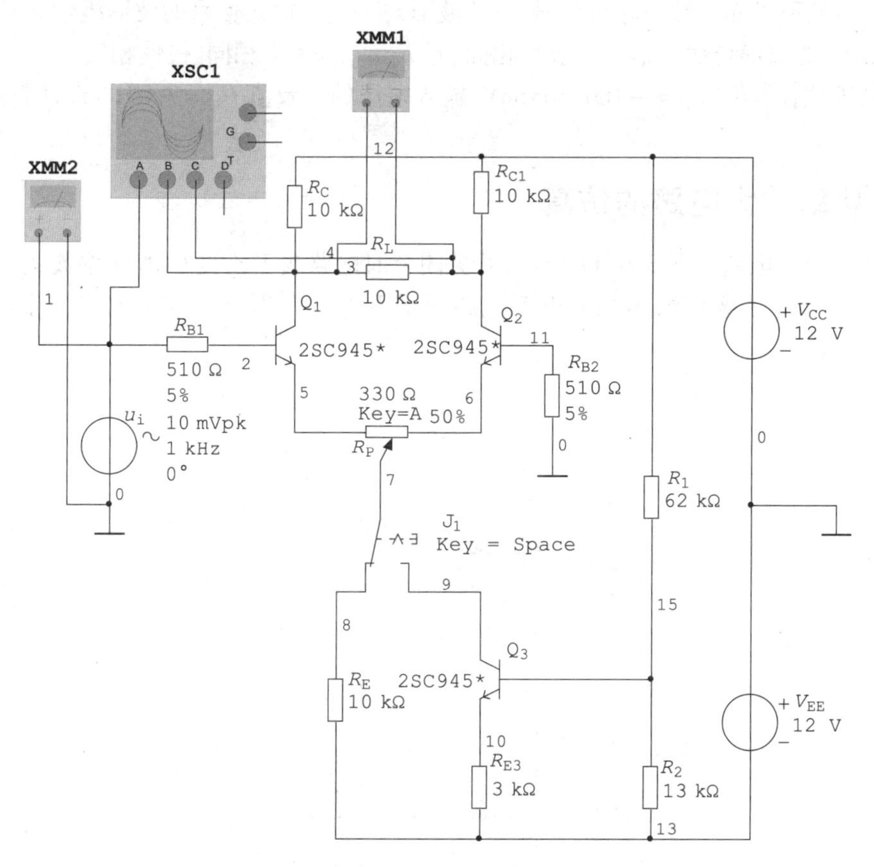

图 3.6.8　差分放大电路测试连接

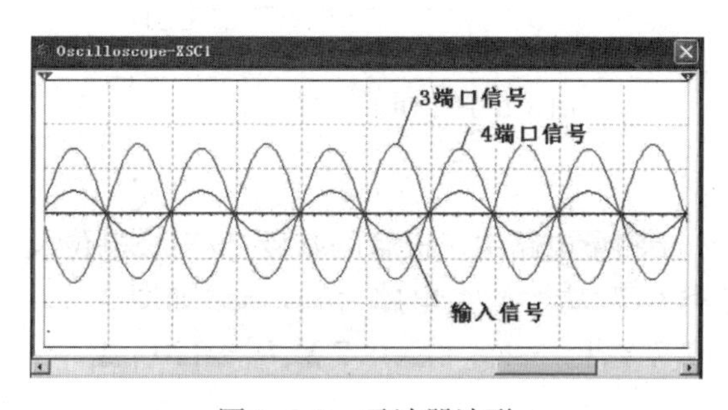

图 3.6.9　示波器波形

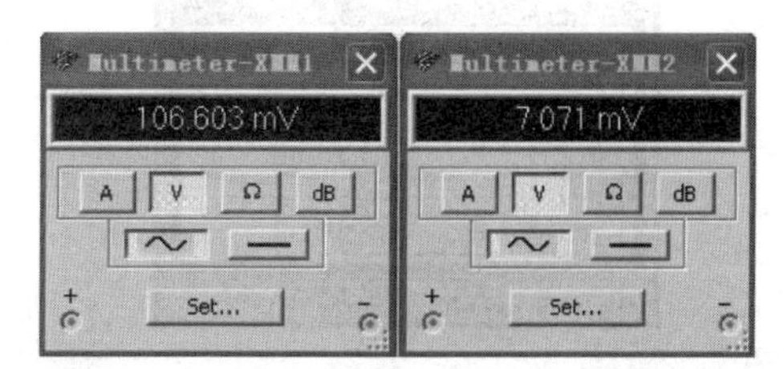

图 3.6.10　长尾差放电路的输出电压和输入电压

由示波器波形可知 3 端口输出信号 u_{o1} 的波形与 1 端口输入信号的波形极性相反，而 4 端口输出信号 u_{o2} 的波形与输入信号的极性相同，且 u_{o1} 和 u_{o2} 大小相同、极性相反。

输出电压的有效值 $U_{od}=-106.603\ \text{mV}$，输入电压的有效值 $U_{id}=7.071\ \text{mV}$，则：$A_{ud}=U_{od}/U_{id}\approx-15$。

3.6.3 功率放大电路的仿真

OCL 功率放大电路如图 3.6.11 所示，开关闭合时电路属于乙类 OCL 功率放大电路，该电路输出信号会产生交越失真；开关打开后电路属于甲乙类 OCL 功率放大电路，电路可以消除交越失真。

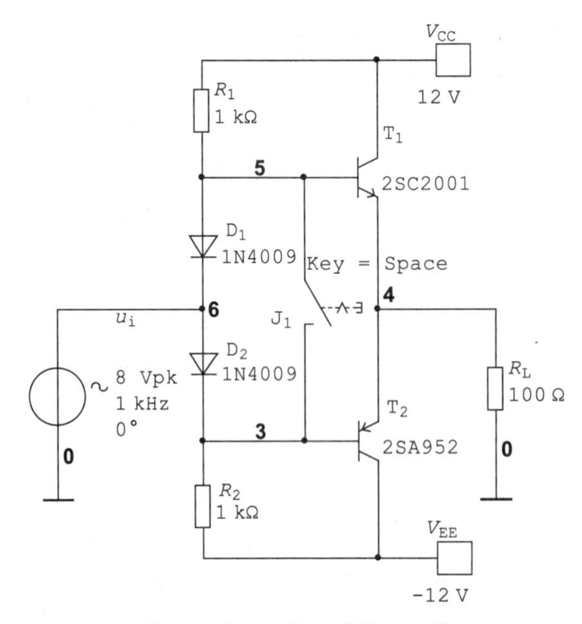

图 3.6.11 OCL 功率放大电路

1. 测量静态工作点

利用 DC Operating Point 测量电路中三极管的基极、发射极电位及三极管的基极电流。开关打开时，电路构成甲乙类 OCL 功率放大电路，仿真结果如图 3.6.12 所示，由图可知：$U_o=V_{(4)}\approx20\ \text{mV}$，$V_{B1}=V_{(5)}\approx0.7\ \text{V}$，$V_{B2}=V_{(3)}\approx-0.7\ \text{V}$，$I_{B1}\approx120\ \mu\text{A}$。

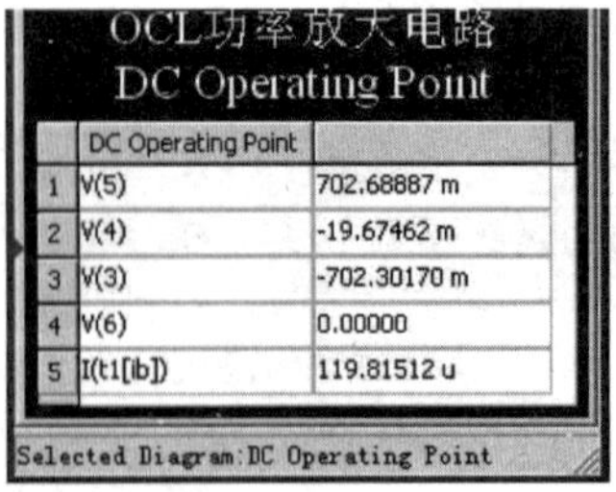

OCL功率放大电路
DC Operating Point

	DC Operating Point	
1	V(5)	702.68887 m
2	V(4)	-19.67462 m
3	V(3)	-702.30170 m
4	V(6)	0.00000
5	I(t1[ib])	119.81512 u

Selected Diagram:DC Operating Point

图 3.6.12 OCL 功率放大电路的静态分析

由仿真数据可知，电路中两个三极管基极电流不等于0，说明三极管已经处于导通状态；三极管发射极的静态电位近似为0，因此电路负载上的电流近似为0。

2. 测量输出功率

将开关断开，电路属于甲乙类OCL功率放大电路。利用示波器也可以观察输入、输出信号的波形，A通道观察输入信号波形，B通道观察输出信号波形，利用功率计测量电路的输出功率，仿真电路如图3.6.13所示。打开仿真开关，示波器波形及功率计读数如图3.6.14所示，由图知输出信号没有产生交越失真，输出功率为0.313 W，仿真结果与前面理论估算值相吻合。

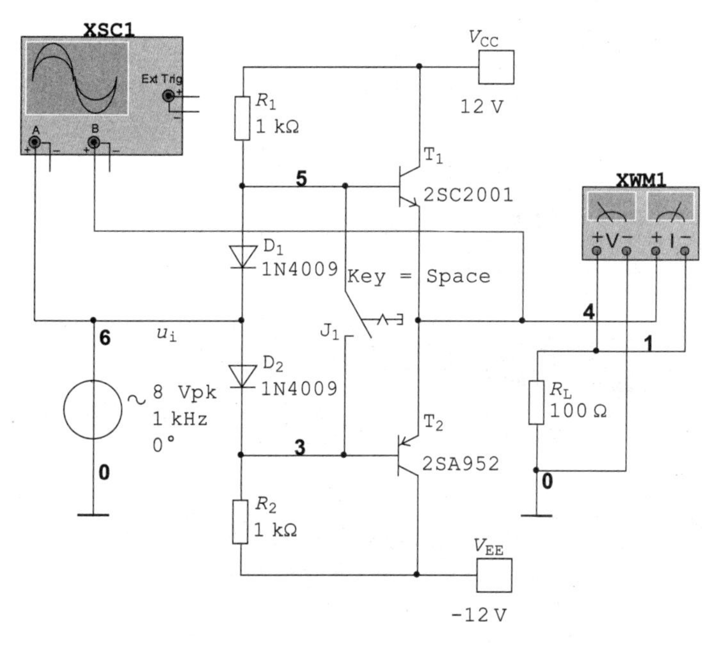

图3.6.13　OCL功率放大电路

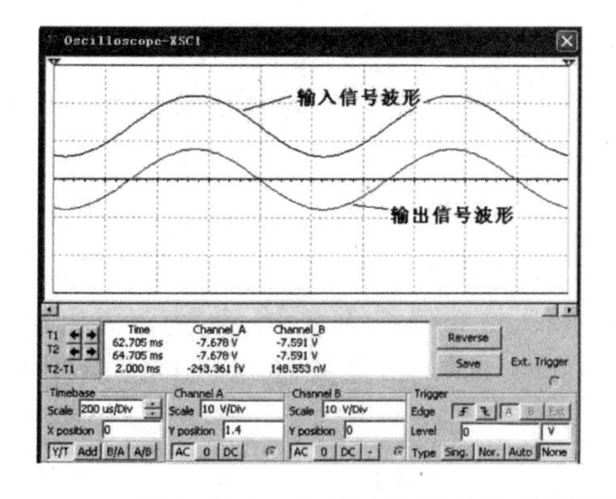

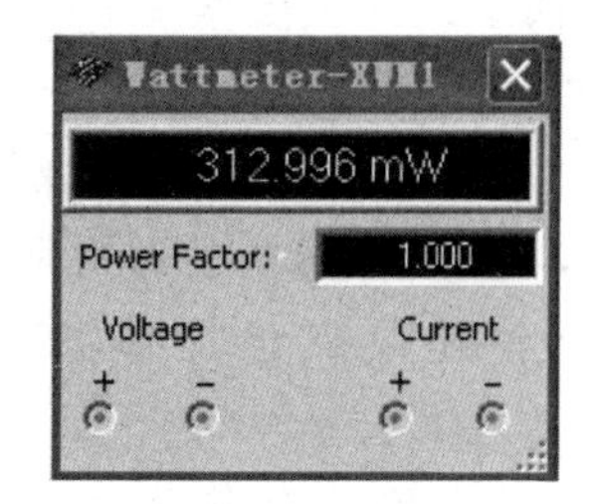

图3.6.14　开关闭合后示波器显示的波形及功率计读数

本章知识点归纳

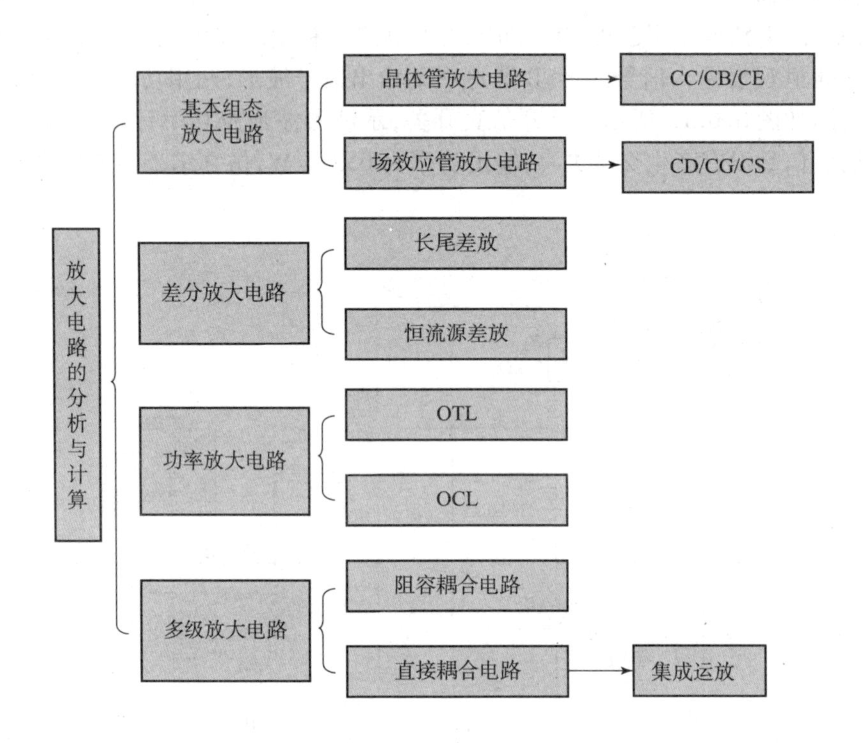

本章小结

(1)基本放大电路主要由信号源、放大电路、直流电源、负载组成。放大的前提是信号不失真,这要求放大电路有合适的静态工作点。放大的本质是在输入小信号作用下,有源元件(晶体管)对直流电源进行转换和控制。

(2)由晶体管可构成共发射极(CE)、共集电极(CC)、共基极(CB)3种组态的单级放大电路。由场效应管可构成共源(CS)、共漏(CD)、共栅(CG)3种组态的单级放大电路。

(3)差分放大电路的主要作用为抑制零点漂移和噪声信号。差放小信号输入方式分为3种:差模信号、共模信号、比较信号。

差分放大电路分为两种:长尾式差分放大电路和恒流源差分放大电路。长尾式差放电路结构比较简单,但是单端输出时对共模信号的抑制能力较弱,共模抑制比较低;恒流源差分放大电路结构较为复杂,但具有较高的共模抑制比,单端输出时应该采用恒流源差分放大电路。

差分放大电路共有4种输入输出方式,即:双端输入双端输出、双端输入单端输出、单端输入双端输出、单端输入单端输出,但是无论静态分析还是动态分析,只和输出方式有关,而与输入方式无关。动态参数的求解可转化为半边共发射极放大电路参数的求解,见表3.1。

表3.1 差放电路动态参数和半边电路动态参数的关系

方式＼参数		A_{ud}	R_{id}	R_{od}
双端输出		A_{u1}	$2R_{i1}$	$2R_{o1}$
单端输出	3端口输出	$0.5A_{u1}$	$2R_{i1}$	R_{o1}
	4端口输出	$-0.5A_{u2}$	$2R_{i2}$	R_{o2}

(4)功率放大电路可以为负载提供足够的信号功率。按功放中功放管的导电方式不同，可以分为甲类功放(又称A类)、乙类功放(又称B类)、甲乙类功放(又称AB类)、丙类和丁类功放(又称D类)。

较为常见的为无输出电容的功率放大电路(简称OCL)和无输出变压器的功率放大电路(简称OTL)。OCL为双电源供电，输出无耦合电容;OTL为单电源供电，输出有耦合电容。

在参数计算时，由于OTL功率放大电路中只有一个直流电源$+V_{CC}$，故将OCL电路的相关公式中的V_{CC}变为OCL电路相关公式中的V_{CC}的$\frac{1}{2}$即可。

(5)在电路中为了获得足够高的电压放大倍数，同时获得较大输出功率并且抑制零点漂移，常将若干个基本放大电路组成多级放大电路。多级放大电路常见的耦合方式为直接耦合和阻容耦合。

多级放大电路中存在多个名称不同，却是同一个量的信号，通过分析可以将多级放大电路的相关问题最终转化为单级放大电路的相关问题。多级放大电路放大倍数等于电路中各级放大倍数的乘积，总的输入电阻为第一级电路的输入电阻，总的输出电阻为最后一级电路的输出电阻。

集成运算放大器就是一种高增益、高输入电阻、低输出电阻的直接耦合放大电路。

本章习题

一、填空题

1.1 在CE、CB、CC 3类放大器中，输出信号与输入信号反相的是__________放大器，同相的是__________放大器。

1.2 共集电极放大电路的主要特点为__________。

1.3 差分放大电路的主要作用为__________。

1.4 按功放中功放管的导电方式不同，可以分为________、________、________、________。

1.5 甲类、乙类、甲乙类功放中，效率最高的为__________。

1.6 电压放大倍数均为10倍的两级放大器级联，级联后的电压总增益为__________ dB。

1.7 在多级放大器系统中，放大器的级数越多，则其总的放大倍数会越__________，通频带会越__________。

1.8 多级放大电路按照耦合方式分为__________。

二、选择题

2.1 在 CE、CB、CC 3 种放大电路中,输入阻抗最高的放大器是(　　)。

A. CE 放大器　　B. CB 放大器　　C. CE、CB 放大器　　D. CC 放大器

2.2 BJT 管共集电极放大器的特点是(　　)。

A. 输入、输出阻抗均很大,输入、输出信号同相

B. 输入阻抗大、输出阻抗小,输入、输出信号同相

C. 输入阻抗大、输出阻抗小,输入、输出信号反相

D. 输入、输出阻抗均很大,输入、输出信号反相

2.3 CE、CB、CC 放大器中,频率特性最差的放大器是(　　)。

A. CC 放大器　　B. CC、CB 放大器　　C. CB 放大器　　D. CE 放大器

2.4 场效应管共漏极放大器(源极跟随器)的特点是(　　)。

A. 输入、输出阻抗均很大,输入、输出信号同相

B. 输入、输出阻抗均很大,输入、输出信号反相

C. 输入阻抗很大,输出阻抗很小,输入、输出信号反相

D. 输入阻抗很大,输出阻抗很小,输入、输出信号同相

2.5 直接耦合放大电路存在零点漂移的原因为(　　)。

A. 电源电压不稳定　　B. 晶体管参数随温度的变化而变化

C. 放大倍数过大　　D. 输入电阻过高

2.6 差分放大电路的差模信号为两个输入信号的(　　),共模信号为两个输入信号的(　　)。

A. 和　　B. 差　　C. 平均值　　D. 均方差

三、计算题

3.1 放大电路如图 3.1 所示,已知晶体管的 $\beta=100$,$r_{be}=200\ \Omega$,试:

(1)若测量得到 $U_{CEQ}=6$ V,估算 I_{CQ} 及 R_B 的值。

(2)示波器测量得到输入信号、输出信号的峰值分别为 1 mV 和 100 mV,则负载 R_L 的阻值约为多大?

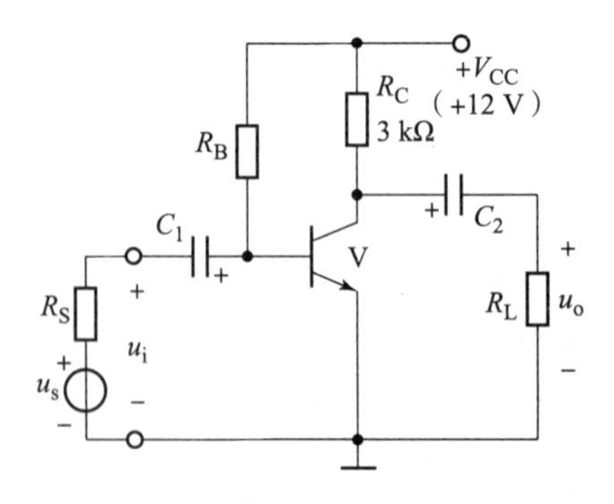

图 3.1　第 3 章习题用图(1)

3.2 放大电路如图 3.2 所示,已知晶体管的 $\beta=100$,$r_{bb'}=200\ \Omega$,$U_{BEQ}=0.7$ V,试:

(1)画出电路的直流通路并计算静态工作点;

(2)画出小信号等效电路,求解 A_u、R_i、R_o;

(3)求电路的源电压增益 A_{us}。

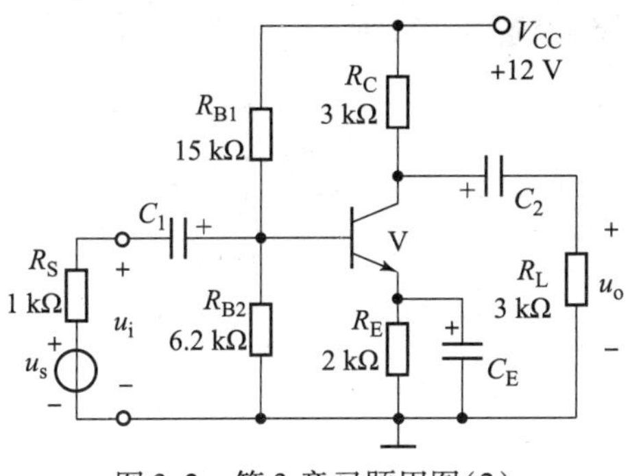

图 3.2　第 3 章习题用图(2)

3.3　放大电路如图 3.3 所示,已知晶体管的 $\beta=100$,$r_{bb'}=200\ \Omega$,$U_{BEQ}=0.7\ V$,试:

(1)画出电路的直流通路并计算静态工作点;

(2)画出小信号等效电路,求解 A_u、R_i、R_o;

(3)求电路的源电压增益 A_{us}。

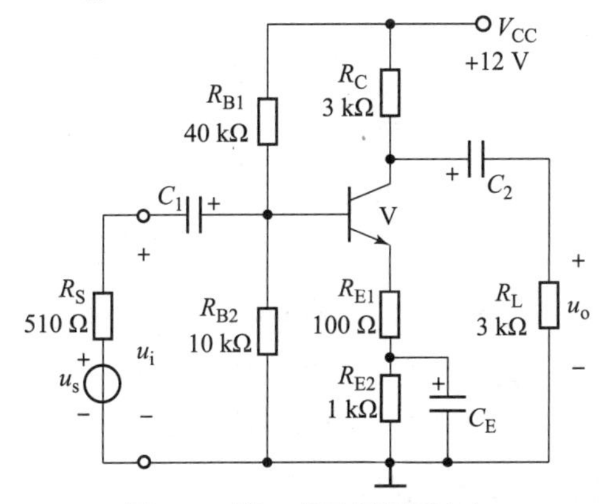

图 3.3　第 3 章习题用图(3)

3.4　放大电路如图 3.4 所示,已知 V_1、V_2 两管的 $\beta_1=\beta_2=\beta$,$r_{be1}=r_{be2}=r_{be}$,试:

(1)画出电路的小信号等效电路;

(2)推导电路电压放大倍数、输入电阻、输出电阻的表达式。

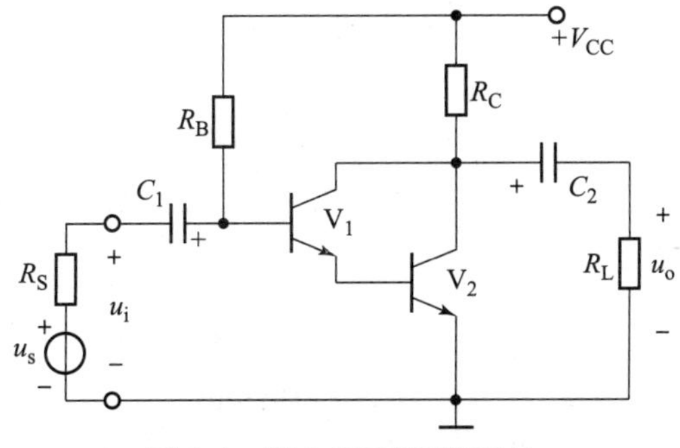

图 3.4　第 3 章习题用图(4)

3.5　放大电路如图 3.5 所示,已知晶体管的 $\beta=50$,$r_{bb'}=200\ \Omega$,$U_{BEQ}=0.7\ V$,试:

(1)计算静态工作点;

(2)画出小信号等效电路,求解 A_u、R_i、R_o。

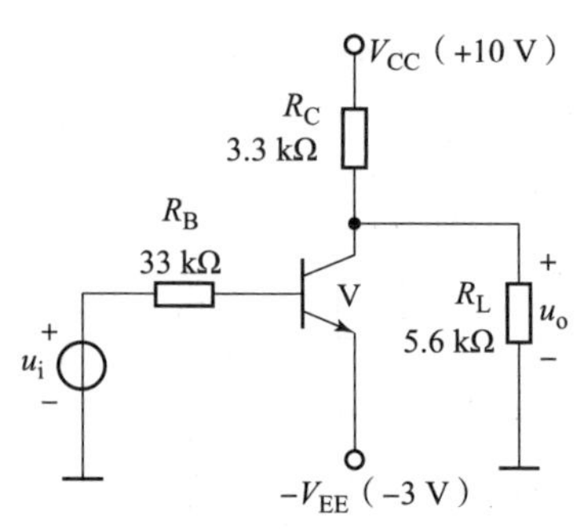

图 3.5　第 3 章习题用图(5)

3.6　放大电路如图 3.6 所示,已知晶体管的 $\beta=100$,$r_{bb'}=200\ \Omega$,$U_{BEQ}=0.7\ V$,试:

(1)计算静态工作点;

(2)画出小信号等效电路,求解 A_u、R_i、R_o。

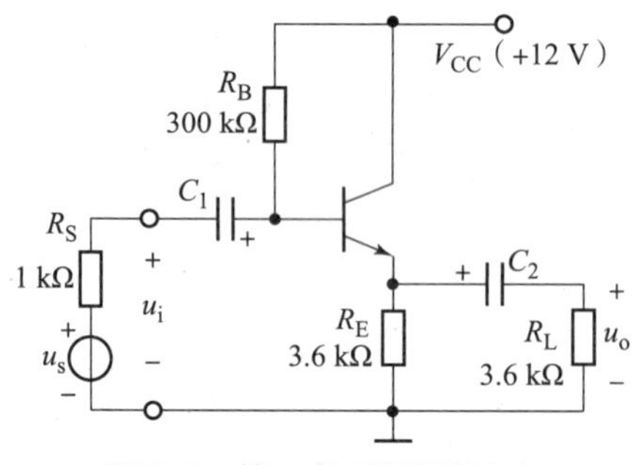

图 3.6　第 3 章习题用图(6)

3.7　放大电路如图 3.7 所示,已知晶体管的 $\beta=100$,$r_{bb'}=200\ \Omega$,$U_{BEQ}=0.7\ V$,试:

(1)计算 V_1、V_2的静态工作点 I_{CQ}、U_{CEQ};

(2)画出小信号等效电路,求解差模动态参数 A_{ud}、R_{id}、R_{od}。

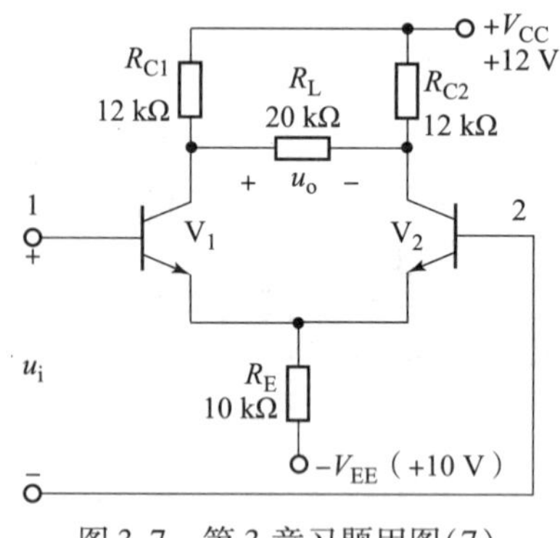

图 3.7　第 3 章习题用图(7)

3.8　放大电路如图 3.8 所示,已知晶体管的 $\beta=60$,$r_{bb'}=200\ \Omega$,$U_{BEQ}=0.7\ V$,试:

(1)计算 V_1、V_2的静态工作点 I_{CQ}、U_{CEQ};

(2)画出小信号等效电路,求解差模动态参数 A_{ud}、R_{id}、R_{od}。

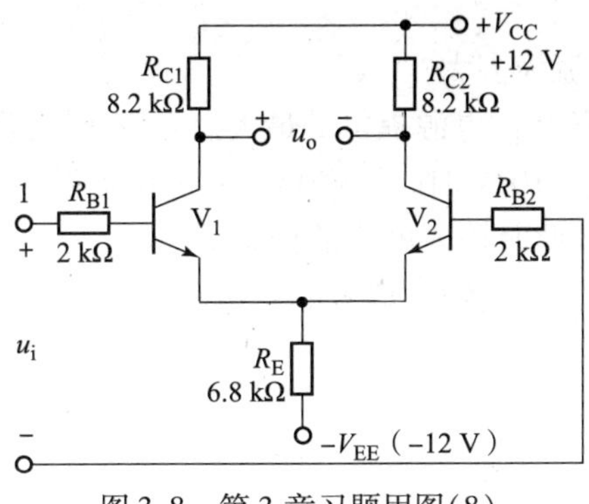

图 3.8　第 3 章习题用图(8)

3.9　差分放大电路如图 3.9 所示,已知晶体管的 $\beta = 100$,试:

(1)计算静态工作点 I_{CQ2}、U_{CQ2};

(2)求解差模动态参数 A_{ud}、R_{id}、R_{od}。

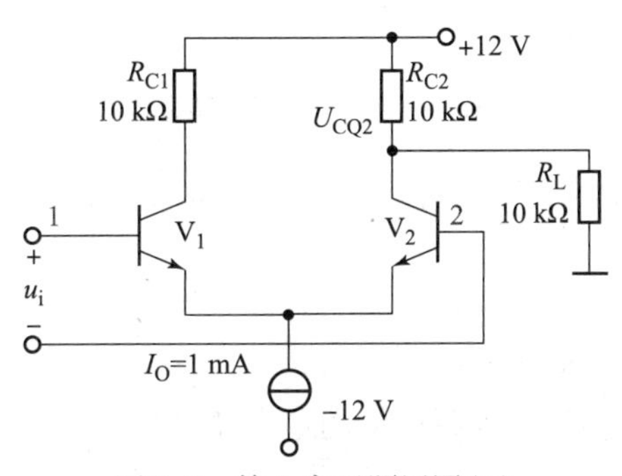

图 3.9　第 3 章习题用图(9)

3.10　差分放大电路如图 3.10 所示,已知晶体管的 $\beta = 50$, $r_{bb'} = 200\ \Omega$, $U_{BEQ} = 0.6\ V$,试:

(1)计算静态工作点 I_{CQ1}、U_{CQ1};

(2)求解差模动态参数 A_{ud}、R_{id}、R_{od};

(3)求解共模电压放大倍数 A_{uc} 和共模抑制比 K_{CMR}。

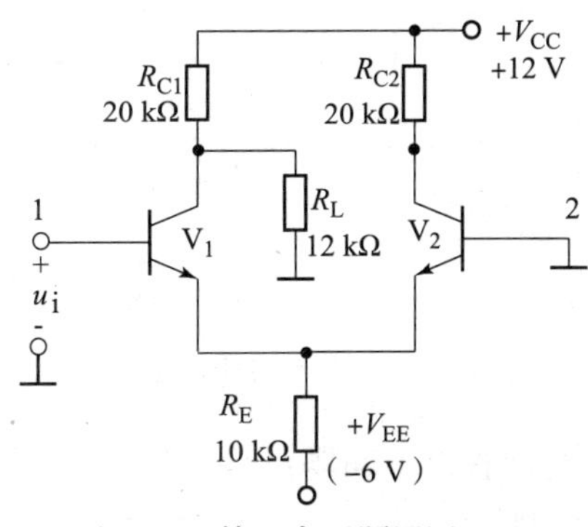

图 3.10　第 3 章习题用图(10)

3.11　电路如图 3.11 所示，$V_{CC}=V_{EE}=20\ V$，$R_L=10\ \Omega$，V_1、V_2 管的饱和压降 $U_{CES}=2\ V$，输入电压信号为正弦波，求：

(1)功放电路的类型；

(2)静态时，负载上的电流为多大？

(3)最大不失真输出功率 P_{om}、电源提供的最大总功率 P_{Dm}、总管耗和效率 η；

(4)当输入电压振幅 $U_{im}=10\ V$ 时，求输出功率、电源提供的功率、效率及总管耗；

(5)求电路的最大管耗及此时输入电压的振幅。

(6)若要求输出功率为 1 W，则输入信号的峰值为多大？

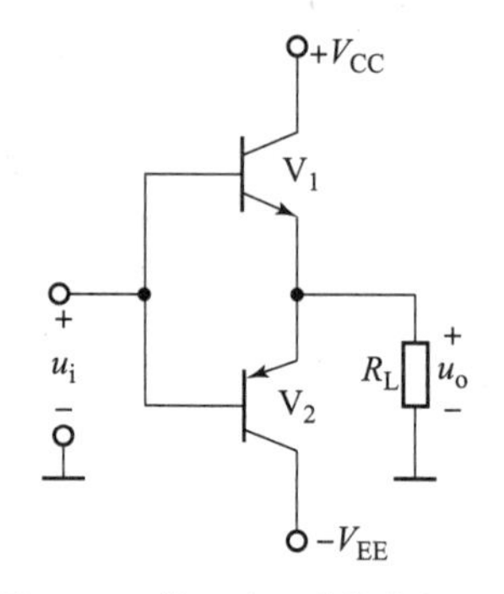

图 3.11　第 3 章习题用图(11)

3.12　电路如图 3.12 所示，$V_{CC}=V_{EE}=12\ V$，$R_L=50\ \Omega$，V_1、V_2 管的饱和压降 $U_{CES}=2\ V$，输入电压信号为正弦波，求：

(1)功率放大电路的类型；

(2)电路中 V_3、V_4 的作用是什么？

(3)最大不失真输出功率 P_{om}、电源提供的最大总功率 P_{Dm}、总管耗和效率 η。

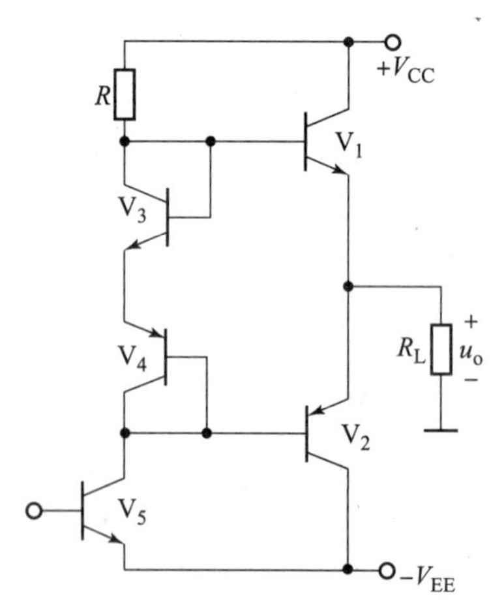

图 3.12　第 3 章习题用图(12)

3.13　电路如图 3.13 所示，回答以下问题：

(1)判断功率放大电路的类型；

(2)静态时电容上的电压是多大？如果偏离该数值，则应调节 R_{P1} 还是 R_{P2}？；

(3)设管子饱和压降可以忽略，求最大不失真输出功率、电源提供的功率和效率。

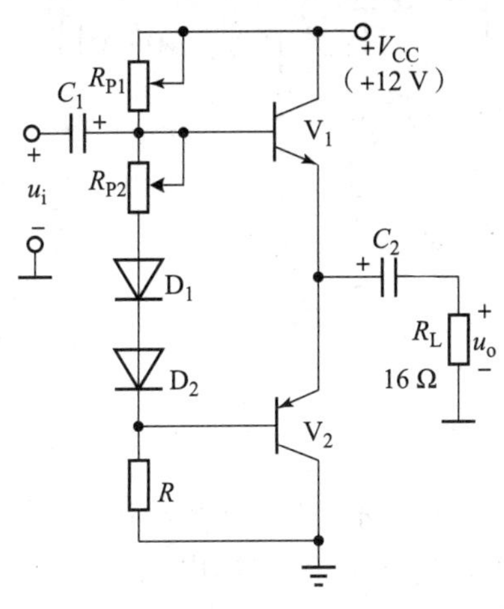

图 3.13　第 3 章习题用图(13)

3.14　放大电路如图 3.14 所示，已知各晶体管的 β 均为 200，$r_{bb'}=200\ \Omega$，$|U_{BEQ}|=0.7$ V，试：

(1)计算静态时 V_1、V_2 的集电极电流 I_{CQ}；

(2)若要求静态时 $u_o=0$，则 R_{C2} 的阻值为多大？求解电路的电压放大倍数 A_u。

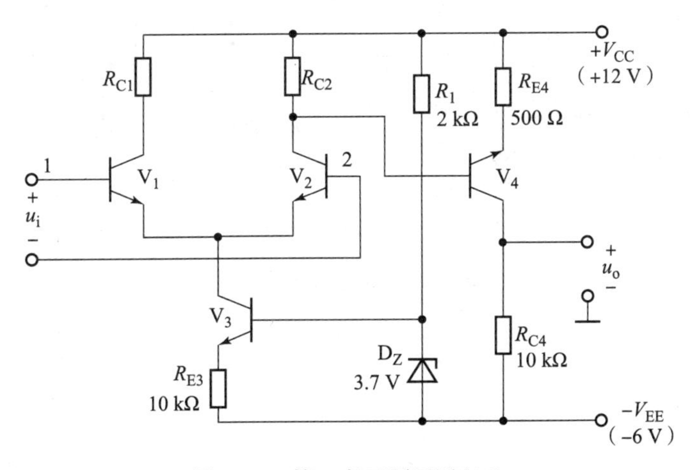

图 3.14　第 3 章习题用图(14)

3.15　多级放大电路如图 3.15 所示，晶体管 V_1、V_2 的参数相同，$\beta=100$，$r_{be}=1\ \text{k}\Omega$，求：

(1)电路的电压放大倍数、输入电阻、输出电阻。

(2)当信号源 u_s 的峰值为 10 mV 时，输出电压 u_o 的峰值为多少？

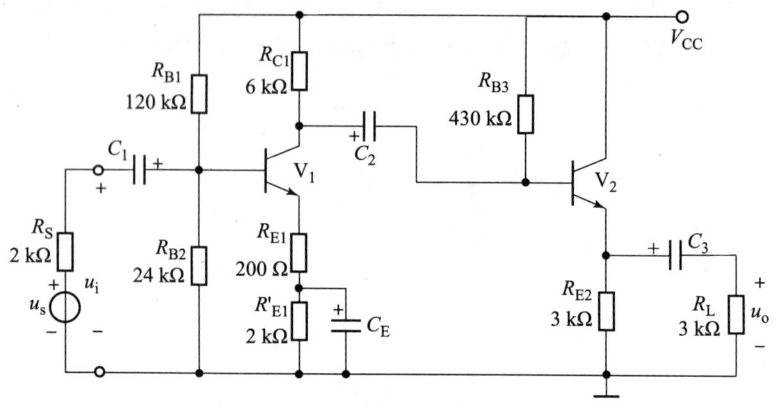

图 3.15　第 3 章习题用图(15)

3.16　多级放大电路如图 3.16 所示,各管的 $\beta=100$,$r_{bb'}=0$,$|U_{BEQ}|=0.7$ V,求:

(1)估算静态时各管的集电极电流 I_{CQ} 和输出电压 u_o;

(2)估算电路的电压放大倍数、输入电阻、输出电阻。

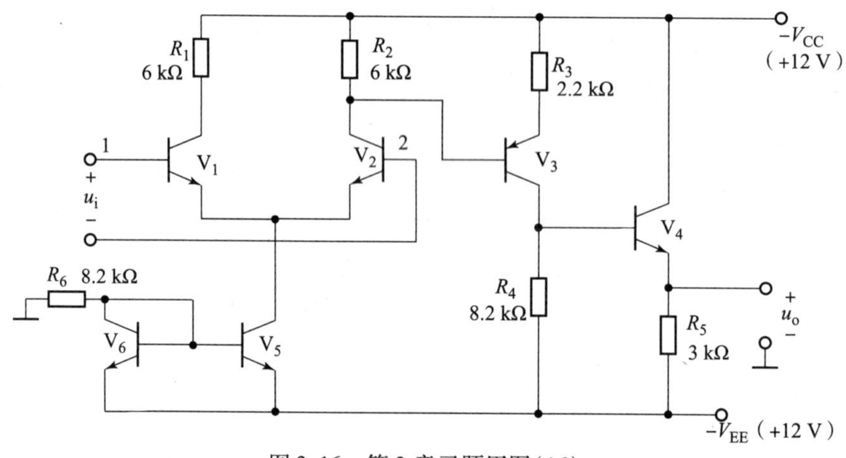

图 3.16　第 3 章习题用图(16)

第 4 章

负反馈放大电路

本章导读

在电子电路中,将输出量(输出电压或输出电流)的一部分或全部通过一定的电路形式作用到输入回路,用来影响其输入量(放大电路的输入电压或输入电流)的措施(或过程)称为反馈(Feedback)。引入适当的反馈可以使放大电路稳定工作,而且许多性能得到改善。

本章首先讨论反馈的概念、基本类型和分析方法,然后讨论负反馈对放大电路性能的影响和负反馈放大电路的应用。

4.1 反馈放大电路的组成及基本类型

4.1.1 反馈放大电路的组成及基本关系式

1. 反馈放大电路的组成

在第 3 章 3.2 节中提到的分压偏置共发射极放大电路已经涉及反馈的设计思想。反馈形式很多,为了表示出一般性,可以用反馈放大电路的方框图来描述,如图 4.1.1 所示。它由基本放大电路和反馈网络构成一个闭环系统,因此又称为闭环(Closed loop)放大电路,而无反馈网络的基本放大电路则称为开环(Open loop)放大电路。

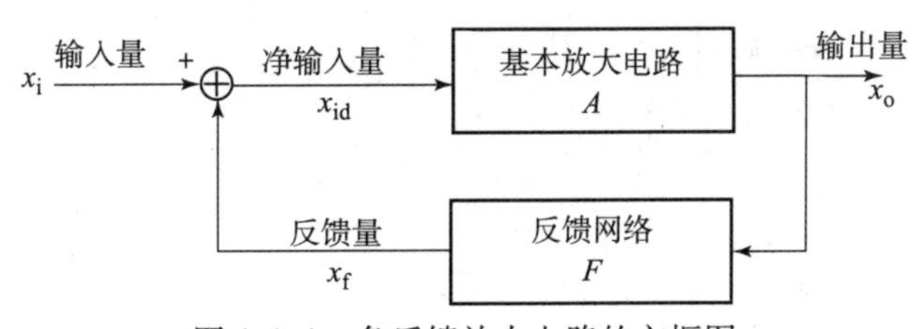

图 4.1.1　负反馈放大电路的方框图

图中,x_i、x_f、x_{id}、x_o分别表示输入量、反馈量、净输入量和输出量,箭头表示信号的传输方向。由输入端到输出端称为正向传输;由输出端到输入端则称反向传输。A 表示基本放大电路的增益(或称为开环增益);F 表示反馈网络(Feedback network)的反馈系数;符号⊕表示 x_i、x_f在此进行相加或者相减的运算。

2. 反馈放大电路的基本关系式

由图 4.1.1 可知,基本放大电路的增益为:

$$A = x_o / x_{id} \tag{4.1.1}$$

用 F 表示反馈网络(Feedback network),也表示反馈系数(Feedback factor),则有:

$$F = x_f / x_o \tag{4.1.2}$$

用 A_f 表示闭环放大电路的放大倍数,则有:

$$A_f = x_o / x_i \tag{4.1.3}$$

由于输入信号 x_i、反馈信号 x_f 和净输入信号 x_{id} 三者之间的关系为:

$$x_{id} = x_i - x_f \tag{4.1.4}$$

综上 4 式可推得:

$$A_f = \frac{A}{1 + AF} \tag{4.1.5}$$

式(4.1.5)称为反馈放大电路的基本关系式,它表明了闭环放大电路与开环放大倍数、反馈系数之间的关系。$(1 + AF)$ 称为反馈深度,AF 称为环路放大倍数(也称环路增益),由式(4.1.1)和式(4.1.2)可推得:

$$AF = x_f / x_{id} \tag{4.1.6}$$

4.1.2 反馈的判断与分类

1. 反馈回路的判断

电路的放大部分就是晶体管或运算放大器的基本电路。而反馈是把放大电路输出端信号的一部分或全部引回输入端,则反馈回路就应该是从放大电路的输出端引回输入端的一条回路。这条回路通常由电阻和电容构成。寻找这条回路时,要特别注意不能直接经过电源端和接地端,如图 4.1.2 所示,如果只考虑极间反馈,则放大通路是由 V_1 的基极到 V_1 的集电极再经过 V_2 的基极到 V_2 的集电极;而反馈回路是由 V_2 的集电极经 R_f 至 V_1 的发射极。反馈信号 $u_f = u_{e1}$ 影响净输入电压信号 u_{BE1}。

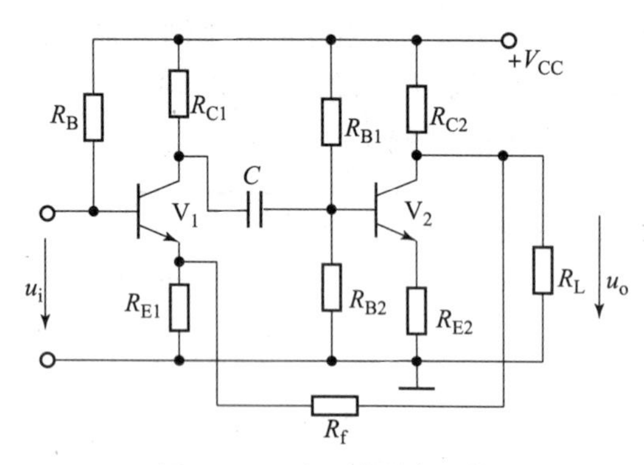

图 4.1.2 电压串联负反馈

2. 直流反馈和交流反馈

根据电容“隔直通交”的特点,我们可以判断出反馈的交、直流特性。如果反馈回路中有电容接地,则为直流反馈,其作用为稳定静态工作点;如果回路中串联电容,则为交流反馈,改善放大电路的动态特性;如果反馈回路中只有电阻或只有导线,则反馈为交、直流共存。如图 4.1.2 所示电路中的反馈即为交、直流共存。直流负反馈影响放大电路的直流工作情况,常用以稳定静态工作点,交流负反馈影响放大电路的交流性能,常用以改善放大电路的性能。

3. 正反馈与负反馈

根据反馈的极性分类,反馈可以分为正反馈(Positive feedback)和负反馈(Negative feedback)。使放大电路净输入量增大的反馈称为正反馈,使放大电路净输入量减小的反馈称为负反馈。由于反馈结果影响净输入量,所以,根据输出量的变化来区分反馈的极性。反馈结果使输出量的变化增大时便为正反馈;使输出量的变化减小时便为负反馈。

正、负反馈的判断使用瞬时极性法。瞬时极性是一种假设的状态,它假设在放大电路的输入端引入一瞬时增加的信号。若反馈信号直接引回输入端,反馈信号极性与输入信号极性相反的为负反馈;反馈信号极性与输入信号极性相同的为正反馈。若反馈信号没有直接引回输入端,反馈信号极性与输入信号极性相反的为正反馈;反馈信号极性与输入信号极性相同的为负反馈。

如图4.1.2所示电路中的瞬时极性判断顺序如下:V_1基极(+)→V_1集电极(−)→V_2基极(−)→V_2集电极(+)→经R_f至V_1发射极(+),此时反馈信号没有直接引回输入端,反馈信号极性与输入信号极性相同,因此为负反馈。

例4.1.1　试分析图4.1.3所示电路是否存在反馈。反馈元件是什么?是正反馈还是负反馈?是交流反馈还是直流反馈?

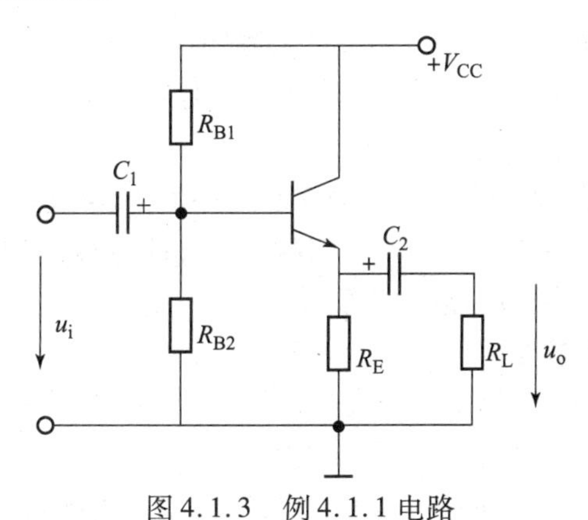

图4.1.3　例4.1.1电路

解:(1)判别电路中有无反馈。

判断一个电路是否存在反馈,要看该电路的输出回路与输入回路之间有无起联系作用的反馈网络。构成反馈网络的元件称为反馈元件。反馈元件通常为线性元件。

图4.1.3所示电路中,电阻R_E既包含于输出回路又包含于输入回路,通过R_E把输出信号u_o全部反馈到输入回路中,因此存在反馈,反馈元件为R_E。

(2)判别反馈极性。

判别反馈的正、负通常采用瞬时极性法判断反馈信号是增强还是削弱净输入信号。如果削弱,则为负反馈,若增强则为正反馈。

如图4.1.3所示电路中,假定输入电压u_i的瞬时极性为+,根据共集电极放大电路输出电压与输入电压同相的原则,可知输出电压u_o的瞬时极性也为+。由图可知,$u_f=u_o$,放大电路的净输入信号$u_{id}=u_i-u_f$,因此,u_f削弱了净输入信号u_{id},因此所引入的是负反馈。

(3)判别是直流反馈还是交流反馈。

如果反馈电路仅存在于直流通路中,则为直流反馈;如果反馈电路仅存在于交流通路中,则为交流反馈;如果反馈电路既存在于直流通路中,又存在于交流通路中,则既有直流反馈又有交流反馈。

如图4.1.3所示电路中,R_E既通直流也通交流,反馈信号中既有直流又有交流,所以该电路同时存在直流反馈和交流反馈。

例4.1.2 试分析图4.1.4所示电路是否存在反馈。是正反馈还是负反馈?

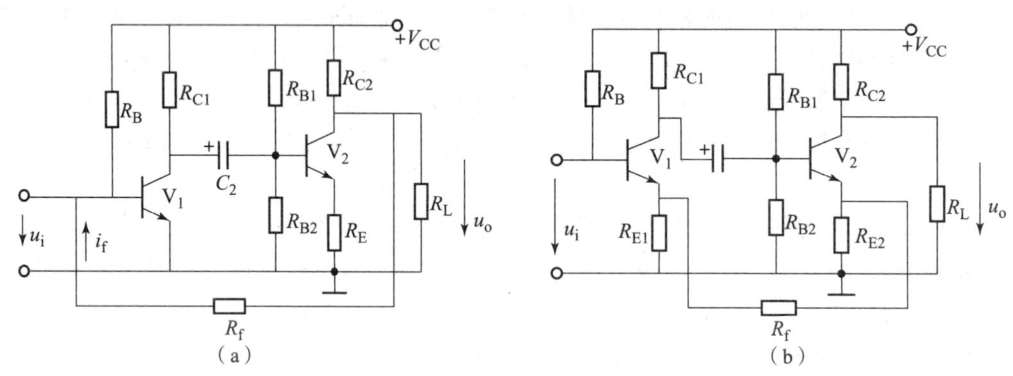

图4.1.4 例4.1.2电路

解:如图4.1.4(a)所示电路中的瞬时极性法判断顺序如下:V_1基极(+)→V_1集电极(-)→V_2基极(-)→V_2集电极(+)→经R_f至V_1基极(+),此时反馈信号直接引回输入端,反馈信号极性与输入信号极性相同,故为正反馈。

如图4.1.4(b)所示电路中的瞬时极性法判断顺序如下:V_1基极(+)→V_1集电极(-)→V_2基极(-)→V_2发射极(-)→经R_f至V_1发射极(-),此时反馈信号没有直接引回输入端,反馈信号极性与输入信号极性相反,故为正反馈。

4. 负反馈放大电路的基本类型

反馈类型是特指电路中交流负反馈的类型,所以只有判断电路中存在交流负反馈才能判断反馈的类型。反馈是取出输出信号(电压或电流)的全部或一部分送回输入端并以某种形式(电压或电流)影响输入信号。所以反馈依据取自输出信号的形式的不同分为电压反馈和电流反馈,如图4.1.5所示。依据它影响输入信号的形式分为串联反馈和并联反馈。因此,负反馈放大电路有4种基本类型(又称组态)。

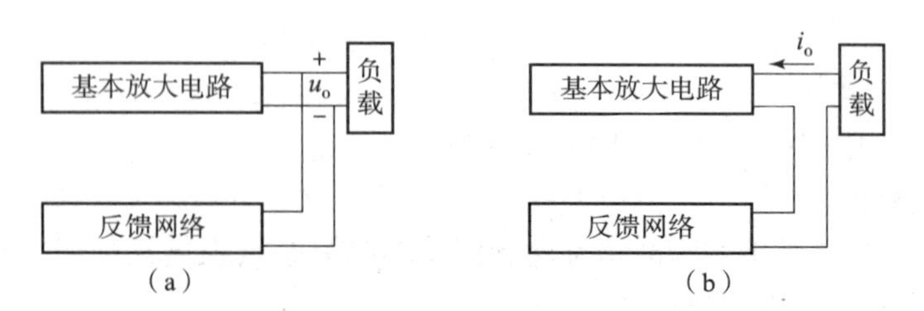

图4.1.5 输出端的反馈类型

(a)电压反馈;(b)电流反馈

1)电压反馈和电流反馈

若暂时不考虑输入端的连接方式,则反馈放大电路在输出端连接方式如图4.1.5所示。

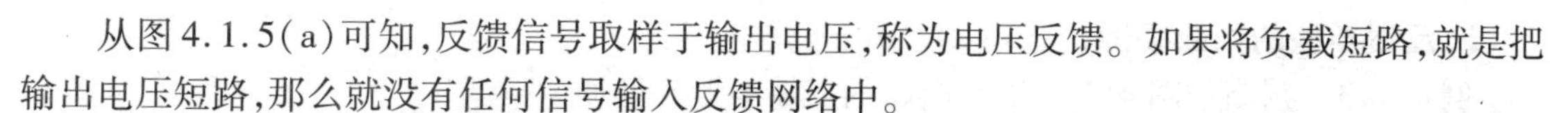

从图 4.1.5(a)可知,反馈信号取样于输出电压,称为电压反馈。如果将负载短路,就是把输出电压短路,那么就没有任何信号输入反馈网络中。

从图 4.1.5(b)可知,反馈信号取样于输出电流,称为电流反馈。如果将负载短路,放大电路的输出电流仍然存在,即反馈信号仍然存在。

利用上述的分析来判断是电流反馈还是电压反馈。可以采用一种简便的方法,称短路法。将放大电路的负载或者放大电路的输出端短路。若短路后,没有任何反馈信号输入反馈网络中,则为电压反馈;若短路后,反馈仍然存在,则为电流反馈。

2)串联反馈和并联反馈

若暂时不考虑输出端的连接方式,则反馈放大电路在输入端的连接方式如图 4.1.6 所示。

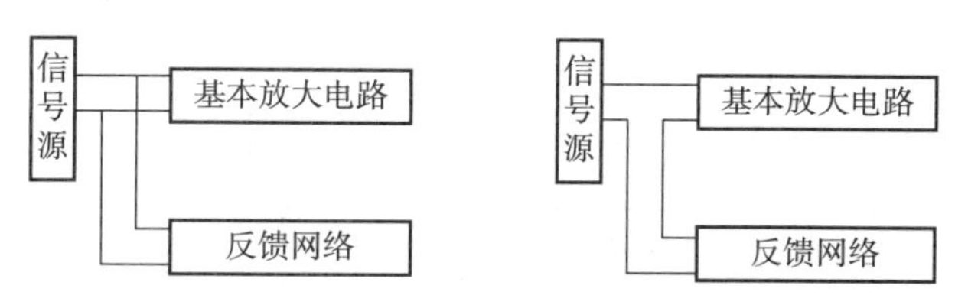

图 4.1.6　输入端的反馈类型

(a)并联反馈;(b)串联反馈

从图 4.1.6(a)中可以看出,反馈网络与基本放大电路为并联连接,称为并联反馈。并联反馈时,输入信号和反馈信号从基本放大电路的相同输入端加入。

从图 4.1.6(b)中可以看出,反馈网络与基本放大电路为串联连接的,称为串联反馈。串联反馈时,输入信号和反馈信号从基本放大电路的不同输入端加入。

利用这个规律来判断是并联反馈还是串联反馈,如果反馈信号直接引回输入端,则为并联反馈;如果反馈信号没有直接引回输入端,则为串联反馈。

如果将反馈放大电路的输出端的连接方式和输入端的连接方式综合起来考虑,则反馈放大电路有 4 种类型,如图 4.1.7 所示。

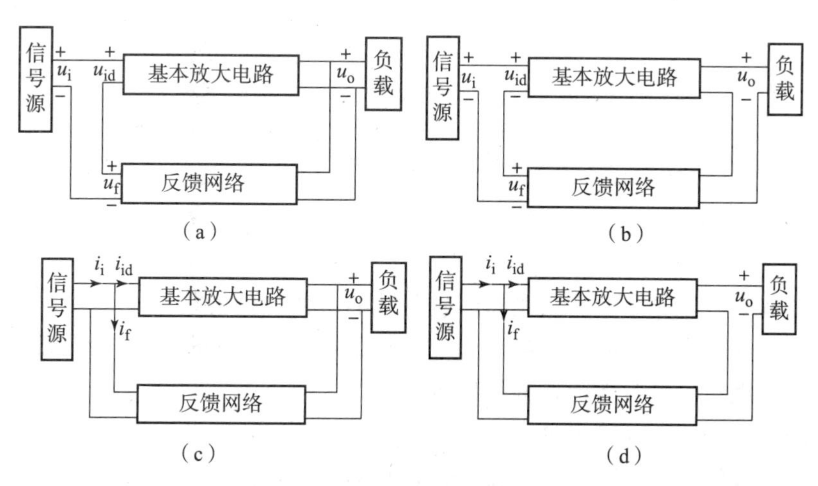

图 4.1.7　4 种组态负反馈的框图

(a)电压串联负反馈;(b)电流串联负反馈;(c)电压并联负反馈;(d)电流并联负反馈

5. 反馈类型的判断举例

例 4.1.3 判断如图 4.1.8 所示电路的反馈类型和性质。

解:要确定一个放大器中有没有反馈,就要观察有没有能把输出端和输入端连接起来的网络。在本电路中,电阻 R_4 和 R_f 能把输出端交流信号返回输入端,故本电路中存在交流信号的反馈。C_4 是隔直电容,对交流可看作短路。

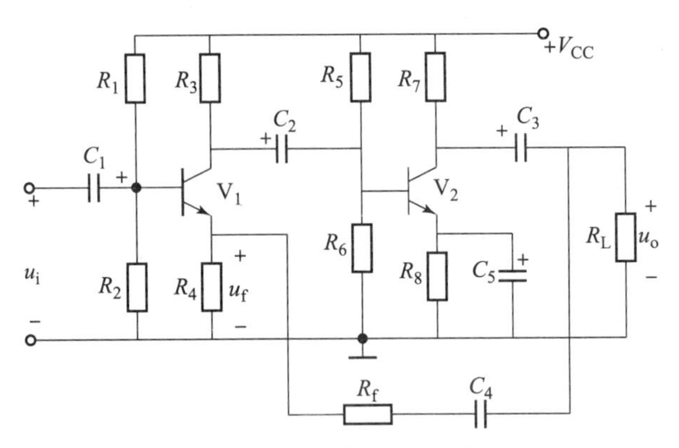

图 4.1.8 例 4.1.3 电路

将负载 R_L 假想短路,R_f 右端接地,就不能把输出信号反馈到输入端去,所以反馈作用消失,故本电路是电压反馈。反馈信号没有直接引回输入端,是串联反馈。根据瞬时极性法判断为负反馈。因此整个电路的反馈是电压串联负反馈。

例 4.1.4 判断图 4.1.9 所示电路的反馈类型和性质。

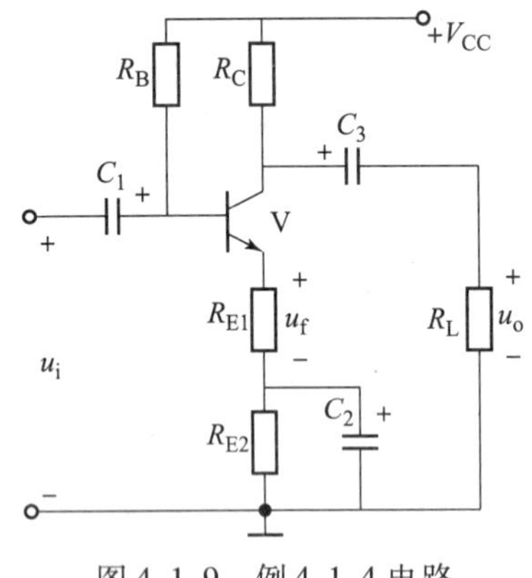

图 4.1.9 例 4.1.4 电路

解:放大器输出电流原来的意义是指流过负载的电流。但像图 4.1.9 所示的这种从三极管集电极输出的电路,由于负载上的电流和三极管集电极电流同步变化,所以,在不致造成混乱的情况下,把三极管集电极电流作为输出电流。

在图 4.1.9 所示电路中,输出电流 i_o 的变化,必然造成 R_{E1} 端电压的变化。而 R_{E1} 端电压的变化,又肯定对三极管的 u_{BE} 产生作用,即输出信号对输入端产生作用,所以存在着反馈。

将负载假想短路,i_o 仍旧流动,反馈依然存在,故是电流反馈。反馈信号没有直接引回输入端,所以是串联反馈,根据瞬时极性法判断为负反馈。因此整个电路是电流串联负反馈。

例 4.1.5　判断图 4.1.10 所示电路的反馈类型和性质。

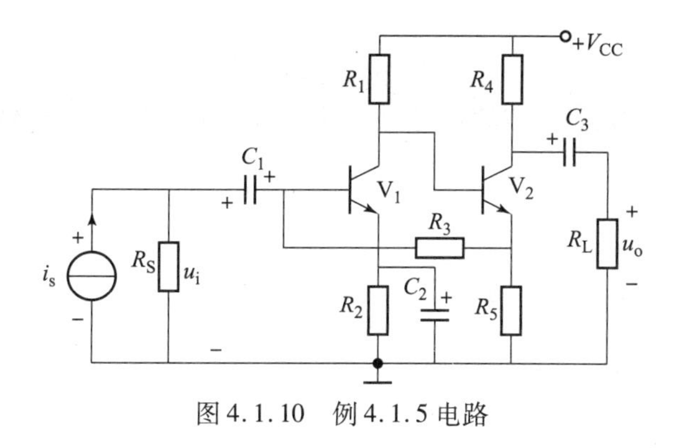

图 4.1.10　例 4.1.5 电路

解：假想输出端短路时，输出电流仍然流动，经 R_3 和 R_5 分流后，R_3 上的电流对放大器输入端产生作用，故是电流反馈；反馈信号直接引回到输入端，所以是并联反馈。根据瞬时极性法判断为负反馈，因此整个电路是电流并联负反馈。

例 4.1.6　图 4.1.11 各电路是用集成运放组成的放大器，判断其反馈类型及极性。

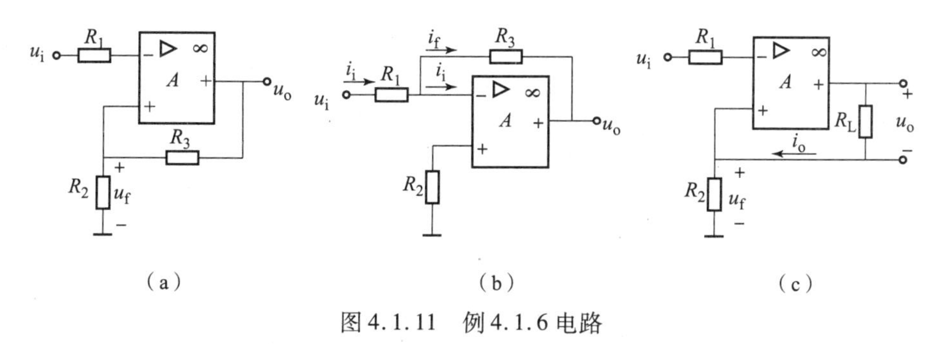

图 4.1.11　例 4.1.6 电路

解：图 4.1.11(a)、(b)、(c)所示 3 个电路依次是电压串联正反馈、电压并联负反馈和电流串联正反馈。

4.2　负反馈对放大电路性能的影响

放大电路中引入交流负反馈后，可使其很多方面的性能得到改善，比如，稳定放大倍数、改变输入电阻和输出电阻、展宽通频带、减小非线性失真等，下面讨论负反馈对放大电路主要性能的影响。

4.2.1　稳定放大倍数

当反馈深度$(1+AF)\gg 1$时称为深度负反馈(circuit with strong negative feedback)，这时 $A_f \approx 1/F$，说明深度负反馈时，放大倍数基本上由反馈网络决定。由于反馈网络一般由电阻等性能稳定的无源线性元件组成，基本不受外界因素变化的影响，因此深度负反馈放大电路的放大倍数很稳定。通常用放大倍数相对变化量的大小来表示放大倍数稳定性的优劣，相对变化量越小，稳定性越好。

对通频带内的信号来说,式(4.1.5)中各参数均为实数。对式(4.1.5)求微分可得

$$\frac{\mathrm{d}A_f}{A_f}=\frac{1}{1+AF}\frac{\mathrm{d}A}{A} \tag{4.2.1}$$

可见,引入负反馈后,放大倍数的相对变化量 $\mathrm{d}A_f/A_f$ 为未引入负反馈时相对变化量 $\mathrm{d}A/A$ 的$(1+AF)$倍,即放大倍数的稳定性提高到未加负反馈时的$(1+AF)$倍。

对式(4.2.1)进行分析可知,引入交流负反馈后,因电源电压的波动、器件老化、负载和环境温度的变化等原因引起的放大倍数变化都将减小。

例 4.2.1 某放大电路的放大倍数 $A=10^3$,引入负反馈后放大倍数稳定性提高到原来的 100 倍,求:(1)反馈系数;(2)闭环放大倍数;(3)A 变化 $\pm10\%$ 时的闭环放大倍数及其相对变化量。

解:(1)根据式(4.2.1),引入负反馈后放大倍数稳定性提高到未加负反馈时的$(1+AF)$倍,因此由题意可得:

$$1+AF=100$$

反馈系数为:

$$F=\frac{100-1}{A}=\frac{99}{10^3}=0.099$$

(2)闭环放大倍数为:

$$A_f=\frac{A}{1+AF}=\frac{10^3}{100}=10$$

(3)A 变化 $\pm10\%$ 时,闭环放大倍数的相对变化量为:

$$\frac{\mathrm{d}A_f}{A_f}=\frac{1}{100}\frac{\mathrm{d}A}{A}=\frac{1}{100}\times(\pm10\%)=\pm0.1\%$$

即 A 变化 $+10\%$ 时,A_f' 为 10.01;A 变化 -10% 时,A_f' 为 9.99。

4.2.2 改变输入电阻和输出电阻

在放大电路中引入不同组态的交流负反馈,将对输入电阻和输出电阻产生不同的影响。

1. 对输入电阻的影响

输入电阻是从放大电路输入端看进去的等效电阻,因而负反馈对输入电阻的影响取决于输入端的反馈类型,即取决于电路引入的是串联反馈还是并联反馈,而与输出端的取样方式无关。

1)串联负反馈增大输入电阻

图 4.2.1 所示为串联反馈放大电路的框图。

由图 4.2.1 可见,在串联负反馈电路中,反馈网络与基本放大电路相串联,所以 R_{if}必大于 R_i,即串联负反馈使放大电路输入电阻增大。可证明有:

$$R_{if}=(1+AF)R_i \tag{4.2.2}$$

2)并联负反馈减小输入电阻

图 4.2.2 所示为并联反馈放大电路的框图。

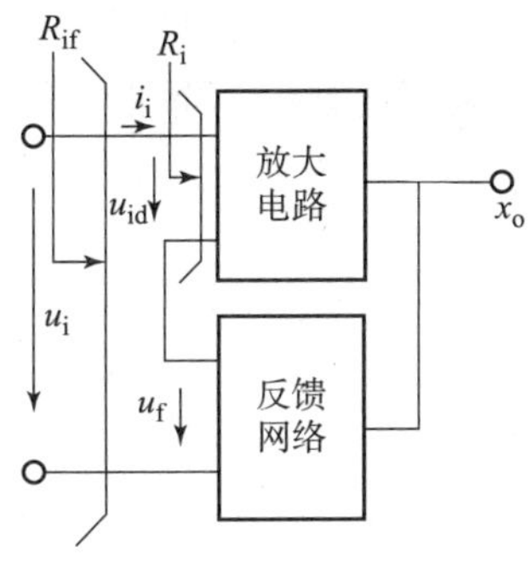
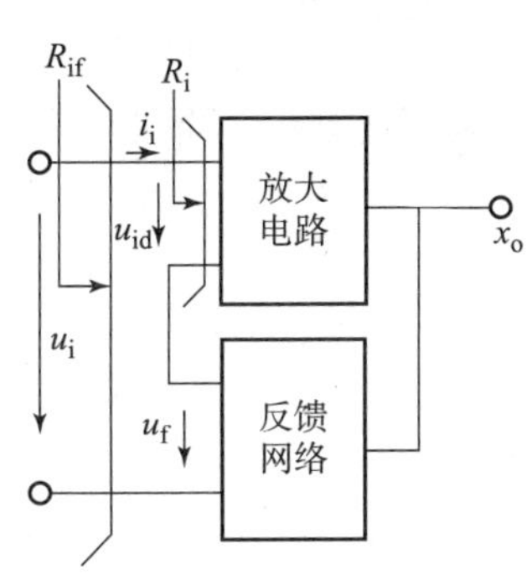

图 4.2.1　串联反馈放大电路的框图

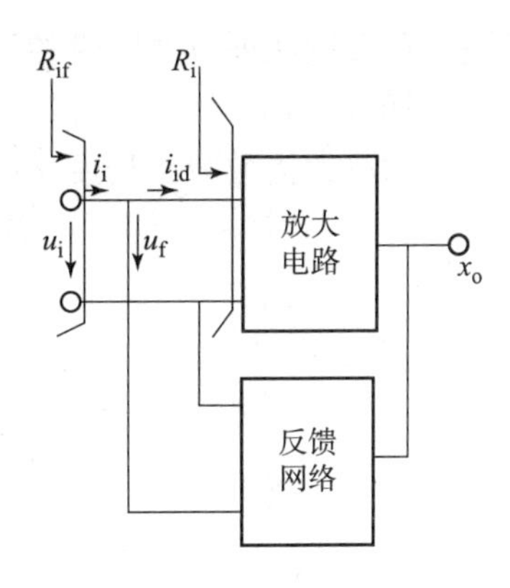

图 4.2.2　并联反馈放大电路的框图

由图 4.2.2 可见，在并联负反馈电路中，反馈网络与基本放大电路相并联，所以 R_{if} 必小于 R_i，即并联负反馈使放大电路输入电阻减小。可证明有：

$$R_{if} = R_i/(1 + AF) \tag{4.2.3}$$

由以上的讨论可知，如果设计放大电路时，需要放大电路的输入电阻大，就要采用串联反馈，如果需要放大电路的输入电阻小，就要采用并联反馈。

2. 对输出电阻的影响

输出电阻是从放大电路输出端看进去的等效电阻，因而负反馈对输出电阻的影响取决于输出端的取样方式，即取决于电路引入的是电压反馈还是电流反馈，而与输入端的反馈类型无关。

1）电压负反馈减小输出电阻

在电压负反馈放大电路中，反馈网络与基本放大电路相并联，所以 R_{of} 必小于 R_o，即电压负反馈使放大电路的输出电阻减小。另外，由于电压负反馈能够稳定输出电压，即在输入信号一定时，电压负反馈放大电路的输出趋近于一个恒压源，也说明其输出电阻很小。可证明有：

$$R_{of} = R_o/(1 + A'F) \tag{4.2.4}$$

式(4.2.4)中的 A' 是放大电路输出端开路时基本放大电路的源增益。

2）电流负反馈增大输出电阻

在电流负反馈电路中，反馈网络与基本放大电路相串联，所以 R_{of} 必大于 R_o，即电流负反馈使放大电路的输出电阻增大。另外，由于电流负反馈能够稳定输出电流，即在输入信号一定时，电流负反馈放大电路的输出趋于一个恒流源，也说明其输出电阻很大。可证明有：

$$R_{of} = (1 + A''F)R_o \tag{4.2.5}$$

式(4.2.5)中的 A'' 是放大电路输出端短路时基本放大电路的源增益。

4.2.3　展宽频带

由于引入负反馈后，各种原因引起的放大倍数的变化将减小，当然也包括因信号频率变化而引起的放大倍数变化，因此其效果是展宽了通频带。

图 4.2.3 所示为放大电路在无反馈和有负反馈时的幅频特性 $A(f)$ 和 $A_f(f)$，图中 A_m、f_L、f_H、BW 和 A_{mf}、f_{Lf}、f_{Hf}、BW_f 分别为无、有负反馈时的中频放大倍数、下限频率、上限频率和通频带

宽度,可见引入负反馈能展宽通频带的宽度,原理如下:当输入幅度相同而频率不同的信号时,高频段和低频段的输出信号比中频段的小,因此反馈信号也小,对净输入信号的削弱作用小,所以高、低频段的放大倍数减小程度比中频段的小,从而扩展了通频带。可证明有:

$$BW_f = (1 + AF)BW \tag{4.2.6}$$

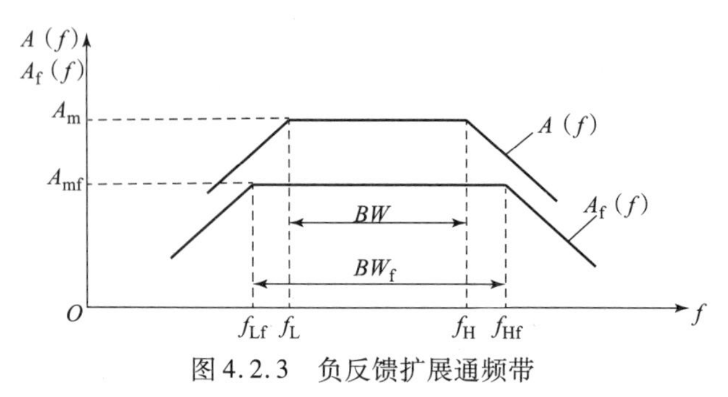

图 4.2.3 负反馈扩展通频带

4.2.4 减小非线性失真

非线性失真主要是由半导体器件(如三极管、场效应管)的伏安特性的非线性引起的。非线性失真存在时,放大器输入一个正弦信号,输出是非正弦信号。引入负反馈后可以减小这种失真。

设输入信号 x_i 为正弦波,无反馈时放大电路的输出信号 x_o 为正半周幅度大、负半周幅度小的失真正弦波,如图 4.2.4 所示。

引入负反馈后,这种失真被引回输入端,x_f 也为正半周幅度大而负半周幅度小的波形,如图 4.2.5 所示。由于 $x_{id} = x_i - x_f$,因此 x_{id} 波形变为正半周幅度小而负半周幅度大的波形,即通过反馈使净输入信号产生预失真,这种预失真真正补偿了放大电路非线性引起的失真,使输出波形 x_o 接近正弦波。

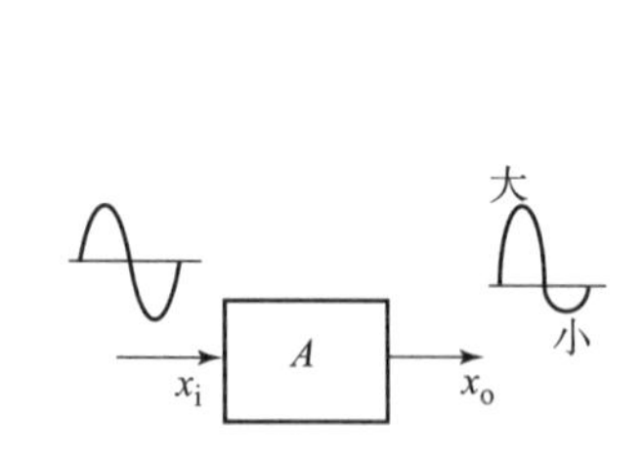

图 4.2.4 无反馈时的信号波形

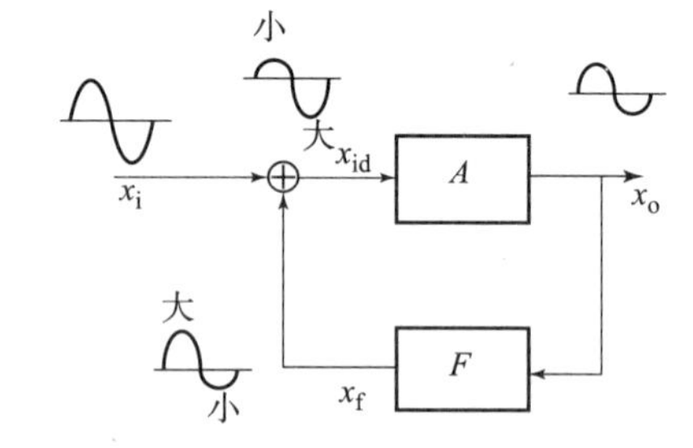

图 4.2.5 引入负反馈时的信号波形

4.3 负反馈放大电路的应用及计算

4.3.1 放大电路引入负反馈的应用原则

通过以上分析可知,负反馈对放大电路性能方面的影响,均与反馈深度$(1 + AF)$有关。引入负反馈可以改善放大电路多方面的性能，而且反馈组态不同，所产生的影响也各不相同。因此，应根据不同形式负反馈对放大电路影响的不同，来设计放大电路，所以引入负反馈时一般考虑以下几点：

(1)为了稳定静态工作点，应引入直流负反馈；为了改善电路的动态性能，应引入交流负反馈；当负载需要稳定输出电压，应引入电压负反馈；当负载需要稳定输出电流，应引入电流负反馈。

(2)实际放大电路引入负反馈时主要根据对输入、输出电阻的要求来确定反馈的类型。若要求减小输入电阻，则应引入并联负反馈；要求提高输入电阻，则应引入串联负反馈。若要求高内阻输出，则应采用电流负反馈；要求低内阻输出，则应采用电压负反馈。

(3)根据信号源及负载来确定反馈类型。若放大电路输入信号源已确定，为了使反馈效果显著，就要根据输入信号源内阻的大小来确定输入端的反馈类型，当输入信号源为恒压源时，应采用串联反馈；当输入信号源为恒流源时，则应采用并联反馈；当要求放大电路带负载能力强时，应采用电压负反馈；当要求恒流源输出时，则应采用电流负反馈。

4.3.2 深度负反馈放大电路的特点及性能估算

1. 深度负反馈的实质

在负反馈放大电路的一般表达式中，若$(1+AF)\gg1$，则可得：

$$A_f=\frac{A}{1+AF}\approx\frac{A}{AF}=\frac{1}{F} \tag{4.3.1}$$

由于：

$$A_f=x_o/x_i, F=x_f/x_o \tag{4.3.2}$$

所以，深度负反馈放大电路中有：

$$x_f=x_i \tag{4.3.3}$$

即：

$$x_{id}\approx0 \tag{4.3.4}$$

式(4.3.1)和式(4.3.3)说明：在深度负反馈放大电路中，闭环放大倍数主要由反馈网络决定；在近似分析中忽略净输入量。这是深度负反馈放大电路的重要特点。此外，根据负反馈对输入、输出电阻的影响可知，深度负反馈放大电路还有以下特点：串联负反馈电路的输入电阻非常大，并联负反馈电路的输入电阻非常小；电压负反馈电路的输出电阻非常小，电流负反馈电路的输出电阻非常大。工程估算时，常把深度负反馈放大电路的输入、输出电阻理想化，即认为：深度串联负反馈的输入电阻趋于无穷大，深度并联负反馈的输入电阻趋于零，深度电压负反馈的输出电阻趋于零，深度电流负反馈的输出电阻趋于无穷大。

根据深度负反馈放大电路的上述特点，对深度串联负反馈，由图4.3.1(a)可得：

(1)净输入信号u_{id}近似为零，即基本放大电路两输入端P、N电位近似相等，从电位近似相等的角度看，两输入端之间好像短路了，但并没有真的短路，故称为“虚短”。

(2)闭环输入电阻$R_{if}\to\infty$，说明闭环放大电路的输入电流近似为零，也即流过基本放大电路两输入端P、N的电流$i_P=i_N\approx0$，从电流为零的角度看，两输入端之间似乎开路了，但并没有真的开路，故称为“虚断”。

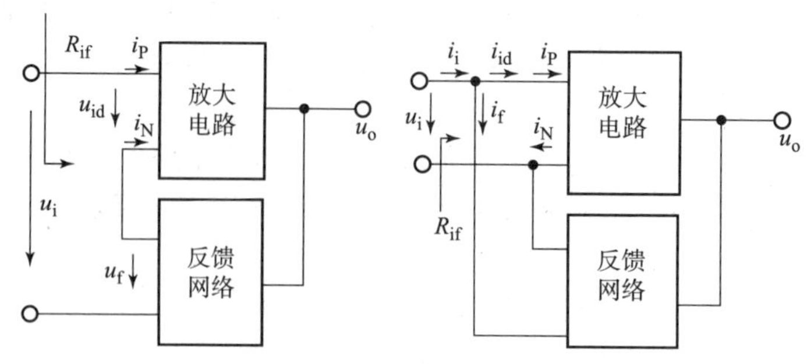

图 4.3.1　负反馈对输入电阻的影响

(a)串联负反馈;(b)并联负反馈

对深度并联负反馈,由图 4.3.1(b)可得:

(1)净输入信号 i_{id} 近似为零,即基本放大电路两输入端之间“虚断”。

(2)闭环输入电阻 $R_{if}\to 0$,说明基本放大电路两输入端之间“虚短”。

综上可得出结论:深度负反馈放大电路中基本放大电路的两输入端既“虚短”又“虚断”。

2. 深度负反馈放大电路性能的估算

利用“虚短”“虚断”的概念,可以方便地估算深度负反馈放大电路的性能,下面通过例题来说明估算方法。

例 4.3.1　估算如图 4.3.2 所示反馈放大电路的电压放大倍数。

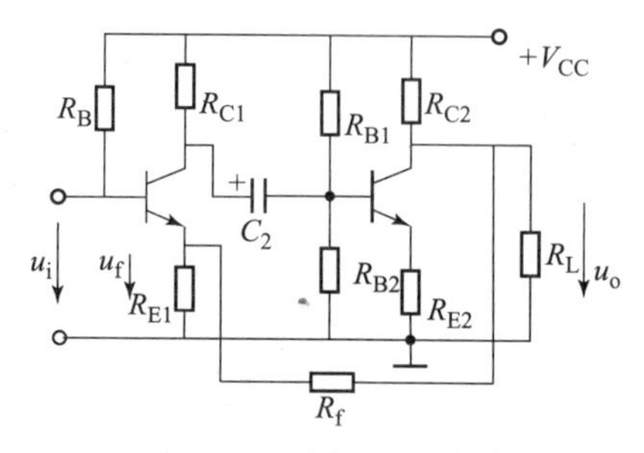

图 4.3.2　例 4.3.1 电路

解:此电路为串联深度负反馈放大电路,得:

$$u_i = u_f$$

$$u_f = \frac{R_{E1}}{R_{E1} + R_f} u_o$$

因此,有:

$$u_o = \frac{R_{E1} + R_f}{R_{E1}} u_i$$

$$A_u = 1 + R_f / R_{E1}$$

例 4.3.2　估算如图 4.3.3 所示深度负反馈放大电路的电压放大倍数。

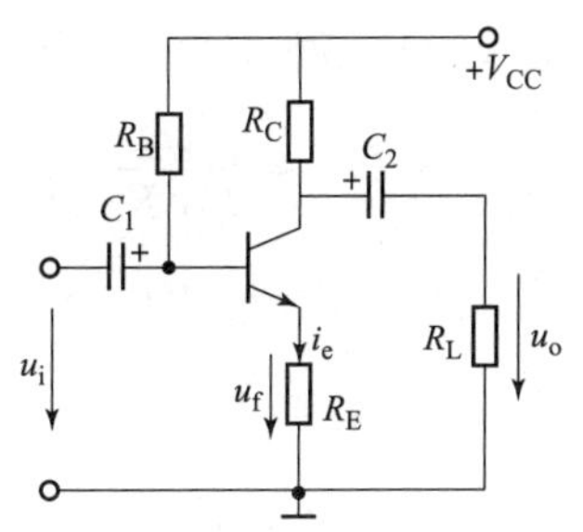

图 4.3.3 例 4.3.2 电路

解:此电路为串联深度负反馈放大电路,得:

$$u_i \approx u_f = R_E i_e$$

$$u_o \approx -i_e R_C /\!/ R_L$$

$$A_u = -\frac{R_C /\!/ R_L}{R_E}$$

例 4.3.3 估算如图 4.3.4 所示深度负反馈放大电路的电压放大倍数。

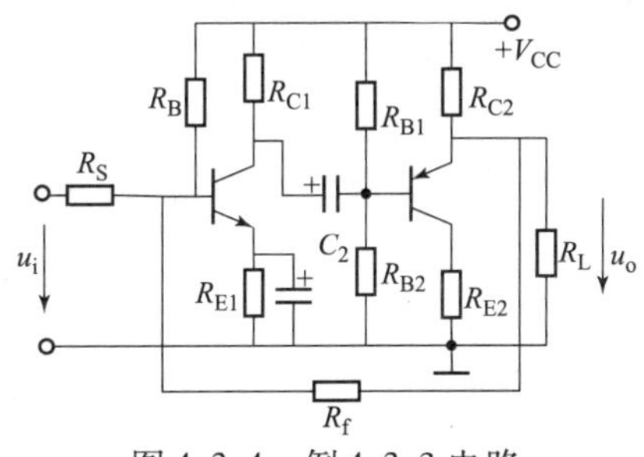

图 4.3.4 例 4.3.3 电路

解:此电路为并联深度负反馈放大电路,得:

$$i_i \approx i_f = -\frac{u_o}{R_f}$$

$$u_o \approx -i_i R_f$$

$$u_i \approx i_i R_S$$

$$A_u = -\frac{R_f}{R_S}$$

例 4.3.4 估算如图 4.3.5 所示深度负反馈放大电路的电压放大倍数。

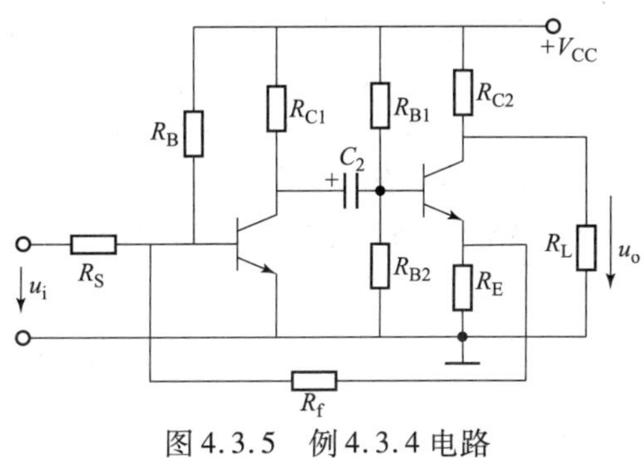

图 4.3.5 例 4.3.4 电路

解:此电路为并联深度负反馈放大电路,得:

$$i_i \approx i_f = -\frac{R_E i_C}{R_f + R_E}$$

$$u_o \approx -i_C R_{C2} /\!/ R_L$$

$$u_i \approx i_i R_S$$

$$A_u = \frac{R_{C2} /\!/ R_L}{R_S} \frac{R_E + R_f}{R_E}$$

4.3.3 反馈放大电路的稳定性

负反馈可改善放大电路的性能,改善程度与反馈深度有关。反馈深度越大,反馈越深、改善程度越显著。但是,反馈深度太大时,有可能产生自激振荡(指放大电路在无外加输入信号时,也能输出具有一定频率和幅度的信号的现象),导致放大电路工作不稳定。其原因如下:在负反馈放大电路中,基本放大电路在高频段要产生附加相移,若在某些频率上附加相移达到 180°,则在这些频率上的反馈信号将与中频时的频率反相而引入正反馈,当正反馈量足够大时就会产生自激振荡。此外,由于电路中分布参数的作用,也可以形成正反馈而自激。由于深度负反馈放大电路的开环放大倍数很大,因此在高频段容易因附加相移变成正反馈而产生高频自激。

消除高频自激的基本方法是:在基本放大电路中插入相位补偿网络(也加频率补偿网络消振电路),以改变基本放大电路高频段的频率特性,从而破坏自激振荡的条件,使其不能振荡。

目前,不少集成运放已在内部接有补偿网络,使用中不需要再外接补偿网络,而有些集成运放留有外接补偿网络端,则应根据需要接入 C 或 RC 补偿网络。

另外,放大电路也有可能产生低频自激振荡,一般由直流电源耦合引起。由于直流电源对各级供电,各级的交流电流在电源内阻上产生的压降就会随电源而相互影响,进而产生自激振荡。消除这种自激的方法有两种:一种是采用低内阻(零点几欧以下)的稳压电源:另一种是在电路的电源进线处加去耦电路。

4.4 Multisim 仿真

放大电路中引入交流负反馈后,其性能会得到很多方面的改善,可以稳定放大倍数、改变输出电阻、展宽通频带、减小非线性失真等。以电流并联负反馈(见图 4.4.1)为例进行讨论,将测试结果填入表格 4.4.1 中。实验步骤如下。

(1)断开反馈网络,调节电位器使电路获得不失真输出波形,当 $R_3 = 50\%$ 、$R_6 = 13\%$ 时输出波形不失真,示波器所得波形如图 4.4.2 所示。

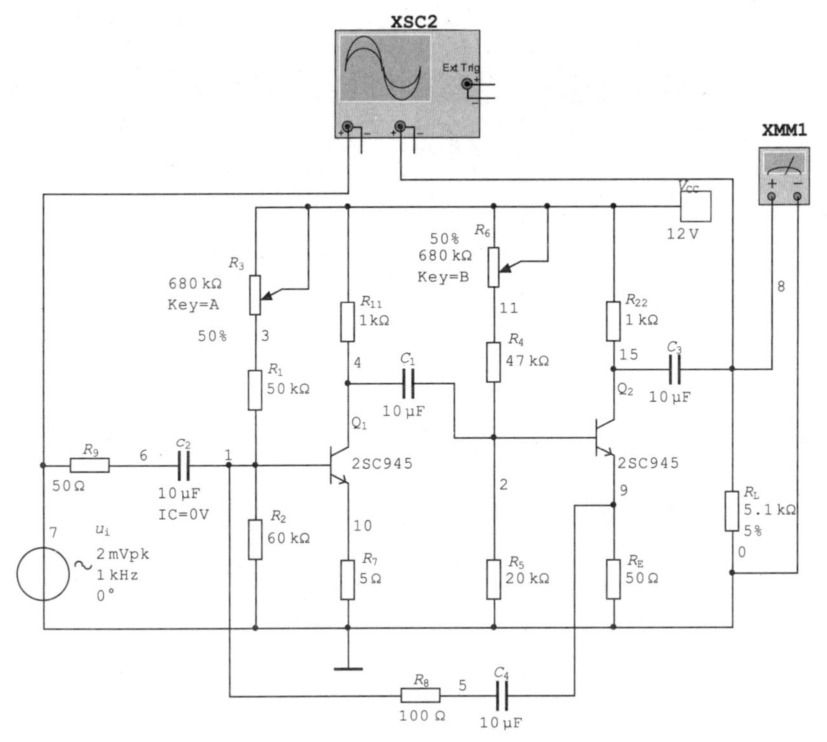

图 4.4.1　电流并联负反馈电路

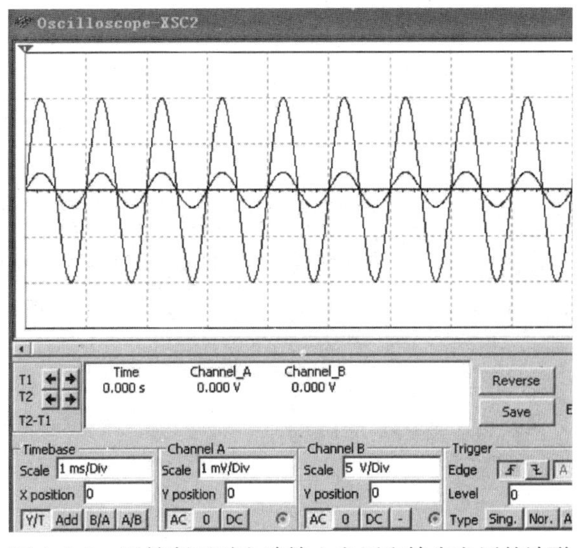

图 4.4.2　反馈断开时电路输入电压和输出电压的波形

(2)利用交流万用表测量输出电压,从而计算反馈接入前的电压放大倍数。利用交流万用表测量输入电流,计算出反馈接入前电路的输入电阻。测量结果如图 4.4.3 所示。

(3)接入反馈网络,同样利用万用表测量输出电压,计算反馈接入后的电压放大倍数。利用交流万用表测量输入电流,计算反馈接入后的输入电阻。测量结果如图 4.4.4 所示。

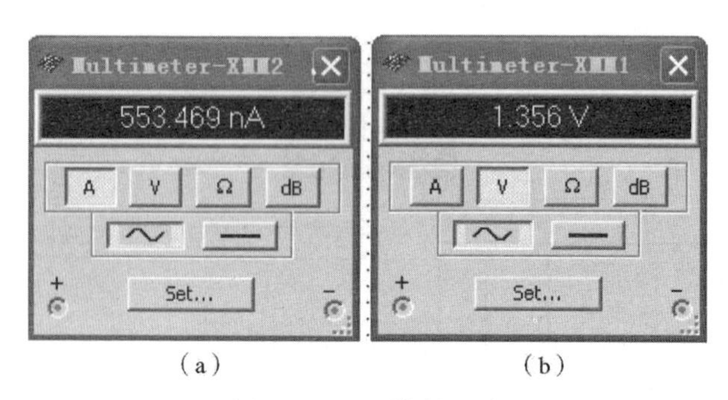

(a) (b)

图 4.4.3 反馈断开时

(a)输入电流;(b)输出电压

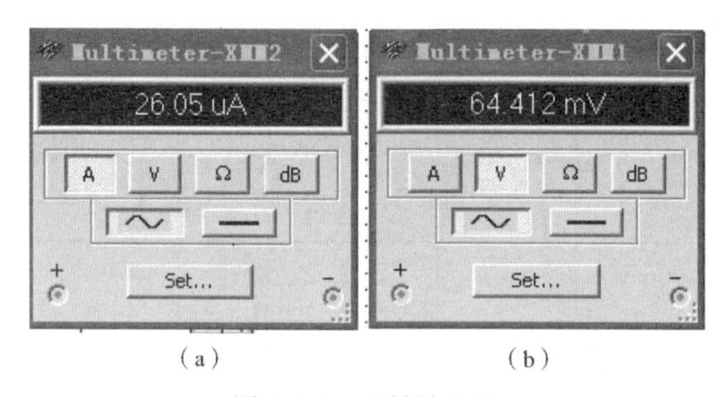

(a) (b)

图 4.4.4 反馈接入后

(a)输入电流;(b)输出电压

(4)测量反馈接入前电路的输出电阻。

其中,交流万用表 XMM1 用来测量输出电流,结果如图 4.4.5(a)所示,计算反馈接入前电路的输出电阻。

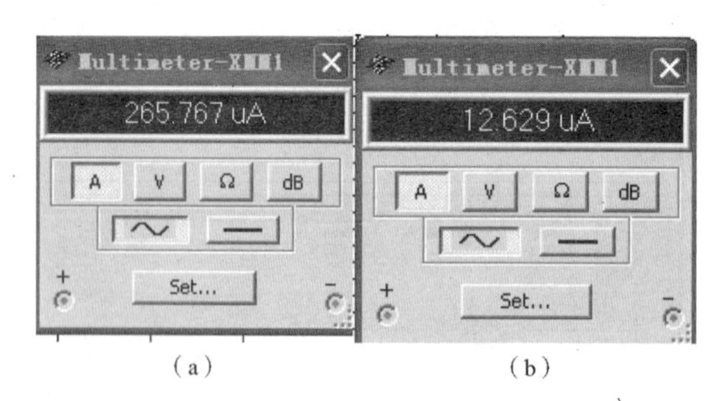

(a) (b)

图 4.4.5 万用表读数

(a)反馈网络断开时的万用表读数;(b)反馈网络接入时的万用表读数

接入反馈网络,然后测量此时的电流,结果如图 4.4.5(b)所示,计算反馈接入后电路的输出电阻。

电路测试结果如表 4.4.1 所示。

表 4.4.1　电路测试结果

电路类型 \ 参数		A_u	$R_i/k\Omega$	$R_o/k\Omega$
电流并联	无反馈	678	3.61	5.17
	有反馈	32	75.4	5.1

本章知识点归纳

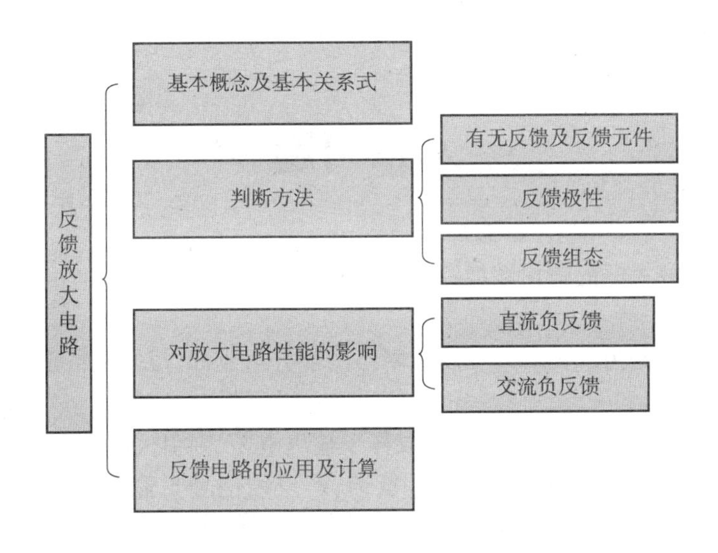

本章小结

(1)在电子电路中,把输出信号的一部分或全部通过一定的方式引回输入端的过程称为反馈。判断一个电路有无反馈,只要看它有无反馈网络。反馈网络指将输出回路与输入回路联系起来的电路,构成反馈网络的元件称为反馈元件。反馈有正、负之分,可采用瞬时极性法加以判断,若反馈信号削弱净输入信号,则为负反馈;若加强净输入信号,则为正反馈。反馈还有直流反馈和交流反馈之分,若反馈信号为直流量,则为直流反馈;反馈信号为交流量,则为交流反馈。直流负反馈常用以稳定静态工作点,交流负反馈用来改善放大电路的交流性能。

(2)负反馈放大电路有4种基本类型:电压串联负反馈、电流串联负反馈、电压并联负反馈和电流并联负反馈。若反馈信号取样于输出电压,则称为电压反馈;若反馈信号取样于输出电流,则称为电流反馈。若反馈网络与基本放大电路串联连接,则称为串联反馈,其反馈信号为 u_f,比较式为 $u_{id}=u_i-u_f$,此时信号源内阻越小,反馈效果越好;若反馈网络与基本放大电路并联连接,则称为并联反馈,其反馈信号为 i_f,比较式为 $i_{id}=i_i-i_f$,此时信号源内阻越大,反馈效果越好。

(3)引入交流负反馈后可以改善放大电路多方面的性能,交流负反馈虽然降低了放大电路的放大倍数,但可稳定放大倍数、减小非线性失真、展宽通频带。电压负反馈能减小输出电阻、稳定输出电压,从而提高带负载能力;电流负反馈能增大输出电阻、稳定输出电流。串联负反馈能增大输入电阻,并联负反馈能减小输入电阻。在实际应用中,应根据需求引入合适的反馈。

(4)负反馈放大电路性能的改善与反馈深度$(1+AF)$大小有关,其值越大,性能改善越显著。当$(1+AF)\gg 1$时,称为深度负反馈。深度负反馈放大电路具有下列特点:若电路引入深度串联负反馈,则$\dot{U}_i \approx \dot{U}_f$;若电路引入深度并联负反馈,则$\dot{I}_i \approx \dot{I}_f$;基本放大电路的输入端既"虚短"又"虚断"。利用这些特点,可以很方便地分析深度负反馈放大电路的性能。

(5)放大电路在某些情况下会形成正反馈,产生自激振荡,干扰电路正常工作,这是实际应用中应加以注意的问题。

本章习题

一、填空题

1.1 反馈是指放大器的输出端把输出信号的________或者全部通过一定方式送回放大器的________过程。

1.2 反馈放大器是由________和反馈网络两部分组成的,反馈网络是跨接在________和________之间的电路。

1.3 负反馈放大电路中,若反馈信号取样于输出电压,则引入的是________反馈,若反馈信号取样于输出电流,则引入的是________反馈;若反馈信号与输入信号以电压方式进行比较,则引入的是________反馈,若反馈信号与输入信号以电流方式进行比较,则引入的是________反馈。

1.4 引入________反馈可提高电路的增益,引入________反馈可提高电路增益的稳定性。

1.5 电压负反馈能稳定地输出________,电流负反馈能稳定地输出________。

1.6 为了增大放大器的输入电阻,应引入________负反馈,为了减小放大器的输入电阻应引入________负反馈。

1.7 凡反馈信号使放大器的净输入信号________,则称为正反馈,凡反馈信号使放大器的净输入信号________,则称为负反馈。

1.8 负反馈虽然使放大器的增益下降,但能________增益的稳定性、________通频带、________非线性失真、________放大器的输入、输出电阻。

二、选择题

2.1 理想集成运放具有(　　)的特点。

A. 开环差模增益$A_{ud}=\infty$、差模输入电阻$R_{id}=\infty$、输出电阻$R_o=\infty$

B. 开环差模增益$A_{ud}=\infty$、差模输入电阻$R_{id}=\infty$、输出电阻$R_o=0$

C. 开环差模增益$A_{ud}=0$、差模输入电阻$R_{id}=\infty$、输出电阻$R_o=\infty$

D. 开环差模增益$A_{ud}=0$、差模输入电阻$R_{id}=\infty$、输出电阻$R_o=0$

2.2　放大器引入负反馈后,下列说法正确的是(　　)。

A. 放大倍数下降,通频带不变　　B. 放大倍数不变,通频带变宽

C. 放大倍数下降,通频带变宽　　D. 放大倍数不变,通频带变窄

2.3　有反馈的放大器的放大倍数(　　)。

A. 一定提高　　B. 一定降低　　C. 不变　　D. 以上说法都不对

2.4　输入量不变的情况下,若引入反馈后(　　),则说明引入的反馈是负反馈。

A. 输入电阻增大　　B. 输出量增大　　C. 净输入量增大　　D. 净输入量减小

2.5　在放大器的通频带内,其电压放大倍数(　　)。

A. 基本不随信号的频率变化　　B. 随信号的变化而变化

C. 随信号的频率减小而增大　　D. 以上说法都不对

三、计算题

3.1　某放大电路输入的正弦波电压的有效值为 10 mV,开环时输出正弦波电压的有效值为10 V,试求引入反馈系数为 0.01 的电压串联负反馈后输出电压的有效值。

3.2　某电流并联负反馈放大电路中,输出电流为 $i_o = 5\sin\omega t$ mA,已知开环电流放大倍数 $A = 200$,电流反馈系数 $F = 0.05$,试求输入电流 i_i、反馈电流 i_f和净输入电流 i_{id}。

3.3　判断如图 4.1 所示电路的反馈类型和性质。

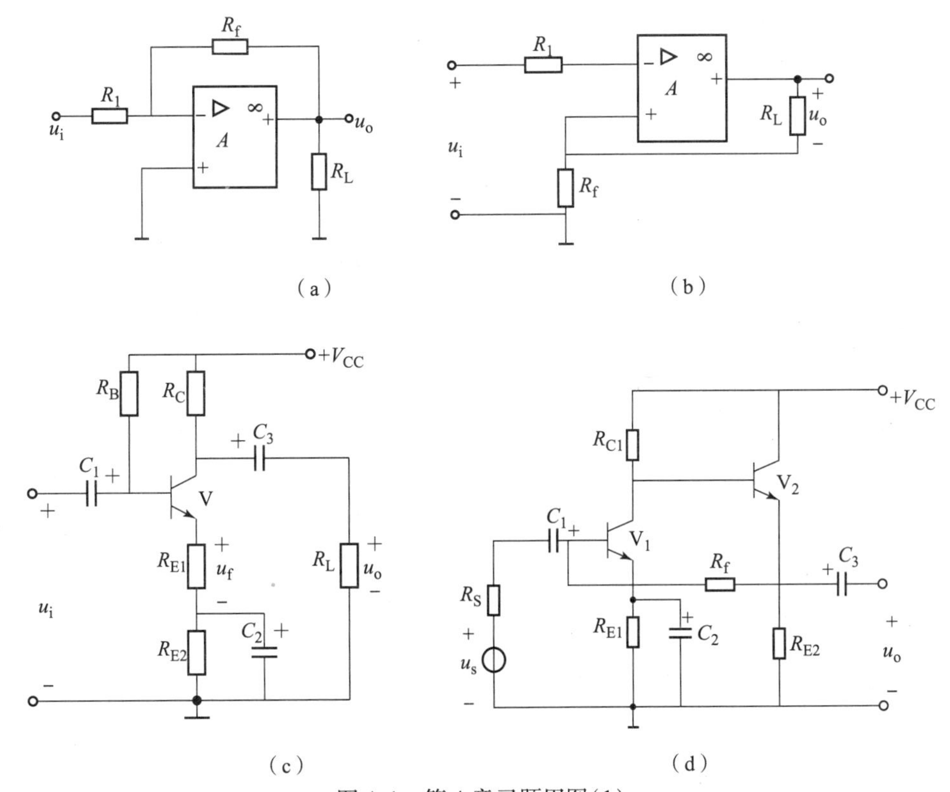

(a)　(b)

(c)　(d)

图 4.1　第 4 章习题用图(1)

3.4　图 4.2 所示为某放大电路的交流通路,试指出反馈元件,在图中标出反馈信号,并判断反馈组态和反馈极性。

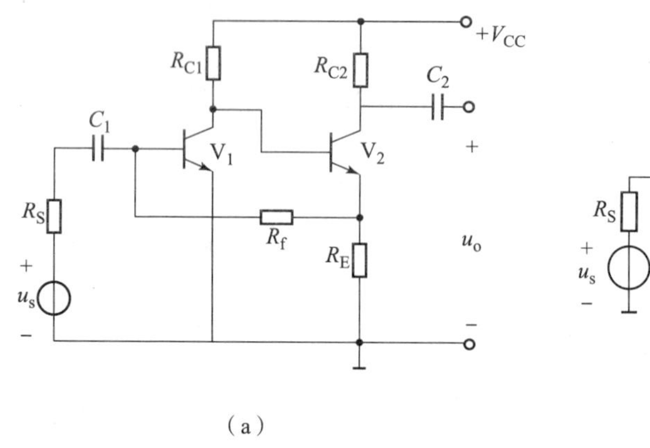

(a)

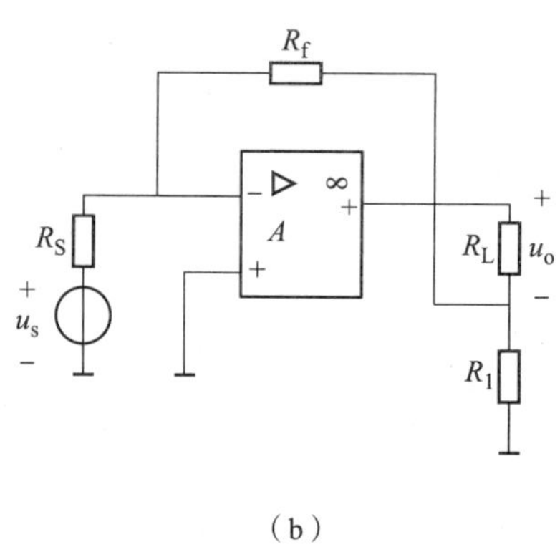

(b)

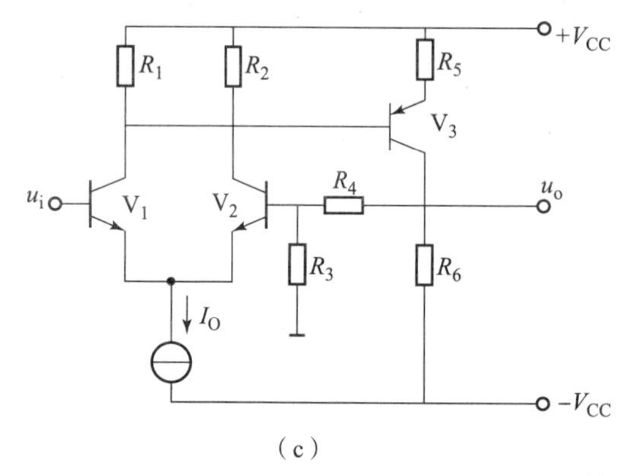

(c)

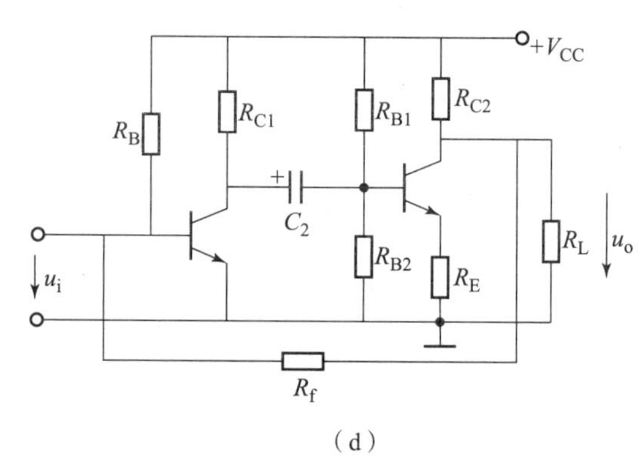

(d)

图 4.2　第 4 章习题用图(2)

3.5　已知一个负反馈放大电路的 $A=10^5$,$F=2\times10^{-3}$。

(1)A_f为多少?

(2)若 A 的相对变化率为 20%,则 A_f的相对变化率为多少?

3.6　已知一个电压串联负反馈放大电路的电压放大倍数 $A_{uf}=20$,其基本放大电路的电压放大倍数 A_u的相对变化率为 10%,A_{uf}的相对变化率等于 0.1%,试问 F 和 A_u各为多少?

3.7　一个无反馈放大器,输入电压等于 0.028 V,输出电压为 36 V,试问:若接入 1.2% 的负反馈,并保持此时的输入电压不变,则输出电压应等于多少?

3.8　一放大器的电压放大倍数 A_u在 150 ~ 600 变化(变化 4 倍)。现加入负反馈,其电压反馈系数 $F_u=0.6$,试问闭环放大倍数的最大值和最小值之比是多少?

3.9　分析图 4.3 所示各深度负反馈放大电路:(1)判断反馈组态;(2)写出电压增益的表达式。

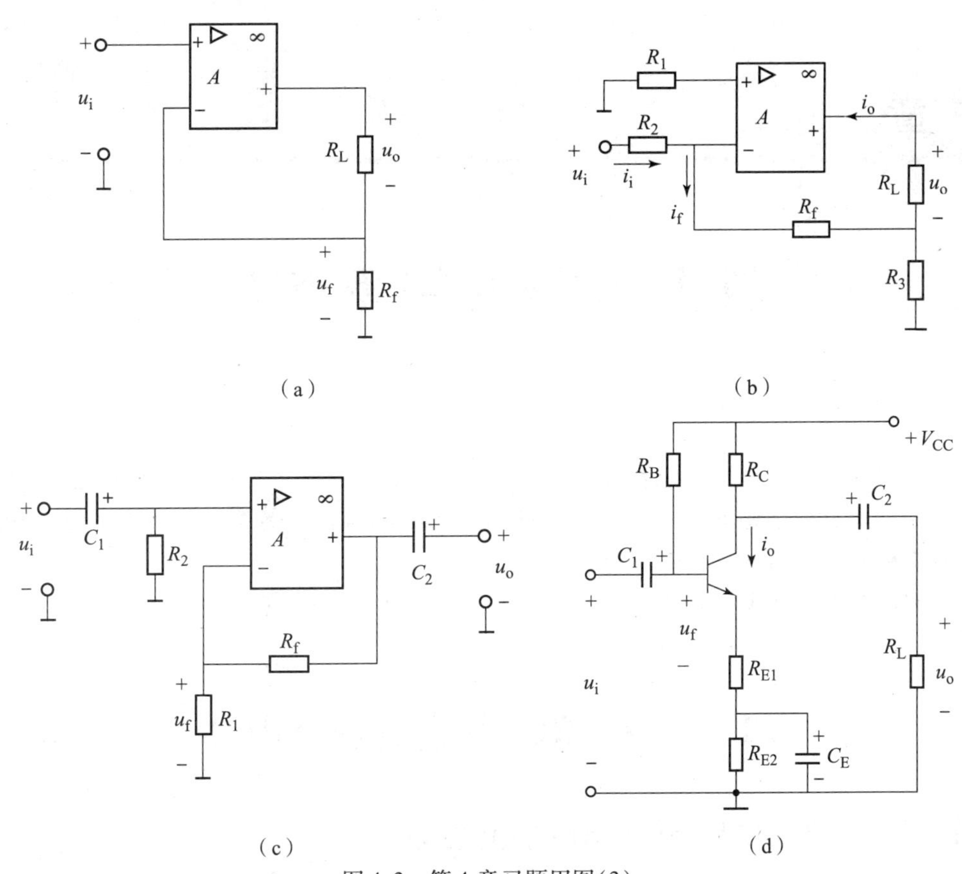

图 4.3 第 4 章习题用图(3)

3.10 电路如图 4.4 所示,试回答:

(1)两片集成运算放大器各引入了什么反馈?

(2)求闭环增益 $A_{uf}=\dot{U}_o/\dot{U}_i$。

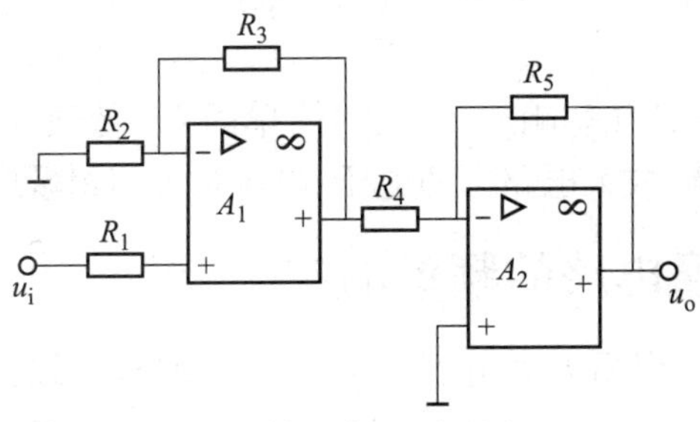

图 4.4 第 4 章习题用图(4)

第5章

放大电路的频率响应

本章导读

前面分析各种放大电路性能指标时，为了简化问题，都忽略了管子的结电容及电路中电抗元件的影响。考虑到这些电抗元件的影响，放大电路的增益将是信号频率的函数，这种函数关系称为频率响应(Frequency response)。

本章将深入介绍放大电路频率响应的基本分析方法，同时对放大电路的自激及高频响应和集成运放的频率补偿进行讨论。

5.1 简单 *RC* 电路的频率响应

5.1.1 研究放大电路频率响应的必要性

在放大电路中，由于电抗元件(如电容、电感线圈等)及晶体管级间电容的存在，当输入信号的频率过低或者过高时，不仅放大倍数的数值会减小，还将产生超前或滞后的相移。说明放大倍数是信号频率的函数，这种函数关系称为频率响应。

在第3章放大电路的分析中，双极型三极管和单极型三极管的小信号等效模型均没有考虑极间电容的作用，认为它们对信号频率呈现出的电抗值为无穷大，所以它们只适用于对低频信号的分析。

为了全面理解放大电路的频率响应，首先对简单的 *RC* 低通和高通电路频率响应进行分析。考虑到电抗元件的影响，放大电路中的电压、电流均采用相量形式表示。

5.1.2 一阶 *RC* 低通电路的频率响应

如图5.1.1(a)所示是用电阻 R 和电容 C 构成的最简单的低通电路，由图可写出其电压传输系数为：

$$\dot{A}_u = \frac{\dot{U}_o}{\dot{U}_i} = \frac{\frac{1}{j\omega C}}{\frac{1}{j\omega C} + R} = \frac{1}{1 + j\omega CR} \tag{5.1.1}$$

令：

$$\omega_{\mathrm{H}}=\frac{1}{RC},\quad f_{\mathrm{H}}=\frac{1}{2\pi RC} \tag{5.1.2}$$

则式(5.1.1)可写成：

$$\dot{A}_u=\frac{1}{1+\mathrm{j}\frac{\omega}{\omega_{\mathrm{H}}}}=\frac{1}{1+\mathrm{j}\frac{f}{f_{\mathrm{H}}}} \tag{5.1.3}$$

其幅频特性和相频特性分别为：

$$|\dot{A}_u|=\frac{1}{\sqrt{1+\left(\frac{\omega}{\omega_{\mathrm{H}}}\right)^2}}=\frac{1}{\sqrt{1+\left(\frac{f}{f_{\mathrm{H}}}\right)^2}} \tag{5.1.4}$$

$$\varphi=-\arctan\frac{\omega}{\omega_{\mathrm{H}}}=-\arctan\frac{f}{f_{\mathrm{H}}} \tag{5.1.5}$$

式(5.1.4)是 $\dot{A}_u$ 的幅频特性，当信号频率 f 由零逐渐升高时，$|\dot{A}_u|$ 将逐渐下降，其幅频特性曲线如图5.1.1(b)所示。当 $f=f_{\mathrm{H}}$ 时，$|\dot{A}_u|=0.707$，所以，f_{H} 称为低通滤波电路的上限截止频率，简称上限频率或转折频率，其通带范围为 $0\sim f_{\mathrm{H}}$。由于电路中只有一个独立的储能元件 C，故称为一阶低通滤波电路。

式(5.1.5)是 $\dot{A}_u$ 的相频特性，由此式可画出 RC 低通电路的相频特性曲线，如图5.1.1(c)所示，在 $f=f_{\mathrm{H}}$ 时，$\varphi=-45°$。

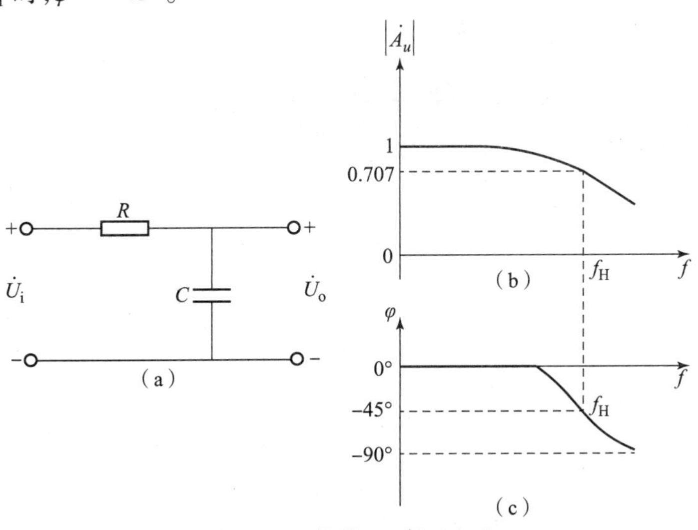

图5.1.1　简单 RC 低通电路

(a)电路图；(b)幅频特性曲线；(c)相频特性曲线

在研究放大电路的频率响应时，输入信号的频率范围常常设置在几赫兹到上百兆赫兹，甚至更宽；而放大电路的放大倍数从几倍到上百万倍，为了在同一坐标系中表示如此宽的变化范围，常采用对数坐标表示，称为波特图(Bode diagram)。波特图的优点就是缩短坐标，解决画图的困难，也便于多级放大电路的频率响应。工程上为了作图简便起见，本章频率响应采用渐近折线来表示。

波特图由对数幅频特性和对数相频特性两部分组成。

1. 幅频特性波特图

当$f \leqslant 0.1 f_H$时，式(5.1.4)可近似为：

$$|\dot{A}_u| \approx 1, 即\ 20\lg|\dot{A}_u| = 0 \tag{5.1.6}$$

当$f \geqslant 10 f_H$时，式(5.1.4)可近似为

$$|\dot{A}_u| \approx \frac{1}{f/f_H}, 即\ 20\lg|\dot{A}_u| = 20\lg\frac{f_H}{f} \tag{5.1.7}$$

根据以上近似，可得幅频特性的渐近波特图，如图5.1.2(a)所示。图中，横坐标用对数频率刻度，以Hz为单位；纵坐标为$20\lg|\dot{A}_u|$，用分贝(dB)作单位。所以，在$f \leqslant 0.1 f_H$时是一条0 dB的水平线，$f \geqslant 10 f_H$时是一条自f_H出发、斜率为-20 dB/十倍频的斜线，两条渐近线在$f = f_H$处相交，f_H又称为转折频率。如果只要对幅频特性进行粗略估算，则用渐近线来表示已经可以。用渐近线代表实际幅频特性时最大误差发生在转折频率f_H处。由式(5.1.4)可见，在$f = f_H$处偏差为-3 dB。

2. 相频特性波特图

相频特性波特图的横坐标也用对数频率刻度，以Hz为单位，纵坐标为相位值。当$f \leqslant 0.1 f_H$时，式(5.1.5)可近似为$\varphi \approx 0°$的渐近线；当$f \geqslant 10 f_H$时，式(5.1.5)可近似为$\varphi = -90°$，可得一条$\varphi = -90°$的渐近线。在$f = f_H$时，$\varphi = -45°$，所以，在$0.1 f_H$到$10 f_H$区域内相频特性可用一条斜率为-45°/十倍频的直线代替。由上述3条渐近线构成的相频特性波特图如图5.1.2(b)所示。

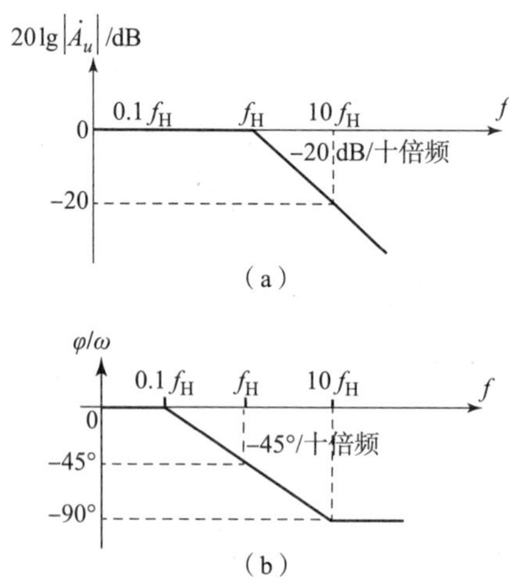

图5.1.2 简单RC低通电路的波特图

(a)幅频特性波特图；(b)相频特性波特图

5.1.3 一阶RC高通电路的频率响应

图5.1.3所示为由RC构成的最简单高通电路。由图可写出其电压传输系数为：

$$\dot{A}_u = \frac{\dot{U}_o}{\dot{U}_i} = \frac{R}{\frac{1}{j\omega C} + R} = \frac{1}{1 + \frac{1}{j\omega CR}} \tag{5.1.8}$$

令：

$$\omega_{\mathrm{L}}=\frac{1}{RC},\quad f_{\mathrm{L}}=\frac{1}{2\pi RC} \tag{5.1.9}$$

则式(5.1.8)可写成：

$$\dot{A}_u=\frac{\dot{U}_{\mathrm{o}}}{\dot{U}_{\mathrm{i}}}=\frac{1}{1-\mathrm{j}\dfrac{\omega_{\mathrm{L}}}{\omega}}=\frac{1}{1-\mathrm{j}\dfrac{f_{\mathrm{L}}}{f}} \tag{5.1.10}$$

其幅频特性和相频特性分别为：

$$|\dot{A}_u|=\frac{1}{\sqrt{1+\left(\dfrac{\omega_{\mathrm{L}}}{\omega}\right)^2}}=\frac{1}{\sqrt{1+\left(\dfrac{f_{\mathrm{L}}}{f}\right)^2}} \tag{5.1.11}$$

$$\varphi=\arctan\frac{f_{\mathrm{L}}}{f} \tag{5.1.12}$$

由式(5.1.11)和式(5.1.12)并依照 RC 低通电路波特图的绘制方法，即可画出 RC 高通电路的波特图。

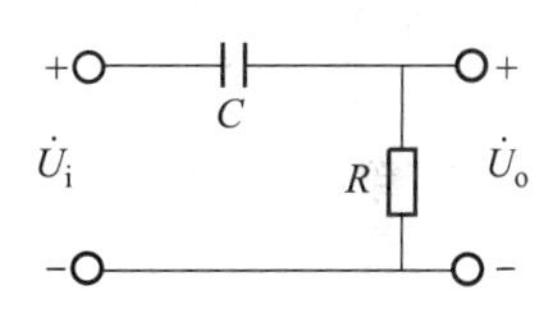

图 5.1.3　简单的 RC 高通电路

上述低通和高通滤波电路对输入信号只有衰减作用，而没有放大作用，因此称为无源滤波电路。在放大电路中，只要包含电容元件的回路，都可概括为 RC 低通或高通电路(如 RC 低通电路可用来模拟晶体管极间电容对放大器高频响应的影响；RC 高通电路可用来模拟耦合及旁路电容对放大器低频响应的影响)。因此，熟练掌握 RC 电路的频率特性对学习放大器的频率响应十分有帮助。RC 低通和高通电路的频率响应见表 5.1.1。

表 5.1.1　*RC* 低通和高通电路的频率响应

项目	低通电路	高通电路
电路图	R; C; +, –; $\dot{U}_{\mathrm{i}}$; $\dot{U}_{\mathrm{o}}$	C; R; +, –; $\dot{U}_{\mathrm{i}}$; $\dot{U}_{\mathrm{o}}$
频率响应	$\dot{A}_u=\dfrac{1}{1+\mathrm{j}\omega/\omega_{\mathrm{H}}}$	$\dot{A}_u=\dfrac{1}{1-\mathrm{j}\omega_{\mathrm{L}}/\omega}$
转折频率	上限角频率 $\omega_{\mathrm{H}}=\dfrac{1}{RC}$	下限角频率 $\omega_{\mathrm{L}}=\dfrac{1}{RC}$
幅频特性	$20\lg\lvert\dot{A}_u\rvert$/dB; 0; –20; 0.1 ω_{H}; ω_{H}; 10 ω_{H}; ω; –20 dB/十倍频	$20\lg\lvert\dot{A}_u\rvert$/dB; 0; –20; 0.1 ω_{H}; ω_{H}; 10 ω_{H}; ω; 20 dB/十倍频

续表

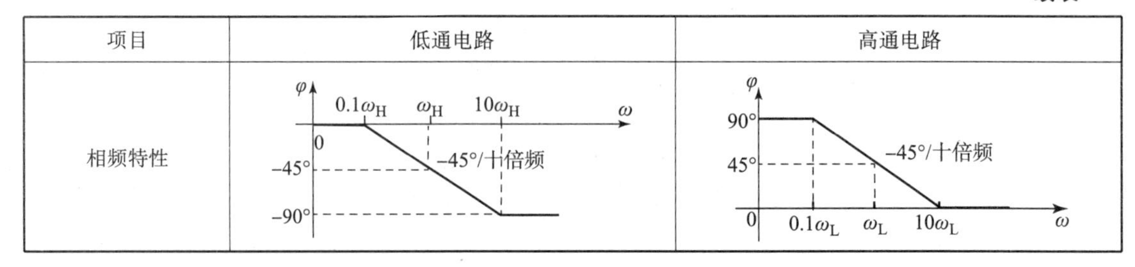

项目	低通电路	高通电路
相频特性	φ; 0.1ωH; ωH; 10ωH; ω; 0; −45°; −90°; −45°/十倍频	φ; 90°; 45°; 0; 0.1ωL; ωL; 10ωL; ω; −45°/十倍频

5.2 晶体管放大电路的频率响应

5.2.1 晶体管的高频特性

1. 晶体管的高频特性

从晶体管的结构出发，考虑发射结和集电结电容的影响，在高频应用时，晶体管可用混合 π 形高频等效电路来等效，如图 5.2.1 所示。图中，b、e、c 点分别位于晶体管的基极、发射极和集电极，b'点是基区内的一个等效端点，为了分析方便而引出。

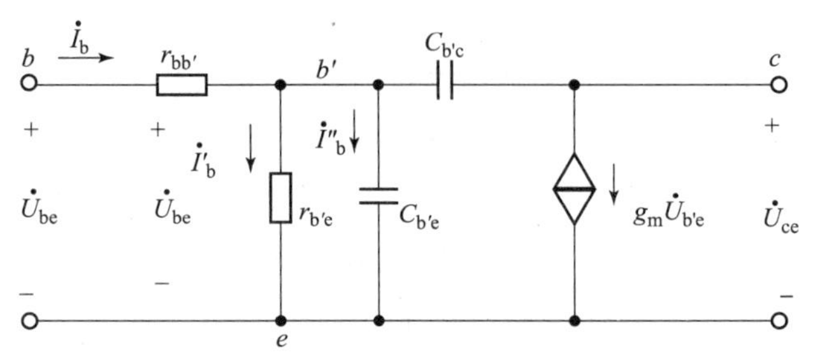

图 5.2.1　晶体管混合 π 形高频等效电路

图 5.2.1 为晶体管混合 π 形高频等效电路，$r_{bb'}$为基区体电阻。它是影响晶体管高频特性的重要参数，在高频管中其值比较小，为几十欧姆。$r_{b'e}$为发射结电阻，其值与晶体管静态工作点电流 I_{EQ}和低频电流放大系数 β_0有关，它们有如下的关系，即：

$$r_{b'e}=(1+\beta_0)\frac{U_T}{I_{EQ}} \tag{5.2.1}$$

在图 5.2.1 中，$C_{b'e}$为发射结电容，它是一个不恒定的电容，其值与工作状态有关。$C_{b'e}=\frac{g_m}{2\pi f_T}-C_{b'c}$，$C_{b'c}$为集电结电容，其值约为几皮法。由于 $C_{b'c}$跨接于输出端和输入端，对放大器频带的展宽也起着极大的限制作用。$g_m\dot{U}_{b'e}$为受控电流源，即为 $\dot{I}_c$。$\dot{U}_{b'e}$为作用到发射结上的交流电压；g_m 为晶体管的跨导，它表示晶体管有效输入电压 $\dot{U}_{b'e}$对集电极输出电流 $\dot{I}_c$的控制作用，即 g_m 定义为：

$$g_m=\left.\frac{\dot{I}_c}{\dot{U}_{b'e}}\right|_{\dot{U}_{ce}=0} \tag{5.2.2}$$

由于 $\dot{U}_{b'e}=\dot{I}'_b r_{b'e}$，而晶体管的低频电流放大系数 $\beta_0=\dot{I}_c/\dot{I}'_b$，所以有：

$$g_m=\frac{\beta_0\dot{I}'_b}{\dot{I}'_b r_{b'e}}=\frac{\beta_0}{r_{b'e}}\approx\frac{I_{EQ}}{U_T}\tag{5.2.3}$$

上式说明跨导 g_m 正比于静态工作点电流 I_{EQ}。

从以上分析，可以看出混合 π 形等效电路中各参数与频率无关，故适用于放大电路的高频特性分析。

从混合 π 形高频等效电路可以看出，工作在高频时，当信号频率变化时 $\dot{I}_b$ 与 $\dot{I}_c$ 也随之变化，即电流放大倍数不是常量，且随频率升高而下降，所以电流放大系数是频率的函数。

令图 5.2.1 所示电路的输出端 $\dot{U}_{ce}=0$，即可求得共发射极短路电流放大系数为：

$$\dot{\beta}=\left.\frac{\dot{I}_c}{\dot{I}_b}\right|_{\dot{U}_{ce}=0}=\frac{\beta_0}{1+j\dfrac{f}{f_\beta}}\tag{5.2.4}$$

式中

$$\beta_0=g_m r_{b'e}$$

$$f_\beta=\frac{1}{2\pi r_{b'c}(C_{b'e}+C_{b'c})}\tag{5.2.5}$$

式(5.2.4)的幅频特性为

$$|\dot{\beta}|=\frac{\beta_0}{\sqrt{1+\left(\dfrac{f}{f_\beta}\right)^2}}\tag{5.2.6}$$

画出 $\dot{\beta}$ 的幅频特性如图 5.2.2 所示，f_T 是使 $|\dot{\beta}|$ 值下降到 1 时的频率，将 f_T 称为特征频率，可求得

$$f_T=\frac{g_m}{2\pi(C_{b'e}+C_{b'c})}=\beta_0 f_\beta\tag{5.2.7}$$

当 $f=f_\beta$ 时，$|\dot{\beta}|=0.707\beta_0$，即 f_β 为 $|\dot{\beta}|$ 下降为 $0.707\beta_0$ 时的频率，所以，将 f_β 称为共发射极短路电流放大系数的截止频率。

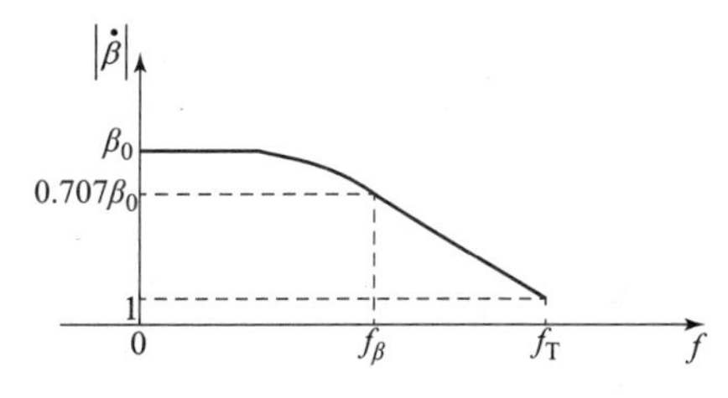

图 5.2.2　β 与频率 f 的关系曲线

f_α 是使 $|\dot{\alpha}|$ 下降到低频值 α_0 的 0.707 时的频率，称为共基极短路电流放大系数截止频率，可证明有：

$$f_\alpha=\frac{1}{2\pi r_e(C_{b'e}+C_{b'c})}=(1+\beta_0)f_\beta\tag{5.2.8}$$

f_β、f_T、f_α 称为晶体管的频率参数，由式(5.2.5)、式(5.2.7)和式(5.2.8)可知：$f_\alpha\approx f_T\gg f_\beta$。

2. 场效应管的高频小信号模型

由于场效应管各电极之间也存在极间电容，因而其高频响应与晶体管相似。根据场效应管的结构，可得到图 5.2.3 所示的高频等效模型，一般情况下 r_{gs} 和 r_{ds} 比外接电阻大很多，所以分析时，认为它们是开路的，图中 C_{gs} 为栅源极间电容，为 1 ~ 10 pF；C_{gd} 为栅漏极间电容，为 1 ~ 10 pF；

C_{ds}为漏源极间电容，其容量很小，为0.1～1 pF，在分析放大电路频率特性时，可忽略其影响。

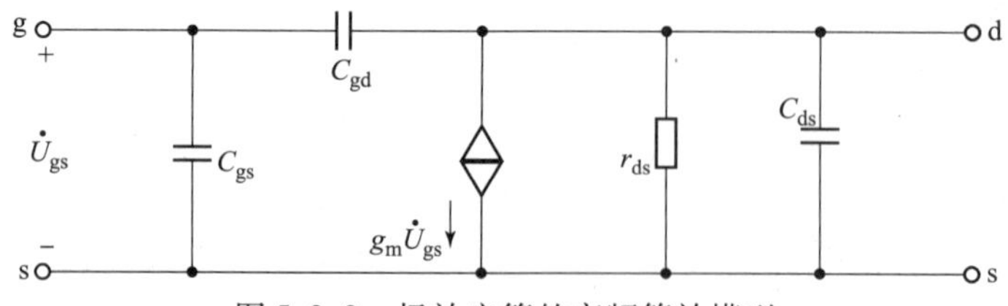

图5.2.3　场效应管的高频等效模型

5.2.2　单管共发射极放大电路的频率响应

考虑到耦合电容和晶体管结电容的影响，图5.2.4(a)所示共发射极放大电路的混合π形等效电路如图5.2.4(b)所示。在分析放大电路频率响应时，为方便起见，一般将输入信号频率范围分为中频、低频和高频3个频段，根据各个频段的特点对图5.2.4(b)所示电路进行简化，得到各频段的等效电路，求得各频段的频率响应，最后把它们综合起来，就得到放大电路全频段的频率响应。

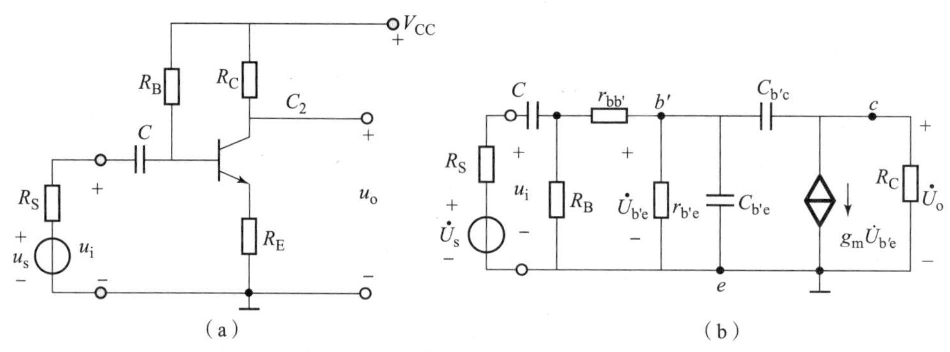

图5.2.4　单管共发射极放大电路及其混合π形等效电路

(a)电路图；(b)混合π形等效电路

1. 中频段的频率响应

在中频段，电压信号 $\dot{U}_s$ 作用于电路中，由于$\frac{1}{\omega C'_\pi} \ll r_{b'e}$，将耦合电容视为短路；又由于$\frac{1}{\omega C} \gg R_L$，将晶体管的结电容视为开路，因此可将图5.2.4(b)所示电路简化为图5.2.5所示的电路，它与前面讨论的低频小信号模型参数等效电路相同，为了简化分析，因基极偏置电阻 R_B 一般远大于 r_{be}，故可将其断开。

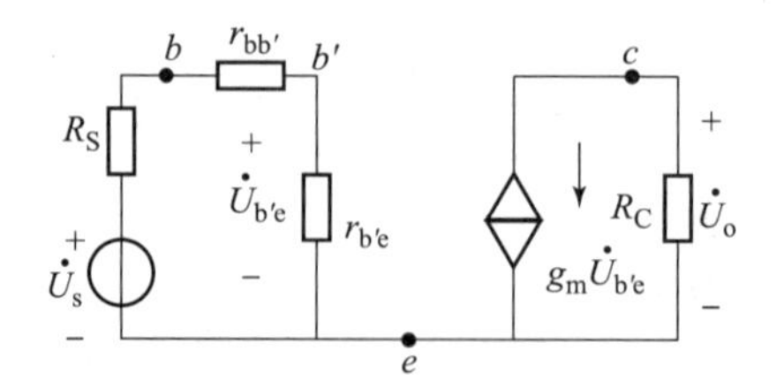

图5.2.5　中频段微变等效电路

由图可得放大电路中频段的源电压放大倍数为：

$$\dot{A}_{usm}=\frac{\dot{U}_o}{\dot{U}_s}=\frac{\dot{U}_{b'e}}{\dot{U}_s}\cdot\frac{\dot{U}_o}{\dot{U}_{b'e}}=\frac{r_{b'e}}{R_S+r_{bb'}+r_{b'e}}\cdot\frac{-g_m\dot{U}_{b'e}R_C}{\dot{U}_{b'e}}$$

$$=\frac{-g_m r_{b'e}R_C}{R_S+r_{bb'}+r_{b'e}}=\frac{-\beta_0 R_C}{R_S+r_{be}} \tag{5.2.9}$$

上式表明，放大电路工作在中频段时的电压增益 $|\dot{A}_{usm}|=\frac{\beta_0 R_C}{R_S+r_{be}}$，相位 $\varphi=-180°$，均与信号频率无关。

2. 低频段的频率响应

在低频段，晶体管结电容的容抗更大，仍视为开路，而耦合电容的容抗随频率的下降而增大，所以不能视为短路，于是放大电路低频段的等效电路如图 5.2.6 所示。

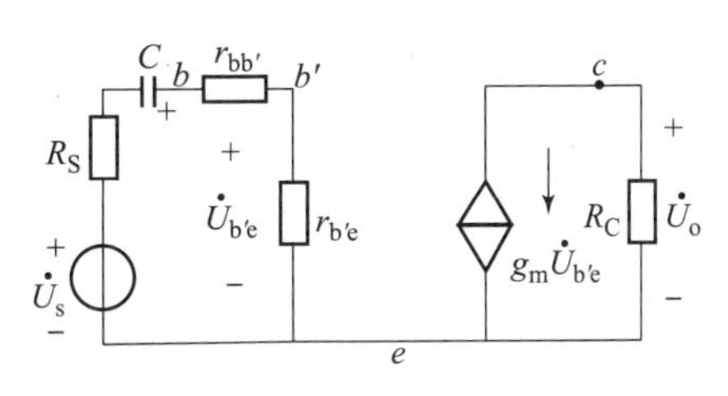

图 5.2.6　放大电路低频段等效电路

从图中可见，输入回路由电容 C 构成高通电路，它的下限频率为：

$$f_L=\frac{1}{2\pi(R_S+r_{bb'}+r_{b'e})C} \tag{5.2.10}$$

因此，放大电路低频段源电压“放”大倍数可写成：

$$\dot{A}_{us}=\frac{\dot{U}_o}{\dot{U}_s}=\frac{\dot{U}_{b'e}}{\dot{U}_s}\cdot\frac{\dot{U}_o}{\dot{U}_{b'e}}=\frac{r_{b'e}}{R_S+r_{bb'}+r_{b'e}}\cdot\frac{1}{1-j\frac{f_L}{f}}\cdot\frac{-g_m\dot{U}_{b'e}R_C}{\dot{U}_{b'e}}$$

$$=\frac{\dot{A}_{usm}}{1-j\frac{f_L}{f}}=\frac{|\dot{A}_{usm}|}{\sqrt{1+\left(\frac{f_L}{f}\right)^2}}\angle(-180°+\Delta\varphi) \tag{5.2.11}$$

$$\Delta\varphi=\arctan(f_L/f) \tag{5.2.12}$$

式中，$\Delta\varphi$ 是由耦合电容 C 引起的附加相位。当 $f=f_L$ 时，$\Delta\varphi=45°$，$|\dot{A}_{us}|=|\dot{A}_{usm}|/\sqrt{2}$，所以，$f_L$ 就是放大电路考虑电容 C 影响时的下限频率。

3. 高频段的频率响应

在高频段，因耦合电容的容抗更小仍可视为短路，但晶体管的结电容随着信号频率的升高而减小，其影响不能再按开路处理，于是放大电路的高频段微变等效电路如图 5.2.7(a)所示。

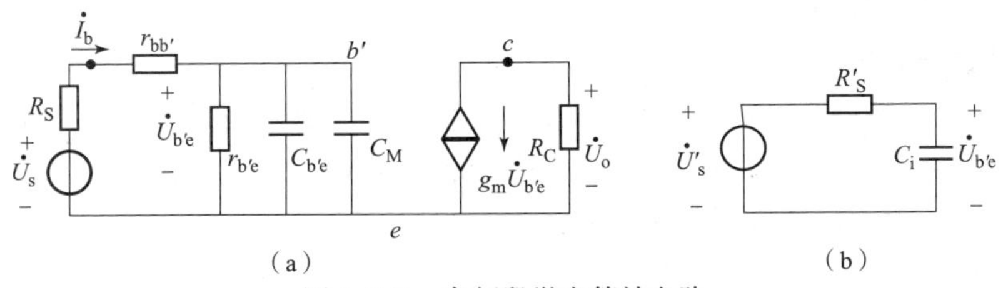

图 5.2.7　高频段微变等效电路

(a)简化等效电路；(b)输入回路低通等效电路

另外，由于 $C_{b'c}$跨接在输入和输出回路之间，使电路分析很不方便，通常采用密勒定理进行简化，这样可以得到简化后的高频等效电路，图中，C_M 是应用密勒定理后，$C_{b'c}$折算到输入回路的等效电容，为：

$$C_M = (1 + g_m R_C) C_{b'c} \tag{5.2.13}$$

$C_{b'c}$折算到输出回路的等效电容很小，可略去，故图中没有画出。

由于图 5.2.7(a)所示电路中，R_S、$r_{bb'}$、$r_{b'e}$及 $C_{b'e}$、C_M 构成低通电路，用戴维南定理可得其等效电路，如图 5.2.7(b)所示，则有：

$$\dot{U}_s' = \frac{r_{b'e}}{R_S + r_{bb'} + r_{b'e}} \dot{U}_s \tag{5.2.14}$$

$$R_S' = (R_S + r_{bb'}) /\!/ r_{b'e} \tag{5.2.15}$$

$$C_i = C_{b'e} + C_M = C_{b'e} + (1 + g_m R_C) C_{b'c} \tag{5.2.16}$$

该低通电路的上限频率和电压传输系数为：

$$f_H = \frac{1}{2\pi R_S' C_i} \tag{5.2.17}$$

$$\frac{\dot{U}_{b'e}}{\dot{U}_s'} = \frac{1}{1 + j\dfrac{f}{f_H}} \tag{5.2.18}$$

由于放大电路高频段的源电压放大倍数为：

$$\dot{A}_{us} = \frac{\dot{U}_o}{\dot{U}_s} = \frac{\dot{U}_s'}{\dot{U}_s} \cdot \frac{\dot{U}_{b'e}}{\dot{U}_s'} \cdot \frac{\dot{U}_o}{\dot{U}_{b'e}} \tag{5.2.19}$$

所以，将式(5.2.14)、式(5.2.18)及 $\dot{U}_o = -g_m \dot{U}_{b'e} R_C$ 代入式(5.2.19)，则得：

$$\dot{A}_{us} = \frac{-g_m r_{b'e} R_C}{R_S + r_{bb'} + r_{b'e}} \cdot \frac{1}{1 + j\dfrac{f}{f_H}} = \frac{\dot{A}_{usm}}{1 + j\dfrac{f}{f_H}} = \frac{|\dot{A}_{usm}|}{\sqrt{1 + \left(\dfrac{f}{f_H}\right)^2}} \angle(-180° + \Delta\varphi) \tag{5.2.20}$$

式中：

$$\Delta\varphi = -\arctan\frac{f}{f_H} \tag{5.2.21}$$

$\Delta\varphi$ 是晶体管结电容引起的附加相位。当 $f = f_H$ 时，$\Delta\varphi = -45°$，$|\dot{A}_{us}| = |\dot{A}_{usm}|/\sqrt{2}$，所以 f_H 即为放大电路的上限频率。

4. 全频段的频率响应

综上所述，若考虑耦合电容和结电容的影响，就可以得到信号频率从零到无穷大变化时，共发射极放大电路全频段的频率响应。由式(5.2.9)、式(5.2.11)和式(5.2.20)可得到放大电路全频段源电压放大倍数近似表达式为：

$$\dot{A}_{us} = \frac{\dot{A}_{usm}}{\left(1 - j\dfrac{f_L}{f}\right)\left(1 + j\dfrac{f}{f_H}\right)} \tag{5.2.22}$$

当$f_H \gg f \gg f_L$时，f_L/f和f/f_H都趋于零，式(5.2.22)可近似为$\dot{A}_{us} \approx \dot{A}_{usm}$；当$f \gg f_L$时，$f_L/f$趋于零，式(5.2.22)可近似为$\dot{A}_{us} \approx \dfrac{\dot{A}_{usm}}{1+\mathrm{j}\dfrac{f}{f_H}}$；当$f \ll f_H$时，$f/f_H$趋于零，式(5.2.22)可近似为$\dot{A}_{us} \approx \dfrac{\dot{A}_{usm}}{1-\mathrm{j}\dfrac{f_L}{f}}$。这样，根据5.1节所述波特图画法，可以画出共发射极放大电路的波特图，如图5.2.8所示。图5.2.8(a)为幅频特性曲线，纵坐标为电压增益$20\lg|\dot{A}_{us}|$，用分贝(dB)作单位；图5.2.8(b)为相频特性曲线，纵坐标为相位φ，用度(°)作单位。两者横坐标均用对数频率刻度，以Hz作单位。转折频率f_L和f_H分别为放大电路的下限频率和上限频率，通频带$BW=f_H-f_L$。低频段幅频特性曲线按20 dB/十倍频斜率变化，相移曲线在$0.1f_L \sim 10f_L$范围内按$-45°$/十倍频斜率变化。高频段幅频特性曲线按-20 dB/十倍频斜率变化，相移曲线在$0.1f_H \sim 10f_H$范围内按$-45°$/十倍频斜率变化。

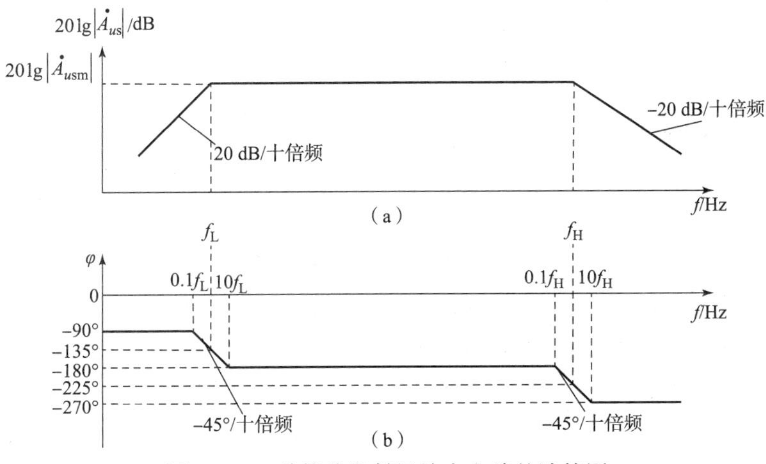

图5.2.8　单管共发射极放大电路的波特图

(a)幅频特性；(b)相频特性

例5.2.1　某放大电路中$\dot{A}_u$的对数幅频特性如图5.2.9所示。(1)试求该电路的中频电压增益$|\dot{A}_{um}|$、上限频率f_H、下限频率f_L；(2)当输入信号的频率$f=f_L$或$f=f_H$时，该电路实际的电压增益是多少分贝？

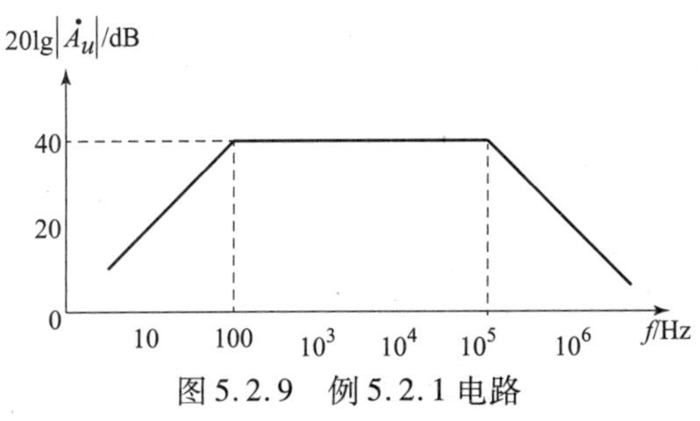

图5.2.9　例5.2.1电路

解:(1)由图5.2.9可知,$20\lg|\dot{A}_{um}|=40$,$\lg|\dot{A}_{um}|=100$。$|\dot{A}_{um}|=10^3$ 即为中频增益。上、下限频率分别为 $f_H=10^5$ Hz 和 $f_L=10^2$ Hz。

(2)实际上当 $f=f_L$ 或 $f=f_H$ 时,电压增益降低3 dB(半功率点),即实际电压增益为40-3=37 dB。

例5.2.2 放大电路如图5.2.10所示,已知晶体管的 $U_{BEQ}=0.7$ V,$\beta_0=65$,$r_{bb'}=100\ \Omega$,$C_{b'c}=5$ pF,$f_T=100$ MHz,试估算该电路的中频电压增益、上限频率、下限频率和通频带,并画出波特图。

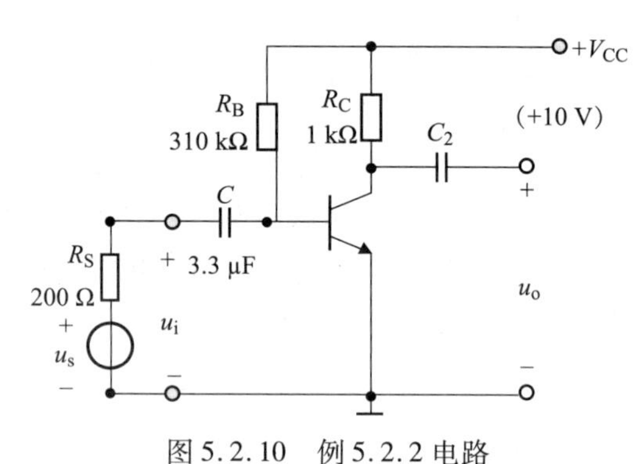

图5.2.10 例5.2.2电路

解:(1)计算晶体管高频混合π形中的参数。

$$I_{BQ}=\frac{V_{CC}-U_{BEQ}}{R_B}=\frac{10-0.7}{310}\ \text{mA}=0.03\ \text{mA}$$

$$I_{CQ}=\beta_0 I_{BQ}=(65\times0.03)\text{mA}=1.95\ \text{mA}$$

$$U_{CEQ}=V_{CC}-I_{CQ}R_C=(10-1.95\times1)\text{V}=8.05\ \text{V}$$

可见放大电路的静态工作点合适,所以可求得:

$$r_{b'e}=(1+\beta_0)\frac{U_T}{I_{EQ}}=\frac{U_T}{I_{BQ}}=\frac{26}{0.03}\ \Omega=867\ \Omega$$

$$g_m=\frac{I_{EQ}}{U_T}\approx\frac{1.95}{26}\ \text{S}=0.075\ \text{S}$$

$$C_{b'e}=\frac{g_m}{2\pi f_T}-C_{b'c}=\left(\frac{0.075\times10^{12}}{2\pi\times100\times10^6}-5\right)\text{pF}=114\ \text{pF}$$

(2)计算中频电压增益。

$$\dot{A}_{usm}=\frac{-g_m r_{b'e}R_C}{R_S+r_{bb'}+r_{b'e}}=\frac{-0.075\times867\times1\ 000}{200+100+867}=-55.7$$

$$20\lg|\dot{A}_{usm}|=20\lg 55.7\ \text{dB}=35\ \text{dB}$$

(3)计算上限频率、下限频率及通频带。

$$R'_S=(R_S+r_{bb'})//r_{b'e}=223\ \Omega$$

$$C_i=C_{b'e}+C_{b'c}(1+g_mR_C)=[114+5(1+0.075\times1\ 000)]\text{pF}=494\ \text{pF}$$

$$f_H=\frac{1}{2\pi R'_SC_i}=\frac{1}{2\pi\times223\times494\times10^{-12}}\ \text{Hz}=1.45\ \text{MHz}$$

$$f_L \approx \frac{1}{2\pi(R_S + r_{b'b} + r_{b'e})C}$$

$$= \frac{1}{2\pi(0.2+0.1+0.867)\times 10^3 \times 3.3\times 10^{-6}}\ \text{Hz} = 41\ \text{Hz}$$

$$BW = f_H - f_L \approx f_H = 1.45\ \text{MHz}$$

(4)绘制放大电路的波特图。

先作幅频波特图。已求得 $20\lg|\dot{A}_{usm}| = 35$ dB，而下限频率和上限频率的对数值分别为：

$$\lg f_L = \lg 41 = 1.61$$

$$\lg f_H = \lg(1.45\times 10^6) = 6.16$$

所以，对应于对数频率坐标 1.61 ~ 6.16 范围为中频段，可画出一条 $20\lg|\dot{A}_{usm}| = 35$ dB 与横坐标平行的直线，然后自对数频率 $\lg f_L = 1.61$ 处向低频作一条斜率为 20 dB/十倍频的直线，自对数频率 $\lg f_H = 1.61$ 处作一条斜率为 −20 dB/十倍频的直线，这样就可以得到放大电路全频段幅频波特图，如图 5.2.11(a)所示。

绘制相频波特图时，横坐标仍采用对数频率刻度，而纵坐标为放大电路的相移值。在中频段，共发射极放大电路的相移 φ 为固定的 −180°，如图 5.2.11(b)所示。在低频段，由于耦合电容 C 形成了高通电路，当 $f \leqslant 0.1 f_L$ 时，附加相移 $\Delta\varphi = 90°$，所以 $\varphi = -180° + 90° = -90°$；当 $f = f_L$ 时，$\Delta\varphi = 45°$，所以 $\varphi = -180° + 45° = -135°$；当 $f \geqslant 10 f_L$ 时，$\Delta\varphi \approx 0°$，则 $\varphi = -180°$，故频率在 $0.1f_L \sim 10f_L$ 范围内，相移 φ 是一条以 −45°/十倍频斜率变化的直线，如图 5.2.11(b)所示。在高频段，由于晶体管的结电容形成低通电路，当 $f \leqslant 0.1 f_H$ 时，$\Delta\varphi \approx 0°$，则 $\varphi = -180°$；当 $f = f_H$ 时，$\Delta\varphi = -45°$，则 $\varphi = -180° - 45° = -225°$；当 $f \geqslant 10 f_H$ 时，$\Delta\varphi \approx -90°$，则 $\varphi = -180° - 90° = -270°$，故频率在 $0.1f_H \sim 10f_H$ 范围内，相移 φ 是一条以 −45°/十倍频斜率变化的直线，如图 5.2.11(b)所示。

5.2.3　多级放大电路的频率响应

在多级放大电路中含有多个放大管，因而在高频等效电路中就含有多个低通电路。在阻容耦合放大电路中，如有多个耦合电容和旁路电容，那么在低频等效电路中就含有多少个高通电路。这样，多级放大电路电压放大倍数的频率响应通常可以表示为：

$$\dot{A}_{us} \approx \dot{A}_{usm} \prod_k \frac{1}{1 - j\frac{f_{Lk}}{f}} \prod_i \frac{1}{1 + j\frac{f}{f_{Hi}}} \tag{5.2.23}$$

式中，低频和高频转折频率的个数 k 和 i 由放大电路中的电容个数决定，其数值决定于每个电容所在电路的时间常数。

可以证明，多级放大电路下限频率 f_L 和上限频率 f_H 可用下列公式估算：

$$f_L \approx 1.1\sqrt{f_{L1}^2 + f_{L2}^2 + \cdots + f_{Lk}^2} \tag{5.2.24}$$

$$\frac{1}{f_H} \approx 1.1\sqrt{\frac{1}{f_{H1}^2} + \frac{1}{f_{H2}^2} + \cdots + \frac{1}{f_{Hi}^2}} \tag{5.2.25}$$

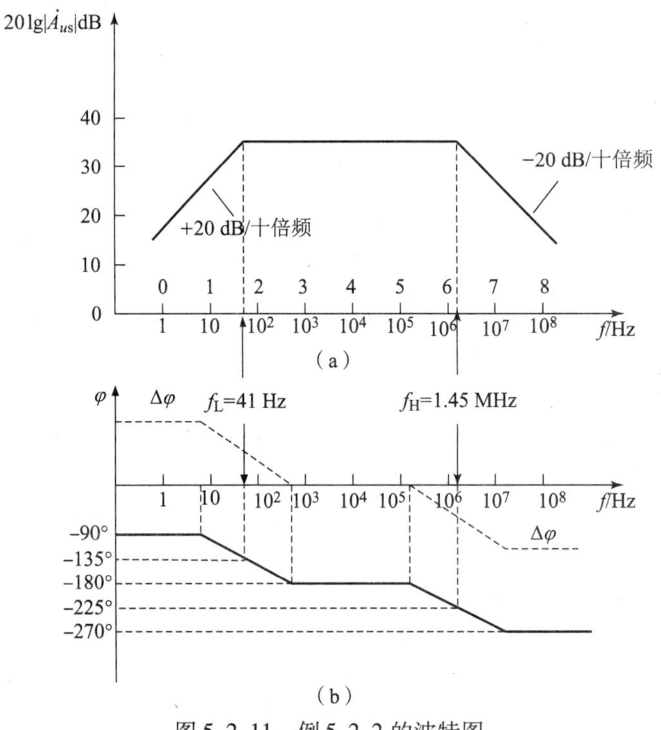

图 5.2.11 例 5.2.2 的波特图

(a)幅频特性;(b)相频特性

在多级放大电路中,若某级的下限频率远高于其他各级的下限频率(工程上大于 5 倍即可),则可认为整个电路的下限频率就是该级的下限频率。同理,若某级的上限频率远低于其他各级的上限频率(工程上低于$\frac{1}{5}$即可),则整个电路的上限频率就是该级的上限频率。式(5.2.24)和式(5.2.25)多用于各级截止频率相差不多的情况下,进行下限和上限频率的估算。

由式(5.2.24)和式(5.2.25)可见,增加多级放大电路的级数以获得更高的增益时,多级放大电路的通频带将会变窄。

例 5.2.3 已知一多级放大电路的幅频波特图如图 5.2.12 所示,试求该电路的下限频率 f_L 和上限频率 f_H,并写出电路电压放大倍数 $\dot{A}_{us}$ 的表达式。

解:由图 5.2.12 可知:

(1)低频段没有转折频率,所以为直接耦合放大电路,其下限频率 $f_L=0$。

(2)高频段有两个转折频率 f_{H1} 和 f_{H2},由于在 $f_{H1}\sim f_{H2}$ 内频率特性曲线斜率为 −20 dB/十倍频,$f>f_{H2}$ 后曲线斜率为 −40 dB/十倍频,说明影响高频特性有两个电容。由图可得:$f_{H1}\approx 7.7\times10^5$ Hz,$f_{H2}\approx 2.8\times10^7$ Hz,所以放大电路的上限频率 $f_H=f_{H1}=770$ kHz。

(3)由于中频段电压放大倍数为 −70,高频段有两个转折频率,所以,放大电路的电压放大倍数表达式可写成:

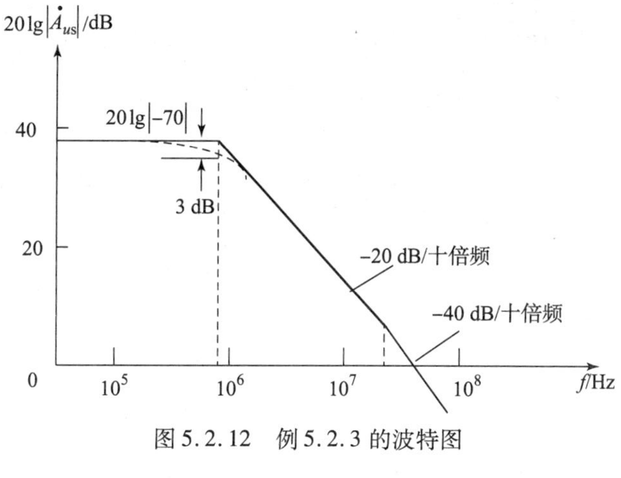

图 5.2.12　例 5.2.3 的波特图

$$\dot{A}_{us} = -70\frac{1}{1+\mathrm{j}\dfrac{f}{7.7\times10^5}}\cdot\frac{1}{1+\mathrm{j}\dfrac{f}{2.8\times10^7}}$$

例 5.2.4　在两级放大电路中，已知第一级的中频电压放大倍数 $A_{u1} = -100$，下限频率 $f_{L1} = 20$ kHz，上限频率 $f_{H1} = 20$ kHz；第二级的中频电压放大倍数 $A_{u2} = -10$，下限频率 $f_{L2} = 100$ Hz，上限频率 $f_{H2} = 150$ kHz。(1)求放大电路的总中频电压放大倍数；(2)写出电压放大倍数表达式；(3)画出幅频特性、相频特性波特图。

解:(1)放大电路的总中频电压放大倍数为：

$$\dot{A}_u = \dot{A}_{u1}\dot{A}_{u2} = 10^3$$

(2)放大电路的电压放大倍数表达式为：

$$\dot{A}_u = \frac{10^3}{\left(1+\mathrm{j}\dfrac{f}{f_{H1}}\right)\left(1+\mathrm{j}\dfrac{f}{f_{H2}}\right)\left(1-\mathrm{j}\dfrac{f_{L1}}{f}\right)\left(1-\mathrm{j}\dfrac{f_{L2}}{f}\right)}$$

(3)画出幅频特性：先画出单级的幅频特性，再叠加，如图 5.2.13 所示。

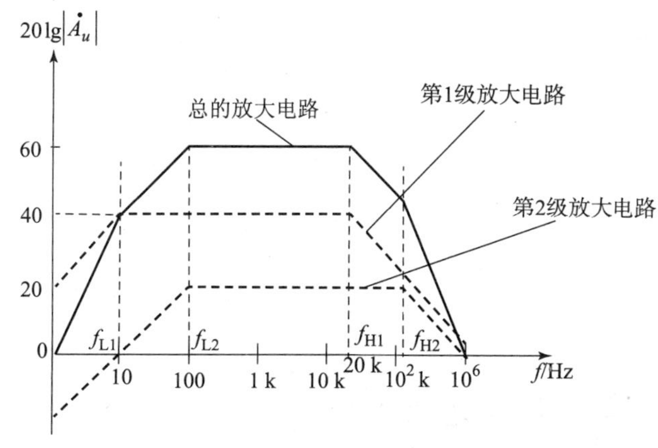

图 5.2.13　幅频特性曲线

画出相频特性：先画出单级的相频特性，再叠加，如图 5.2.14 所示。

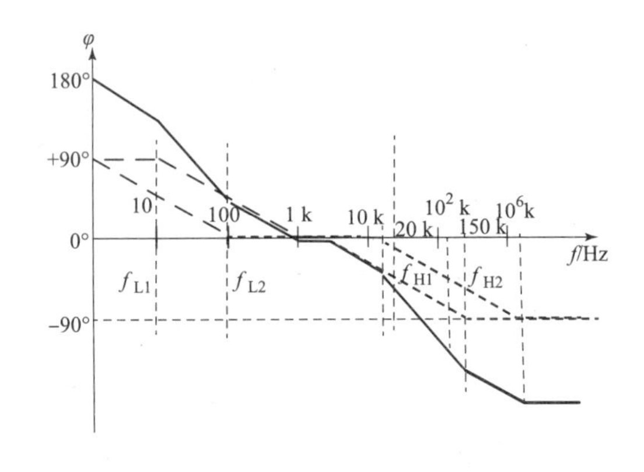

图 5.2.14 相频特性曲线

5.3 负反馈放大电路的自激振荡与相位补偿

5.3.1 负反馈放大电路的自激振荡条件

由第 4 章讨论已知，放大电路中引入负反馈可改善多方面的性能，而且改善的程度与反馈深度$(1+\dot{A}\dot{F})$有关，反馈深度$(1+\dot{A}\dot{F})$越大，反馈的效果就越好。

由于负反馈放大电路中有 $\dot{A}_f=\dfrac{\dot{A}}{1+\dot{A}\dot{F}}$，若 $1+\dot{A}\dot{F}=0$ 时，$\dot{A}_f=\infty$，即在输入信号 $\dot{X}_i=0$ 的情况下，也会有输出信号 $\dot{X}_o$，这就是自激振荡。因此 $1+\dot{A}\dot{F}=0$ 就是负反馈放大电路的自激振荡条件(Self - excited oscillation criterion)，可把自激振荡条件改写为：

$$\dot{A}\dot{F}=-1 \tag{5.3.1}$$

则自激振荡的幅度平衡条件为：

$$|\dot{A}\dot{F}|=1 \tag{5.3.2}$$

自激振荡的相位平衡条件为：

$$|\Delta\varphi_a+\Delta\varphi_f|=180° \tag{5.3.3}$$

式(5.3.3)中，$\Delta\varphi_a$ 是放大电路频率响应在高频段和低频段产生的附加相移，$\Delta\varphi_f$ 为反馈网络产生的附加相移，如果反馈网络由纯电阻组成，则 $\Delta\varphi_f=0$。所以，通常式(5.3.3)可改成 $|\Delta\varphi_a|=180°$。

负反馈放大电路中，只有同时满足式(5.3.2)和式(5.3.3)时才会产生自激振荡，而且振荡频率必须在电路的低频段和高频段。由于自激振荡有一个从小到大的起振过程，所以刚起振时 $|\dot{A}\dot{F}|>1$ 。

5.3.2 负反馈放大电路稳定性的判断

1. 判断方法

利用负反馈放大电路环路增益 $\dot{A}\dot{F}$ 的频率特性可以判断放大电路是否会产生自激振荡。

现用图 5.3.1 所示的两个负反馈放大电路的环路增益频率特性来说明。

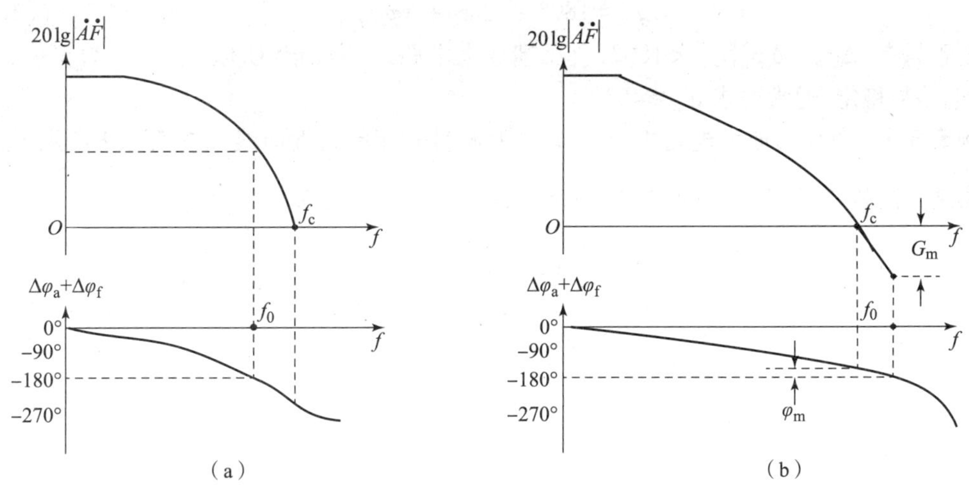

图 5.3.1 两个负反馈放大电路环路增益的频率特性

(a)产生自激振荡;(b)不产生自激振荡

在图 5.3.1(a)中,从相位条件看幅度条件,当 $f=f_0$ 时,$\Delta\varphi_a+\Delta\varphi_f=-180°$,与之对应的幅频特性表明 $20\lg|\dot{A}\dot{F}|>0$,即 $|\dot{A}\dot{F}|>1$ 满足自激条件。若从幅度条件看相位条件,当 $f=f_c$ 时,$20\lg|\dot{A}\dot{F}|=0$,即 $|\dot{A}\dot{F}|=1$,与之对应的附加相移 $|\Delta\varphi_a+\Delta\varphi_f|>180°$,可见必有 $f<f_c$,$|\Delta\varphi_a+\Delta\varphi_f|=180°$的条件,也说明图 5.3.1(a)会产生自激振荡。

在图 5.3.1(b)中,当 $f=f_0$ 时,$\Delta\varphi_a+\Delta\varphi_f=-180°$,但与之对应的幅频特性 $20\lg|\dot{A}\dot{F}|<0$,即 $|\dot{A}\dot{F}|<1$,不满足自激条件;同样,当 $f=f_c$ 时,$20\lg|\dot{A}\dot{F}|=0$,即 $|\dot{A}\dot{F}|=1$,但与之对应的附加相移 $|\Delta\varphi_a+\Delta\varphi_f|<180°$,也不满足自激条件,可见图 5.3.1(b)所对应的负反馈放大电路不会产生自激振荡。

2. 稳定裕度(Stability criterion)

在实际电路中,由于环境温度、电源电压、电路元器件参数及外界电磁场干扰等不稳定因素都会使放大电路工作状态发生变化,为使负反馈放大电路有更可靠的稳定性,要求电路具有一定的增益裕度和相位裕度,统称为稳定裕度。

1)增益裕度(Gain margin)

定义 1 $|\Delta\varphi_a+\Delta\varphi_f|=180°$时所对应的频率($f_0$)处,$20\lg|\dot{A}\dot{F}|$的值为增益裕度 G_m,如图 5.3.1(b)所示。G_m 的表达式为:

$$G_m=20\lg|\dot{A}\dot{F}|_{f=f_0} \qquad (5.3.4)$$

由上面分析可知,只有当 G_m 为负值,电路才能稳定,且 G_m 绝对值越大,电路越稳定,通常要求 $G_m\leqslant-10$ dB。

2)相位裕度(Phase margin)

定义 2 $20\lg|\dot{A}\dot{F}|=0$ dB 时所对应的频率(f_c)处,电路附加相移 $|\Delta\varphi_a+\Delta\varphi_f|$与 180°的

差值为相位裕度 φ_m，如图 5.3.1(b)所示，φ_m 的表达式为：

$$\varphi_m = 180° - |\Delta\varphi_a + \Delta\varphi_f|_{f=f_c} \tag{5.3.5}$$

由于只有 $|\Delta\varphi_a + \Delta\varphi_f|_{f=f_c} < 180°$，负反馈放大电路才能稳定，所以 φ_m 必须为正值，且 φ_m 越大，电路越稳定，通常要求 $\varphi_m \geqslant 45°$。

例 5.3.1 负反馈放大电路中，其开环幅频特性和相频特性曲线如图 5.3.2 所示，设反馈网络由纯电阻构成，试分析为防止产生自激振荡，$\dot{F}$ 必须小于多少？

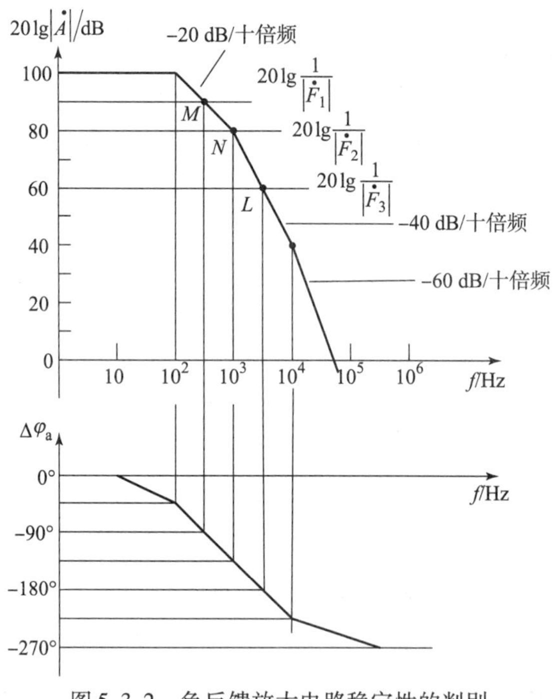

图 5.3.2 负反馈放大电路稳定性的判别

解：当负反馈放大电路中的反馈网络由纯电阻构成时，反馈系数 $\dot{F}$ 的大小为一常数，其附加相移 $\Delta\varphi_f = 0$，这种情况下，可以直接利用开环增益 $\dot{A}$ 的波特图来判别反馈放大电路的稳定性。

由于反馈系数 F 为常数，则自激振荡的幅值条件可表示为：$\dot{A} = 1/\dot{F}$，这样可在 $\dot{A}$ 的幅频特性图中作出高度为 $20\lg|1/\dot{F}|$ 的一条水平线，称为反馈线，它与幅频特性 $20\lg\dot{A}$ 的交点正好满足 $20\lg\dot{A} - 20\lg|1/\dot{F}| = 20\lg|\dot{A}\dot{F}| = 0$ dB 的幅值条件。再根据该交点所对应的附加相移 $\Delta\varphi_a$ 是否小于 180°来判别电路是否稳定。图 5.3.2 中交点 M、N 所对应的附加相移 $\Delta\varphi_a$ 均小于 180°。因此，当 $\dot{F} = \dot{F}_1$、$\dot{F} = \dot{F}_2$ 时，电路是稳定的，而交点 L 所对应的附加相移 $|\Delta\varphi_a| = 180°$，因此，$\dot{F} = \dot{F}_3$ 时电路会产生自激振荡。

以上分析说明，$\dot{F}$ 越大即反馈越深，电路越容易产生自激振荡。一般应使水平线 $20\lg|1/\dot{F}|$ 与曲线 $20\lg|\dot{A}|$ 相交于 -20 dB/十倍频程的线段上，这时有 $|\Delta\varphi| \leqslant 135°$，即能使

负反馈放大电路稳定地工作。

5.3.3　负反馈放大电路的相位补偿

负反馈放大电路中为了消除自激振荡，通常采用相位补偿技术。所谓相位补偿（也称频率补偿），就是在放大电路的适当部分加入 RC 相位补偿网络，用以改变 $\dot{A}\dot{F}$ 的频率响应，并能获得较大的环路增益。

相位补偿有多种形式，如滞后补偿、超前补偿等。以相位滞后补偿电路为例进行介绍。

设某负反馈放大电路环路增益的幅频特性如图 5.3.3(a) 中虚线所示。在电路中找出上限频率最低一级的电路加入补偿电容 C，如图 5.3.3(b) 所示。根据低通电路截止频率的求法，可得补偿前和补偿后该级的上限频率分别为：

$$f_{H1}=\frac{1}{2\pi(R_{o1}/\!/R_{i2})C_{i2}} \tag{5.3.6}$$

$$f'_{H1}=\frac{1}{2\pi(R_{o1}/\!/R_{i2})(C_{i2}+C)} \tag{5.3.7}$$

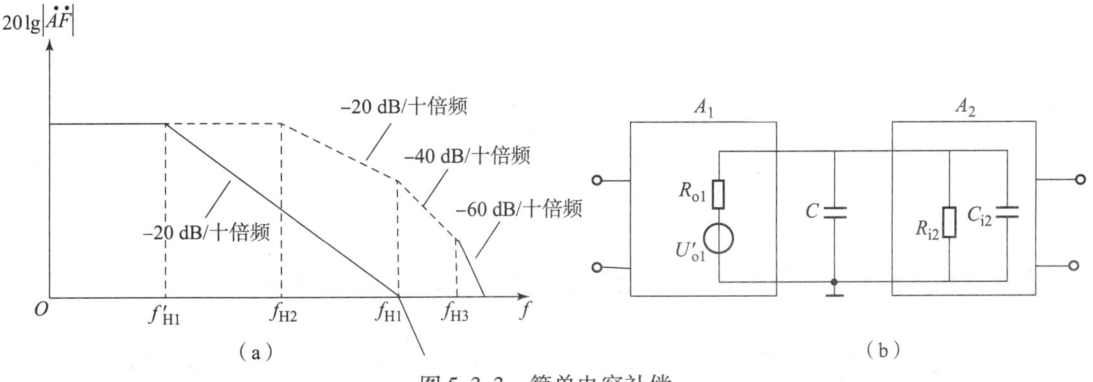

图 5.3.3　简单电容补偿

(a) 补偿前、后的幅频特性；(b) 补偿电路

适当选择补偿电容 C，使得 $f=f_{H2}$，$20\lg|\dot{A}\dot{F}|=0$ dB，且 $f_{H2}=f_{H1}$，如图 5.3.3(a) 中实线所示，则表明 $f=f_c$ 时，$\Delta\varphi_a+\Delta\varphi_f$ 趋于 $-135°$，即 $f_0>f_c$ 并具有 45°的相位裕度，这样电路就不会产生自激振荡。由于 C 的加入使滞后的附加相移更加滞后，所以称为电容滞后补偿。

上述简单电容滞后补偿虽然可以消除自激振荡，但频带显著变窄，如图 5.3.3(a) 所示，上限频率由 f_{H1} 减小为 f_{H2}。若将补偿电容改用 RC 串联网络，可使补偿后的频带损失减小，这称为 RC 滞后补偿。在集成电路中，多采用密勒效应补偿，将较小的补偿电容 C（或 RC 串联网络），跨接在反相放大电路的输入和输出之间。

5.4　Multisim 仿真

5.4.1　一阶有源低通滤波器电路的仿真

一阶有源低通滤波器电路仿真图如图 5.4.1 所示。

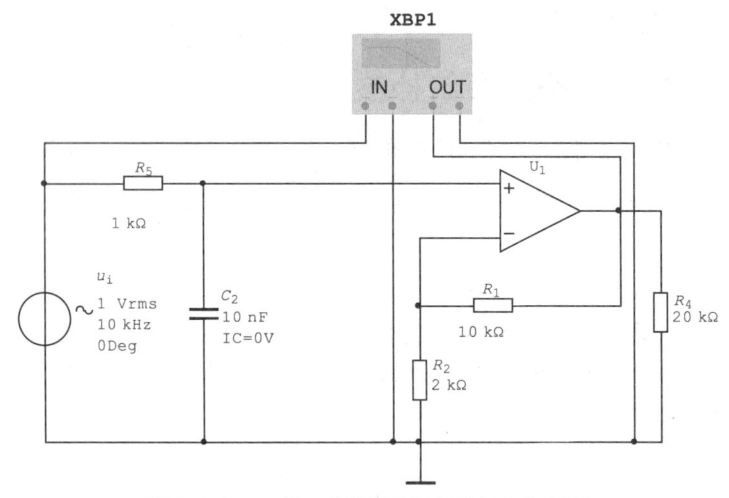

图 5.4.1　一阶有源低通滤波器电路仿真图

电路的截止频率为：

$$f_{\mathrm{p}} = f_0 = \frac{1}{2\pi R_5 C_2} = \frac{1}{2\pi \times 10^3\ \Omega \times 10^{-8}\mathrm{F}} = 15.92\ \mathrm{kHz}$$

当 $f_{\mathrm{p}} = f_0$ 时，电路的电压放大倍数为：

$$|\dot{A}_u| = \frac{1}{\sqrt{2}}\left(1 + \frac{R_1}{R_2}\right) = \frac{6}{\sqrt{2}} = 4.24$$

则在通频带 $20\lg|\dot{A}_u| = 20\lg\left|1 + \frac{R_1}{R_2}\right| = 20\lg 6 = 15.56\ \mathrm{dB}$。

合理设置参数，启动仿真后，一阶有源低通滤波电路的幅频响应和相频响应曲线如图 5.4.2 所示。

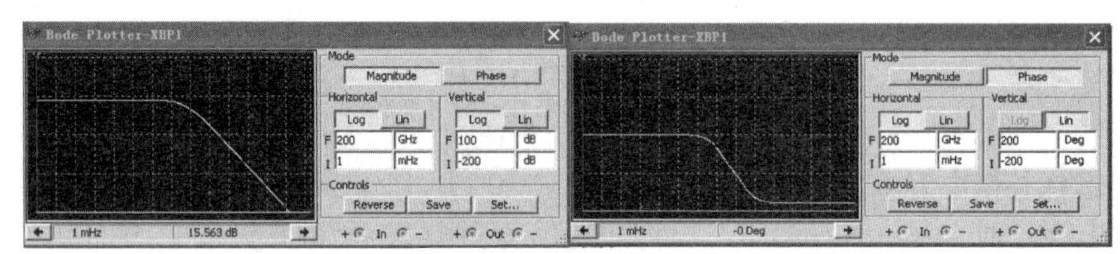

图 5.4.2　一阶有源低通滤波电路的幅频响应和相频响应曲线

利用 Analysis Graphs 可以方便地对结果进行分析，如图 5.4.3 所示。

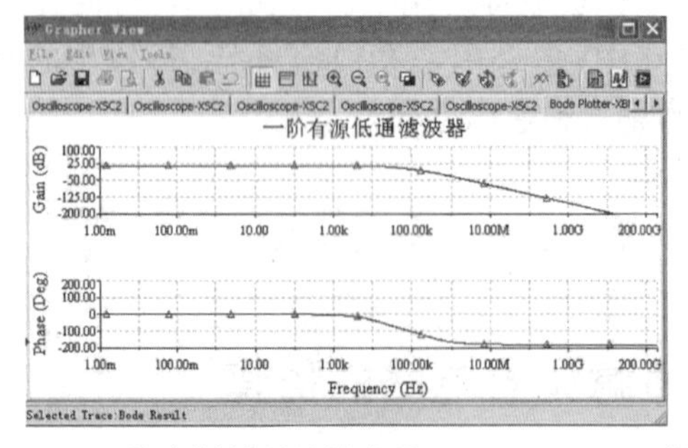

图 5.4.3　一阶有源低通滤波电路 Analysis Graphs 分析图

将两个指针放置在合适的位置如图 5.4.4 所示，可以得到相关数据。在通频带电压放大倍数为 15.563 dB，当放大倍数降低 3 dB 到 12.510 dB 时，对应的频率为 16.00 kHz，$\varphi = -48.8°$，与理论值基本相符合。将电压放大倍数的纵坐标设置为线性，利用两个游标可以大致确定过渡带为 450 kHz，如图 5.4.5 所示。

Bode Result	
x1	344.8394
y1	15.5612
x2	16.0058k
y2	12.5105

Bode Result	
x1	344.8394
y1	-1.3203
x2	16.0058k
y2	-48.8245

图 5.4.4　Analysis Graphs 分析结果

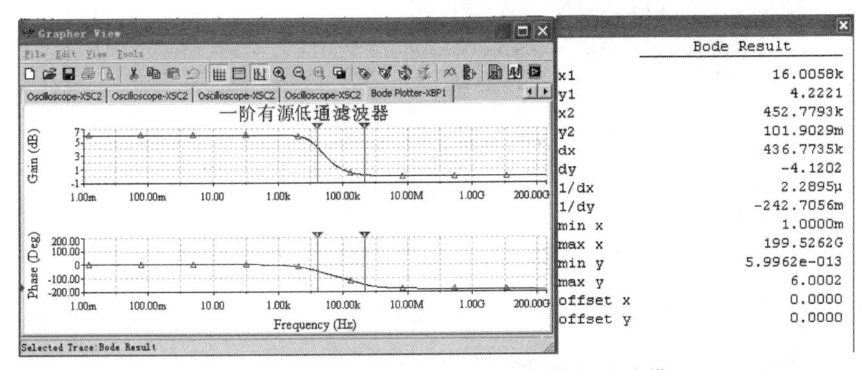

Bode Result	
x1	16.0058k
y1	4.2221
x2	452.7793k
y2	101.9029m
dx	436.7735k
dy	-4.1202
1/dx	2.2895μ
1/dy	-242.7056m
min x	1.0000m
max x	199.5262G
min y	5.9962e-013
max y	6.0002
offset x	0.0000
offset y	0.0000

图 5.4.5　利用 Analysis Graphs 图获得过渡带

结果分析：一阶有源低通滤波电路虽然可以滤掉较高频率的输入信号，但是其滤波性能不好，由理论计算可知一阶低通滤波电路对幅频特性仅以 -20 dB/“十”倍频的较小幅度下降。

5.4.2　一阶有源高通滤波器电路的仿真

如图 5.4.6 所示为一阶有源高通滤波器电路仿真图。

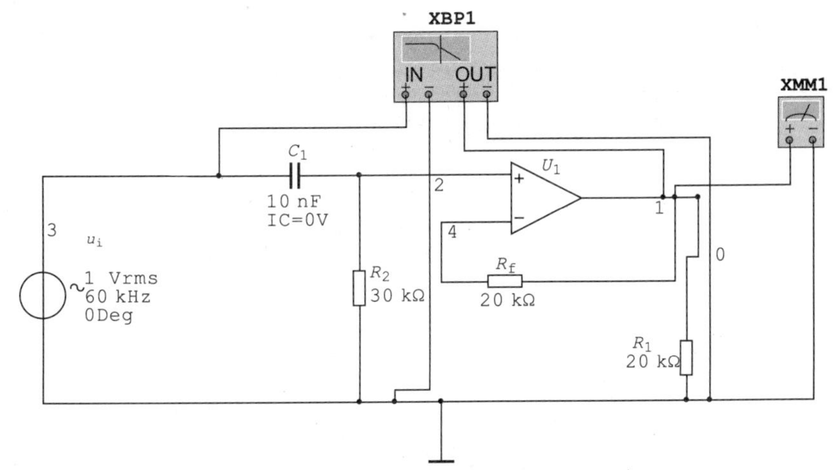

图 5.4.6　一阶有源高通滤波器电路仿真图

电路的截止频率为：

$$f_{\mathrm{p}}=f_0=\frac{1}{2\pi R_2C_1}=\frac{1}{2\pi\times3\times10^4\ \Omega\times10^{-8}\ \mathrm{F}}=531\ \mathrm{Hz}$$

合理设置参数如图 5.4.7 所示，启动仿真后，得到一阶有源高通滤波电路的幅频响应和相频响应曲线。

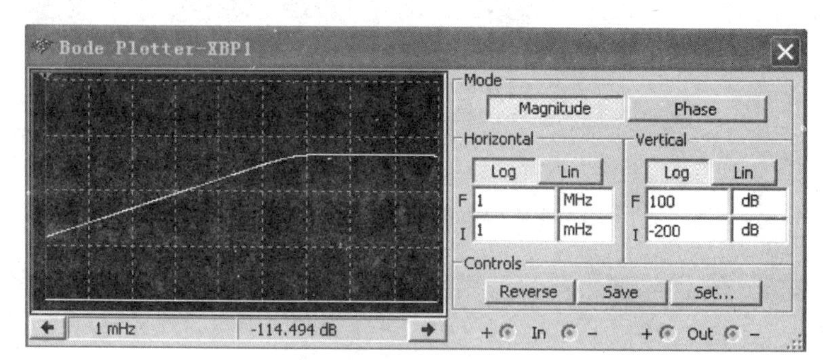

图 5.4.7　参数设置

在 Analysis Graphs 图中将横轴设置为“linear”，图形显示如图 5.4.8 所示。当 $|\dot{A}_u|=\frac{|A_{up}|}{\sqrt{2}}=0.707$ 时，对应的频率为该高通滤波器的截止频率。移动指针 1 到合适的位置，使 $y_1=0.706\ 9$，此时 $x_1=530.3$ Hz，与理论计算值基本相符合。

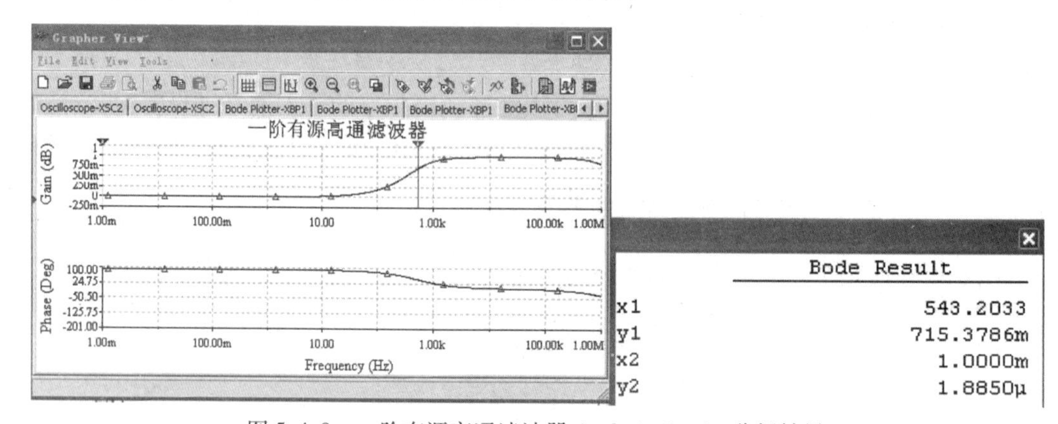

图 5.4.8　一阶有源高通滤波器 Analysis Graphs 分析结果

本章知识点归纳

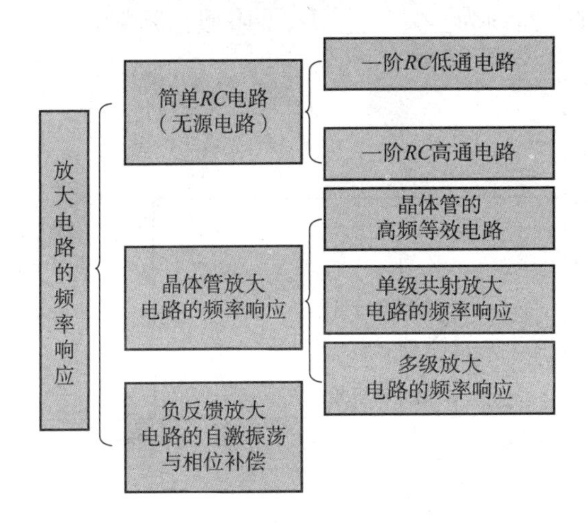

本章小结

(1)频率响应描述放大电路对不同频率信号的适应能力。耦合电容和旁路电容所在回路为高通电路,极间电容所在回路为低通电路。简单 *RC* 电路频率特性是分析复杂 *RC* 电路频率特性的基础,对于简单 *RC* 低通和高通电路,只要先根据电路的时间常数求出电路的上限和下限截止频率,然后由截止频率处作两条渐近线,通带内是一条 0 dB 的水平线,阻带内是一条斜率为 20 dB/十倍频的斜线,便可获得该电路的幅频特性曲线。

(2)研究频率响应时,应采用放大管的高频等效电路。由于晶体管极间电容所在回路为低通电路,在高频段使放大倍数的数值下降,且产生滞后的附加相移;耦合电容以及旁路电容所在回路为高通电路,在低频段使放大倍数的数值下降,且产生超前的附加相移,放大电路的上限频率 f_H 和下限频率 f_L 决定于电容所在回路的时间常数。要想高频特性好,首先应选择截止频率高的管子,然后合理选择电路参数,使 C_i 所在回路的等效电阻尽可能小。要想低频特性好,应采用直接耦合方式。

(3)由于放大电路中存在附加相移,负反馈放大电路有可能在高频段和低频段变成正反馈,当满足 $|\dot{A}\dot{F}|\geqslant 1$ 时就会产生自激振荡。负反馈放大电路级数越多,反馈越深,产生自激振荡的可能性就越大。通常采用相位补偿法来消除自激振荡。

由于集成运放中半导体器件数量多、开环增益很大,当引入负反馈后很容易产生自激振荡,为此必须在其内部加相位补偿电路。

本章习题

一、填空题

1.1　某放大电路的中频电压增益为 40 dB,则在下限频率处的电压增益为________ dB,

在上限频率处的电压放大倍数为________,上、下限频率之差称为________。

1.2　某放大电路的幅频特性如图5.1所示。该放大电路的中频电压放大倍数$|\dot{A}_{um}|$约为________,上限截止频率f_H约为________ Hz,下限截止频率f_L约为________ Hz。

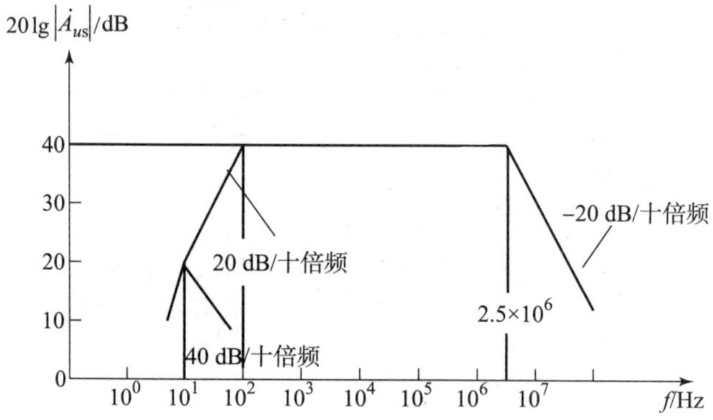

图5.1　第5章习题用图(1)

1.3　由R和C组成的简单RC低通电路,其截止频率f_H = ________,在f_H处输出电压是输入电压的________倍,相移为________。

1.4　双极型晶体管有3个频率参数,其中,f_β称为________,f_α称为________,f_T称为________。

二、选择题

2.1　放大电路在高频信号作用时放大倍数数值下降的原因是(　　),而低频信号作用时放大倍数数值下降的原因是(　　)。

A. 耦合电容和旁路电容的存在　　B. 半导体管极间电容和分布电容的存在

C. 半导体管的非线性特性　　D. 放大电路的静态工作点不合适

2.2　当信号频率等于放大电路的f_L或f_H时,放大倍数的值约下降到中频时的(　　)。

A. 0.5倍　　B. 0.7倍　　C. 0.9倍　　D. 0.6倍

即增益下降(　　)。

A. 3 dB　　B. 4 dB　　C. 5 dB　　D. 6 dB　　E. 7 dB

2.3　简单RC高通电路在截止频率处的相移为(　　)。

A. 90°　　B. 45°　　C. 0°　　D. −45°

2.4　当信号频率等于放大电路的下限或上限截止频率时,其放大倍数是中频放大倍数的(　　)。

A. $1/\sqrt{2}$　　B. $\sqrt{2}$倍　　C. 2倍　　D. 3倍

三、计算题

3.1　某放大电路中$\dot{A}_u$的对数幅频特性如图5.2所示。(1)试求该电路的中频电压增益$|\dot{A}_{um}|$、上限频率f_H、下限频率f_L;(2)当输入信号的频率$f=f_L$或$f=f_H$时,该电路实际的电压增益是多少分贝?

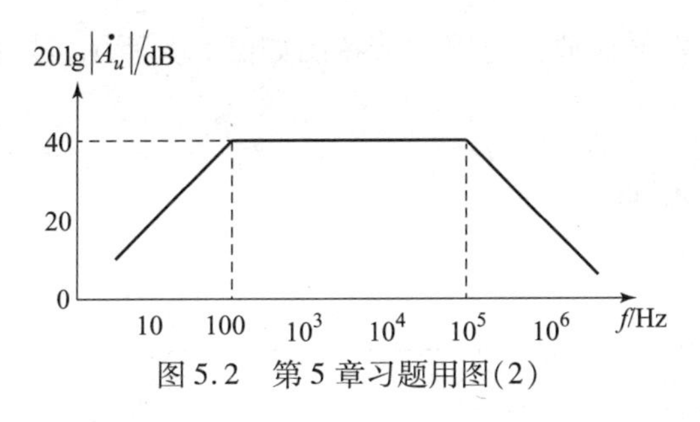

图 5.2 第 5 章习题用图(2)

3.2 晶体管的参数 $\beta_0=79$、$C_{b'c}=2.5$ pF、$f_T=750$ MHz,如工作点电流 $I_{EQ}=5$ mA,试画出该管混合 π 形高频等效电路,并求出各个参数。

3.3 已知晶体管的参数 $\beta_0=79$、$f_T=500$ MHz,试求该管的 f_α 和 f_β。若 $r_e=5\ \Omega$,设 $C_{b'c}$ 可忽略,试问 $C_{b'e}$ 等于多少?

3.4 共发射极放大电路如图 5.3 所示,已知晶体管的 $\beta_0=100$,$r_{b'e}=1.5$ kΩ,试分别求出它们的下限频率 f_L 并作出幅频特性波特图。

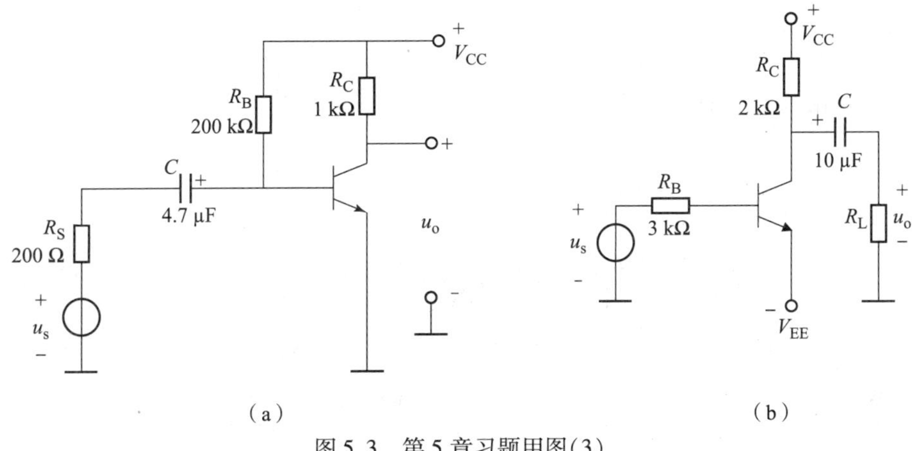

图 5.3 第 5 章习题用图(3)

3.5 放大电路如图 5.4 所示,已知 $V_{CC}=15$ V、$R_S=1$ kΩ、$R_B=20$ kΩ、$R_C=R_L=5$ kΩ、$C=5$ μF;晶体管的 $U_{BEQ}=0.7$ V、$r_{bb'}=110\ \Omega$、$\beta_0=100$、$f_\beta=0.5$ MHz、$C_{ob}=5$ pF(共基输出电容 $C_{b'c}$)。试估算电路的截止频率 f_H 和 f_L,并画出 $\dot{A}_{us}$ 的波特图。

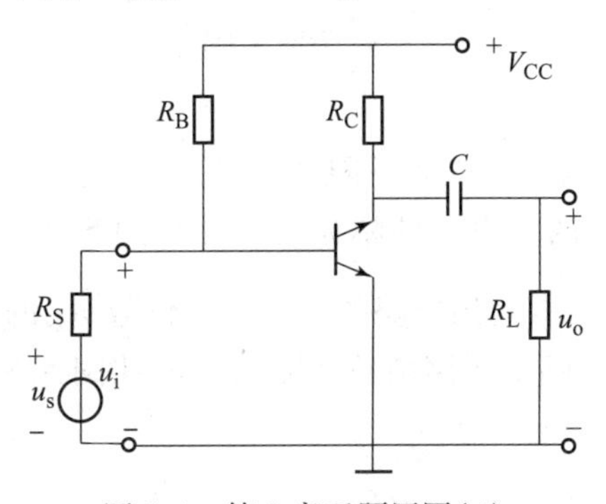

图 5.4 第 5 章习题用图(4)

3.6　已知某两级共发射极放大电路的波特图如图 5.5 所示，试写出 $\dot{A}_{us}$的表达式。

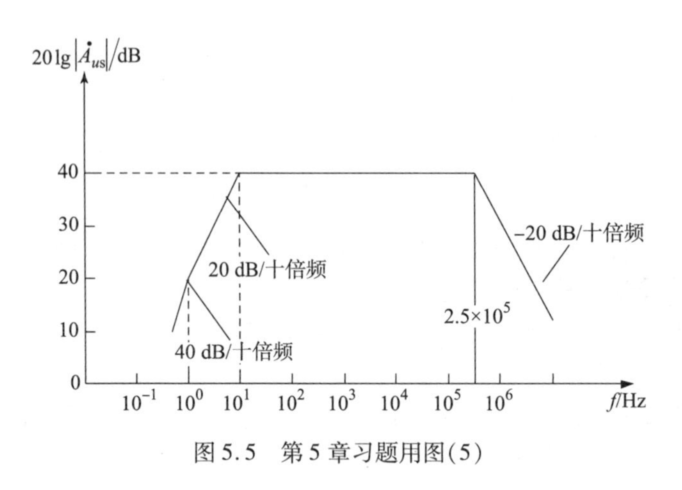

图 5.5　第 5 章习题用图(5)

3.7　已知某放大电路的幅频波特图如图 5.6 所示，试问：(1)该放大电路的耦合方式？(2)该电路由几级放大电路组成？(3)中频电压放大倍数和上限频率为多少？(4)$f=1$ MHz、10 MHz 时附加相移为多大？

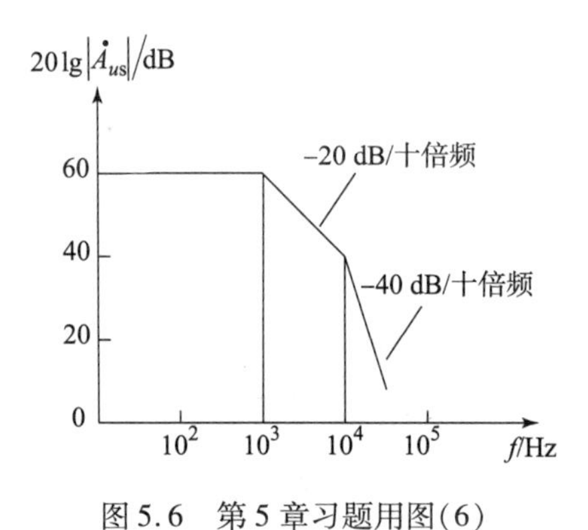

图 5.6　第 5 章习题用图(6)

3.8　某放大电路的频率特性表达式为：

$$\dot{A}_{us}=\frac{200\times10^6}{10^6\times \mathrm{j}\omega}$$

试问该放大电路的中频增益、上限和下限频率各是多少？

3.9　已知两级共发射极放大电路的幅频波特图如图 5.7 所示，试指出该电路的中频增益、下限频率 f_L 和上限频率 f_H，并写出电路的电压放大倍数 $\dot{A}_{us}$的表达式。

3.10　已知负反馈放大电路的环路增益幅频波特图如图 5.8 所示，试判断该反馈放大电路是否稳定。

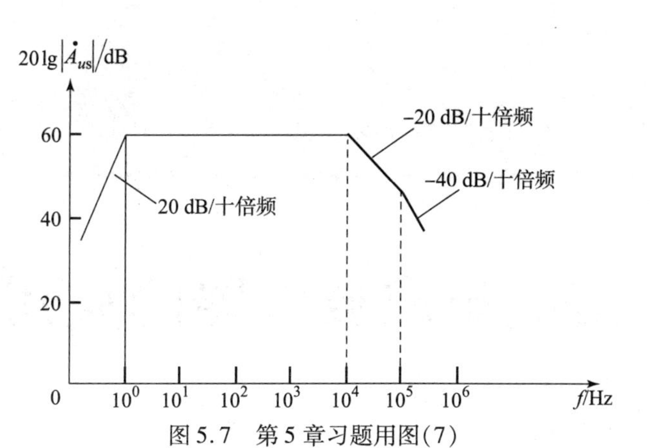

图 5.7　第 5 章习题用图(7)

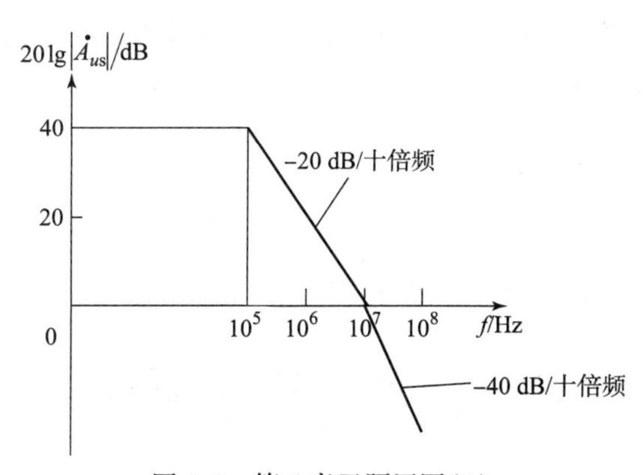

图 5.8　第 5 章习题用图(8)

第 6 章

模拟集成放大器的应用

本章导读

集成运放是一种理想的增益器件,且种类很多,大体上可以分为通用型和专用型两类,它广泛用于各种信号的运算、处理、测量以及信号的产生、变换等电路中。随着微电子技术的发展,集成运放的性能越来越强大,已成为最为重要的放大器件。

集成运放的应用从工作状态上可以分为线性电路和非线性电路。本章主要从这两大类电路出发,重点对应用电路的组成原理、电路特点及应用性能进行分析,同时对通用型集成电路进行设计与应用,以扩大对现代模拟集成电路技术发展的了解。

6.1 基本运算电路

6.1.1 理想集成运放的分析依据

在 3.5.5 节介绍了集成运算放大电路很多的技术指标,在误差允许的范围内可以将其理想化处理,集成运放的理想参数为:

(1)开环差模电压放大倍数 $A_{od}=\infty$;

(2)差模输入电阻 $R_{id}=\infty$;

(3)输出电阻 $R_o=0$;

(4)共模抑制比很大;

(5)带宽足够宽。

由以上特点可以得到理想集成运放的分析依据,利用分析依据可以很方便地得到集成运放输入电压和输出电压之间的运算关系。

1. 虚断(Virtual open)

理想集成运放符号如图 6.1.1(a)所示。由于理想集成运放的输入电阻 $R_{id}=\infty$,而输入电压为一个有限值,则电路的输入电流为:

$$i_N = i_P \approx 0 \qquad (6.1.1)$$

此时两个输入端之间没有电流流过,称之为虚断。

注意:此时的电流指的是净输入电流。

不论运放是开环还是构成负反馈,都可以使用虚断。

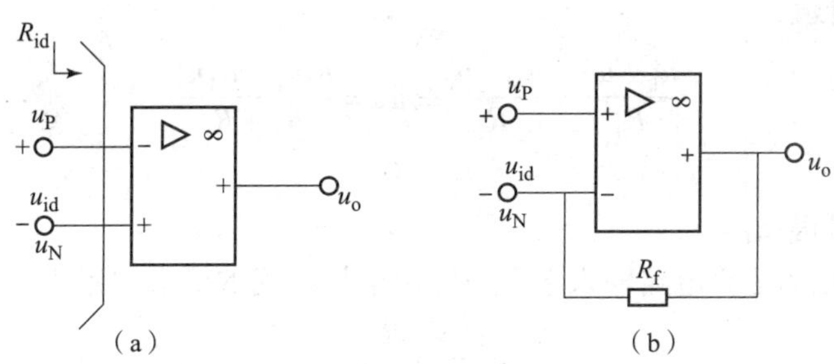

图 6.1.1 理想集成运放符号与闭环集成运放电路
(a) 理想集成运放符号;(b)闭环集成运放电路

2. 虚短(有反馈或闭环)(Virtual short)

虚短使用的条件为运放构成负反馈电路,如图 6.1.1(b)所示:

$$u_o = (u_P - u_N)A_{uo} \tag{6.1.2}$$

由于理想集成运放差模电压放大倍数很大,而输出电压为有限值,则:

$$u_P = u_N \tag{6.1.3}$$

表明同相输入端的电位和反相输入端电位相等(但是不一定等于0),称之为虚短。

3. 放大信号类型

运放带宽足够大,所以运放构成的电路既可以放大直流信号也可以放大交流信号。

6.1.2 比例运算电路

信号运算(Operational)电路中,输出电压将按一定的数学规律跟随输入电压变化,即输出电压反映输入电压某种运算的结果,它包括比例运算电路、加减运算电路、微分和积分运算电路、对数与反对数运算电路、乘法与除法运算电路等。它们在测量装置和自动控制系统等电子设备中得到广泛的应用。

信号运算电路的构成思路是集成运放引入深度负反馈,使集成运放工作在线性区,并通过选用不同的反馈网络以实现各种数学运算。

1. 反相比例运算电路

反相比例运算电路如图 6.1.2 所示。R_1 为输入回路电阻,R_f 为反馈电阻,根据第 4 章的反馈结论判定为电压并联负反馈。R_P 为直流平衡电阻,目的是使同相与反相端外接电阻相等,避免集成运放输入偏置电流在两输入端之间产生附加的差模输入电压。要求 $R_P = R_1 // R_f$。

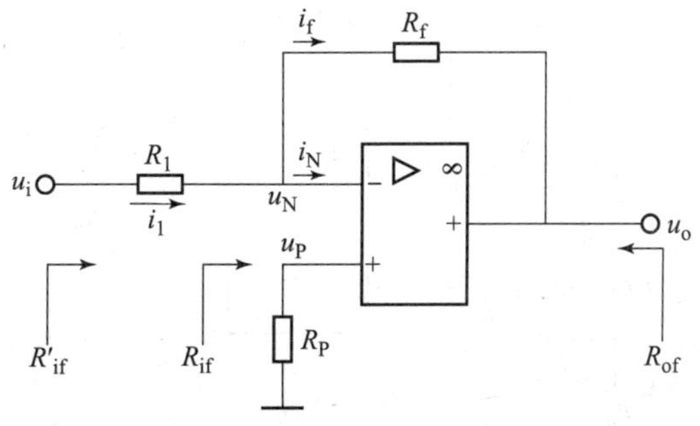

图 6.1.2 反相比例运算电路

根据“虚断”，可得：

$$\frac{u_i - u_N}{R_1} = \frac{u_N - u_o}{R_f} \Rightarrow u_N = \frac{R_f u_I + R_1 u_o}{R_1 + R_f}$$

$$u_P = 0$$

根据“虚短”，可得：$u_P = u_N$。

可推导出反相比例运算电路输入电压与输出电压之间的函数关系为：

$$u_o = -\frac{R_f}{R_1} u_i \qquad (6.1.4)$$

闭环增益为：

$$A_{uf} = \frac{u_o}{u_i} = -\frac{R_f}{R_1} \qquad (6.1.5)$$

由于电路构成深度电压并联负反馈，因此反相比例运算电路的输入电阻为：

$$R'_{if} = R_1 + R_{if} \approx R_1 \qquad (6.1.6)$$

而运算电路的输出电阻为：

$$R_{of} \to 0 \qquad (6.1.7)$$

在反相运算电路中，R_1 和 R_f 的取值范围通常应在 1 kΩ ~ 1 MΩ，放大倍数限定为0.1 ~ 100。

若将反相比例运算电路的 R_1、R_f 电路做改进，则可衍生许多新的电路。如图 6.1.3 所示是比例 - 积分 - 微分电路，可用于系统设计中的 PID 校正。

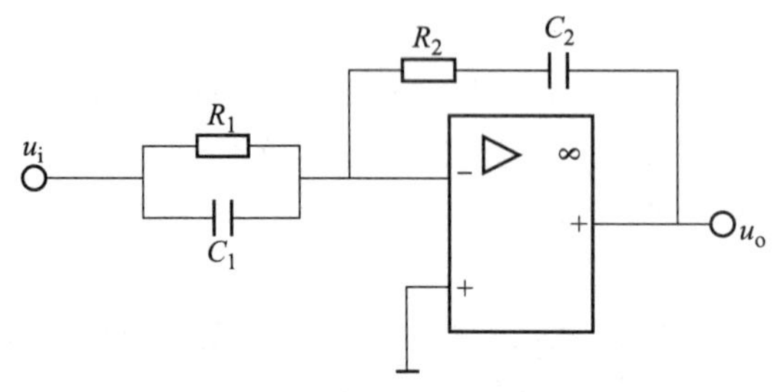

图 6.1.3　比例 - 积分 - 微分电路

2. 同相比例运算电路

同相比例运算电路如图 6.1.4 所示。电路构成深度电压串联负反馈。R_P 为平衡电阻，应满足 $R_P = R_1 // R_f$。

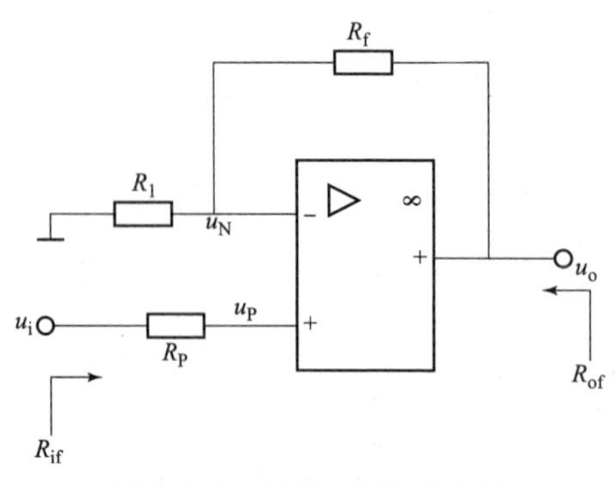

图 6.1.4　同相比例运算电路

根据“虚短”和“虚断”的特点可列出方程：

$$\frac{-u_N}{R_1}=\frac{u_N-u_o}{R_f}\Rightarrow u_N=\frac{R_1u_o}{R_1+R_f}$$

$$u_P=u_i$$

$$u_P=u_N$$

可推导出同相比例运算电路输出电压与输入电压之间的函数关系为：

$$u_o=\left(1+\frac{R_f}{R_1}\right)u_i \tag{6.1.8}$$

闭环增益为：

$$A_{uf}=\frac{u_o}{u_i}=1+\frac{R_f}{R_1} \tag{6.1.9}$$

由于电路构成深度电压串联负反馈，因此同相比例运算电路的输入电阻和输出电阻分别为：

$$R_{if}\to\infty、R_{of}\to 0 \tag{6.1.10}$$

同相比例运算电路与反相比例运算电路相比较，具有电压增益总是大于1、输入电阻高（可达几十 MΩ 以上）等优点，但由于运放同相端电压与反相端电压都等于输入电压，因此输入端有较大的共模信号。当共模电压值超过运放的最大共模输入电压时可能导致运放不能正常工作，故要求集成运放具有较高的共模抑制比和较大的共模信号输入电压范围。而反相输入方式电压增益可以小于1也可以大于1，同相与反相输入端电压几乎为零，没有共模电压，但输入电阻等于输入回路的电阻，其值比较小。

由于运算电路中一般都引入电压反馈，在理想条件下向负载提供恒压输出，故运算电路带负载后的运算关系不变。

若式(6.1.8)中 $R_1=\infty$ 或 $R_f=0$ 或同时 $R_1=\infty$、$R_f=0$，典型电路如图6.1.5所示，可得 $u_o=u_i$。由于此电路具有理想电压跟随特性，所以称为电压跟随器。该电路输入电阻高，不需要从前级电路索取电流；输出电阻趋于零，可向后级电路提供恒压输出，所以一般置于需要隔离的两个电路之间，可起到良好的隔离作用。

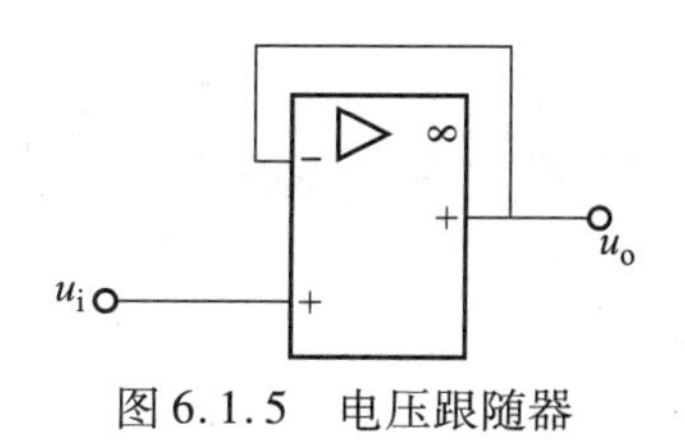

图6.1.5　电压跟随器

6.1.3　加减运算电路

实现多个输入信号按各自不同的比例求和或求差的电路，统称为加减运算电路。

1. 求和运算电路

1）反相求和运算电路

反相求和运算电路如图6.1.6所示。图中 u_{I1}、u_{I2}、u_{I3} 分别通过 R_1、R_2、R_3 加到集成运放的反相输入端，R_P 为直流平衡电阻，要求 $R_P=R_1/\!/R_2/\!/R_3/\!/R_f$。

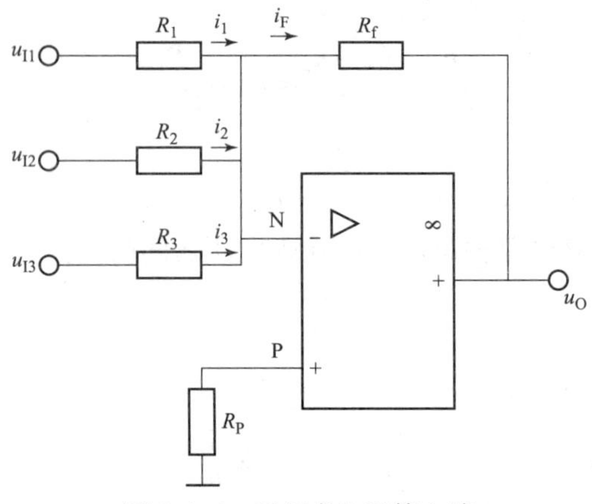

图 6.1.6　反相求和运算电路

根据“虚短”和“虚断”可知：

$$u_N = u_P = 0$$

$$i_1 + i_2 + i_3 = i_F$$

$$\frac{u_{I1}}{R_1} + \frac{u_{I2}}{R_2} + \frac{u_{I3}}{R_3} = -\frac{u_O}{R_f}$$

所以，输出电压的表达式为：

$$u_O = -R_f\left(\frac{u_{I1}}{R_1} + \frac{u_{I2}}{R_2} + \frac{u_{I3}}{R_3}\right) \tag{6.1.11}$$

当 $R = R_1 = R_2 = R_3$ 时，则：

$$u_O = -\frac{R_f}{R}(u_{I1} + u_{I2} + u_{I3}) \tag{6.1.12}$$

可见，输出电压与输入电压之和成比例，实现了加法运算。

由式(6.1.12)可见，在反相求和运算电路中，当改变一路输入信号源的大小及输入端电阻时，并不影响其他各路信号产生的输出值，同时各路信号源之间因运放的虚地特性而互不影响，因而调节方便，使用比较多。

2)同相求和运算电路

同相求和运算电路如图 6.1.7 所示。图中，输入信号 u_{I1}、u_{I2}均加至运放的同相输入端，要求 $R_2 /\!/ R_3 = R_1 /\!/ R_f$。

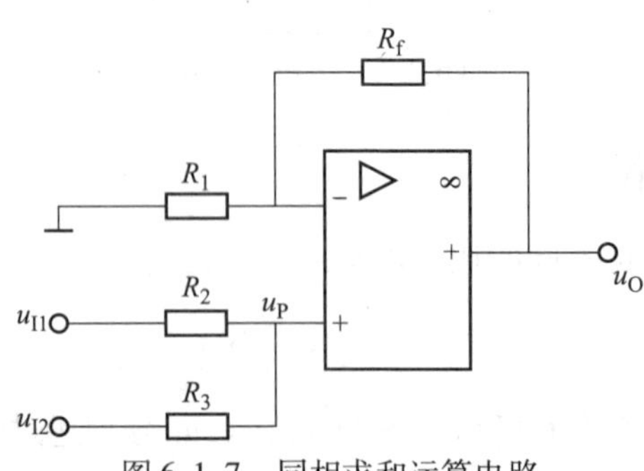

图 6.1.7　同相求和运算电路

利用叠加定理求得同相输入端电压为：

$$\begin{aligned} u_{\mathrm{P}} &= \frac{R_3}{R_2+R_3}u_{\mathrm{I1}} + \frac{R_2}{R_2+R_3}u_{\mathrm{I2}} \\ &= \frac{R_2R_3}{R_2+R_3}\cdot\frac{u_{\mathrm{I1}}}{R_2} + \frac{R_2R_3}{R_2+R_3}\cdot\frac{u_{\mathrm{I2}}}{R_3} \\ &= (R_2 /\!/ R_3)\left(\frac{u_{\mathrm{I1}}}{R_2}+\frac{u_{\mathrm{I2}}}{R_3}\right) \end{aligned}$$

根据同相输入时输出电压与运放同相端电压 u_{P} 的关系得：

$$u_{\mathrm{O}} = \left(1+\frac{R_{\mathrm{f}}}{R_1}\right)u_{\mathrm{P}} = \left(1+\frac{R_{\mathrm{f}}}{R_1}\right)(R_2 /\!/ R_3)\left(\frac{u_{\mathrm{I1}}}{R_2}+\frac{u_{\mathrm{I2}}}{R_3}\right) \tag{6.1.13}$$

若 $R_1=R_{\mathrm{f}}$，$R_2=R_3$，则 $u_{\mathrm{O}}=u_{\mathrm{I1}}+u_{\mathrm{I2}}$，可见实现了同相求和运算。同相求和的缺点是各路信号源互不独立而会相互影响。

2. 加减运算电路

由比例运算电路、求和运算电路的分析可知，输出电压与同相输入端信号电压极性相同，与反相输入信号电压极性相反，因而如果多个信号同时作用于两个输入端时，就可以实现加减运算。

图 6.1.8 所示为 4 个输入信号的加减运算电路。

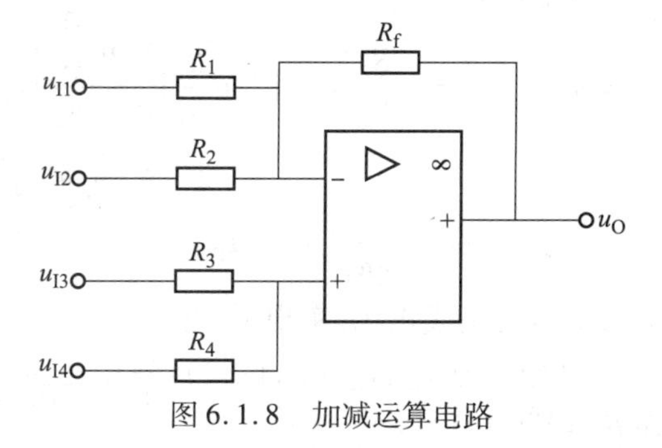

图 6.1.8　加减运算电路

下面利用叠加定理求出输出电压与各路输入电压之间的关系式。

先令 $u_{\mathrm{I3}}=u_{\mathrm{I4}}=0$，在 u_{I1}、u_{I2} 的作用下，求得输出电压为：

$$u_{\mathrm{O1}} = -\frac{R_{\mathrm{f}}}{R_1}u_{\mathrm{I1}} - \frac{R_{\mathrm{f}}}{R_2}u_{\mathrm{I2}}$$

先令 $u_{\mathrm{I1}}=u_{\mathrm{I2}}=0$，在 u_{I3}、u_{I4} 的作用下，求得输出电压为：

$$u_{\mathrm{O2}} = \left(1+\frac{R_{\mathrm{f}}}{R_1 /\!/ R_2}\right)\left(\frac{R_4}{R_3+R_4}u_{\mathrm{I3}} + \frac{R_3}{R_3+R_4}u_{\mathrm{I4}}\right)$$

所以，加减运算电路的输出电压为：

$$u_{\mathrm{O}} = u_{\mathrm{O1}} + u_{\mathrm{O2}} = -R_{\mathrm{f}}\left(\frac{u_{\mathrm{I1}}}{R_1}+\frac{u_{\mathrm{I2}}}{R_2}\right) + \left(1+\frac{R_{\mathrm{f}}}{R_1 /\!/ R_2}\right)(R_3 /\!/ R_4)\left(\frac{u_{\mathrm{I3}}}{R_3}+\frac{u_{\mathrm{I4}}}{R_4}\right) \tag{6.1.14}$$

如图 6.1.9 所示加减电路中，只有两个输入信号 u_{I1}、u_{I2}，分别加到集成运放的反相输入端和同相输入端，则构成减法运算电路。

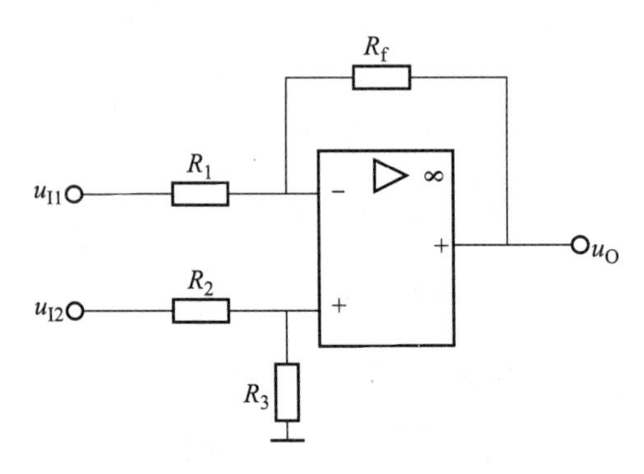

图 6.1.9　减法运算电路

采用叠加定理，令 $u_{I2}=0$，在 u_{I1} 单独作用下，得：

$$u_{O1}=-\frac{R_f}{R_1}u_{I1}$$

令 $u_{I1}=0$，在 u_{I2} 单独作用下，得：

$$u_{O2}=\left(1+\frac{R_f}{R_1}\right)\frac{R_3}{R_2+R_3}u_{I2}$$

因此，减法运算电路的输出电压为：

$$u_O=u_{O1}+u_{O2}=-\frac{R_f}{R_1}u_{I1}+\left(1+\frac{R_f}{R_1}\right)\frac{R_3}{R_2+R_3}u_{I2} \tag{6.1.15}$$

当 $R_2=R_1$，$R_3=R_f$ 时，则得：

$$u_O=-\frac{R_f}{R_1}(u_{I1}-u_{I2}) \tag{6.1.16}$$

可见，输出电压与两输入电压之差成正比，实现了减法运算。

例 6.1.1　有 3 个输入信号分别为 u_{I1}、u_{I2}、u_{I3}，试设计一个运算电路，使其输出电压 $u_O=-(4u_{I1}+5u_{I2})+8u_{I3}$，已知 $R_f=100\ \text{k}\Omega$。

解：根据题意，反相端有两路输入，同相端有一路输入，所以设运算电路如图 6.1.10 所示。

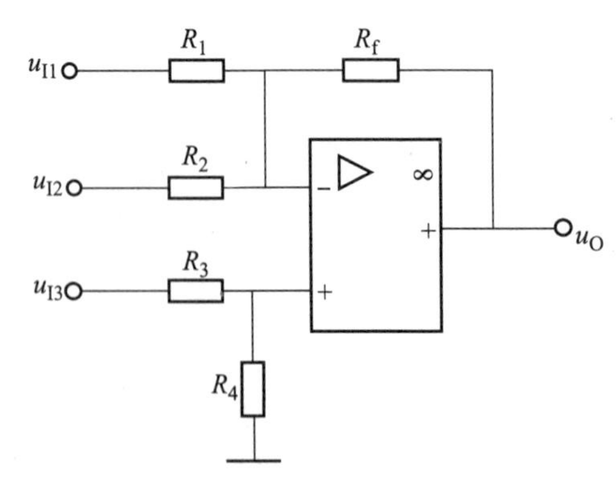

图 6.1.10　例 6.1.1 电路

由图 6.1.10 可列出输出电压 u_O 的表达式为:

$$u_O = -\left(\frac{R_f}{R_1}u_{I1} + \frac{R_f}{R_2}u_{I2}\right) + \left(1 + \frac{R_f}{R_1 /\!/ R_2}\right)\frac{R_4}{R_3 + R_4}u_{I3}$$

将上式与题意相比较可知:

$$-\frac{R_f}{R_1}u_{I1} = -4u_{I1}$$

$$-\frac{R_f}{R_2}u_{I2} = -5u_{I2}$$

则得:

$$R_1 = \frac{R_f}{4} = \frac{100\ \text{k}\Omega}{4} = 25\ \text{k}\Omega$$

$$R_2 = \frac{R_f}{5} = \frac{100\ \text{k}\Omega}{5} = 20\ \text{k}\Omega$$

又根据

$$\left(1 + \frac{R_f}{R_1 /\!/ R_2}\right)\frac{R_4}{R_3 + R_4}u_{I3} = 8u_{I3}$$

可得:

$$R_4 = 4R_3$$

根据输入直流电阻相等的要求,由图 6.1.10 可得:

$$R_3 /\!/ R_4 = R_1 /\!/ R_2 /\!/ R_f = 10\ \text{k}\Omega$$

将 $R_4 = 4R_3$ 带入上式,则得 $R_3 = 12.5\ \text{k}\Omega$,从而可求得:

$$R_4 = 4 \times 12.5\ \text{k}\Omega = 50\ \text{k}\Omega$$

6.1.4　微分与积分运算电路

1. 微分运算电路

如图 6.1.11 所示为微分运算电路,它和反相比例运算电路的差别是用电容 C_1 代替电阻 R_1。为使直流电阻平衡,要求 $R_P = R_f$。

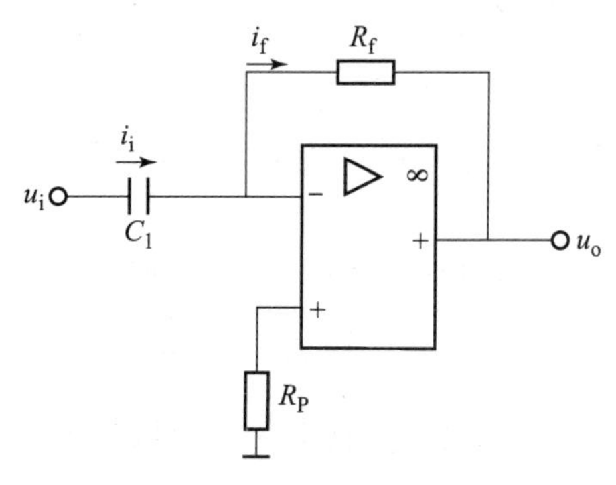

图 6.1.11　微分运算电路

根据运放反相端虚地可得：

$$i_i = C_1\frac{du_i}{dt}, i_f = -\frac{u_o}{R_f}$$

由于 $i_i = i_f$ 因此，可得输出电压 u_o 为：

$$u_o = -R_f C_1\frac{du_i}{dt} \tag{6.1.17}$$

可见，输出电压 u_o 正比于输入电压 u_i 对时间 t 的微分，从而实现了微分运算，式中 $R_f C_1$ 即为电路的时间常数。

2. 积分运算电路

将微分运算电路中的电阻和电容位置互换，即构成积分运算电路，如图 6.1.12 所示。由图可得：

$$i_I = \frac{u_I}{R_1}, i_f = -C_F\frac{du_O}{dt}$$

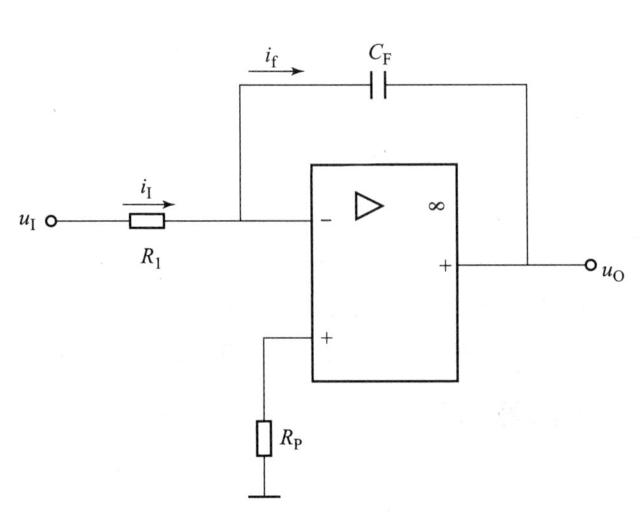

图 6.1.12　积分运算电路

由于 $i_I = i_f$ 因此，可得输出电压 u_O 为：

$$u_O = -\frac{1}{R_1 C_F}\int u_I dt \tag{6.1.18}$$

可见，输出电压 u_O 正比于输入电压 u_I 对时间 t 的积分，从而实现了积分运算。式中 $R_1 C_F$ 为电路的时间常数。

输入端加入阶跃信号，如图 6.1.13(a)所示，若 $t=0$ 时，电容器上的电压为零，则可得：

$$u_O = \frac{-1}{R_1 C_F}\int u_I dt = -\frac{U_i}{R_1 C_F}t \tag{6.1.19}$$

u_O 的波形如图 6.1.13(b)所示，为一线性变化的斜坡电压，其最大值受运放最大输出电压 U_{OM} 的限制。

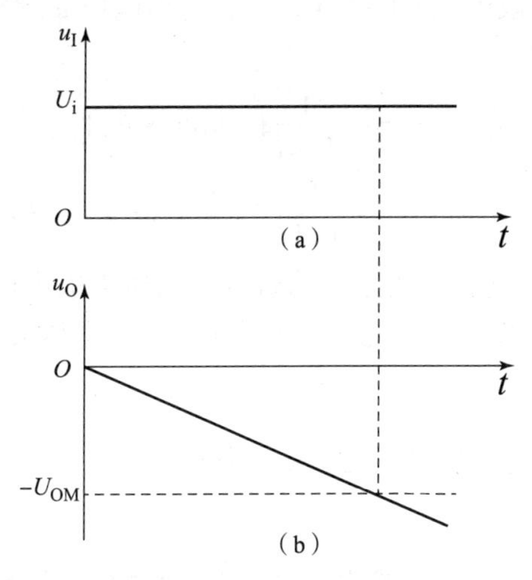

图 6.1.13　积分运算电路输入阶跃信号时的输出波形

(a)输入信号;(b)输出信号

例 6.1.2　基本积分电路如图 6.1.14(a)所示,输入信号 u_I 为一对称方波,如图 6.1.14(b)所示,运放最大输出电压为 ±10 V,当 $t=0$ 时,电容电压为零,试画出理想情况下的输出电压波形。

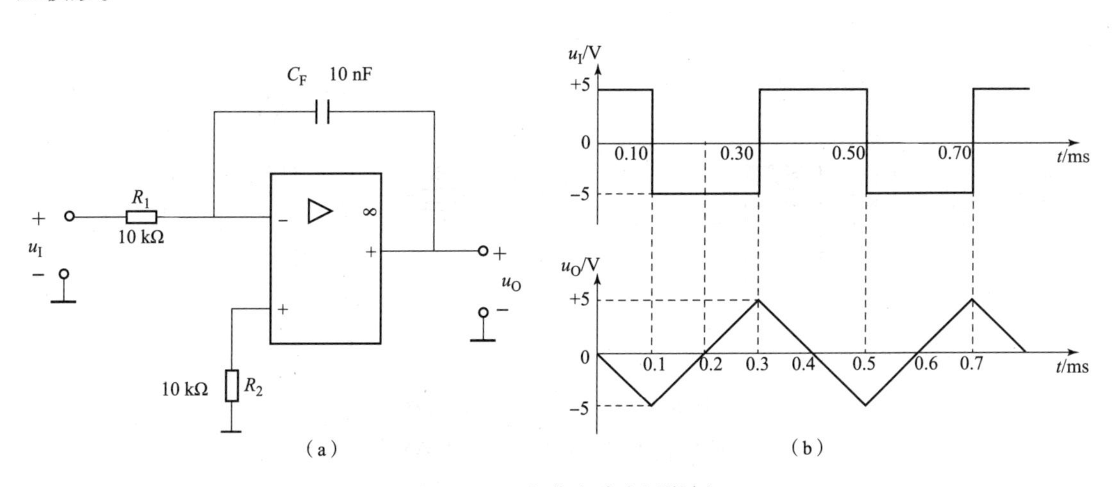

图 6.1.14　积分电路应用举例

(a)积分电路;(b)输入电压与输出电压的波形

解:由图 6.1.14(a)可求得电路时间常数为:

$$\tau = R_1 C_F = 10\ \text{k}\Omega \times 10\ \text{nF} = 0.1\ \text{ms}$$

根据运放输入端虚地可知,输出电压等于电容电压,即 $u_O = -u_C$,$u_O(0)=0$。因为在 0 ~ 0.1 ms 时间段内 u_I 为 +5 V,所以,根据积分电路的工作原理,输出电压 u_O 从零开始线性减小,$t=0.1$ ms 时达到负峰值,其值为:

$$u_O\big|_{t=0.1} = -\frac{1}{R_1 C_F}\int_0^{0.1} u_I \mathrm{d}t + u_O(0) = -\frac{1}{0.1}\int_0^{0.1} 5\mathrm{d}t = -5(\text{V})$$

而在0.1~0.3 ms时间段内 u_I 为 -5 V,所以,输出电压 u_O 线性增大,在 $t=0.3$ ms时达到正峰值,其值为:

$$u_O|_{t=0.3} = -\frac{1}{R_1C_F}\int_{0.1}^{0.3}u_I\mathrm{d}t + u_O|_{t=0.1}$$

$$= -\frac{1}{0.1}\int_{0.1}^{0.3}(-5)\mathrm{d}t + (-5) = +5(\mathrm{V})$$

上述输出电压最大值均不超过运放最大输出电压,所以输出电压与输入电压间为线性积分的关系。由于输入信号 u_I 为对称方波,因此可作出输出电压波形如图6.1.14(b)所示,其为一三角形波。

6.1.5 对数与反对数(指数)运算电路

1. 基本对数运算电路

图6.1.15(a)所示为基本对数运算电路,它用二极管代替反相比例运算电路中的反馈电阻 R_F。

根据理想运放的"虚短"和"虚断"可列3个方程:

$$\frac{u_I - u_N}{R_1} = i_D \approx I_s e^{u_D/U_T} = I_s e^{(u_N - u_O)/U_T}$$

$$u_P = 0$$

$$u_P = u_N$$

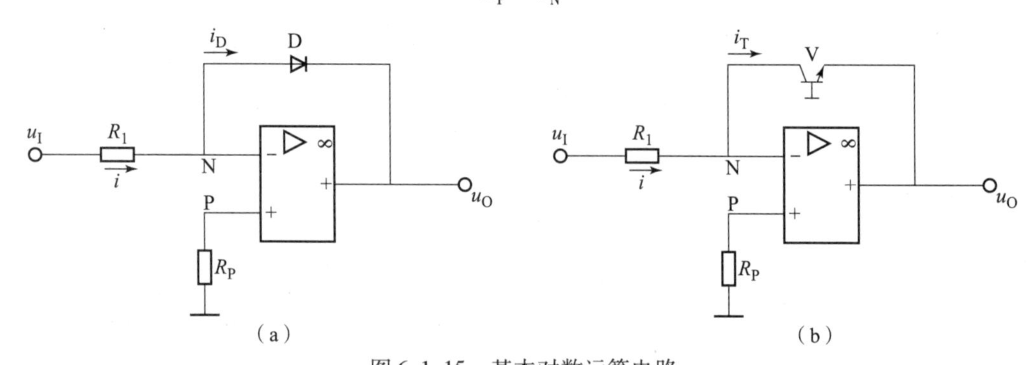

图6.1.15 基本对数运算电路

(a)二极管对数运算电路;(b)三极管对数运算电路

求解上述方程可得:

$$u_O \approx -U_T \ln\frac{u_I}{RI_s} \tag{6.1.20}$$

式(6.1.20)实现了输入和输出信号的反相对数运算关系。实际应用中,由于三极管具有更为精确的指数关系,即 $i_C \approx I_s e^{u_{BE}/U_T}$,所以常用接成二极管形式的三极管来代替二极管,如图6.1.15(b)所示。

2. 基本反对数(指数)运算电路

图6.1.16所示为基本反对数运算电路,很明显只需将基本对数运算电路中的三极管和电阻的位置互换即可。

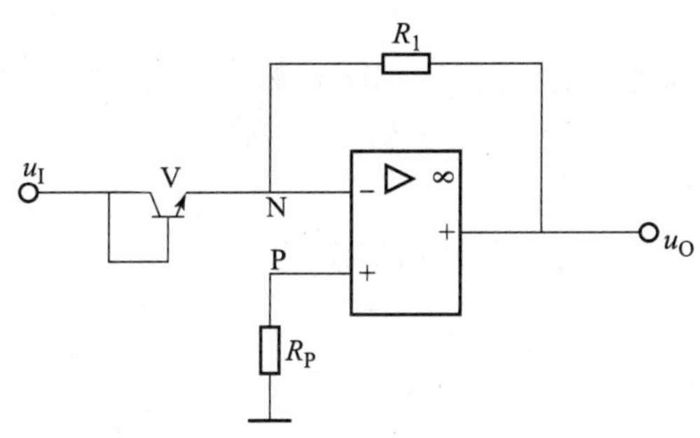

图 6.1.16　基本反对数运算电路

根据理想运放的"虚短"和"虚断"可列 3 个方程：

$$I_s e^{u_{BE}/U_T} = I_s e^{(u_I - u_N)/U_T} = \frac{u_N - u_O}{R_1}$$

$$u_P = 0$$

$$u_P = u_N$$

求解上述方程可得：

$$u_O = -R_1 I_s e^{u_I/U_T} \quad 或 \quad u_O = -R_1 I_s \ln^{-1}\frac{u_I}{U_T} \tag{6.1.21}$$

式(6.1.21)实现了输入和输出信号的反相指数和反对数运算关系。在实际应用中，由于运算精度受温度影响较大，故常对三极管消除 I_s 及加入温度补偿电路抑制 U_T。

6.1.6　乘法运算电路及应用

1. 乘法器运算电路

乘法运算电路有两个输入端，即 x 和 y，一个输出端，可以实现 $u_O = ku_x u_y$ 和 $u_O = -ku_x u_y$ 两种运算，式中 k 为正值。功能符号如图 6.1.17 所示。

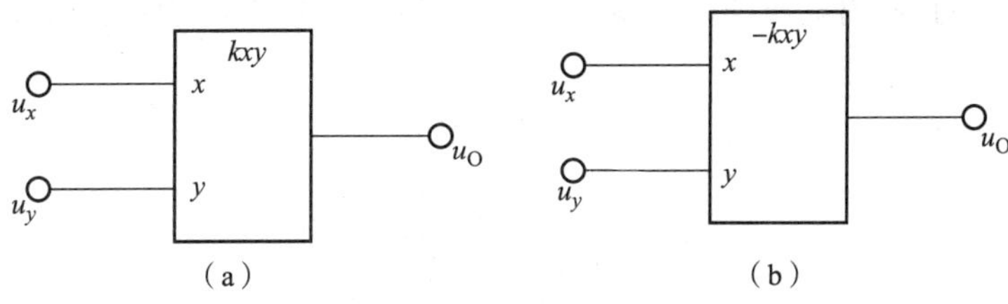

图 6.1.17　乘法器的功能符号

(a)同相乘法器；(b)反相乘法器

实现乘法运算的方法很多，主要有两种：利用对数和指数的乘法运算和变跨导式模拟乘法器。乘法运算为 $x \cdot y = \ln^{-1}(\ln x + \ln y)$，可以看出乘法器可以由对数、求和和指数运算电路组成。而变跨导式模拟乘法器以差分放大电路为基本单元电路组成(具体请参考相关文献)，目前已有多种形式的单片集成电路，同时也是构成一些专用模拟集成系统中的重要单元。

2. 乘法器的应用

乘法器可以实现乘、除、平方、开方、倍频与混频等功能，广泛应用于模拟运算、通信、测控、电气测量等许多领域。

1)平方运算

将乘法器的两个输入端输入同一信号,如图 6.1.18 所示,则电路的输出电压等于:

$$u_O = ku_x u_y = ku_I^2 \tag{6.1.22}$$

2)除法运算

如图 6.1.19 所示,它由集成运放和乘法器组成。

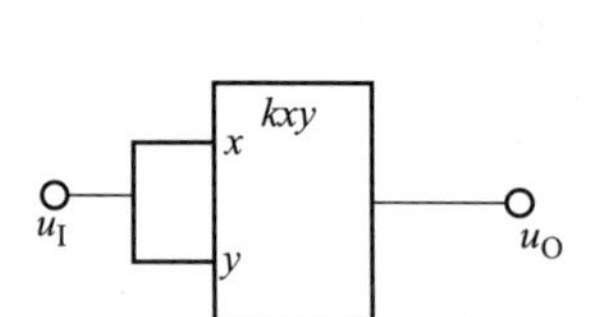

图 6.1.18　平方运算电路

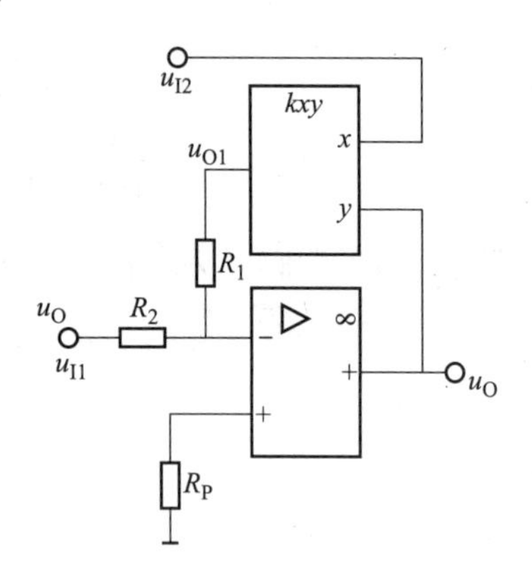

图 6.1.19　除法运算电路

根据乘法器电路可得:

$$u_{O1} = ku_O u_{I2}$$

根据运放"虚短"和"虚断"的概念,可得:

$$u_{O1} = -\frac{R_1}{R_2}u_{I1}$$

所以,上面两式联立,可得到输出电压为:

$$u_O = -\frac{R_1}{kR_2}\frac{u_{I1}}{u_{I2}} \tag{6.1.23}$$

式(6.1.23)表明,输出电压与两个输入电压之商成比例,实现了除法运算。

3)平方根运算

如图 6.1.20 所示,它也由集成运放和乘法器组成。

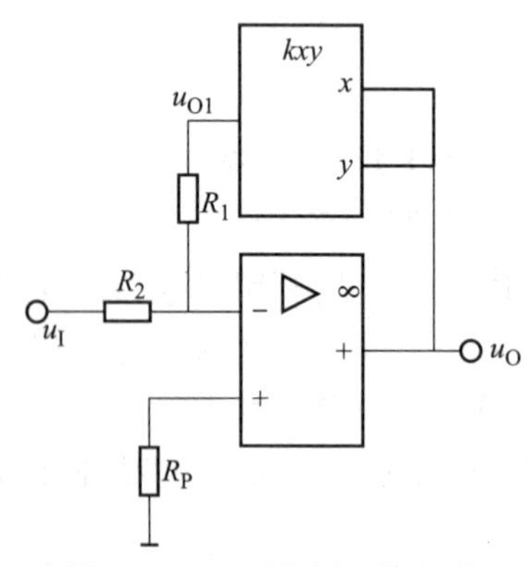

图 6.1.20　平方根运算电路

根据乘法器电路可得：

$$u_{O1}=ku_O^2$$

根据运放电路，可得：

$$u_{O1}=-u_I$$

所以，上面两式联立，可得到输出电压为：

$$u_O=\sqrt{\frac{u_{O1}}{k}}=\sqrt{-\frac{u_I}{k}} \tag{6.1.24}$$

式(6.1.24)表明，只有当输入电压为负值时，才能实现平方根运算。

6.2　有源滤波电路

滤波(Filter)电路是一种能使有用频率信号通过，同时抑制或者削弱无用频率成分的电路。按照幅频特性可分为低通、高通、带通和带阻等。低通滤波电路指低频信号能通过而高频信号不能通过的电路；高通滤波电路的作用则与低通滤波电路相反；带通滤波电路是指某一频段的信号能通过而该频段之外的信号不能通过的电路；带阻滤波电路与带通滤波电路的作用相反。

滤波电路种类很多，由集成运算放大器等有源器件与电阻、电容组成的电路，称为有源滤波电路。仅由电阻、电容、电感等无源元件组成的电路，称为无源滤波电路。由集成运放构成的有源滤波电路，由于集成运放固有特性的限制，一般不适用于高压、高频、大功率的场合，而比较适用于低频的场合。

6.2.1　有源低通滤波电路

1. 一阶有源低通滤波电路

用简单的 RC 低通电路与集成运算放大器就可以构成一阶有源低通滤波电路。图 6.2.1 所示为用简单 RC 低通电路与同相比例运算电路组成的一阶有源低通滤波电路。由图可得它的电压传输系数为：

$$\dot{A}_u=\frac{\dot{U}_o}{\dot{U}_i}=\left(1+\frac{R_f}{R_1}\right)\frac{1}{1+\mathrm{j}\dfrac{f}{f_H}}=\frac{\dot{A}_{uf}}{1+\mathrm{j}\dfrac{f}{f_H}} \tag{6.2.1}$$

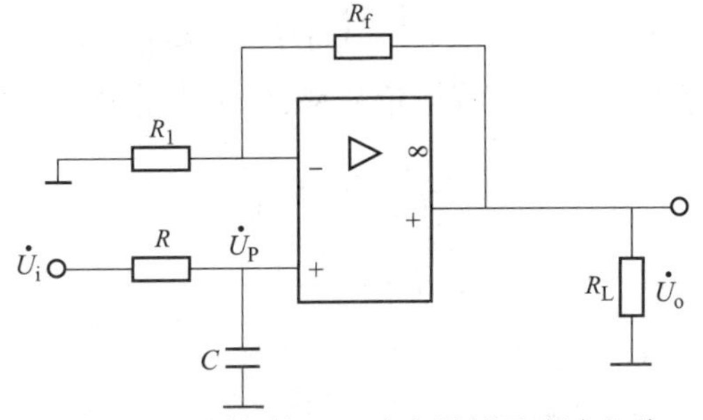

图 6.2.1　同相输入一阶有源低通滤波电路

式(6.2.1)中,$\dot{A}_{uf}$称为滤波器通带电压增益;f_H 为上限截止频率,它们分别为:

$$\dot{A}_{uf} = 1 + \frac{R_f}{R_1} \tag{6.2.2}$$

$$f_H = \frac{1}{2\pi RC} \tag{6.2.3}$$

将式(6.2.1)改写为:

$$\frac{\dot{A}_u}{\dot{A}_{uf}} = \frac{1}{1 + j\frac{f}{f_H}} \tag{6.2.4}$$

其幅频特性和相频特性分别为:

$$\frac{|\dot{A}_u|}{|\dot{A}_{uf}|} = \frac{1}{\sqrt{1 + \left(\frac{f}{f_H}\right)^2}} \tag{6.2.5}$$

$$\varphi = -\arctan\frac{f}{f_H} \tag{6.2.6}$$

由式(6.2.5)和式(6.2.6)可以看出,一阶有源低通滤波电路与第 5 章一阶低通与高通电路的幅频特性是相似的,所以一阶有源低通滤波电路的幅频特性和相频特性曲线与 5.1 节所介绍的完全相同。

2. 二阶有源低通滤波电路

为使滤波电路的幅频特性在阻带内有更快的衰减速度,可采用高阶滤波电路。在一阶有源低通滤波电路的基础上,再加上一级 RC 低通电路就可以构成二阶有源低通滤波电路,如图 6.2.2(a)所示。但图中第一级 RC 低通电路中 C 的下端不接地而接到集成运放的输出端,这样可在特征频率附近引入正反馈,使其幅频特性得到改善。由于图中集成运放构成的同相放大电路实际上就是压控电压源,故也称图 6.2.2(a)所示电路为二阶压控电压源低通滤波电路。应用集成运放的理想化条件,可求得滤波电路的电压传输系数为:

$$\dot{A}_u = \frac{\dot{U}_o}{\dot{U}_i} = \frac{\dot{A}_{uf}}{1 - \left(\frac{\omega}{\omega_n}\right)^2 + j\frac{\omega}{Q\omega_n}} \tag{6.2.7}$$

式(6.2.7)中,ω_n 称为滤波电路的特征角频率,Q 称为等效品质因数,它们分别为:

$$\omega_n = \frac{1}{RC},\ f_n = \frac{1}{2\pi RC} \tag{6.2.8}$$

$$Q = \frac{1}{3 - \dot{A}_{uf}} \tag{6.2.9}$$

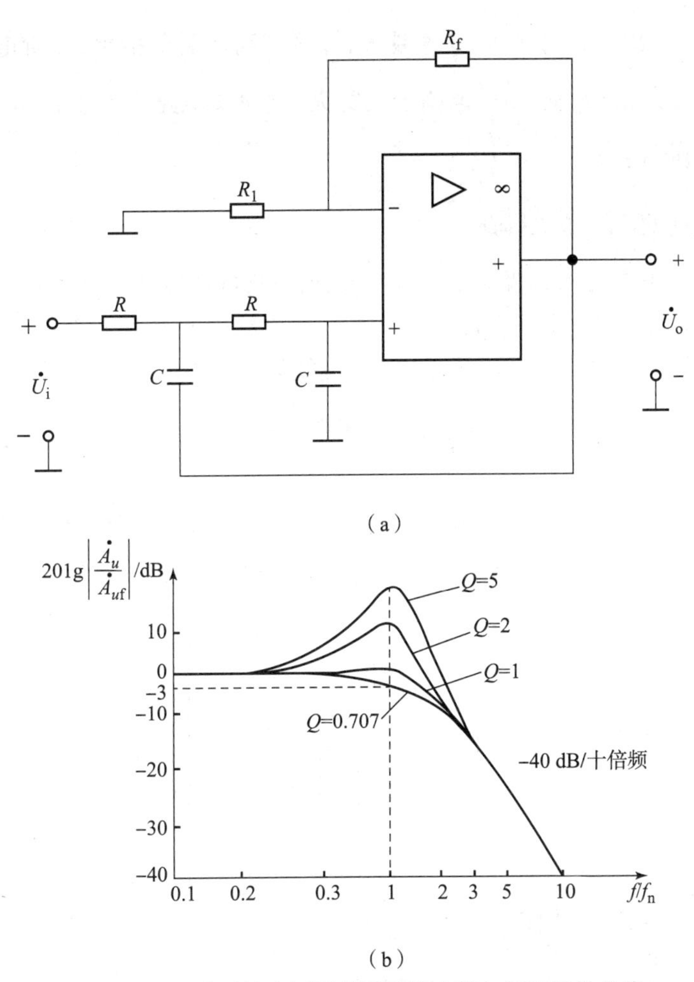

图 6.2.2　二阶压控电压源低通滤波电路与幅频特性曲线

(a)电路图;(b)幅频特性曲线

式(6.2.7)可改写成:

$$\frac{\dot{A}_u}{\dot{A}_{uf}}=\frac{1}{1-\left(\frac{f}{f_H}\right)^2+\mathrm{j}\frac{f}{Qf_H}}$$

其幅频特性为:

$$\frac{|\dot{A}_u|}{|\dot{A}_{uf}|}=\frac{1}{\sqrt{\left[1-\left(\frac{f}{f_H}\right)^2\right]^2+\left(\frac{f}{Qf_H}\right)^2}} \tag{6.2.10}$$

由式(6.2.10)可画出二阶低通滤波电路在不同 Q 值下的幅频特性曲线,如图 6.2.2(b)所示。由图可见,Q 值的大小对滤波电路的幅频特性影响很大。当 $Q=0.707$ 时,幅频特性最平坦,且当 $f=f_n$ 时,$|\dot{A}_u|=0.707|\dot{A}_{uf}|$,即特征频率 f_n 就是滤波电路的上限截止频率 f_H。阻带中,当 $f>f_n$ 后幅频特性以 40 dB/十倍频的斜率衰减,所以滤波效果比一阶电路好。当 $Q>$

0.707 时，幅频特性会出现升峰现象，Q 值越大，峰值越高。需要指出，二阶电路中当 $|\dot{A}_{uf}|=3$ 时，Q 值将趋于无穷大，$f=f_n$ 时 $|\dot{A}_u|$ 也趋于无穷大，这说明电路会产生自激振荡，所以二阶电路中要求 $|\dot{A}_{uf}|$ 必须小于 3。

6.2.2 有源高通滤波电路

高通滤波电路与低通滤波电路具有对偶关系，所以将低通滤波电路中的滤波元件 R 和 C 的位置互换，即可得到高通滤波电路。现将图 6.2.2(a) 电路中的 R 和 C 互换，便可得到二阶有源高通滤波电路，如图 6.2.3(a) 所示。其幅频特性曲线如图 6.2.3(b) 所示，与图 6.2.2(b) 具有对偶关系。因此，通带电压增益 $\dot{A}_{uf}=1+\dfrac{R_f}{R_1}$，特征频率 $f_n=\dfrac{1}{2\pi RC}$，等效品质因素 $Q=\dfrac{1}{3-\dot{A}_{uf}}$。

同理，为了保证电路工作稳定，要求 $\dot{A}_{uf}$ 必须小于 3。当 $Q=0.707$ 时，幅频特性最平坦，此时高通滤波电路的下限截止频 $f_L=f_n$。

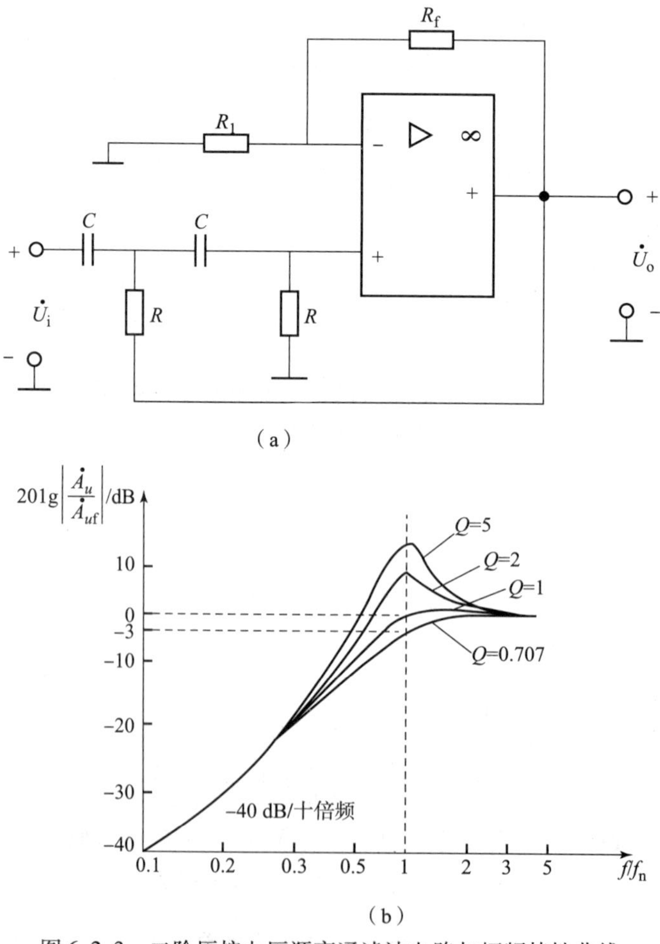

图 6.2.3 二阶压控电压源高通滤波电路与幅频特性曲线

(a) 电路图；(b) 幅频特性曲线

6.2.3　有源带通滤波电路

带通滤波电路只允许某一频段内的信号通过,因此它具有两个截止频率(即上限截止频率和下限截止频率),只要将高通滤波电路和低通滤波电路进行适当组合,即可获得带通滤波电路。图6.2.4(a)所示为二阶压控电压源带通滤波电路,图中 R、C 组成低通电路,C_1、R_3组成高通电路,要求 $RC < R_3C_1$(为了计算方便,取 $R_2 = R, R_3 = 2R, C_1 = C$),所以,低通电路的截止频率$f_H$大于高通电路的截止频率$f_L$,在$f_H$和$f_L$之间形成了一个通带,从而构成了带通滤波电路,其幅频特性曲线如图6.2.4(b)所示。

由图6.2.4(b)可见,Q 值越大,曲线越尖锐,表明滤波器的选择性越好,但通频带将变窄。图6.2.4(a)所示滤波电路的优点是,改变 R_f和 R_1的比例,可改变带宽和通带增益而中心频率不变,且品质因数可以很高。

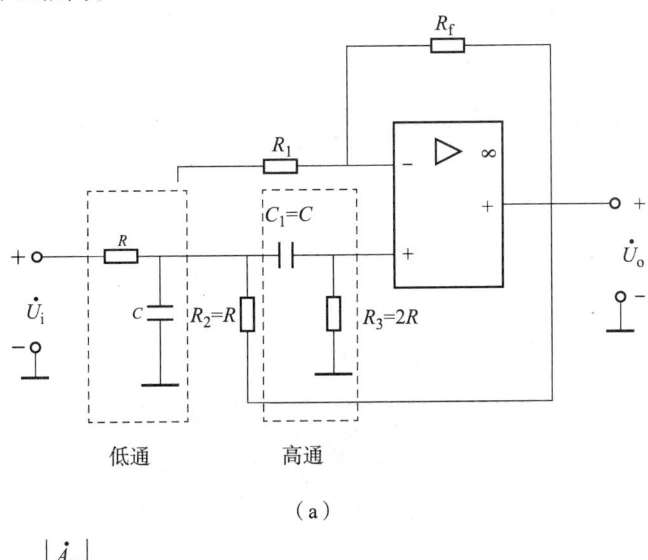

(a)

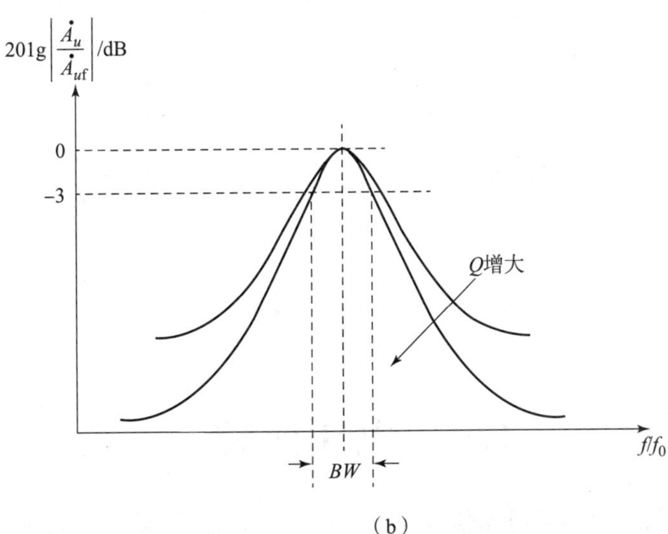

(b)

图6.2.4　二阶压控电压源带通滤波电路与幅频特性曲线

(a)电路图;(b)幅频特性曲线

6.2.4 有源带阻滤波电路

带阻滤波电路的作用与带通滤波电路相反,它是阻止某一频段的信号通过,而让该频段之外的所有信号通过,从而达到抗干扰的目的。

常用的带阻滤波电路如图 6.2.5(a)所示,图中 R 和 C 组成双 T 形网络,所以称为双 T 形带阻滤波电路,它的幅频特性曲线如图 6.2.5(b)所示。

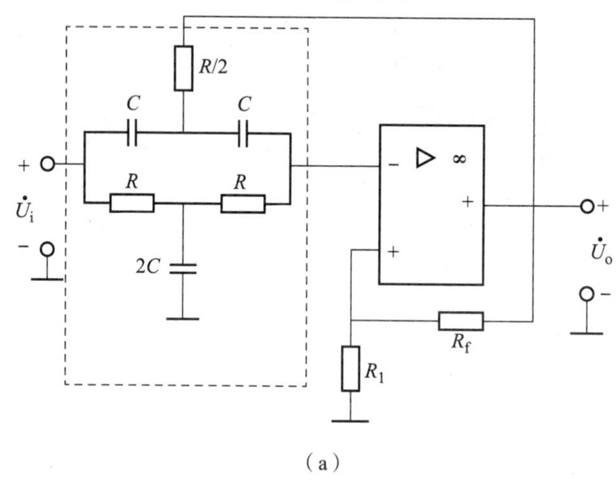

(a)

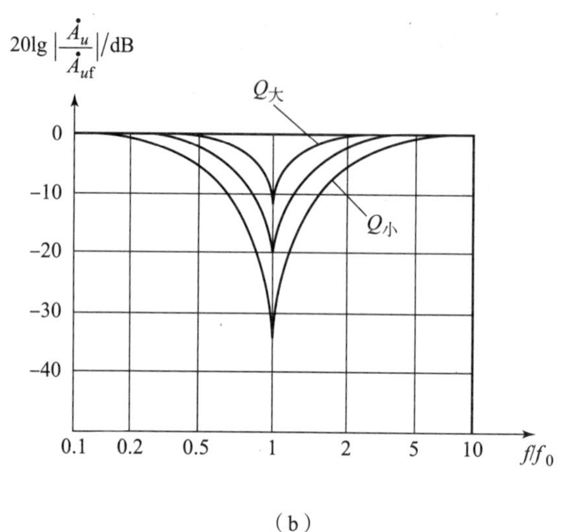

(b)

图 6.2.5 有源带阻滤波电路与幅频特性曲线

(a)电路图;(b)幅频特性曲线

6.3 电压比较器

电压比较器是将一个模拟电压信号与一参考电压相比较,输出一定的高、低电平的电路,电压比较器能对输入信号进行限幅和比较。作为开关元件,电压比较器是组成矩形波、三角波等非正弦波发生电路的基本单元,在模/数转换、测量和控制中有着广泛的应用。

电压比较器的输入信号为模拟信号，而输出信号只有两个状态：高电平和低电平，所以在电压比较器中集成运放处于开环或正反馈，工作处于非线性状态。

分析依据：运放只满足虚断的条件，不满足虚短的条件。

电压比较器的输出电压和输入电压的关系曲线称为电压传输特性。电压比较器的传输特性如图 6.3.1 所示。

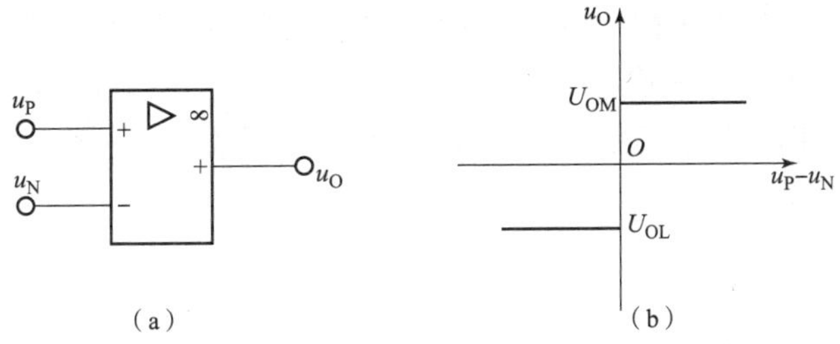

图 6.3.1　电压比较器及其传输特性

(a)电压比较器；(b)传输特性

传输特性表明：只要比较器同相端的电位比反相端的电位高，比较器输出电压就为高电平；只要比较器同相端的电位比反相端的电位低，比较器输出电压就为低电平，这是比较器电路的分析依据。

比较器电路的门限电压求解方法为：

(1)由"虚断"求出比较器同相端和反相端的电位 u_P 和 u_N；求解后 u_P 和 u_N 是 u_I 或 u_O 的函数；

(2)令 $u_P = u_N$，在该条件下得到的 u_I 就是门限电压 U_T。

电压比较器主要分为单限电压比较器、迟滞电压比较器和窗口比较器。

6.3.1　单限电压比较器

将集成运放两个输入端中的一端加输入信号，另一端加定值的参考电压，就构成了最简单的单限电压比较器。根据参考电压的不同又可分为过零电压比较器和非零电压比较器。

图 6.3.2(a)所示为过零电压比较器，参考端接地。此时，集成运放工作在开环状态，当输入电压 $u_I < 0$ 时，输出电压 $u_O = U_{OM}$；当输入电压 $u_I > 0$ 时，输出电压 $u_O = U_{OL}$。电压传输特性曲线如图 6.3.2(b)所示。由于输入电压由负向正过零时，输出电压从高电平跳变为低电平，故该电路也称为反相比较器。因此，同相比较器只需将反相输入端接地，同相输入端接模拟输入信号即可。

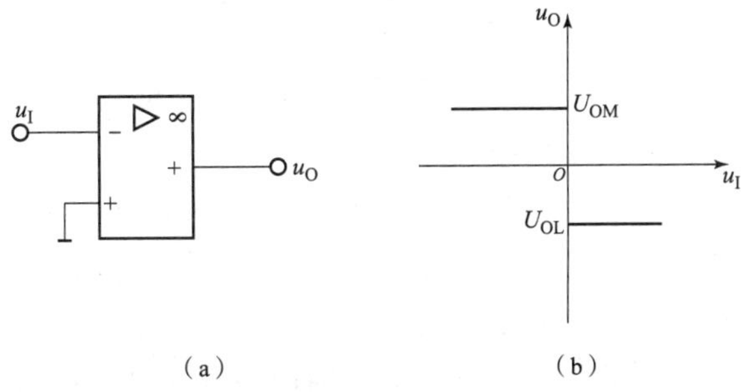

图 6.3.2　过零电压比较器及其传输特性曲线

(a)过零电压比较器；(b)电压传输特性曲线

图6.3.3(a)所示为非零电压比较器,即一般单限电压比较器,外接参考电压 U_{REF},而且在实际电路中,为了获得合适的输出电压,通常在输出端加上稳压管限幅电路。集成运放工作在开环状态,当输入电压 $u_I > U_{REF}$时,集成运放的输出电压 $u_{O1} = U_{OM}$,则电压比较器电路输出的高电平 $u_{OH} = U_Z$;当输入电压 $u_I < U_{REF}$时,集成运放的输出电压 $u_{O1} = U_{OL}$,则电压比较器电路输出的低电平 $u_{OL} = -U_Z$。电压传输特性曲线如图6.3.3(b)所示。

通常把比较器的输出电平发生跳变时的输入电压称为门限电压 U_T。可见图6.3.3(a)所示电路中的 $U_T = U_{REF}$。由于 u_I 从同相输入端输入且只有一个门限电压,故该电路称为同相输入单限电压比较器。而反相输入单限电压比较器只需将输入电压接在反相端,参考电压接在同相端即可。

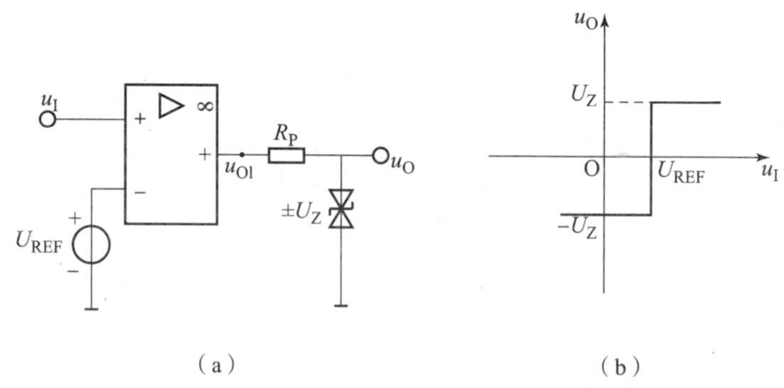

图6.3.3 同相输入单限电压比较器及其传输特性曲线

(a)电路图;(b)电压传输特性曲线

6.3.2 迟滞电压比较器

迟滞电压比较器具有滞回特性,输入信号的微小变化不会引起输出信号的变化,电路抗干扰能力强。迟滞电压比较器电路如图6.3.4所示,u_I为输入信号,由运放的反相端输入,U_{REF}为参考电压,R_1 构成正反馈,U_Z稳压管使输出电压 $u_O = \pm U_Z$(设稳压管导通电压为0),该迟滞电压比较器称为反相迟滞电压比较器。

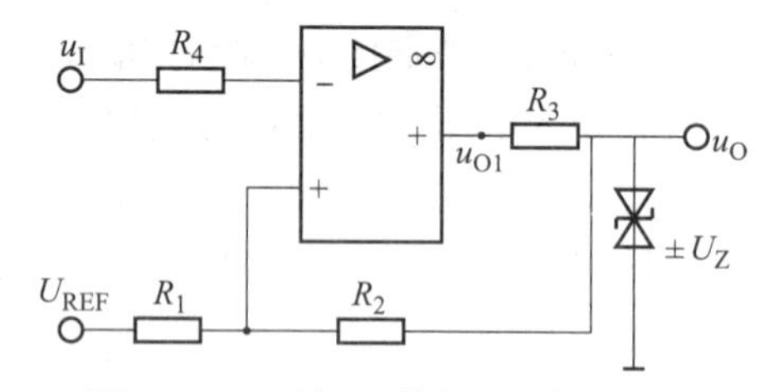

图6.3.4 反相迟滞电压比较器电路

迟滞电压比较器的门限电压及传输特性曲线与输入信号的变化趋势有关系,输入信号由小到大变化时对应一个门限电压和一条传输特性曲线,输入信号由大到小变化时对应一个门限电压和一条传输特性曲线,因此迟滞比较器有两个门限电压和两条传输特性曲线,理论分析时应分成两步。对于图6.3.4所示电路:

(1)假设 u_I很小,导致运放的 $u_P > u_-$,由比较器的传输特性可知,比较器的输出电压为高电平 U_Z。由于虚断,比较器反相端电流为0,则 $u_- = u_I$。

由于虚断，比较器同相端电流为0，R_1 和 R_2 串联，由叠加原理可以得到 u_P 为：

$$u_+ = \frac{R_2 U_{REF}}{R_1 + R_2} + \frac{R_1 u_o}{R_1 + R_2} = \frac{R_2 U_{REF}}{R_1 + R_2} + \frac{R_1 U_Z}{R_1 + R_2} \tag{6.3.1}$$

令 $u_P = u_-$，则：

$$u_i = U_{TH} = \frac{R_2 U_{REF}}{R_1 + R_2} + \frac{R_1 U_Z}{R_1 + R_2} \tag{6.3.2}$$

(2)假设 u_I很大，导致比较器的 $u_P < u_-$，由比较器的传输特性可知，比较器的输出电压为低电平 $-U_Z$。由于虚断，比较器反相端电流为0，则 $u_- = u_I$。

由于虚断，比较器同相端电流为0，R_1 和 R_2 串联，由叠加原理可以得到 u_P：

$$u_+ = \frac{R_2 U_{REF}}{R_1 + R_2} + \frac{R_1 u_o}{R_1 + R_2} = \frac{R_2 U_{REF}}{R_1 + R_2} + \frac{-R_1 U_Z}{R_1 + R_2} \tag{6.3.3}$$

令 $u_P = u_-$，则：

$$u_i = U_{TL} = \frac{R_2 U_{REF}}{R_1 + R_2} - \frac{R_1 U_Z}{R_1 + R_2} \tag{6.3.4}$$

绘制传输特性曲线的方法如下：

(1)标出 U_{TH}和 U_{TL}；

(2)设 u_I由小到大变化，且 u_I很小时输出电压为 U_Z，此时电路的门限电压为 U_{TH}，当 u_I增大到 U_{TH}时，输出信号跳变到 $-U_Z$，用箭头标出信号走向；

(3)设 u_I由大到小变化，且 u_I很大时输出电压为 $-U_Z$，此时，电路的门限电压为 U_{TL}，当 u_I减小到 U_{TL}时，输出信号跳变到 U_Z，用箭头标出信号走向；

该比较器的传输特性曲线如图6.3.5所示，这里假设 $U_{TL} < 0$，$U_{TH} > 0$。

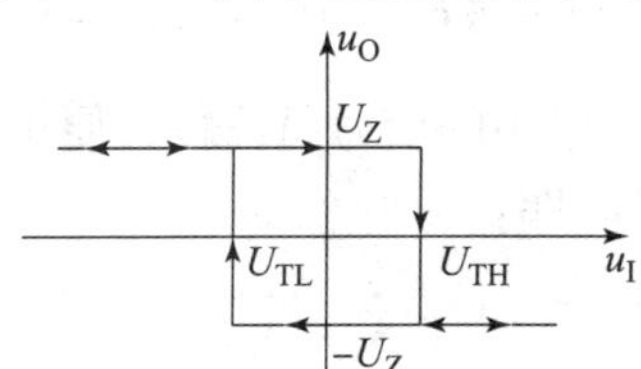

图6.3.5　反相迟滞电压比较器的传输特性曲线

6.4　正弦波振荡电路

正弦波振荡电路是用来产生一定频率和幅度的正弦交流信号的电子电路。它的频率范围可以从几赫兹到几百兆赫兹，输出功率可以从几毫瓦到几十千瓦，广泛用于各种电子电路中。在通信、广播系统中，用它来作高频信号源；电子测量仪器中的正弦小信号源；数字系统中的时钟信号源；还可作为高频加热设备以及医用电疗仪器中的正弦交流能源。

正弦波振荡电路是利用正反馈原理构成的反馈振荡电路，本节将在反馈放大电路的基础上，先分析振荡电路的自激振荡的条件，然后介绍 *LC* 和 *RC* 振荡电路，并简要介绍石英晶体振荡电路。

6.4.1 振荡电路

在放大电路中,输入端接入信号源后,输出端才有信号输出。当一个放大电路的输入信号为零时,输出端有一定频率和幅值的信号输出,这种现象称为放大电路的自激振荡。

1. 振荡电路的框图

图 6.4.1 所示为正反馈放大器的方框图,在放大器的输入端存在下列关系:

$$\dot{X}_i = \dot{X}_s + \dot{X}_f \tag{6.4.1}$$

其中,$\dot{X}_i$为净输入信号,且:

$$\dot{F} = \frac{\dot{X}_f}{\dot{X}_o} \quad \text{及} \quad \dot{A} = \frac{\dot{X}_o}{\dot{X}_i}$$

正反馈放大器的闭环增益为:

$$\dot{A}_f = \frac{\dot{X}_o}{\dot{X}_s} = \frac{\dot{A}\dot{X}_i}{\dot{X}_i - \dot{X}_f} = \frac{\dot{A}\dot{X}_i}{\dot{X}_i - \dot{A}\dot{F}\dot{X}_i}$$

最后得到:

$$\dot{A}_f = \frac{\dot{A}}{1 - \dot{A}\dot{F}} \tag{6.4.2}$$

如果满足条件:

$$|1 - \dot{A}\dot{F}| = 0, \text{或} \ \dot{A}\dot{F} = 1 \tag{6.4.3}$$

则表明如果图 6.4.1 所示电路中有很小的信号 $\dot{X}_s$输入,便可以有很大的信号 $\dot{X}_o = \dot{A}_f\dot{X}_s$输出。如果使反馈信号与净输入信号相等,即:

$$\dot{X}_f = \dot{X}_i$$

那么可以不外加信号 $\dot{X}_s$,只用反馈信号 $\dot{X}_f$取代 $\dot{X}_s$作为输入信号 $\dot{X}_i$,仍能确保信号的输出,这时整个电路就成为一个自激振荡电路,自激振荡的方框图就可以绘成如图 6.4.2 所示的形式。

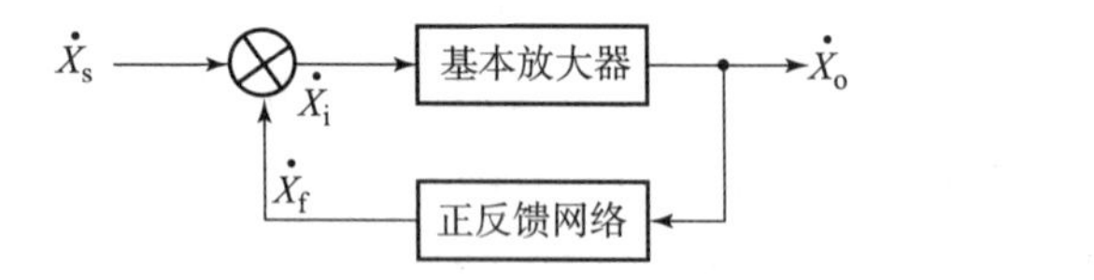

图 6.4.1 正反馈放大电路的方框图

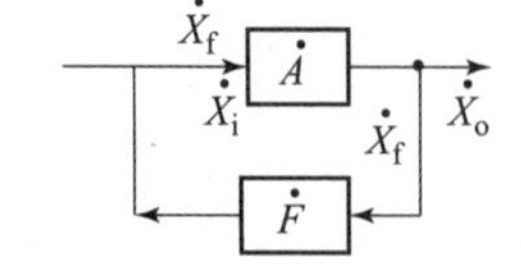

图 6.4.2 自激振荡的方框图

2. 自激振荡的条件

由上述分析可知,当 $\dot{A}\dot{F} = 1$ 时,自激振荡可维持振荡。$\dot{A}\dot{F} = 1$ 即为自激振荡的平衡条件,其中 $\dot{A}$ 和 $\dot{F}$ 都是频率的函数,可用复数表示,即:

$$\dot{A}=|\dot{A}|\angle\varphi_a,\dot{F}=|\dot{F}|\angle\varphi_f$$

则

$$\dot{A}\dot{F}=|\dot{A}\dot{F}|\angle(\varphi_a+\varphi_f)$$

即

$$|\dot{A}\dot{F}|=\dot{A}\dot{F}=1 \tag{6.4.4}$$

和

$$\varphi_a+\varphi_f=2n\pi,n=0,1,2,3\cdots \tag{6.4.5}$$

式(6.4.4)称为自激振荡的振幅平衡条件,式(6.4.5)称为自激振荡的相位平衡条件。

综上所述,振荡电路就是一个没有外加输入信号的正反馈放大电路,要维持等幅的自激振荡,放大电路必须满足振幅平衡条件和相位平衡条件。上述振荡条件如果仅对某一单一频率成立,则振荡波形为正弦波,称为正弦波振荡电路。

3. 正弦波振荡电路的基本构成

正弦波振荡电路一般包含以下几个基本组成部分:

(1)基本放大电路。提供足够的增益,且增益的值具有随输入电压增大而减少的变化特性。

(2)反馈网络。其主要作用是形成正反馈,以满足相位平衡条件。

(3)选频网络。其主要作用是实现单一频率信号的振荡。在构成上,选频网络与反馈网络可以单独构成,也可合二为一。很多正弦波振荡电路中,选频网络与反馈网络在一起。选频网络由 *L*、*C* 元件组成的,称为 *LC* 正弦波振荡电路,由 *R*、*C* 元件组成的,称为 *RC* 正弦波振荡电路,由石英晶体组成的,称为石英晶体正弦波振荡电路。

(4)稳幅环节。引入稳幅环节可以使波形幅值稳定,而且波形的形状良好。

4. 振荡电路的起振过程

振荡电路刚接通电源时,电路中会出现一个电冲击,从而得到一些频谱很宽的微弱信号,它含有各种频率的谐波分量。经过选频网络的选频作用,使 $f=f_0$ 的单一频率分量满足自激振荡条件,其他频率的分量不满足自激振荡条件,这样就将 $f=f_0$ 的频率信号从最初信号中挑选出来。在起振时,除满足相位条件(即正反馈)外,还要使 $\dot{A}\dot{F}>1$,这样,通过放大→输出→正反馈→放大……的循环过程,$f=f_0$ 的频率信号就会由小变大,其他频率信号因不满足自激振荡条件而衰减下去,振荡就建立起来。

振荡产生的输出电压幅度是否会无限制地增长下去呢?由于晶体管的特性曲线是非线性的,当信号幅度增大到一定程度时,电压放大倍数 $\dot{A}_u$ 就会随之下降,最后达到 $\dot{A}\dot{F}=1$,振荡幅度就会自动稳定在某一振幅上。

6.4.2　*LC* 正弦波振荡电路

采用 *LC* 元件组成选频网络的振荡电路称为 *LC* 振荡电路。*LC* 振荡电路通常采用电压正反馈。按反馈电压取出方式的不同,可分为变压器反馈式、电感三点式、电容三点式 3 种典型电路。3 种电路的共同特点是采用 *LC* 并联回路作为选频网络。

1. *LC* 并联回路的频率特性

一个 *LC* 并联回路如图 6.4.3 所示，其中，*R* 表示电感线圈和回路其他损耗的总等效电阻。其幅频特性和相频特性如图 6.4.4 所示。

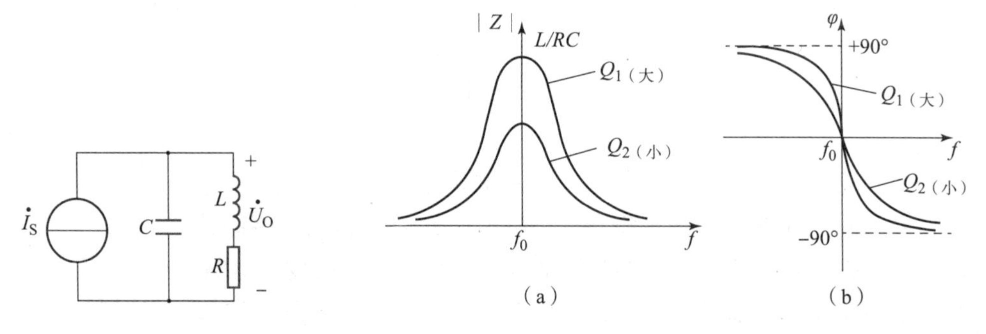

图 6.4.3　*LC* 并联回路

图 6.4.4　*LC* 并联回路的频率特性（$Q_1 > Q_2$）
(a) 幅频特性；(b) 相频特性

当 *LC* 并联回路发生谐振时，谐振频率为：

$$f_0 = \frac{1}{2\pi\sqrt{LC}} \tag{6.4.6}$$

电路阻抗 *Z* 达到最大，其值为：

$$Z_0 = \frac{Q}{\omega_0 C} = Q\omega_0 L = \frac{L}{RC} \tag{6.4.7}$$

式(6.4.7)中 *Q* 为回路的品质因数，其值为：

$$Q = \frac{\omega_0 L}{R} = \frac{1}{\omega_0 CR} \tag{6.4.8}$$

由图 6.4.4 可知，当外加信号的频率 f 等于 *LC* 回路的固有频率 f_0（$f = f_0$）时，电路发生并联谐振，阻抗 *Z* 达到最大值 Z_0，相位角 $\varphi = 0$，电路呈纯电阻性。当 f 偏离 f_0 时由于 *Z* 将显著减小，φ 不再为零，当 $f < f_0$ 时，电路呈感性；当 $f > f_0$ 时，电路呈容性，利用 *LC* 并联谐振时呈高阻抗这一特点，来达到选取信号的目的，这就是 *LC* 并联谐振回路的选频特性。可以证明品质因数越高，选择性越好，但品质因数过高，传输的信号会失真。

因此，采用 *LC* 谐振回路作为选频网络的振荡电路，只能输出 $f = f_0$ 的正弦波，其振荡频率为：

$$f = f_0 = \frac{1}{2\pi\sqrt{LC}} \tag{6.4.9}$$

当改变 *LC* 回路的参数 *L* 或 *C* 时，就可改变输出信号的频率。

2. 变压器反馈式振荡电路

1）电路组成

如图 6.4.5 所示，它由放大电路、*LC* 选频网络和变压器反馈电路 3 部分组成。线圈 *L* 与电容 *C* 组成的并联谐振回路作为晶体管的集电极负载构成选频放大器，由变压器副边绕组来实现反馈网络，所以称为变压器反馈式 *LC* 正弦波振荡电路，输出的正弦波通过 L_1 耦合给负载，C_b 为基极耦合电容。

2）振荡的建立与稳定

首先按图6.4.5所示的反馈线圈 L_1 的极性标记，根据同名端和用“瞬时极性法”判别可知，符合正反馈要求，满足振荡的相位条件。其次，当电源接通后的瞬间，电路中会存在各种电的扰动，这些扰动都能令谐振回路两端产生较大的电压，通过反馈线圈回路送到放大器的输入端进行放大。经放大和反馈的反复循环，频率为 f_0 的正弦电压的振幅就会不断地增大，于是振荡就建立起来。

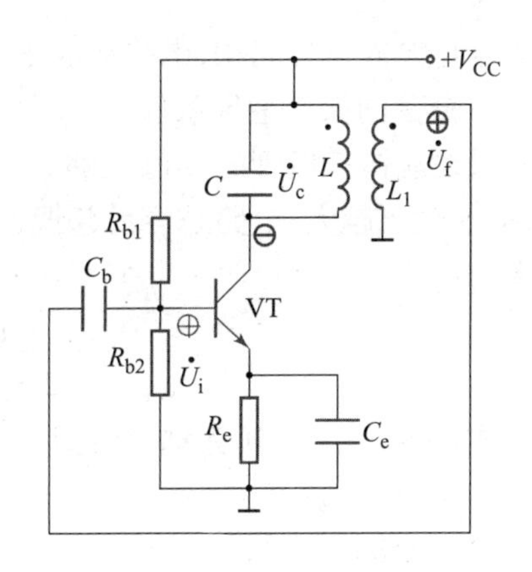

图6.4.5　变压器反馈式振荡电路

由于晶体管的输出特性是非线性的，放大器增益将随输入电压的增大而减小，直到 $\dot{A}\dot{F}=1$，振荡趋于稳定，最后电路就稳定在某一幅度下工作，维持等幅振荡。振荡频率为：

$$f=f_0\approx\frac{1}{2\pi\sqrt{LC}} \tag{6.4.10}$$

变压器反馈式振荡电路通过互感实现耦合和反馈，很容易实现阻抗匹配并达到起振要求，所以效率较高，应用很普遍。可以在 LC 回路中加装可变电容器来调节振荡频率，调频范围较宽，一般在几千赫兹～几百千赫兹，为了进一步提高振荡频率，选频放大器可改为共基极接法。该电路在安装中要注意的问题是反馈线圈的极性不能接反，否则就变成负反馈而不能起振。若反馈线圈的连接正确仍不能起振，可增加反馈线圈的匝数。

3. 电感三点式振荡电路

三点式振荡电路有电容三点式电路和电感三点式电路，它们的共同点是谐振回路的3个引出端点与三极管的3个电极相连接（指交流通路）。其中，与发射极相接的为两个同性质的电抗，与集电极和基极相接的是异性质电抗。这种规定可作为三点式振荡电路的组成法则，利用这个法则，可以判别三点式振荡电路的连接是否正确。

1）电路组成

电感三点式振荡电路，也称为哈脱莱（Hartley）振荡电路，电路如图6.4.6所示。由放大电路、选频网络和正反馈回路组成。选频网络是由带中间抽头的电感线圈 L_1、L_2 与电容 C 组成的，将电感线圈的3个端点——首端、中间抽头和尾端分别与放大电路相连。对交流通路而言，电感线圈的3个端点分别与三极管的3个极相连，其中与发射极相接的是 L_1 和 L_2。线圈 L_2 为反馈元件，通过它将反馈电压送到输入端。C_1、C_e 对交流视作短路。

2）振荡的相位平衡条件

根据“瞬时极性法”和同名端差别可知，当输入信号瞬时极性为⊕时，经过三极管倒相输出为⊖，即 $\varphi_f=180°$，整个闭环相移 $\varphi=\varphi_a+\varphi_f=360°$，即反

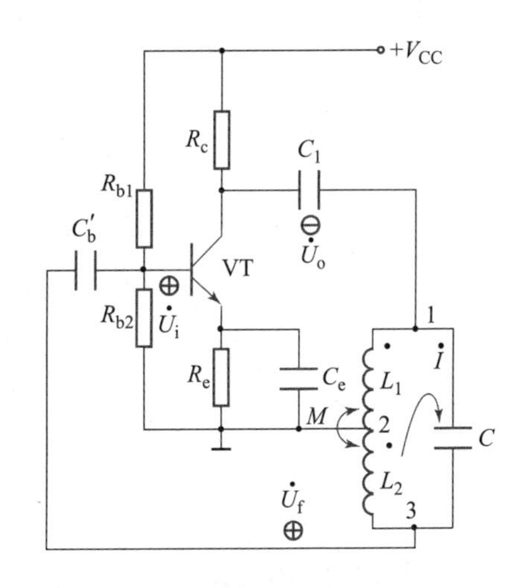

图6.4.6　电感三点式振荡电路

馈信号与输入信号同相,电路形成正反馈,满足相位平衡条件。

3)振荡的振幅平衡条件

只要晶体三极管的β值足够大,该电路就能满足振荡的振幅平衡条件。L_2越大,反馈越强,振荡输出越大,电路越容易起振,只要求用较小β的晶体管就能够使振荡电路起振。振荡频率为:

$$f=\frac{1}{2\pi\sqrt{LC}}=\frac{1}{2\pi\sqrt{(L_1+L_2+2M)C}} \tag{6.4.11}$$

式(6.4.11)中M为耦合线圈的互感系数。通过改变电容C可改变输出信号的频率。

4)电路优、缺点

(1)电路较简单,易连接。

(2)耦合紧,同名端不会接错,易起振。

(3)采用可变电容器,能在较宽范围内调节振荡频率,振荡频率一般为几十赫兹至几十兆赫兹。

(4)高次谐波分量大,波形较差。

4. 电容三点式振荡电路

1)电路组成

电容三点式振荡电路又称为科皮兹(Colpitts)电路,电路如图6.4.7所示,反馈电压取自C_1、C_2组成的电容分压器。晶体管V为放大器件,R_{b1}、R_{b2}、R_c、R_e用来建立直流通路和合适的工作点电压,C_b为耦合电容,C_e为旁路电容,L、C_1、C_2并联回路组成选频反馈网络。与电感三点式振荡电路的情况相似,这样的连接也能保证实现正反馈,产生振荡。

2)振荡频率

振荡频率为:

$$f_0\approx\frac{1}{2\pi\sqrt{LC}} \tag{6.4.12}$$

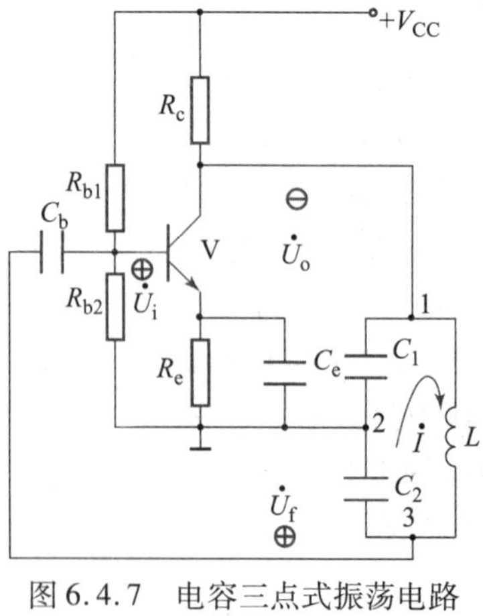

图6.4.7 电容三点式振荡电路

式(6.4.12)中,$C=\dfrac{C_1C_2}{C_1+C_2}$。

3)电路优、缺点

(1)反馈电压从电容 C_2 两端取出,频率越高,容抗越小,反馈越弱,减少了高次谐波分量,从而输出波形好,频率稳定性也较高。

(2)振荡频率较高,可达 100 MHz 以上。

(3)要改变振荡频率,必须同时调节 C_1 和 C_2,非常不方便,并将导致振荡稳定性变差。

4)克拉泼(Clapp)振荡电路

为了方便地调节电容三点式振荡电路的振荡频率,通常在线圈 L 上串联一个容量较小的可变电容 C_3,电路如图 6.4.8 所示。

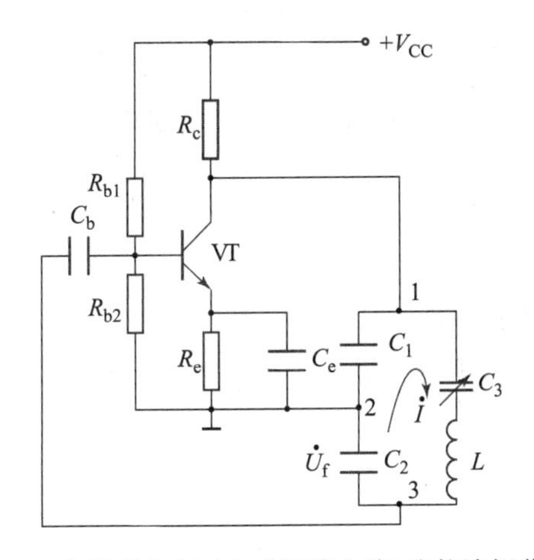

图 6.4.8　改进型电容三点式振荡电路(克拉泼振荡电路)

例 6.4.1　标出图 6.4.9 所示电路中变压器的同名端,使之满足产生振荡的相位条件。

解:运用"瞬时极性法",欲使电路满足相位条件,则应符合图中标识的极性,那么,a 与 d 是同名端,b 与 c 是同名端。

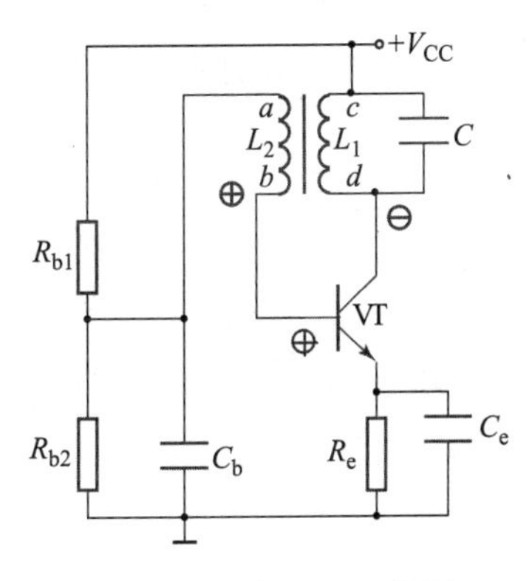

图 6.4.9　例 6.4.1 的图

例 6.4.2　电路如图 6.4.6 所示,$L_1 = 0.3$ mH,$L_2 = 0.2$ mH,$M = 0.1$ mH,电容 C 在 33 pF 到 330 pF 内可调。

(1)画出交流通路。

(2)求出振荡频率f的变化范围。

解:交流通路如图6.4.10所示。可知:

$$L = L_1 + L_2 + 2M = 0.7\ \text{mH}$$

$$f_H = \frac{1}{2\pi\sqrt{LC}} = \frac{1}{2 \times 3.14\ \sqrt{0.7 \times 10^{-3} \times 33 \times 10^{-12}}} = 1.048(\text{MHz})$$

$$f_L = \frac{1}{2\pi\sqrt{LC}} = \frac{1}{2 \times 3.14\ \sqrt{0.7 \times 10^{-3} \times 330 \times 10^{-12}}} = 331.31(\text{kHz})$$

答:振荡频率f在331.31 kHz~1.048 MHz可调。

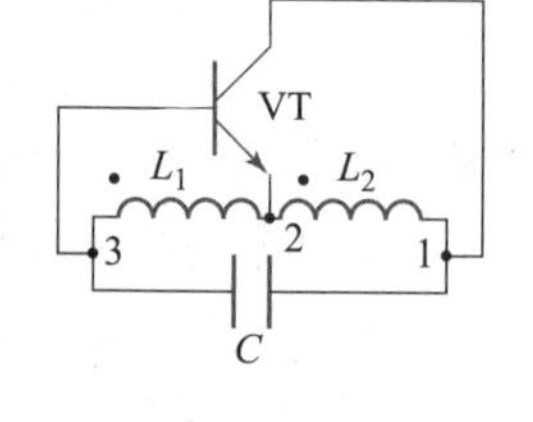

图6.4.10 例6.4.2的图

6.4.3 *RC* 振荡电路

LC 振荡电路的振荡频率过低时,所需的 *L* 和 *C* 就很大,这将使振荡电路结构不合理、经济不合算,而且性能也变坏,因此在几百千赫兹以下的振荡电路常采用 *RC* 振荡电路。由 *RC* 元件组成的选频网络有多种,这里主要介绍 *RC* 串并联型网络组成的振荡电路,即 *RC* 桥式正弦波振荡电路。

1. *RC* 串并联型网络的选频特性

RC 串并联网络如图6.4.11所示,设 $R_1 = R_2 = R, C_1 = C_2 = C$,则有:

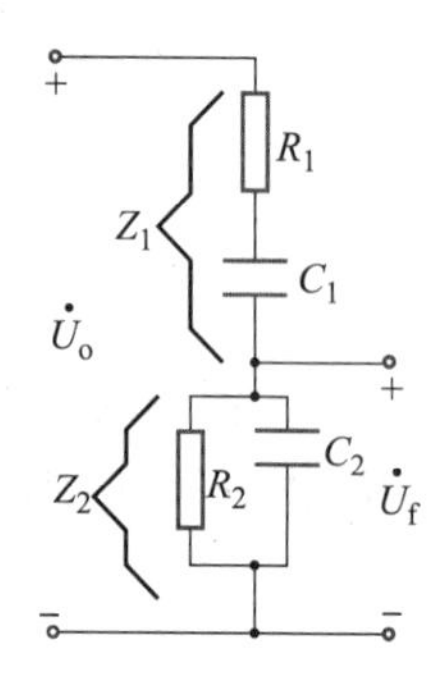

图6.4.11 *RC* 串并联网络

$$Z_1 = R_1 + \frac{1}{j\omega C_1} = \frac{1 + j\omega CR}{j\omega C}$$

$$Z_2 = \frac{R_2 \dfrac{1}{j\omega C_2}}{R_2 + \dfrac{1}{j\omega C_2}} = \frac{R}{1 + j\omega CR}$$

则反馈系数为:

$$\dot{F} = \frac{\dot{U}_f}{\dot{U}_o} = \frac{Z_2}{Z_1 + Z_2} = \frac{1}{3 + j\left(\omega CR - \dfrac{1}{\omega CR}\right)} \tag{6.4.13}$$

令

$$\omega_0 = \frac{1}{RC}, \text{即}\ f_0 = \frac{1}{2\pi RC}$$

则式(6.4.13)可写为：

$$\dot{F}=\frac{1}{3+\mathrm{j}\left(\frac{\omega}{\omega_0}-\frac{\omega_0}{\omega}\right)}=\frac{1}{3+\mathrm{j}\left(\frac{f}{f_0}-\frac{f_0}{f}\right)}$$

其频率特性曲线如图 6.4.12 所示。

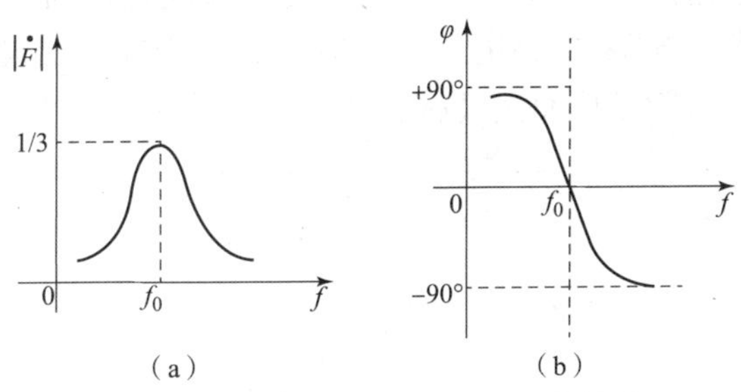

图 6.4.12 *RC* 串并联网络的频率特性

(a)幅频特性；(b)相频特性

从图中可看出，当信号频率 $f=f_0$ 时，u_f与 u_o同相，且有反馈系数 $\dot{F}=\frac{\dot{U}_f}{\dot{U}_o}=\frac{1}{3}$为最大。

2. *RC* 桥式振荡电路

1)电路组成

图 6.4.13 所示的电路是文氏电桥振荡电路的原理图，它由同相放大器 *A* 及反馈网络 *F* 两部分组成。图中 *RC* 串并联电路组成正反馈选频网络，电阻 R_f、R 是同相放大器中的负反馈回路，由它决定放大器的放大倍数。

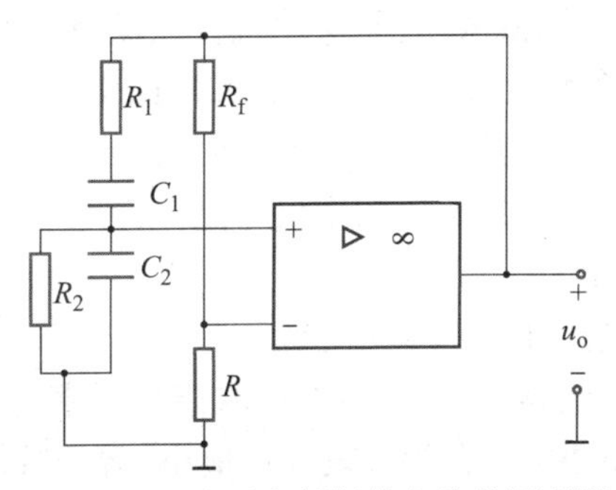

图 6.4.13 文氏电桥振荡电路的原理图

2)*RC* 桥式振荡电路的起振条件

同相放大器的输出电压 $\dot{U}_o$与输入电压 $\dot{U}_i$同相，即 $\varphi_a=0°$，从分析 *RC* 串并联网络的选频特性可知，当输入 *RC* 网络的信号频率 $f=f_0$时，$\dot{U}_o$与 $\dot{U}_f$同相，即 $\varphi_f=0°$，整个电路的相移 $\varphi=\varphi_a+\varphi_f=0°$，即为正反馈，满足相位平衡条件。

放大器的放大倍数 $\dot{A}_u=1+\frac{R_f}{R}$，从分析 *RC* 串联网络的选频特性可知，在 $R_1=R_2=R$，$C_1=C_2=C$ 的条件下，当 $f=f_0$时，反馈系数 $\dot{F}=1/3$ 达到最大，此时只要放大器的电压放大倍数

$\dot{A}_u = 1 + \frac{R_f}{R} > 3$，即 $R_f \geqslant 2R$，就能满足 $\dot{A}\dot{F} > 1$ 的条件，振荡电路能自行建立振荡。

3）稳幅方法

根据振荡幅度的变化来改变负反馈的强弱是常用的自动稳幅措施。如图 6.4.14 所示电路就是一个稳幅的文氏振荡电路。图中 R_1、R_2、C_1、C_2 构成正反馈选频网络，结型场效应管 3DJ6 作可变电阻，构成稳幅电路，这种电路使场效应管工作在可变电阻区，使其成为压敏电阻。D 和 S 两端的等效阻抗随栅压而变，以控制反馈通路的反馈系数，从而稳定振幅。

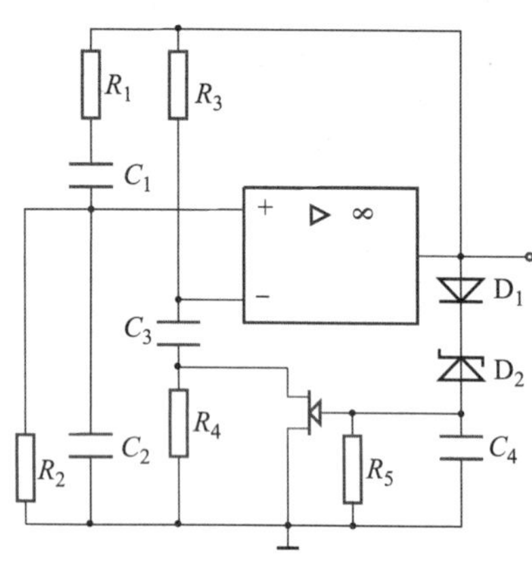

图 6.4.14 稳幅的振荡电路

6.4.4 晶体振荡电路

石英晶体振荡电路是利用石英晶体的压电效应制成的一种谐振器件。在晶体的两个电极上加交流电压时，晶体就会产生机械振动，而这种机械振动反过来又会产生交变电场，在电极上出现交流电压，这种物理现象称为压电效应。如果外加交流电压的频率与晶体本身的固有振动频率相等，则振幅明显加大，比其他频率下的振幅大得多，这种现象称为压电振荡，称该晶体为石英晶体振荡器，简称晶振，它的谐振频率仅与晶体的外形尺寸和切割方式等有关。

1. 石英晶体的频率特性

石英晶体的符号和等效电路如图 6.4.15 所示。

从石英晶体振荡器的等效电路可知，其具有串联谐振频率 f_s 和并联谐振频率 f_p。

1）当 LCR 支路发生串联谐振时，它的等效阻抗最小（等于 R），谐振频率为：

$$f_s = \frac{1}{2\pi\sqrt{LC}} \tag{6.4.14}$$

2）当频率高于 f_s 时，LCR 支路呈感性，可与电容 C_o 发生并联谐振，谐振频率为：

$$f_p = \frac{1}{2\pi\sqrt{L\frac{CC_o}{C+C_o}}}\sqrt{1+\frac{C}{C_o}} \tag{6.4.15}$$

由于 $C \ll C_o$，因此 f_s 和 f_p 非常接近。

根据石英晶体的等效电路，可定性地画出它的电抗曲线，如图 6.4.15（d）所示，当频率 $f < f_s$ 或 $f > f_p$ 时，石英晶体呈容性；当 $f_s < f < f_p$ 时，石英晶体呈感性。

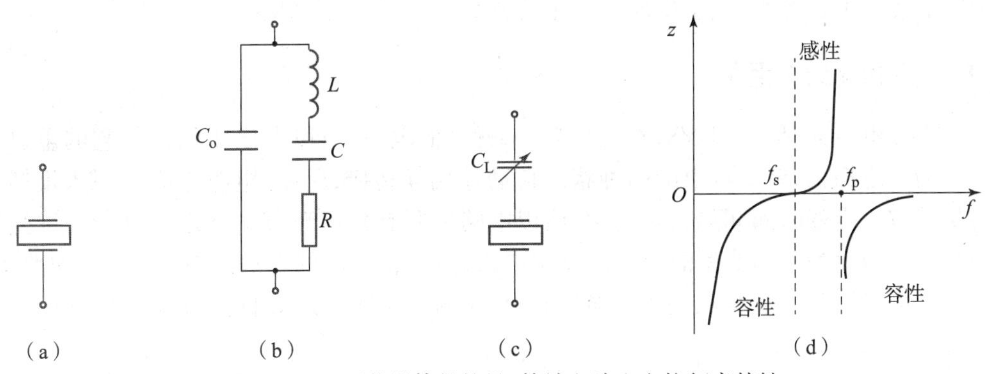

图 6.4.15　石英晶体的符号、等效电路和电抗频率特性

通常,石英晶体产品给出的标称频率不是f_s也不是f_p,而是串接一个负载小电容C_L时的校正振荡频率,如图 6.4.15(c)所示。利用C_L可使得石英晶体的谐振频率在一个小范围内(即$f_s \sim f_p$)调整。C_L的值应比 C 大。

2. 石英晶体振荡电路

石英晶体振荡电路的形式是多种多样的,但其基本电路只有两类,即并联晶体振荡电路和串联晶体振荡电路。现以图 6.4.16 所示的并联晶体谐振电路的原理图为例作简要介绍。

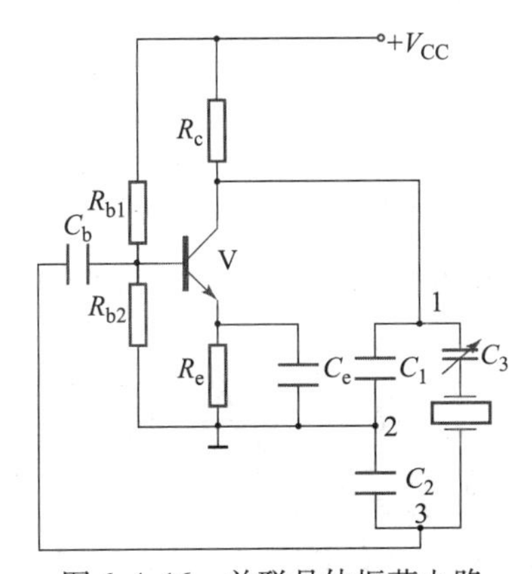

图 6.4.16　并联晶体振荡电路

图 6.4.16 所示电路是石英晶体以并联谐振电路的形式出现,从图中可看出,该电路是电容三点式 LC 振荡电路,晶体在此起电感的作用。谐振频率 f 在 f_s 与 f_p之间,由 C_1、C_2、C_3和石英晶体等效电感 L 决定,由于 $C_1 \gg C_3$ 且 $C_2 \gg C_3$,所以振荡频率主要取决于石英晶体与 C_3的谐振频率。

石英晶振的频率相对偏移率为 $10^{-9} \sim 10^{-11}$,RC 振荡器在 10^{-3}以上,LC 振荡器在 10^{-4}左右。晶振的频率稳定度远高于后两者,一般用在对频率稳定要求较高的场合中,如用在数字电路和计算机中的时钟脉冲发生器等。

6.5　非正弦波振荡电路

在实用电路中,除了常见的正弦波外,还有方波、三角波、锯齿波等波形。本节主要介绍以上3种波形发生电路的组成、工作原理及主要参数。

6.5.1 方波振荡电路

因为方波电压只有两种状态,不是高电平,就是低电平,所以电压比较器是它的重要组成部分。因为产生振荡,要求输出的两种状态自动地相互转换,所以,电路中必须引入反馈。因为输出状态按一定的时间间隔交替变化,所以电路中要有延迟环节来确定每种状态维持的时间。图6.5.1所示为一种典型的矩形波发生电路,由反相输入的迟滞比较器和 RC 回路组成。其中,运放、R_2、R_1、稳压管组成反相迟滞比较器;R_3 和 C 组成的 RC 回路在电路中既用作反馈网络,又用作延迟环节。

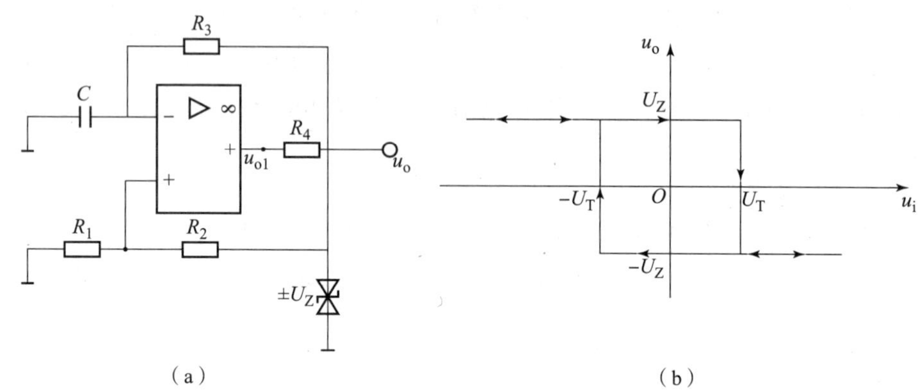

图6.5.1 矩形波发生电路及其迟滞比较器电压传输特性曲线

(a)电路图;(b)迟滞比较器电压传输特性曲线

图6.5.1(a)中反相迟滞比较器的电压传输特性曲线如图6.5.1(b)所示。其阈值电压为:

$$\pm U_T = \pm \frac{R_1}{R_1 + R_2} U_Z$$

设某一时刻输出电压为 $+U_Z$,则 $u_P = U_T$,输出电压通过 R_3 对电容充电,u_N 电压由小到大变化,当 $u_N > u_P$ 时,输出电压发生跳变,从 $+U_Z$ 跳变为 $-U_Z$,此时 $u_P = -U_T$;然后电容再通过 R_3 放电,当 $u_N < u_P$ 时,输出电压发生跳变,从 $-U_Z$ 跳变为 $+U_Z$,如此反复,电路就产生输出电压。

电容充放电波形如图6.5.2所示,方波周期 $T = T_1 + T_2$,T_1 对应放电时间,T_2 对应充电时间,且 $T_1 = T_2$。

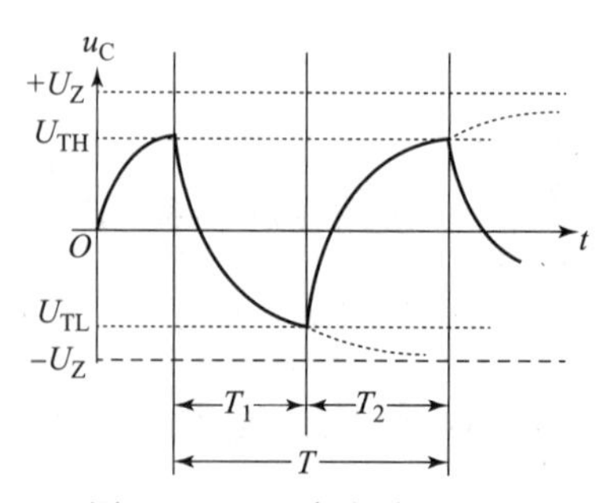

图6.5.2 电容充放电波形

可以计算电容放电时间 T_1，由一阶 RC 电路的三要素可列方程为：

$$U(t)=U(\infty)+[U(0_+)-U(\infty)]\mathrm{e}^{-\frac{T_1}{R_3C}} \tag{6.5.1}$$

其中，$U(t)$ 为 T_1 时刻的电容电压，$U(t)=-U_T$；$U(\infty)$ 为时间趋于无穷大时的电容电压，$U(\infty)=-U_Z$；$U(0_+)$ 为初始时刻的电容电压，$U(0_+)=-U_T$，带入上式可得：

$$T=2T_1=2R_3C\ln\left(1+\frac{2R_2}{R_1}\right) \tag{6.5.2}$$

由上分析可知，调整 C、R_1、R_2、R_3 的值可改变电路的振荡频率，调整 U_Z 可改变电路输出电压的幅值。

6.5.2　三角波发生电路和锯齿波发生电路

1. 三角波发生电路

由在 6.1 节介绍的积分电路可知，当一个方波经过积分电路后可获得一个三角波，因此三角波发生电路可由积分电路 A_2 和迟滞比较器 A_1 组成，如图 6.5.3(a)所示。

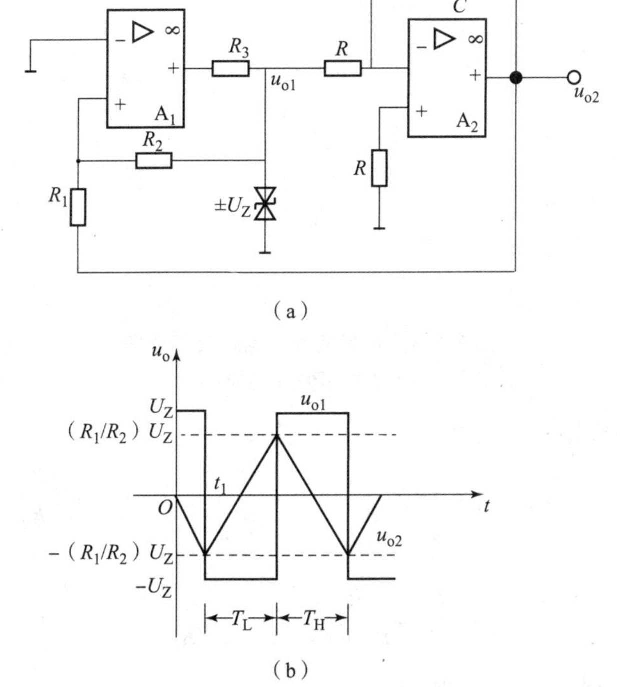

图 6.5.3　三角波发生电路及其波形

(a)电路图；(b)波形

对于迟滞比较器 A_1 而言，$u_{+1}=R_2u_{o2}/(R_1+R_2)+R_1u_{o1}/(R_1+R_2)$，$u_{-1}=0$，当 $u_{+1}=u_{-1}$ 时，A_1 翻转，$u_{TH}=u_{o2}=-(R_1/R_2)u_{o1}$。由于 $u_{o1}=\pm U_Z$，因此，可以分别求出两个阈值电压：

$$U_{TH1}=-(R_1/R_2)U_Z,\ U_{TH2}=(R_1/R_2)U_Z \tag{6.5.3}$$

设接通电源($t=0$)时，比较器的输出 $u_{o1}=\pm U_Z$，U_Z 经过 R 对电容 C 充电，由该反相积分电路可知，输出电压 u_{o2} 将负向线性增长；当 u_{o2} 下降到等于或略小于 U_{TH1} 时，u_{o1} 跳变到 $-U_Z$，同

时阈值电压上跳到 U_{TH2}。同理，$-U_Z$ 经过 R 对电容 C 放电，输出电压 u_{o2} 转为正向线性增长；当 u_{o2} 上升到等于或略大于 U_{TH2} 时，U_{o1} 跳变到 U_Z。因此，该循环可形成一系列的三角波输出，如图 6.5.3(b) 所示。

由图 6.5.3(b) 可知，当 $u_{o1}=U_Z$ 时，u_{o2} 从 0 负向线性增长到 $-(R_1/R_2)U_Z$ 的时间 t_1 恰好是输出信号周期 T 的 1/4。因此 $t=t_1$ 时，$u_{o2}(t_1)=-\frac{1}{RC}\int_0^{t_1}u_{o1}\mathrm{d}t=-\frac{U_Z}{RC}t_1=U_{TH1}=-\frac{R_1}{R_2}U_Z$，可得 $t_1=RC\frac{R_1}{R_2}$，则信号的振荡周期为：

$$T=4t_1=4RC\frac{R_1}{R_2} \tag{6.5.4}$$

2. 锯齿波发生电路

锯齿波实际上是不对称的三角波，其发生电路被广泛应用于屏幕的扫描系统中。电路如图 6.5.4(a) 所示，与三角波发生电路的区别在于积分电路充、放电路的电阻不等，从而获得锯齿波信号输出。

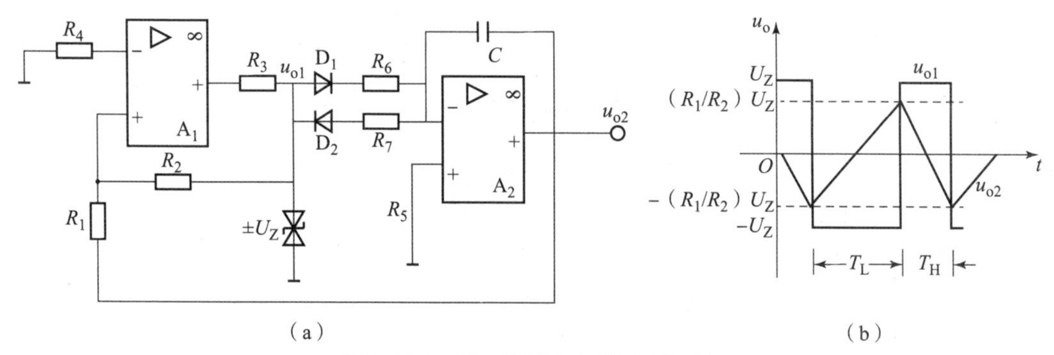

图 6.5.4 锯齿波发生电路及其波形

(a) 电路图；(b) 波形

从三角波的振荡周期不难看出，锯齿波的振荡周期为：

$$T=T_H+T_L=2R_6C\frac{R_1}{R_2}+2R_7C\frac{R_1}{R_2}=2(R_6+R_7)C\frac{R_1}{R_2} \tag{6.5.5}$$

占空比为：

$$\frac{T_H}{T}=\frac{R_6}{R_6+R_7}=\frac{1}{1+R_7/R_6} \tag{6.5.6}$$

若 $R_7>R_6$，则其周期波形如图 6.5.4(b) 所示。

6.6 Multisim 仿真

6.6.1 反相比例放大电路的仿真

反相比例放大电路如图 6.6.1 所示，其中 741 为理想集成运放，3 端口为同相输入端，2 端口为反相输入端，4 端口为直流负电压源端口（也可以接地），7 端口为直流正电源输入端，电路采用双电源供电,6 端口为电压输出端,1 端口和 5 端口为调零和补偿端口,在仿真中可以悬空。

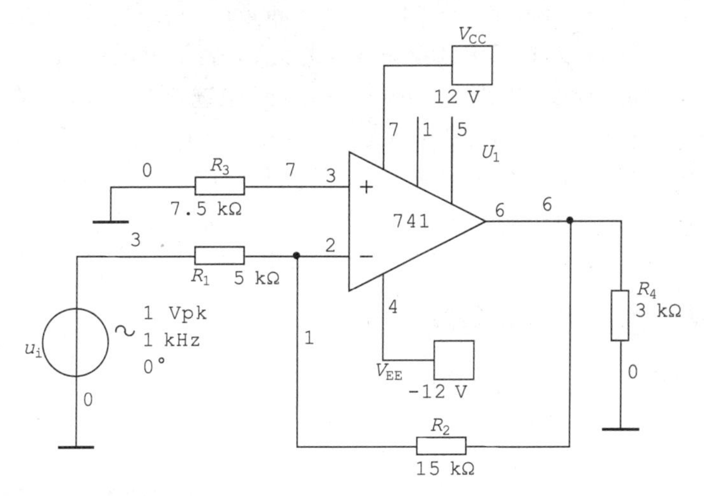

图 6.6.1 反相比例放大电路

输入信号为正弦波信号,峰值为 1 V,频率为 1 kHz,偏置电压为 0 V,由 6.1 节相关分析可知电路的电压放大倍数为:

$$A_u = -\frac{R_2}{R_1} = -3$$

电路输入电阻 $R_i \approx R_1 = 5\ k\Omega$,电路的输出电阻 $R_o \approx 0$。

利用示波器观察输入和输出波形,A 通道接输入端,B 通道接输出端,仿真波形如图 6.6.2 所示,由图可知输入信号与输出信号极性相反;输出信号的峰值为 3 V,则 $A_u = u_o/u_i = -3$,电压放大倍数的测量值与估算值相吻合。

由于电路中没有电容,所以该电路可以放大直流信号。令输入信号为直流信号源,电压为 1 V,利用示波器观察输入、输出信号波形,示波器显示方式切换到"DC"挡,仿真波形如图 6.6.3 所示,由图可知,输入信号与输出信号极性相反,输出电压 $U_O = -3$ V。

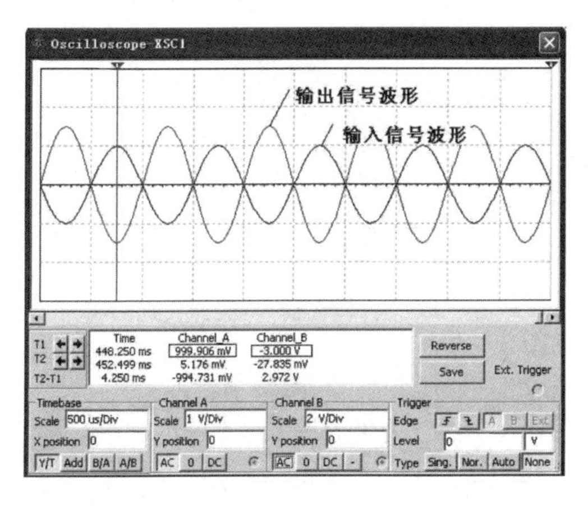

图 6.6.2 交流信号输入时的示波器波形

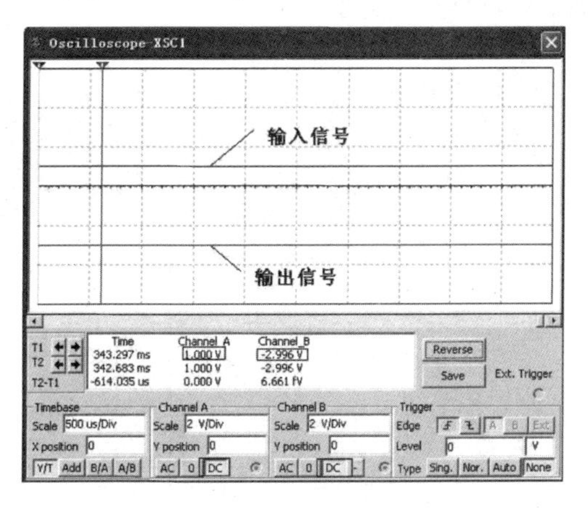

图 6.6.3 直流信号输入时的示波器波形

对电路进行传递函数分析(Transfer Function)可求出电路的电压增益、输入电阻、输出电阻等。

选择命令"Simulate"→"Analysis"→"Transfer Function",打开传递函数分析设置对话框,如图 6.6.4 所示。在"Input source"中选择输入信号源,V 表示电压源,V1 为输入信号源的名称;由于要分析电压增益,所以在"Output nodes/Source"中选择"Voltage",在"Output node"中选择输出电压的节点,这里为"V(6)","Output reference"选择输出电压参考节点,这里为地,即"V(0)"。设置完成后单击"Simulate"按钮,分析结果如图 6.6.5 所示。"Transfer function"表示电压增益,$A_u \approx -3$;"Input impedance"表示输入电阻,$R_i = 5\ \text{k}\Omega$;"Output impedance"表示输出电阻,$R_o = 1.51\ \text{m}\Omega \approx 0\ \Omega$,该仿真结果与估算结果很接近。

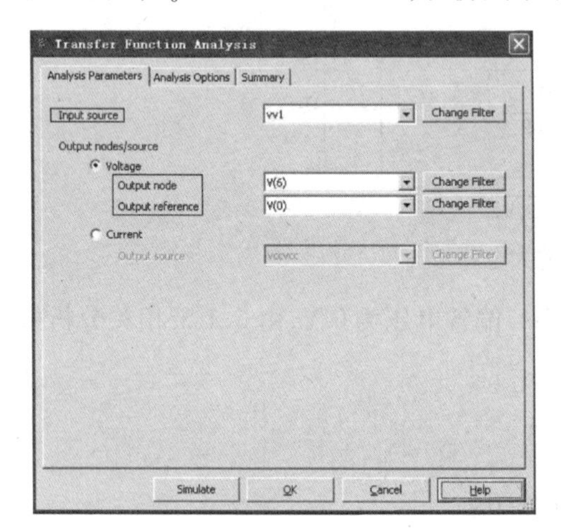

图 6.6.4 传递函数分析设置对话框

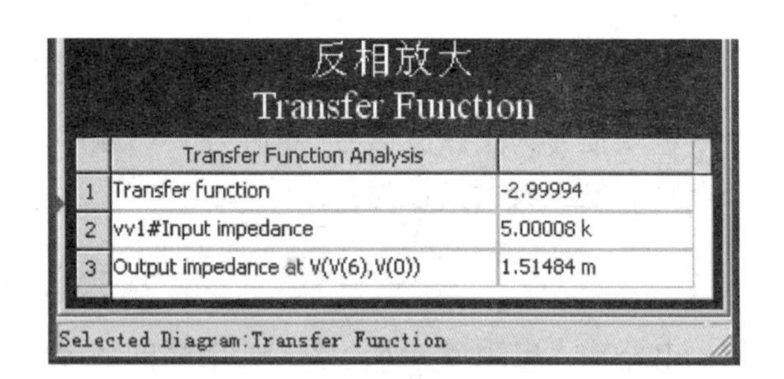

反相放大

Transfer Function

	Transfer Function Analysis	
1	Transfer function	-2.99994
2	vv1#Input impedance	5.00008 k
3	Output impedance at V(V(6),V(0))	1.51484 m

Selected Diagram:Transfer Function

图 6.6.5 传递函数的分析结果

6.6.2 反相迟滞比较器电路的仿真

反相迟滞比较器仿真电路如图 6.6.6 所示,采用运放充当比较器,型号为 741,稳压管型号为 02DZ4.7,稳压管的 $\pm U_Z = 4.7\ \text{V}$,导通电压 $U_D = 1.3\ \text{V}$,参考电压 $U_{REF} = 0\ \text{V}$,由此可以推断出电路的输出电压 $u_o = \pm(U_Z + U_D) = \pm 6\ \text{V}$。

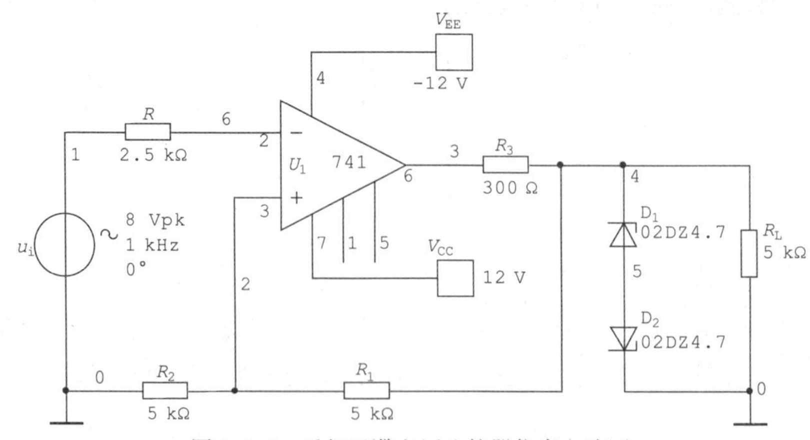

图 6.6.6 反相迟滞电压比较器仿真电路图

可估算出电路的门限电压：

$$U_{TH}=\frac{R_1U_{REF}}{R_1+R_2}+\frac{R_2U_o}{R_1+R_2}=3\ V$$

$$U_{TL}=\frac{R_1U_{REF}}{R_1+R_2}+\frac{R_2U_o}{R_1+R_2}=-3\ V$$

对电路进行“DC Sweep Analysis”(直流扫描分析)可以仿真得到迟滞比较器的一个门限电压和一条传输特性曲线。选择命令“Simulate”→“Analysis”→“DC Sweep Analysis”，打开直流扫描分析设置对话框，如图 6.6.7 所示。

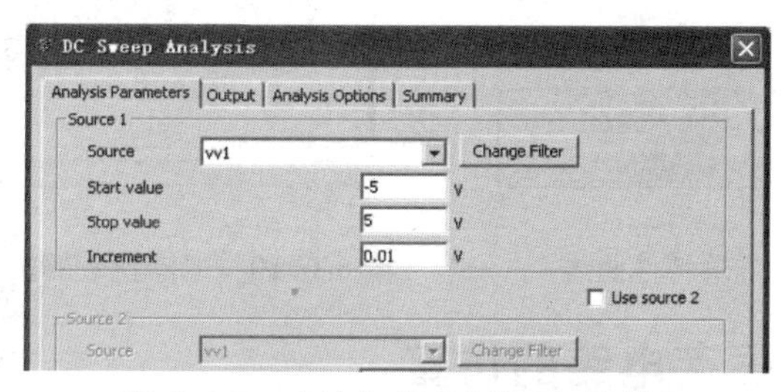

图 6.6.7　直流扫描分析设置对话框

“Source1”中选择输入信号，这里为“vv1”，按图填写输入信号的起始值(－5 V)、停止值(＋5 V)、扫描间距(0.01 V)。软件要求起始值必须小于停止值，即只能仿真输入信号由小到大变化的情况，因此通过直流扫描分析只能得到 U_{TH} 和一条传输特性曲线。在“Output”选项卡中添加输出节点，这里为节点 3，设置完成后单击“Simulate”按钮，仿真结果如图 6.6.8 所示。

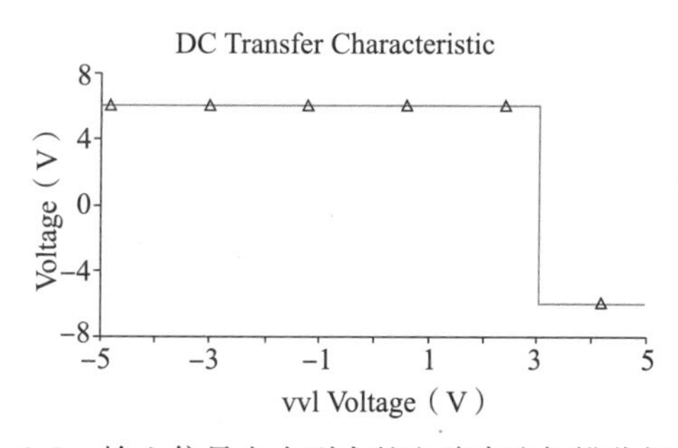

图 6.6.8　输入信号由小到大的电路直流扫描分析结果

由图可知，当输入信号很小时，输出电压为高电平 6 V，且阈值电压为 3 V，当输入信号大于 3 V 后，输出电压跳变为 －6 V，该仿真结果与分析结果相符合。

设置输入信号频率为 1 kHz，峰值为 8 V，将示波器 A 通道连接输入信号，B 通道连接输出信号，打开仿真开关，将示波器的显示方式切换到 B/A(Y 轴显示 B 通道信号，X 轴显示 A 通道信号)可得到电路的传输特性曲线，如图 6.6.9 所示。由图可知，电路的阈值电压分别约为 3 V和 －3 V，该仿真值与估算结果相符合。

将示波器显示方式切换到 Y/T 方式(横轴为时间，纵轴为电压信号)，可显示输入信号波形与输出信号波形，如图 6.6.10 所示，当输入信号由大到小变化时，输出信号为低电平，门限电压为 －3 V，当输入信号减小到 －3 V 时，输出信号跳变为高电平；输入信号减小到最小值后开始增大,此时门限电压为 +3 V,当信号增大到 +3 V 时,输出信号跳变为低电平。

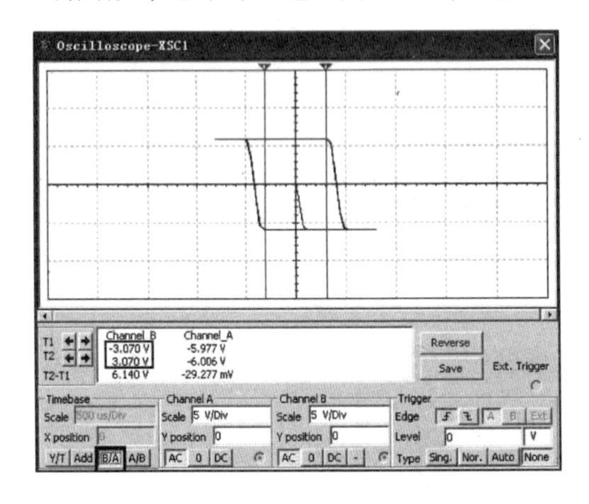

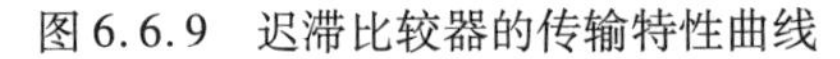

图 6.6.9　迟滞比较器的传输特性曲线

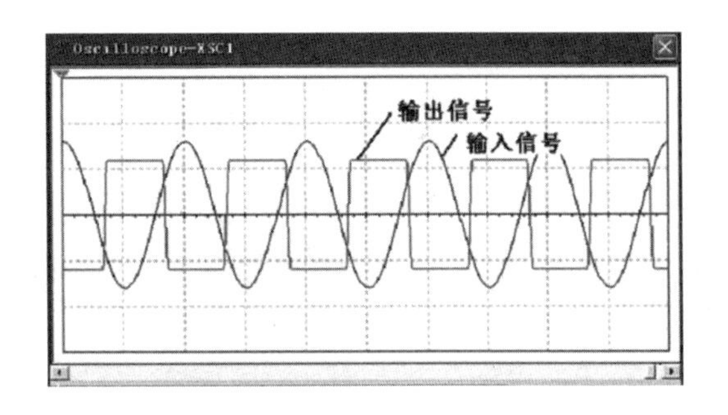

图 6.6.10　迟滞比较器输入信号与输出信号的波形

6.6.3　*RC* 正弦波振荡电路的仿真

1. 参数估算

RC 正弦波振荡电路如图 6.6.11 所示,R_5、R_4、C_1、C_2 构成选频网络和正反馈网络;运放 741、R_1、滑动变阻器 R_3、D_1、R_2、D_2 构成放大电路,设滑动变阻器接入电路的电阻为 R_W;D_1、D_2、R_2 构成稳幅环节,设 D_1、D_2、R_2 等效电阻为 R。

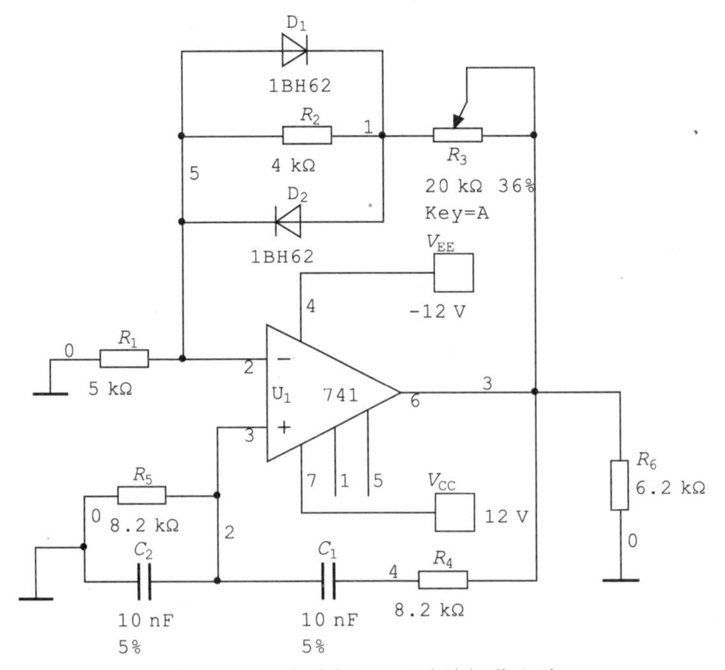

图 6.6.11　自稳幅 *RC* 正弦波振荡电路

信号频率为中心频率 f_0 时,选频网络的相移为 0,而同相比例放大电路的输入信号与输出信号的相移为 2π 的整数倍,因此,振荡电路总的相移为 2π 的整数倍,满足相位平衡条件,电路能起振。

可估算出该选频网络的中心频率：

$$f_0=\frac{1}{2\pi RC}=\frac{1}{2\pi R_5C_2}=\frac{1}{2\pi\times 8.2\times 10^3\times 1\times 10^{-8}}=1.94\ \mathrm{kHz}$$

二极管 D_1、D_2 起稳幅作用，可改善输出波形，使输出稳定。在电路刚起振时，输出电压很小，二极管处于截止状态，电阻很大，D_1、D_2、R_2 等效电阻 $R\approx R_2$，此时，放大电路的电压放大倍数为：

$$A_u=1+\frac{R_2+R_W}{R_1}>3$$

电路可以起振。

若输出电压 u_o 的幅值较大，当 u_o 为正半周时，D_2 导通、D_1 截止，当 u_o 为负半周时，D_1 导通、D_2 截止，即输出电压的幅值较大时总有一个二极管导通，由于二极管的导通电阻较小，D_1、D_2、R_2 等效电阻 $R<R_2$，放大电路的电压放大倍数减小，最后等于 3，振荡进入动态平衡状态，输出电压趋于稳定。

滑动变阻器 R_3 的作用为调节输出电压的幅度，R_3 接入电路的阻值有一定要求。

若要求电路起振，则 $R_2+R_W>2R_1$，即：$R_W>2R_1-R_2=6\ \mathrm{k\Omega}$。

对于图 6.6.11 所示电路，滑动变阻器的百分比大于 30%，电路才可能起振。

若要求电路稳定振荡，则 $R_W<2R_1=10\ \mathrm{k\Omega}$。

对于图 6.6.11 所示电路，滑动变阻器的百分比应小于 50%，电路才可能稳定振荡。

当电路稳定振荡时，放大电路的电压放大倍数一定等于 3，D_1、D_2、R_2 等效电阻为 R 时：

$$R=2R_1-R_W$$

当电路稳定振荡时，二极管 D_1、D_2 总有一个处于导通状态，设二极管导通电压为 U_D，则：

$$U_{om}=\frac{3R_1}{2R_1-R_W}U_D$$

由上式可知，调节 R_W 的值（即 R_3）可以改变输出信号的峰值，且 R_W 越大，输出电压的峰值越高，R_W 越小，输出信号的峰值越小。为了使输出电压不失真，R_W 有一个上限值。经测试 741 输出电压信号的最大值为 11.1 V，二极管完全导通时导通电压约为 0.42 V（U_D 是随着输出电压的大小而变化的，输出电压小，则 U_D 也会变小），可估算出 R_W 的上限值为：

$$R_{W\max}=\frac{U_{om}\cdot 2R_1-3R_1\cdot U_D}{U_{om}}=\frac{11.1\times 10-15\times 0.42}{11.1}\ \mathrm{k\Omega}\approx 9.43\ \mathrm{k\Omega}$$

对于图 6.6.11 所示电路，滑动变阻器的百分比应小于 47%，电路输出信号才不会失真。由上述分析可知，若要求电路能够稳定振荡且输出信号不失真，则滑动变阻器的调节范围为30% ~47%。

2. 电路仿真与分析

利用示波器 A 通道观察输出信号的波形，调节滑动变阻器百分比，当百分比小于 37% 时没有产生输出信号，当百分比增加到 37% 时，逐渐产生输出信号，最后达到稳定状态，示波器波形如图 6.6.12 所示，该波形显示电路的起振过程，输

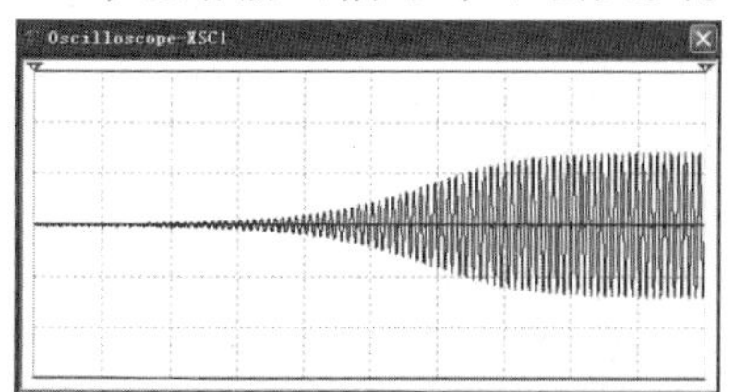

图 6.6.12　滑动变阻器百分比为 37% 时的电路起振过程

出信号由小到大最后稳定输出。

当电路稳定振荡，如果减小滑动变阻器的阻值，使百分比小于37%，则电路的输出信号幅值将逐渐减小，最后停振，停振过程如图6.6.13所示。

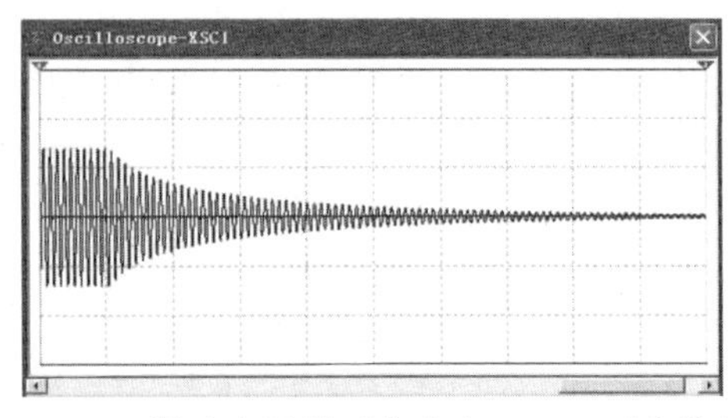

图6.6.13　滑动变阻器百分比小于37%时电路停振

利用“Transient Analysis”（瞬态分析）可快速得到电路的起振波形，参数设置如图6.6.14所示，在“Output”选项卡中添加输出节点，这里为节点3。瞬态分析结果及游标读数如图6.6.15所示，由图可知，当滑动变阻器阻值为37%时电路起振时间较长，大约为117 ms，输出信号幅值约为633 mV。

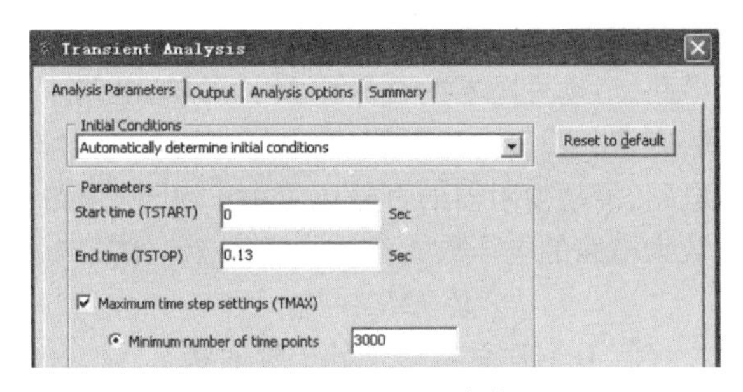

图6.6.14　瞬态分析参数设置

调节滑动变阻器百分比为46%，对电路进行瞬态分析，仿真停止时间设置为0.015 s，分析结果如图6.6.16所示，由图可知电路起振时间约为12.5 ms，输出信号幅值约为9.7 V，可见滑动变阻器百分比增加时，电路起振时间减小，输出信号幅值增大。

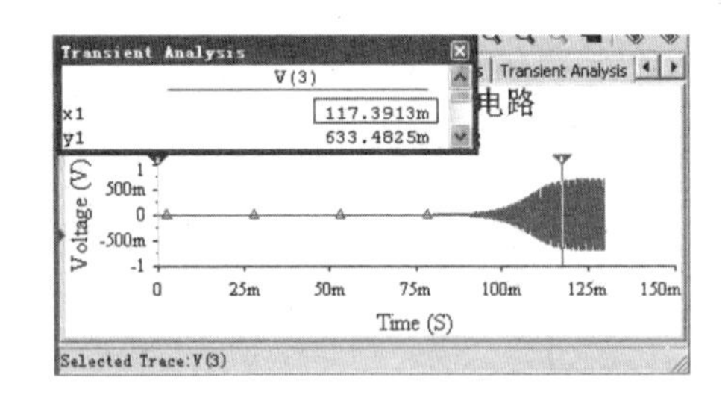

图6.6.15　滑动变阻器为37%时的电路起振过程

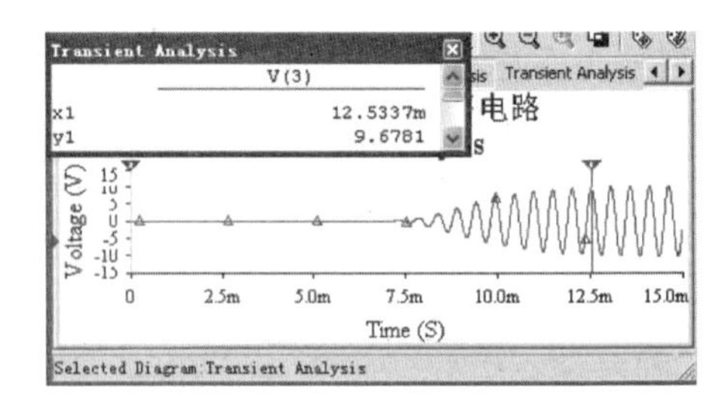

图6.6.16　滑动变阻器为46%时的瞬态分析结果

将图6.6.16所示的瞬态分析图形局部放大，利用游标1和游标2测量输出信号的周期，如图6.6.17所示，由图可知输出信号的频率：

$$f=\frac{1}{T}=\frac{1}{x_2-x_1}=\frac{1}{14.09-13.57}\ \text{kHz}\approx 1.92\ \text{kHz}$$

该仿真结果与估算结果相符合。

调节滑动变阻器百分比为48%，对电路进行瞬态分析，仿真停止时间设置为0.015 s，分析结果如图6.6.18所示，由图可知输出信号发生失真，输出信号幅值最大为11.1 V，可见滑动变阻器百分比过大时，输出信号将产生失真。

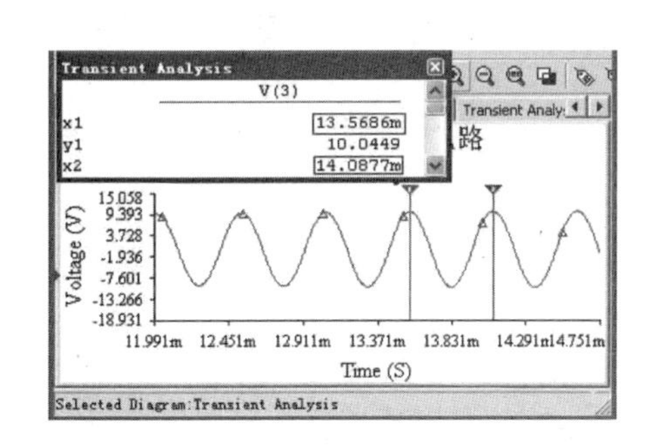

图6.6.17　测量输出信号的周期

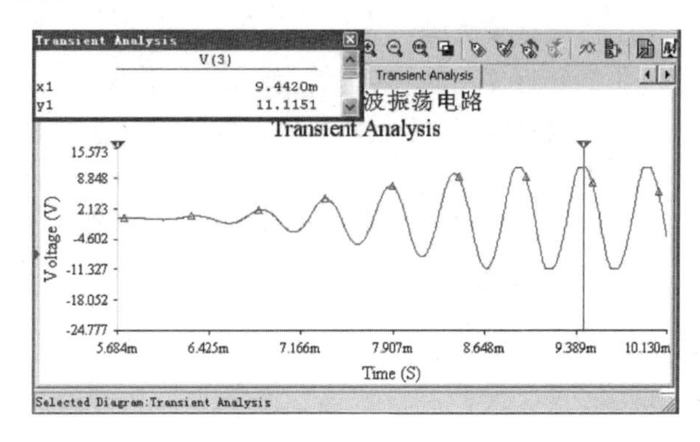

图6.6.18　滑动变阻器为48%时的瞬态分析结果

总结：

(1)自稳幅 *RC* 正弦波振荡电路起振时间与滑动变阻器阻值有关系，滑动变阻器阻值越大，起振时间越短；反之起振时间越长。

(2)自稳幅 *RC* 正弦波振荡电路输出电压幅值与 R_W 的阻值（即 R_3）有关系，阻值越大输出信号幅值越大。

(3)为了保证 *RC* 正弦波振荡电路可以稳定振荡，要求滑动变阻器的阻值处于一个范围之内，阻值太小电路不起振；阻值太大，输出信号产生失真。

(4)*RC* 正弦波振荡电路输出信号的频率由选频网络决定，改变选频网络中电阻值和电容值，可以得到不同频率的输出信号。

本章知识点归纳

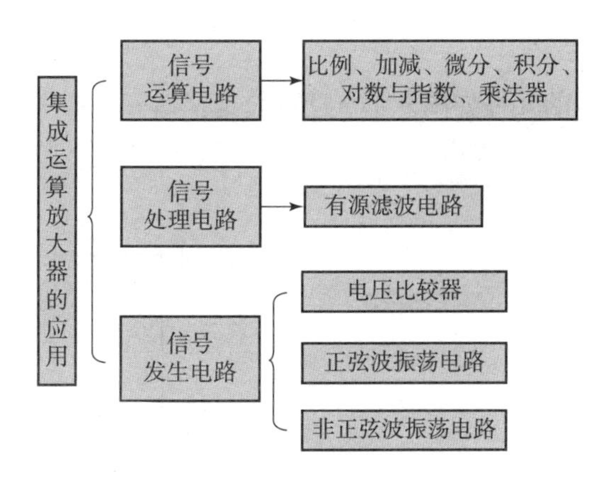

本章小结

一、集成运放的线性应用

1. 信号运算方面

在信号运算电路中，比例、加减法运算电路的输入与输出均为线性关系；而微分、积分、对数与反对数、乘除运算电路的输入与输出为非线性关系。

2. 信号处理方面

有源滤波电路一般由集成运放和 *RC* 网络组成，主要用于小信号处理。

二、集成运放的非线性应用

1. 电压比较器

电压比较器是将一个模拟电压信号与一参考电压相比较，输出一定的高、低电平的电路，电压比较器能对输入信号进行限幅和比较。作为开关元件，电压比较器是组成矩形波、三角波等非正弦波发生电路的基本单元，在模/数转换、测量和控制中有着广泛的应用。电压比较器主要分为单限电压比较器和迟滞电压比较器。其中，单限电压比较器有一个门限电压，迟滞电压比较器有两个门限电压。

2. 正弦波振荡电路

正弦波振荡电路由放大电路、选频网络、正反馈网络、稳幅环节四部分组成。

根据选频网络的不同可以将正弦波振荡电路分为 *RC* 正弦波振荡电路、*LC* 正弦波振荡电路和石英晶体振荡电路。*RC* 正弦波振荡电路产生信号的频率为 1 Hz ~ 1 MHz；*LC* 正弦波振荡电路产生信号的频率在 1 MHz 以上；石英晶体振荡电路用于对频率稳定性要求较高的场合。

3. 非正弦波振荡电路

非正弦波振荡电路由开关元件(电压比较器)、反馈网络和延迟环节组成。

与正弦波振荡电路相比，只要反馈信号能使比较器状态发生变化，就能产生周期性的振荡。

本章习题

一、填空题

1.1 符号 A ~ C 表示的元件如图 6.1(a)所示，选择 A ~ C 之一填空，使图 6.1(b)组成某运算电路：

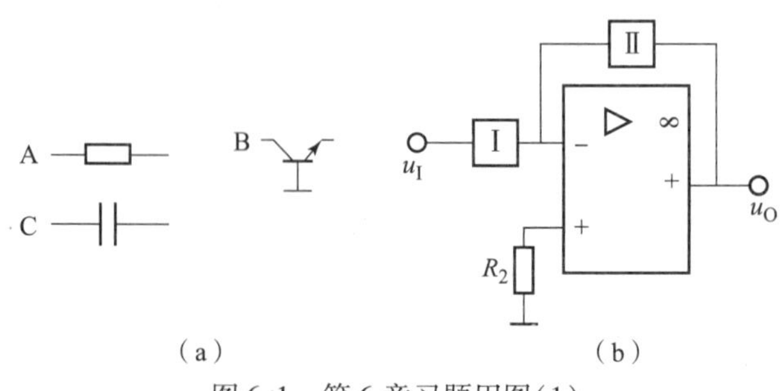

图 6.1 第 6 章习题用图(1)

(1)反相比例运算,则Ⅰ为________,Ⅱ为________;

(2)微分运算,则Ⅰ为________,Ⅱ为________;

(3)对数运算,则Ⅰ为________,Ⅱ为________。

1.2　滤波器按允许通过信号频率范围的不同,通常分为________、________、________和________滤波器。

1.3　一阶滤波电路幅频特性的阻带以____/十倍频的速度衰减,二阶滤波电路幅频特性的阻带则以________/十倍频的速度衰减,阶数越________,阻带衰减速度就越________,滤波性能越好。

1.4　比较器________电平发生跳变时的________电压称为门限电压,过零电压比较器的门限电压是________V。

1.5　锯齿波发生电路只要改变三角波发生电路中的积分电路________的时间常数,使其________,就可得到锯齿波输出。

1.6　正弦波振荡电路由4个部分组成,分别是________、________、________、________。

1.7　石英晶体振荡电路和 LC 振荡电路相比,石英晶体振荡电路的优点是________。

二、选择题

2.1　(　　)运算电路可实现函数 $Y = aX_1 + bX_2 + cX_3$,a、b 和 c 均小于零。

A. 同相比例　　B. 反相比例　　C. 同相求和　　D. 反相求和

2.2　欲将三角波信号转换成方波信号,应选用(　　)运算电路。

A. 比例　　B. 加减　　C. 积分　　D. 微分

2.3　希望抑制100 Hz的交流电源干扰,应选用(　　)的滤波电路。

A. 带阻,中心频率为100 Hz　　B. 低通,截止频率为100 Hz

C. 带通,中心频率为100 Hz　　D. 高通,截止频率为100 Hz

2.4　一过零比较器的输入信号接在反相端,另一过零比较器的输入信号接在同相端,则二者(　　)。

A. 传输特性相同,但门限电压不同

B. 传输特性不同,但门限电压相同

C. 传输特性和门限电压都不同

D. 传输特性和门限电压都相同

2.5　某迟滞比较器和某窗口比较器的两个门限电压相同,为±2 V,当输入幅值为5 V的单频正弦波信号时,它们的输出波形形状(　　)。

A. 相同　　B. 对反相输入迟滞比较器,则相同

C. 不同　　D. 不能确定相同与否

2.6　正弦波振荡电路中振荡频率主要由(　　)决定。

A. 放大电路的放大倍数　　B. 选频网络的参数

C. 稳幅电路的参数　　D. 反馈网络的参数

三、计算题

3.1　运算电路如图6.2所示,试分别求出各电路输出电压的大小,计算它们的电压放大倍数和输入电阻。

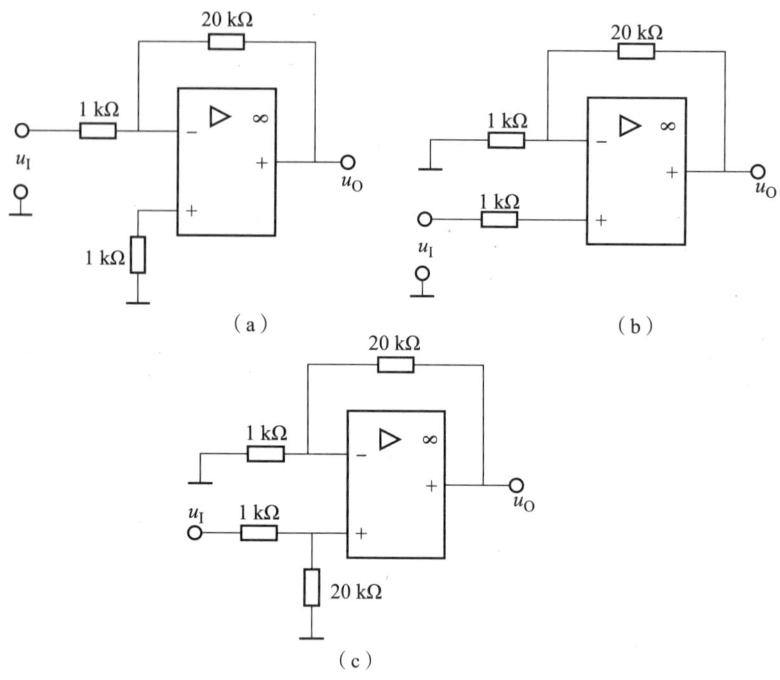

图 6.2 第 6 章习题用图(2)

3.2 运放应用电路如图 6.3 所示，试分别求出各电路的输出电压 U_O。

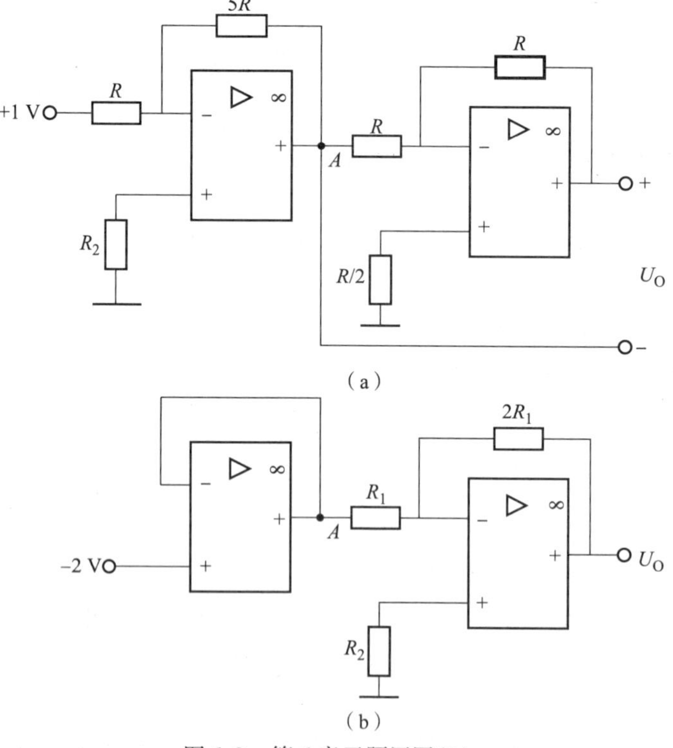

图 6.3 第 6 章习题用图(3)

3.3 在图 6.4 所示的电路中，当 $U_I=1$ V 时，$U_O=10$ V，试求电阻 R_f 的值。

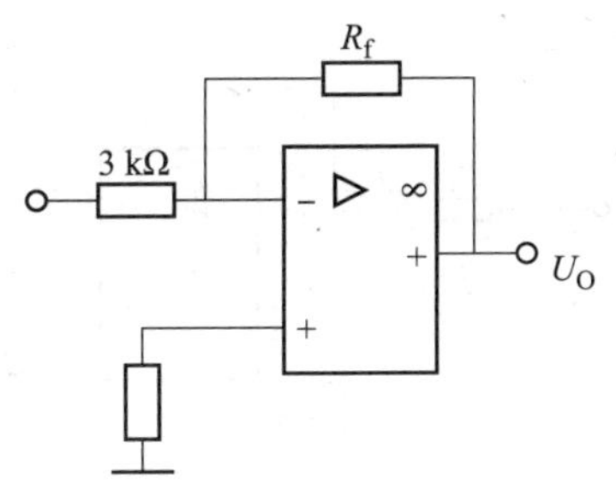

图 6.4 第 6 章习题用图(4)

3.4 分别设计实现下列各运算关系的运算电路（括号中的反馈电阻 R_f 或反馈电容 C_F 为给定值，要求画出电路并求出元件值）。

(1) $u_o=13u_i$ ($R_f=27$ kΩ)；

(2) $u_o=1(u_{i1}+0.2u_{i2})$ ($R_f=15$ kΩ)；

(3) $u_o=6\ u_i$ ($R_f=20$ kΩ)。

3.5 在图 6.5(a)、(b)所示的积分电路与微分电路中，已知输入电压波形如图 6.5(c)所示，且 $t=0$ 时 $u_O=0$，集成运放最大输出电压为 ±15 V，试分别画出各个电路的输出电压波形。

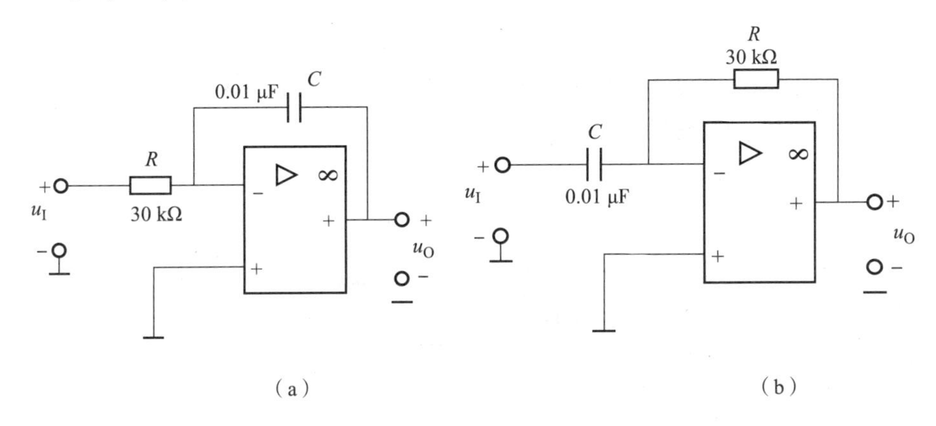

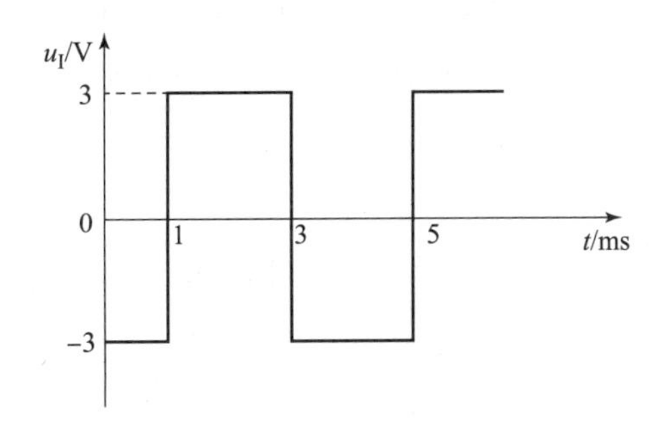

(c)

图 6.5 第 6 章习题用图(5)

3.6 在图 6.6 所示电路中，当 $t=0$ 时，$u_O=0$，试写出 u_O 与 u_{I1}、u_{I2}之间的关系式。

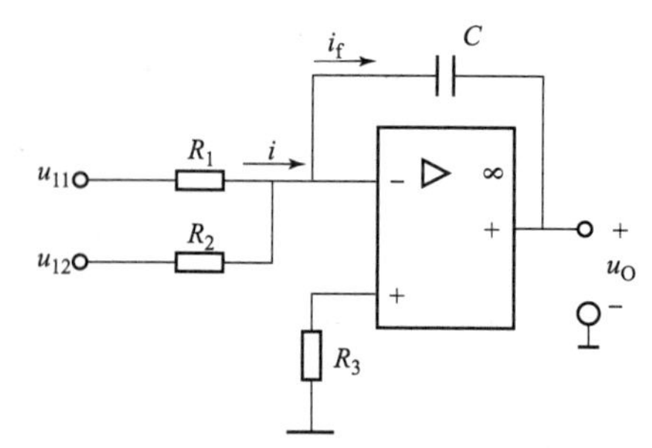

图 6.6 第 6 章习题用图(6)

3.7 有源低通滤波电路如图 6.7 所示，试画出幅频特性波特图。

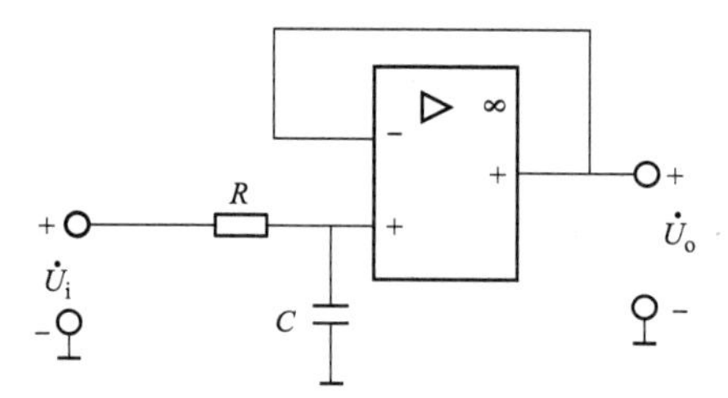

图 6.7 第 6 章习题用图(7)

3.8 已知有源高通滤波电路如图 6.8 所示，$R_1=10\ \text{k}\Omega$、$R_f=16\ \text{k}\Omega$、$R=6.2\ \text{k}\Omega$、$C=0.01\ \mu\text{F}$，试求截止频率并画出其幅频特性波特图。

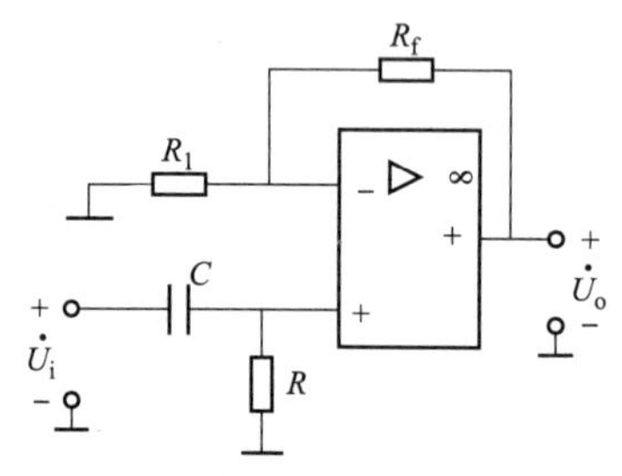

图 6.8 第 6 章习题用图(8)

3.9 试判断图 6.9 所示电路是否能产生振荡，并说明理由。

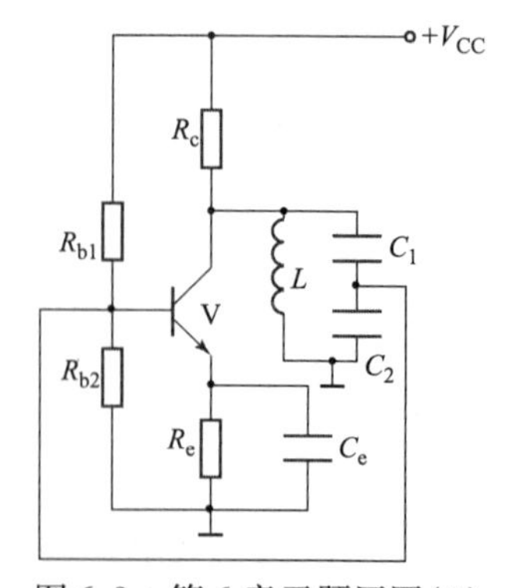

图 6.9 第 6 章习题用图(9)

3.10　若石英晶体的参数为：$L_q=4$ H，$C_q=9\times10^{-2}$ pF，$C_o=3$ pF，$R_q=100\ \Omega$，试求串联谐振频率和并联谐振频率。

3.11　如图 6.10 所示电路为 *RC* 文氏电桥振荡器，要求：

(1)计算振荡频率 f_0；

(2)求热敏电阻的冷态阻值；

(3)R_t 应具有怎样的温度特性。

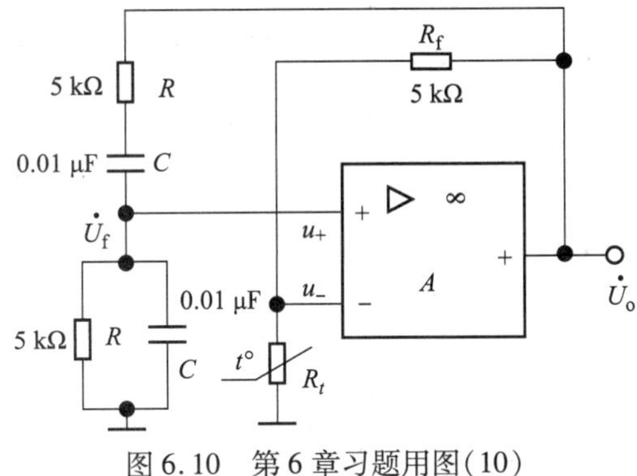

图 6.10　第 6 章习题用图(10)

3.12　试画出图 6.11 所示各电压比较器的电压传输特性。

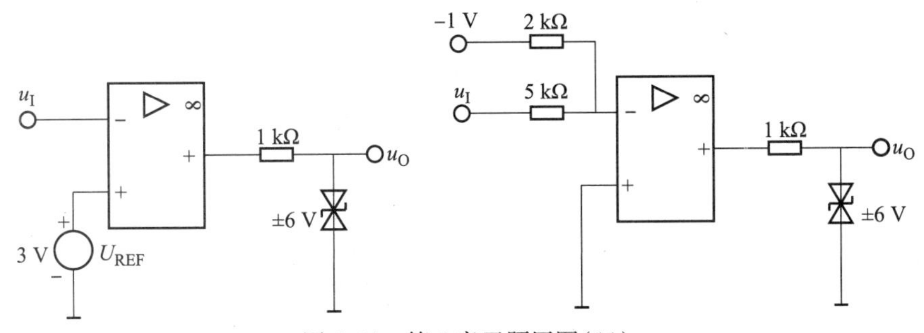

图 6.11　第 6 章习题用图(11)

3.13　迟滞比较器如图 6.12 所示，$R=5.1$ kΩ，$R_1=R_2=10$ kΩ，$R_3=1$ kΩ，$U_Z=\pm6$ V，$U_{REF}=4$ V，试计算门限电压和回差电压，并画出电压传输特性。

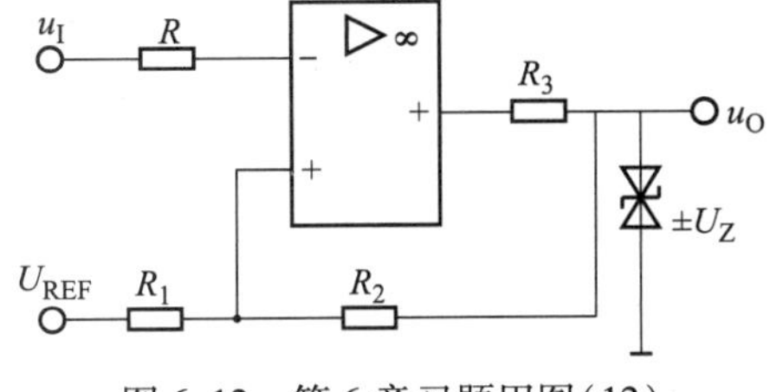

图 6.12　第 6 章习题用图(12)

3.14　三角波发生电路如图 6.13 所示，其中，$R_1=R=5.1$ kΩ，$R_2=15$ kΩ，$R_3=2$ kΩ，$C=0.047$ μF，$U_Z=\pm8$ V，试画出 u_{o1} 和 u_{o2} 的波形，求出振荡频率。

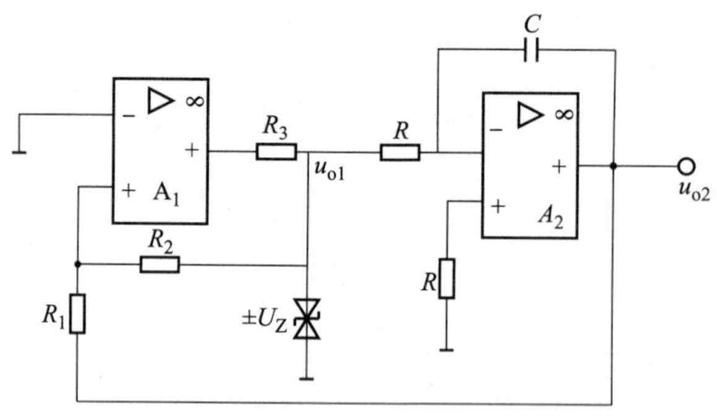

图 6.13　第 6 章习题用图(13)

3.15　方波电路如图 6.14 所示,其中 $R_1=43\ \text{k}\Omega$,$R_2=50\ \text{k}\Omega$,$R_3=10\ \text{k}\Omega$,$R_4=3\ \text{k}\Omega$,$C=0.1\ \mu\text{F}$,$U_Z=\pm 6\ \text{V}$,试画出输出电压和电容 C 两端的波形,并求出它们的最大值、最小值以及振荡频率。

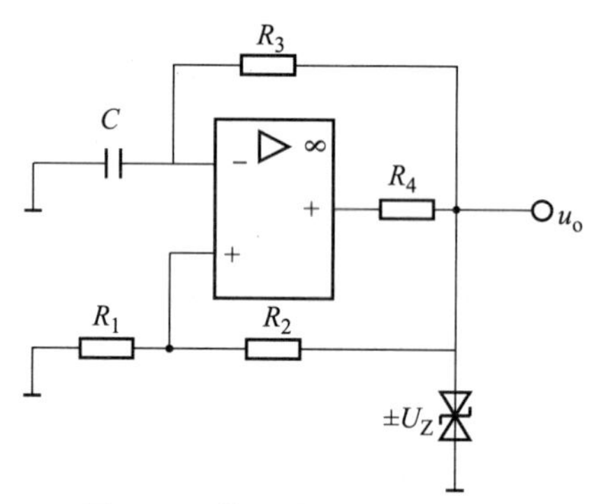

图 6.14　第 6 章习题用图(14)

第7章

直流稳压电源

本章导读

现代电子设备中重要的组成部分之一就是稳定的直流稳压电源(DC regulated power supplies)。前几章介绍的电子电路如放大电路、振荡电路等通常都采用直流电源来供电。除了常见的干电池、蓄电池等直流能源供电外,若要获得功率较小的直流电源,较经济实用的方法是将50 Hz的交流市电进行整流、滤波和稳压。

由于集成稳压器具有体积小、重量轻、使用方便和工作可靠等优点,应用越来越广泛。集成稳压器种类很多,主要可以分为两大类:稳压器中调整元件工作在线性放大状态的称为线性稳压器;调整元件工作在开关状态的称为开关稳压器。

本章首先从直流稳压电源的组成框图出发,依次讨论整流电路、滤波电路和稳压电路的工作原理,最后重点介绍线性和开关稳压器的工作原理及其应用。

7.1 直流稳压电源的组成框图

通常直流稳压电源的组成框图如图7.1.1所示,表示把交流市电变换为直流电的过程。

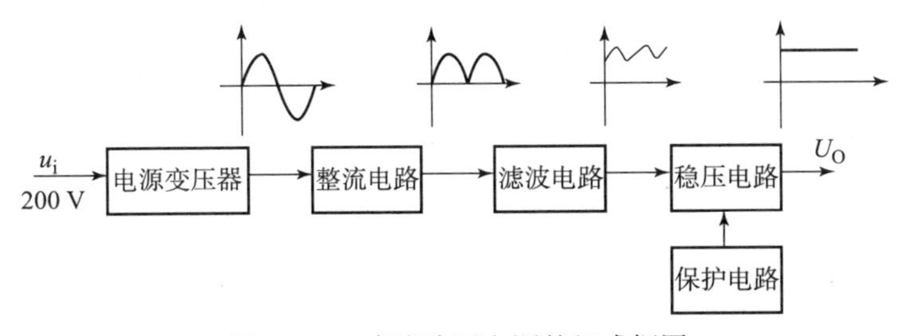

图7.1.1 直流稳压电源的组成框图

电源变压器:将电网交流电压(220 V或380 V)变换为符合整流电路所需要的交流电压,并满足功率输出指标。

整流电路:利用整流元件将交流电压变换为单向脉动的直流电压。

滤波电路:利用电容、电感等储能元件来滤除整流后单向脉动电压中的交流成分,使之成为比较平滑的直流电压。

稳压电路：当输入交流电源电压波动、负载和温度变化时，维持输出直流电压的稳定。

7.2 单相整流滤波电路

7.2.1 单相整流电路

小功率整流电路利用二极管的单向导电性将交流电变为直流电。因为功率比较小，通常采用单相交流供电。对于大功率整流电路，利用三相整流电路来实现。本节只讨论单相半波整流电路和单相桥式整流电路。

1. 单相半波整流电路

单相半波整流电路如图7.2.1(a)所示，图中Tr为电源变压器，用来将市电220 V交流电压变换为整流电路所要求的交流低电压，同时保证直流电源与市电电源有良好的隔离。设变压器二次电压为$u_2=\sqrt{2}U_2\sin\omega t$。D为整流二极管，假设它为理想二极管。$R_L$为要求直流供电的负载等效电阻。

当u_2为正半周($0\leqslant\omega t\leqslant\pi$)时，如图7.2.1(a)所示，二极管D因正偏而导通，流过二极管的电流i_D同时流过负载电阻R_L，即$i_o=i_D$，负载电阻上的电压$u_o\approx u_2$。当u_2为负半周($\pi\leqslant\omega t\leqslant 2\pi$)时，二极管因反偏而截止，$i_o=0$，因此，输出电压$u_o=0$，此时，$u_2$全部加在二极管两端，即二极管承受反向电压$u_D=u_2$。

波形如图7.2.1(b)所示，输出电压u_o为单方向的脉动电压。由于该电路在u_2的正半周有输出，所以称为半波整流电路。

半波整流电路输出电压的平均值$U_{o(AV)}$为：

$$U_{o(AV)}=\frac{1}{2\pi}\int_0^{2\pi}u_o\mathrm{d}(\omega t)=\frac{1}{2\pi}\int_0^{\pi}\sqrt{2}U_2\sin\omega t\mathrm{d}(\omega t)=\frac{\sqrt{2}}{\pi}U_2=0.45U_2 \tag{7.2.1}$$

流过二极管的平均电流$I_{D(AV)}$为：

$$I_{D(AV)}=I_{o(AV)}=\frac{U_o}{R_L}=0.45\frac{U_2}{R_L} \tag{7.2.2}$$

二极管承受的反向峰值电压U_{RM}为：

$$U_{RM}=\sqrt{2}U_2 \tag{7.2.3}$$

半波整流电路结构简单、使用元件少，但整流效率低、输出电压脉动大，因此它只适用于要求不高的场合。

2. 单相桥式整流电路

为了克服半波整流的缺点，常采用桥式整流电路(Bridge rectifier circuit)，如图7.2.2(a)所示，$D_1\sim D_4$ 4个整流二极管接成电桥形式，故称为桥式整流，其简化电路如图7.2.2(b)所示。

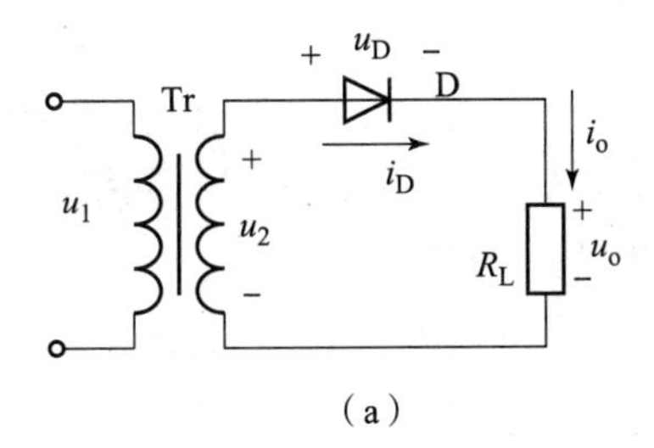

(a)

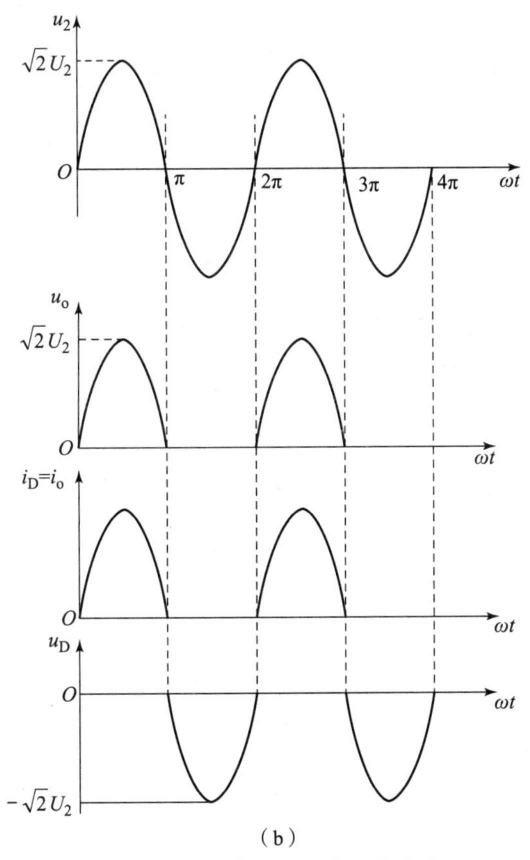

(b)

图 7.2.1　半波整流电路及其波形

(a)电路图;(b)波形图

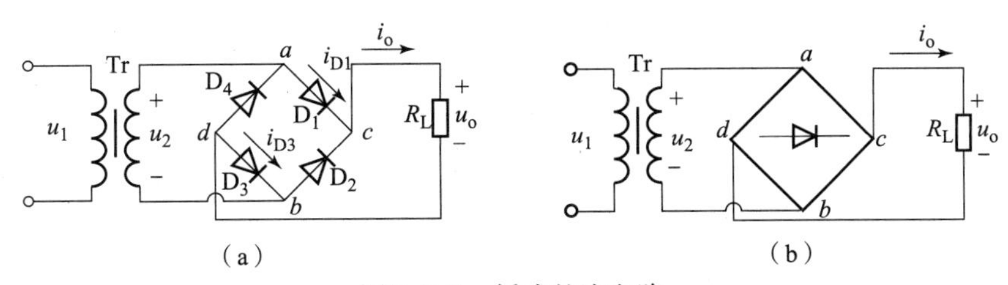

(a)　　(b)

图 7.2.2　桥式整流电路

(a)电路图;(b)简化电路

设变压器二次电压 $u_2=\sqrt{2}U_2\sin\omega t$，波形如图 7.2.3(a)所示。在 u_2 的正半周($0\leqslant\omega t\leqslant\pi$)，即 a 点为正、b 点为负时，D_1 和 D_3 承受正向电压而导通，此时有电流流过 R_L，电流路径为 $a\rightarrow D_1\rightarrow R_L\rightarrow D_3\rightarrow b$，此时 D_2 和 D_4 因反偏而截止，负载 R_L 上得到一个半波电压，如图 7.2.3(b)所示。若略去二极管的正向压降，则 $u_o\approx u_2$。

在 u_2 的负半周($\pi\leqslant\omega t\leqslant 2\pi$)，即 a 点为负、b 点为正时，D_1 和 D_3 因反偏而截止，D_2 和 D_4 因正偏而导通，此时有电流通过 R_L，电流路径为 $b\rightarrow D_2\rightarrow R_L\rightarrow D_4\rightarrow a$。若略去二极管的正向压降，则 $u_o\approx -u_2$。其波形如图 7.2.3(b)所示。

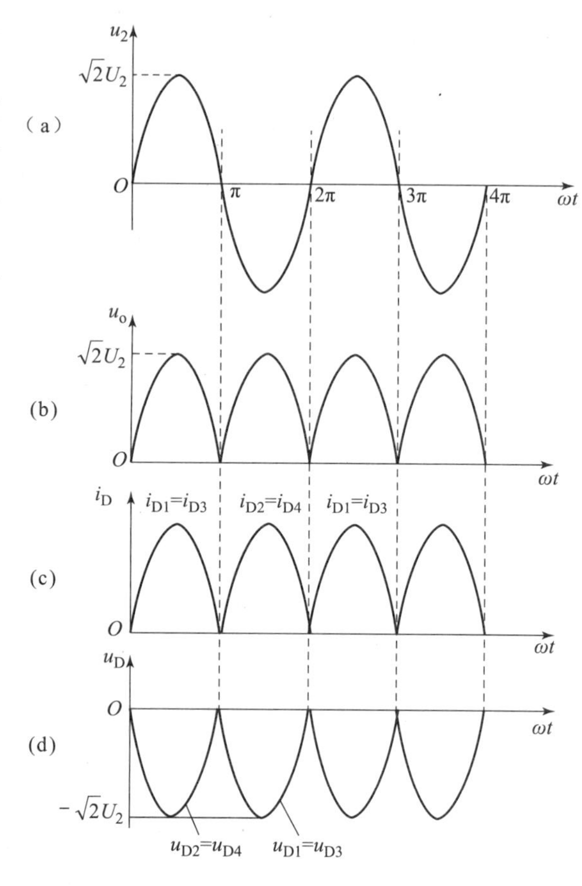

图 7.2.3 桥式整流电路电压、电流波形

由此可见，在交流电压 u_2 整个周期始终有同方向的电流流过负载电阻 R_L，故 R_L 上得到单方向全波脉动的直流电压。

可见，桥式整流输出电压为半波整流电路输出电压的两倍，所以桥式整流电路输出电压的平均值为：

$$U_{o(AV)}=2\times 0.45U_2=0.9U_2 \qquad (7.2.4)$$

由于桥式整流电路中每两只二极管只导通半个周期，故流过每个二极管的平均电流仅为负载电流的一半，即：

$$I_{D(AV)}=\frac{1}{2}I_{o(AV)}=\frac{1}{2}\frac{U_o}{R_L}=0.45\frac{U_2}{R_L} \qquad (7.2.5)$$

在 u_2 的正半周，二极管 D_1 和 D_3 导通时，可将它们看成短路，这样 D_2 和 D_4 就并联在 u_2 上，其峰值电压为：

$$U_{RM}=\sqrt{2}U_2 \qquad (7.2.6)$$

同理，D_2 和 D_4 导通时，D_1 和 D_3 截止，其承受的反向峰值电压也为 $U_{RM}=\sqrt{2}U_2$。二极管承受电压的波形如图 7.2.3(d)所示。

由以上分析可知，桥式整流电路与半波整流电路相比，其输出电压平均值提高了，脉动成分减小了。

目前，已将桥式整流的 4 个二极管制作在一起，封装好成为一个器件，称为整流桥，其外形如图 7.2.4 所示。a、b 接交流输入电压，c、d 为直流输出端，c 为正极性端，d 为负极性端。

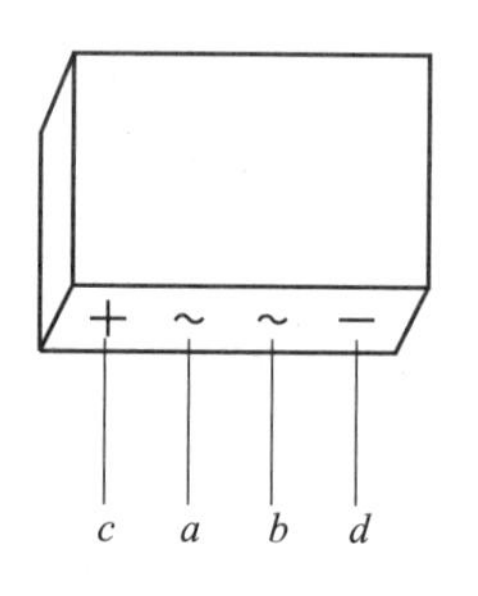

图 7.2.4 整流桥外形

7.2.2　滤波电路

由单相半波整流电路演变到桥式整流电路，虽然输出电压的脉动系数减少了，但是脉动电压中仍有较大的交流成分（称为纹波电压），因而不能保证电子设备的正常工作。于是，常采用电感、电容等储能元件进行滤波，减少输出电压的脉动系数，使其更加平滑。本节重点分析电容滤波电路。

1. 电容滤波电路

图 7.2.5(a) 是在桥式整流电路输出端与负载电阻 R_L 并联一个较大的电容 C，成为电容滤波电路。

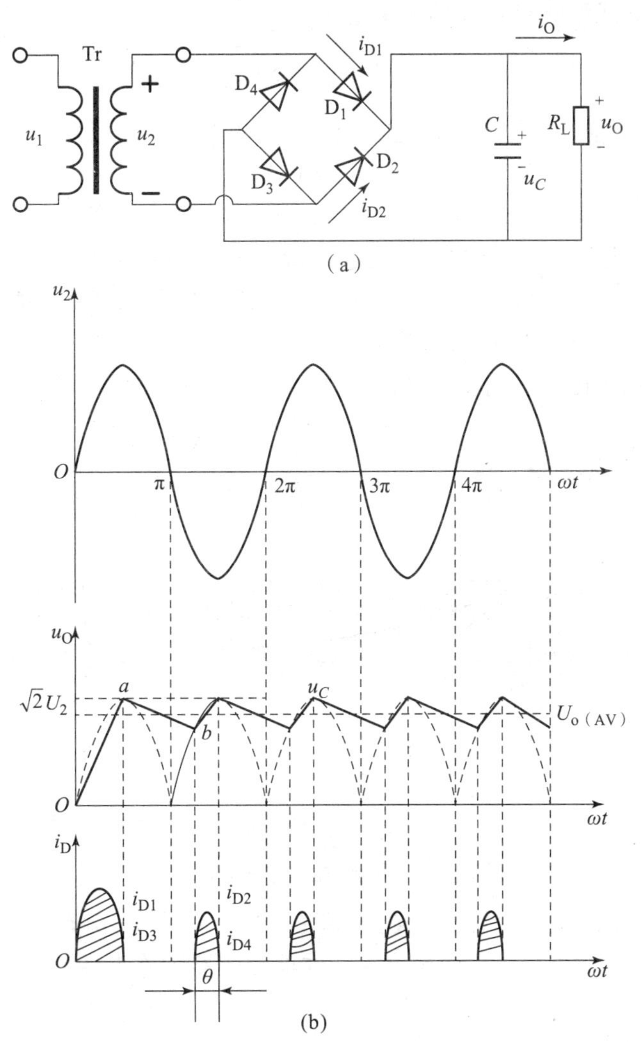

图 7.2.5　桥式整流电容滤波电路及其波形

(a) 电路图；(b) 电压、电流波形

设电容两端初始电压为零，并假定在 $t=0$ 时接通电路，u_2 为正半周时，当 u_2 由零上升时，D_1 和 D_3 导通，C 被充电，同时电流经 D_1 和 D_3 向负载电阻供电。如果忽略二极管正向电压和变压器内阻,电容充电时间常数近似为零,因此 $u_O = u_C \approx u_2$,在 u_2 达到最大值时,u_C 也达到最大值。当在图 7.2.5(b)中 a 点时,u_2 下降,此时 $u_C > u_2$,D_1 和 D_3 截止,电容 C 向负载电阻 R_L 放电。由于放电时间常数 $\tau = R_L C$,一般较大,因此电容电压 u_C 按指数规律缓慢下降。

当 u_C 下降到图 7.2.5(b)中 b 点后,$|u_2| > u_C$,D_2 和 D_4 导通,电容 C 再次被充电,输出电压增大。以后重复上述充、放电过程,便可得到图 7.2.5(b)所示的输出电压波形。

由图 7.2.5(b)可见,整流电路接入滤波电容后,不仅使输出电压变得平滑、纹波显著减少,同时输出电压的平均值也增大了。输出电压的平均值 $U_{o(AV)}$ 的大小与滤波电容 C 及负载电阻 R_L 的大小有关,C 的容量一定时,R_L 越大,C 的放电时间常数就越大,其放电速度越慢,输出电压就越平滑,$U_{o(AV)}$ 就越大。当 R_L 开路时,$U_{o(AV)} \approx \sqrt{2} U_2$。

为了获得良好的滤波效果,一般取:

$$R_L C \geqslant (3 \sim 5) \frac{T}{2} \tag{7.2.7}$$

式中,T 为输入交流电压的周期。此时输出电压的平均值近似为:

$$U_{o(AV)} \approx 1.2 U_2 \tag{7.2.8}$$

由于电容滤波电路简单,输出电压较大,纹波电压较小,故应用很广泛。由图 7.2.5(b)可见二极管的导通时间较短。由于电容 C 充电的瞬时电流很大,容易损坏二极管,故在选择二极管时,必须留有足够的电流裕量。一般可按 2 ~ 3 倍的 $I_{o(AV)}$ 来选择二极管。

其次,$U_{o(AV)}$ 随 $I_{o(AV)}$ 的变化的规律如图 7.2.6 所示。由于电容滤波电路输出电压的平均值及纹波电压受负载变化的影响较大,所以,电容滤波电路只适用于负载电流比较小或负载电流基本不变的场合。

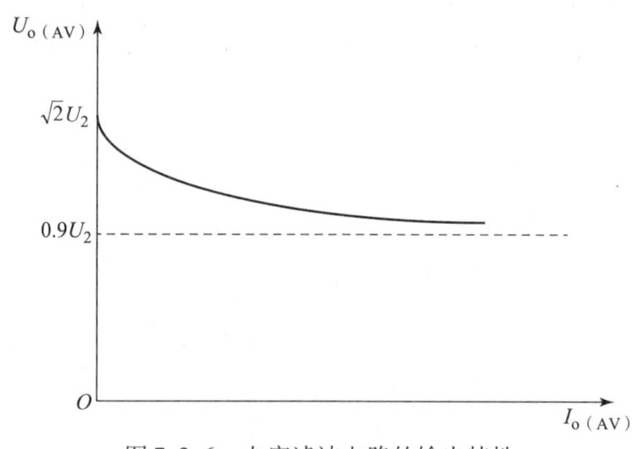

图 7.2.6　电容滤波电路的输出特性

例 7.2.1　单相桥式整流电容滤波电路如图 7.2.5(a)所示,交流电源频率 $f = 50$ Hz,负载电阻 $R_L = 40\ \Omega$,要求输出电压 $U_{o(AV)} = 20$ V。试求变压器二次电压有效值 U_2,并选择二极管和滤波电容。

解: 由式(7.2.8)可得:

$$U_2 = \frac{U_{o(AV)}}{1.2} = \frac{20}{1.2}\ \text{V} = 17\ \text{V}$$

通过二极管电流的平均值为:

$$I_{D(AV)}=\frac{1}{2}I_{o(AV)}=\frac{1}{2}\frac{U_{o(AV)}}{R_L}=\frac{1}{2}\times\frac{20}{40}\text{ A}=0.25\text{ A}$$

二极管承受最高反向电压为:

$$U_{RM}=\sqrt{2}U_2=24\text{ V}$$

因此,应选择 $I_F\geqslant(2\sim3)I_{D(AV)}=(0.5\sim0.75)$ A、$U_{RM}>24$ V 的二极管,查手册可选 4 只 2CZ55C 二极管(参数:$I_F=1$ A、$U_{RM}=100$ V)或选用 1 A、100 V 的整流桥。

根据式(7.2.7),取 $R_LC=4\times\frac{T}{2}$,因此,$T=\frac{1}{f}=\frac{1}{50}$ s $=0.02$ s,所以有:

$$C=\frac{4\times\frac{T}{2}}{R_L}=1\ 000\ \mu\text{F}$$

可选取 1 000 μF、耐压为 50 V 的电解电容器。

2. 其他形式的滤波电路

1)电感滤波电路

在大电流负载情况下,由于负载电阻 R_L 很小,若采用电容滤波电路,则电容的容量势必很大,且整流二极管的冲击电流也非常大。这时可采用电感滤波电路,如图 7.2.7(a)所示。当二极管导通,通过电感线圈的电流增大时,电感线圈产生的自感电动势将阻止电流的增加;当二极管截止,通过电感线圈的电流减小时,自感电动势将阻止电流减小。因此,电感滤波电路的输出电流及电压波形变得平滑,纹波减小,同时还使整流二极管的导通角增大。

从整流电路输出的电压中,直流分量由于电感线圈近似于短路而全部加到负载 R_L 两端,所以,电感滤波电路输出电压的平均值 $U_{o(AV)}=0.9U_2$。交流分量由于 L 的感抗远大于负载电阻 R_L 而大部分降在电感线圈上,负载 R_L 上只有很小的交流分量。可见,R_L 越小,输出的交流电压也就越小。电感线圈后面还可再接上一个电容,如图 7.2.7(b)所示,可进一步减少交流电压。一般电感滤波适用于低电压、大电流的场合。

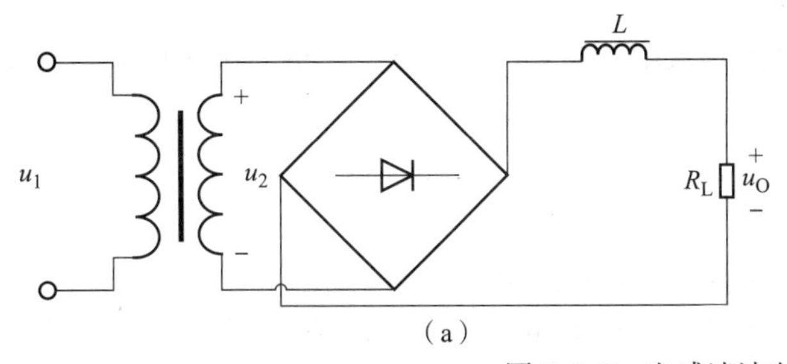

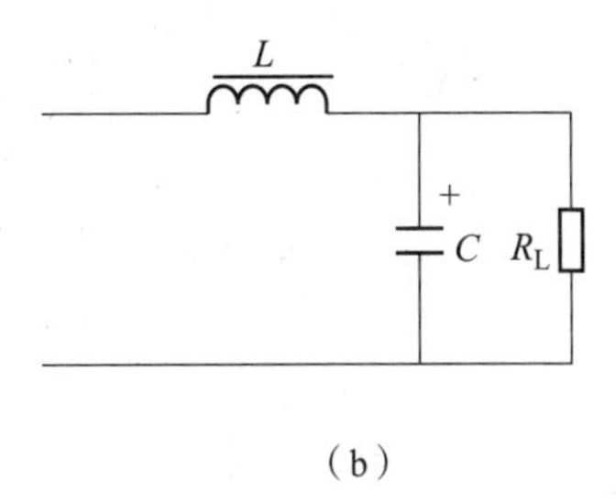

图 7.2.7　电感滤波电路

(a)桥式整流电感滤波电路;(b)LC 滤波电路

2)π 形滤波电路

为了进一步减小负载电压中的纹波,可采用图 7.2.8(a)所示的 π 形 LC 滤波电路。由于电容 C_1、C_2 对交流的容抗很小,而电感 L 对交流的阻抗很大,因此负载 R_L 上的纹波电压很小。若负载电流较小,也可用电阻代替电感组成 π 形 RC 滤波电路,如图 7.2.8(b)所示。由于电阻要消耗功率,所以,此时电源的损耗功率较大,电源效率降低。

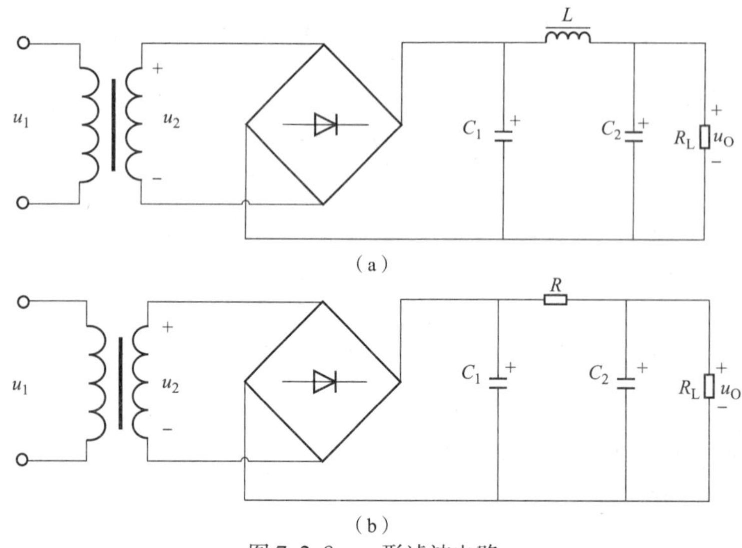

图 7.2.8 π 形滤波电路

(a)π 形 LC 滤波电路;(b)π 形 RC 滤波电路

7.3 线性集成稳压器

当交流电网电压波动时,将导致整流滤波电路输出直流电压的变化。另外,由于整流滤波电路存在一定的内阻,当负载变化时,其输出直流电压也将随之发生变化。为了获得稳定的直流电压的输出,必须在整流滤波电路之后接入稳压电路。采用稳压二极管可以构成简单的稳压电路,但其性能较差,不能满足很多场合下的应用。利用三极管可构成性能良好的晶体管串联型稳压电路,这种电路中用三极管作调整管并工作在线性放大状态,所以称为线性稳压电路。由于三端式线性集成稳压器只有 3 个引出端子,应用时外接元件少、使用方便,而且性能稳定、价格低廉,因而得到广泛的应用。

本节先介绍晶体管串联型稳压电路的基本工作原理,然后讨论三端式线性集成稳压器及其应用。

7.3.1 串联型稳压电路的工作原理

串联型稳压电路(series - feedback - type regulator)的组成框图如图 7.3.1(a)所示,它由调整管、取样电路、基准电压源和比较放大电路等部分组成。由于调整管与负载串联,故称为串联型稳压电路。图 7.3.1(b)所示为串联型稳压电路的原理电路图,图中,V 为调整管,它工作在线性放大区,故电路又称为线性稳压电路。R_3和稳压管 D 组成基准电压源,为集成运放 A 的同相输入端提供基准电压。R_1、R_2和 R_P组成取样电路,它将稳压电路的输出电压分压后送到集成运放 A 的反相输入端。集成运放 A 称为比较放大电路,用来对取样电压与基准电压的差值进行放大。当输入电压 U_I增大(或负载电流 I_O减小)引起输出电压 U_O增加时,取样电压 U_F随之增大,U_Z与 U_F的差值减小,经 A 放大后使调整管的基极电源 U_{B1}减小,集电极电流 I_{C1}减小,管压降 U_{CE}增大,输出电压 U_O减小,从而使得稳压电路的输出电压上升趋势得到抑制,稳定了输出电压。同理,当输入电压 U_I减小或负载电流 I_O增大引起 U_O减小时,电路将产生与上述相反的稳压过程,亦可维持输出电压基本不变。

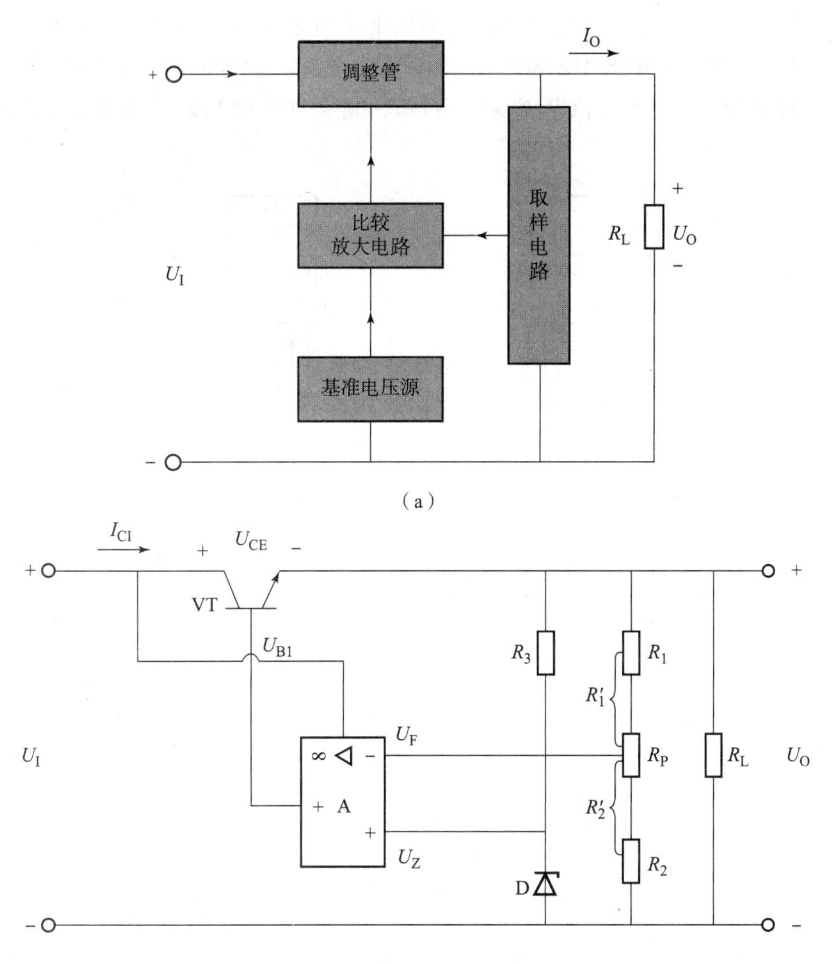

(b)

图 7.3.1　串联型稳压电路

(a)方框图;(b)原理电路图

由图 7.3.1(b)可得:

$$U_F = \frac{R_2'}{R_1 + R_2 + R_P} U_O$$

由于 $U_F \approx U_Z$,所以稳压电路输出电压 U_O 为:

$$U_O = \frac{R_1 + R_2 + R_P}{R_2'} U_F$$

由此可见,通过调节电位器 R_P的滑动端,即可调节输出电压 U_O的大小。

7.3.2　三端固定输出集成稳压器

1. 型号与内部电路的组成

三端(Three terminal)固定输出集成稳压器通用产品有 CW7800 系列(正电源)和 CW7900

系列(负电源)。输出电压由具体型号中的后两个数字代表,有 5 V、6 V、9 V、12 V、15 V、18 V、24 V等挡次。其额定输出电流以 78 或(79)后面所加字母来区分。L 表示 0.1 A,M 表示 0.5 A,无字母表示 1.5 A。例如,CW78M12 表示输出电压为 +12 V,额定输出电流为 0.5 A。

图 7.3.2 所示为 CW7800 和 CW7900 系列塑料封装和金属封装三端集成稳压器的外形及引脚排列。

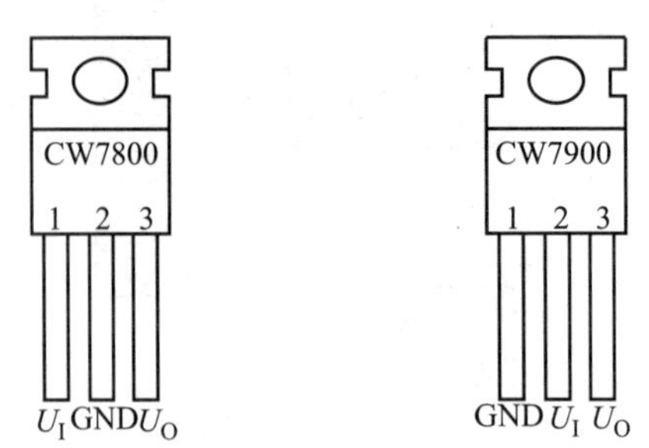

图 7.3.2 三端固定输出集成稳压器的引脚排列

(a)CW7800 系列;(b)CW7900 系列

图 7.3.3 所示为 CW7800 系列集成稳压器的内部组成框图。可见除增加了一级启动电路外,其余部分与上面所述串联稳压电路基本一样,其基准电压源的稳定性更高,保护电路更完善。

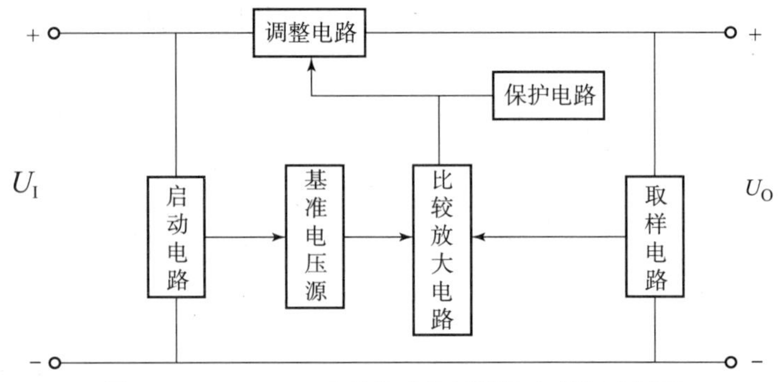

图 7.3.3 CW7800 系列集成稳压器的内部组成框图

启动电路是集成稳压器中的一个特殊环节,它的作用是在 U_I 输入后,帮助稳压器快速建立输出电压 U_O。调整电路由复合管构成。取样电路由内部电阻分压器构成,分压比是固定的,所以输出电压是固定的。CW7800 系列稳压器中设有比较完善的过流、过压和过热保护功能。当输出过流或短路时,过流保护电路启动以限制调整管电流的增加;当输入、输出压差较大时,即调整管 C、E 之间的压降超过一定值后,过压保护电路启动,自动降低调整管的电流,以限制调整管的功耗,使之处于安全工作区内;当芯片温度上升到最大允许值时,过热保护电路将迫使输出电流减小,芯片功耗随之减少,从而可避免稳压器过热而损坏。

尽管三端稳压器内部有较完善的保护电路,但任何保护电路都不是万无一失的。为了使稳压电路安全可靠地工作,实际使用中应注意稳压器的 3 个端子不能接错,特别是输入端和输出端不能接反,否则器件就会损坏;不能使器件功耗超过规定值(塑料封装管加散热器最大功耗为 10 W,金属壳封装管加散热器最大功耗为 20 W);当稳压器输出端接有大容量负载电容时,应在稳压器输入端与端出端之间加接保护二极管,如图 7.3.4 所示。

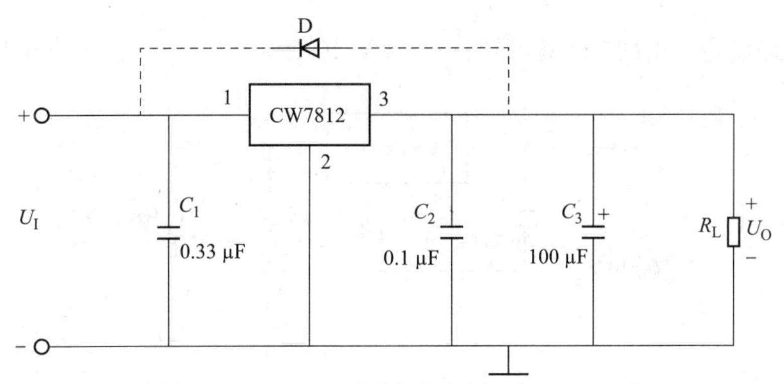

图 7.3.4　CW7800 系列基本应用电路(CW7812)

2. 应用电路举例

1)基本应用电路

图 7.3.4 所示为 CW7800 系列的 CW7812 集成稳压器构成的基本应用电路。由于输出电压决定于集成稳压器,因此,输出电压为 12 V,最大输出电流为 1.5 A。为使电路正常工作,要求输入电压 U_I应至少大于(2.5 ~3) U_O。输入端电容 C_1用以抵消输入端较长接线的电感效应,以防止自激振荡,还可抑制电源的高频脉冲干扰,一般取 0.1 ~1 μF。输出端电容 C_2、C_3用以改善负载的瞬态响应,消除电路的高频噪声,同时也具有消振作用。D 是保护二极管,用来防止在输入端短路时输出电容 C_3上所存储的电荷通过稳压器放电而损坏器件。CW7900 系列接线与 CW7800 系列基本相同。

2)输出正、负电压的电路

图 7.3.5 所示为采用 CW7815 和 CW7915 三端稳压器组成的具有同时输出 +15 V、-15 V 电压的稳压电路。

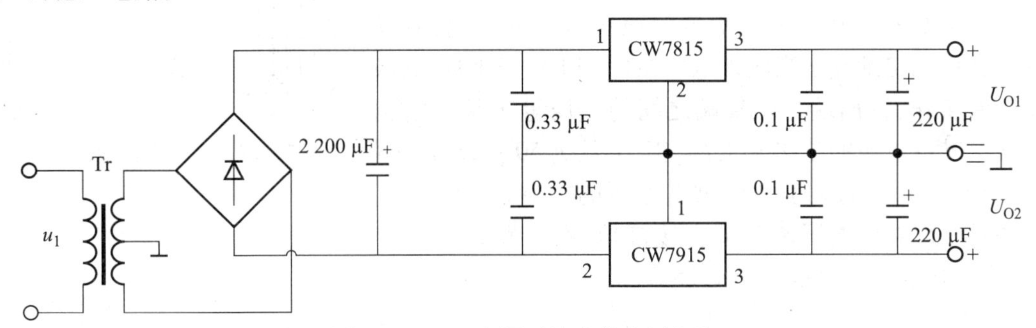

图 7.3.5　正、负同时输出的稳压电路

3)恒流源电路

集成稳压器输出端串入合适的电阻,就可以构成输出恒定电流的电源,如图 7.3.6 所示。图中,R_L为输出负载电阻,CW7805 为金属封装,因此,输出电压 U_{23} =5 V。

输出电流 I_O为:

$$I_O = \frac{U_{23}}{R} + I_Q \tag{7.3.1}$$

式中,I_Q是稳压器的静态工作电流,由于它受 U_I及温度变化的影响,所以只有当$\frac{U_{23}}{R} \gg I_Q$ 时,输

出电流 I_O才比较稳定。由图 7.3.6 可知,$\frac{U_{23}}{R}=5\ \text{V}/10\ \Omega=0.5\ \text{A}\gg I_Q$,故 $I_O=0.5$ A。

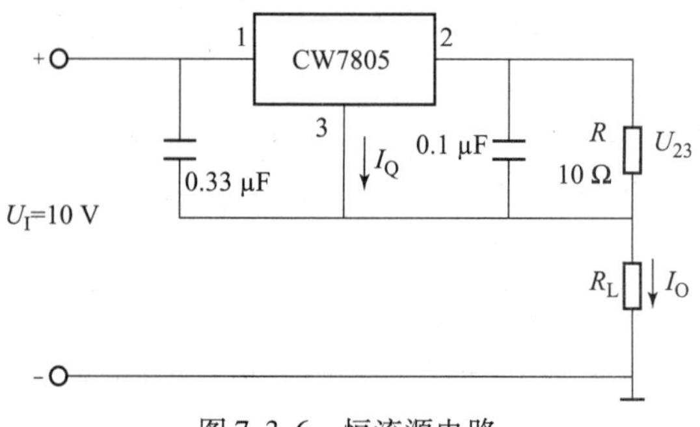

图 7.3.6 恒流源电路

7.3.3 三端可调输出集成稳压器

三端可调输出集成稳压器是在三端固定输出集成稳压器的基础上发展起来的,集成片的输入电流几乎全部流到输出端,流到公共端的电流非常小,因此可以用少量的外部元件方便地组成精密可调的稳压电路,应用更为广泛和灵活。

典型产品 CW117/CW217/CW317 系列为正电压输出,负电源系列有 CW137/CW237/CW337 等。同一系列内部电路和工作原理基本相同,只是工作温度不同,具体查阅器件手册。CW117 及 CW137 系列塑料直插式封装引脚排列如图 7.3.7 所示。

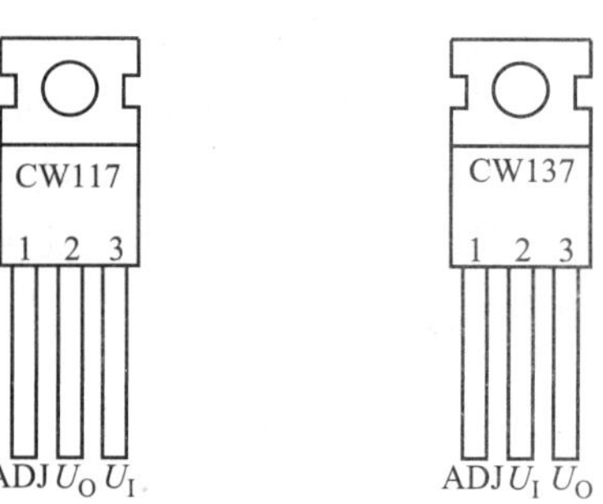

图 7.3.7 三端可调输出集成稳压器的引脚排列

(a) CW117 系列;(b) CW137 系列

CW117 系列的内部组成框图如图 7.3.8 所示。基准电路有专门引出端子 ADJ,称为电压调整端。因所有放大器和偏置电路的静态工作点电流都流到稳压器的输出端,所以没有单独引出接地端。当输入电压在 2~40 V 变化时,电路均能正常工作,输出端与调整端之间的电压等于基准电压 1.25 V。基准电源的工作电流 I_{REF}很小,约为 50 μA,由一恒流源提供,所以它的大小不受供电电压的影响,非常稳定。可以看出,如果将电压调整端直接接地,在电路正常工作时,输出电压就等于基准电压 1.25 V。

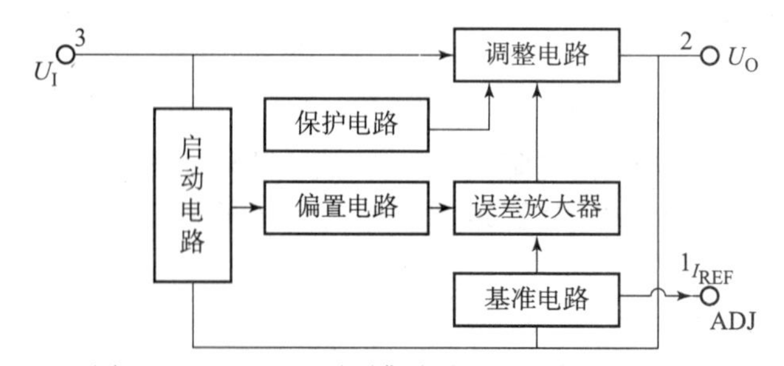

图 7.3.8 CW117 系列集成稳压器内部组成框图

图 7.3.9 为三端可调输出集成稳压器的基本应用电路,D_1用于防止输入短路时,C_4上存储

的电荷产生很大的电流，反向流入稳压器使之损坏。而 D_2 用于防止输出端短路时，C_2 通过调整端放电而损坏稳压器。R_1、R_P 构成取样电路，调节 R_P 可改变取样比，即可调节输出电压 U_O 的大小。该电路的输出电压 U_O 为：

$$U_O = \frac{U_{REF}}{R_1}(R_1 + R_2) + I_{REF}R_2 \tag{7.3.2}$$

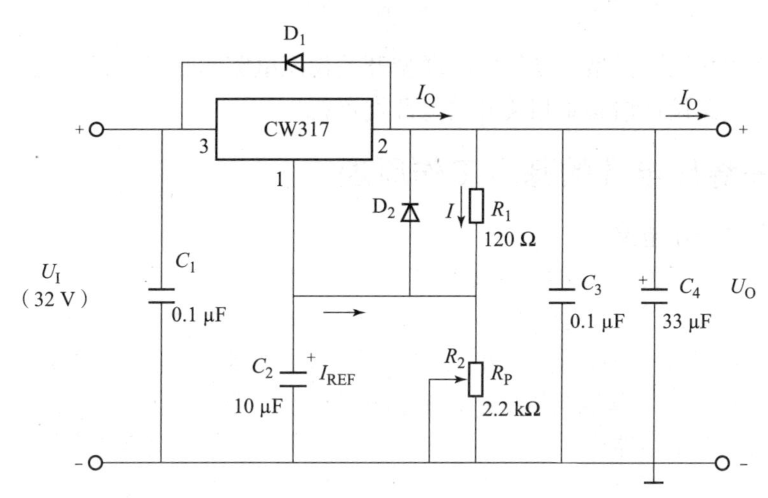

图 7.3.9　三端可调输出集成稳压器的基本应用电路

由于 $I_{REF}=50\ \mu A$ 很小，可以忽略，$U_{REF}=1.25\ V$，所以：

$$U_O = 1.25 \times \left(1 + \frac{R_2}{R_1}\right)$$

可见，当 $R_2=0\sim2.2\ k\Omega$ 变化时，$U_O=1.25\sim24\ V$。

考虑到器件内部电路绝大部分的静态工作电流 I_Q 由输出端流出，为保证负载开路时电路工作正常，所以必须正确选择电阻 R_1，一般取标称值 120 Ω。

7.4　开关稳压电源

7.4.1　概　述

1. 开关稳压电源的优缺点

线性集成稳压器中由于调整管必须工作在线性放大区，管压降比较大，同时要通过全部的负载电流，所以管耗大、电源效率低，一般不超过 50%。特别在输入电压升高、负载电流很大时，管耗会更大，不但电源效率很低，同时使调整管的工作可靠性降低，有时还需加装散热装置。

开关稳压电源（Switching regulator）的调整管工作在开关状态，依靠调节调整管的导通时间来实现稳压。由于调整管主要工作在截止和饱和两种状态，管耗很小，故使稳压电源的效率明显提高，可达 80%～90%，而且这一效率几乎不受输入电压大小的影响，即开关稳压电源有很宽的稳压范围。由于效率高，故电源体积小、重量轻。开关电源技术发展非常迅速，使用也越来越广泛。开关稳压电源的主要缺点是输出电压中含有较大的纹波。

2. 开关稳压电路的分类

按调整管与负载连接方式,可分为串联型和并联型;按稳压的控制方式,可分为脉冲宽度调制型(PWM)、脉冲频率调制型(PFM)和混合调制,即脉宽-频率调制型;按调整管是否参与振荡,可分为自激式和他激式;按使用开关管的类型,可分为双极型三极管、VMOS管和晶闸管等。

本节主要介绍采用双极型三极管的串联型开关稳压电路和并联型开关稳压电路的组成和工作原理。其他电路设计请参阅相关开关电源类资料。

7.4.2 开关稳压电源的基本工作原理

1. 串联型开关稳压电路

图7.4.1所示为开关稳压电路的基本组成框图。图中,V为开关调整管,它与负载端串联;D为续流二极管,L、C构成滤波电路;R_1和R_2组成取样电路,A为误差放大器,B为电压比较器,它们与基准电压、三角波发生器组成开关调整管的控制电路。误差放大器A用以对来自输出端的取样电压u_F与基准电压U_{REF}的差值进行放大,其输出电压连接到电压比较器B的同相输入端。三角波发生器产生一频率固定的三角波电压u_T,它决定了电源的开关频率。u_T连接到电压比较器B的反相输入端,当$u_A > u_T$时,电压比较器B的输出电压u_B为低电平。u_B控制开关调整管V的导通和截止。其波形如图7.4.2(a)、(b)所示。

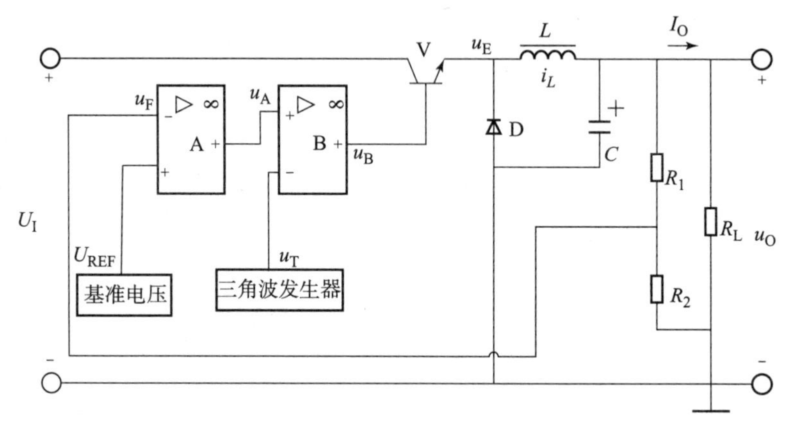

图7.4.1 串联型开关稳压电路组成框图

电压比较器B输出电压u_B为高电平时,开关调整管V饱和导通,若忽略饱和压降,则$u_E = U_I$,二极管D承受反向电压而截止,u_E通过电感L向R_L提供负载电流。电感中的电流i_L随时间线性增长,L同时存储能量,当$i_L > I_O$后继续上升,电容C即开始被充电,u_O增大。

电压比较器B输出电压u_B为低电平时,开关调整管截止,$u_E = 0$。因电感L产生相反的自感电动势,使二极管D导通,于是,电感中储存的能量通过D向负载释放,使负载R_L中继续有电流通过,所以将D称为续流二极管。这时i_L随时间线性下降,当$i_L < I_O$后,C开始放电,u_O略有下降。波形如图7.4.2(c)、(d)、(e)所示。

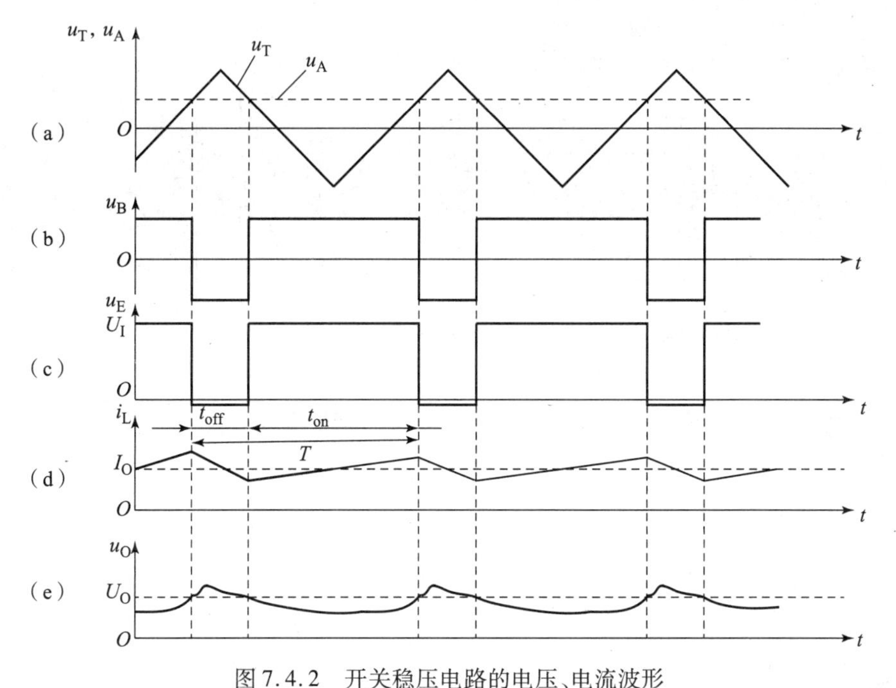

图 7.4.2　开关稳压电路的电压、电流波形

(a)u_A、u_T 波形;(b)u_B 波形;(c)u_E 波形;(d)i_L 波形;(e)u_O 波形

开关调整管的导通时间为 t_{on},截止时间为 t_{off},开关的转换周期为 T,$T = t_{on} + t_{off}$,它决定于三角波电压 u_T的频率。

忽略滤波电路电感的直流压降、开关调整管的饱和压降及二极管的导通压降,输出电压的平均值为:

$$U_{o(AV)} = \frac{U_I}{T} t_{on} = DU_I \tag{7.4.1}$$

式中,$D = t_{on}/T$ 称为脉冲波形的占空比。由式(7.4.1)可见,调节 D 就可以改变输出电压平均值 $U_{o(AV)}$ 的大小。图 7.4.1 所示电路也称为脉宽调制(Pulse Width Modulation,PWM)型开关稳压电路。

2. 并联型开关稳压电路

并联型开关稳压电路如图 7.4.3(a)所示,V 为开关调整管,它与负载端并联,D 为续流二极管,L 为滤波电感,C 为滤波电容,R_1 和 R_2为取样电路,控制电路的组成,与串联开关稳压电路相同。当控制电路输出电压 u_B为高电平时,V 管饱和导通,其集电极电位近似为零,使 D 管反偏而截止,输入电压 U_I通过电流 i_L向电感 L 储能,同时电容 C 对负载放电供给负载电流,如图 7.4.3(b)所示。当控制电路输出电压 u_B 为低电平时,V 管截止,由于电感 L 中电流不能突变而产生反极性的自感电动势,导致 D 管导通,i_L通过 D 管向电容 C 充电,以补充放电时所损耗的能量,同时向负载供电,电流方向如图 7.4.3(c)所示。图中可见输出端可以获得稳定的直流电压输出。在 LC 足够大时,输出电压的平均值将大于输入电压 U_I,故具有升压功能。

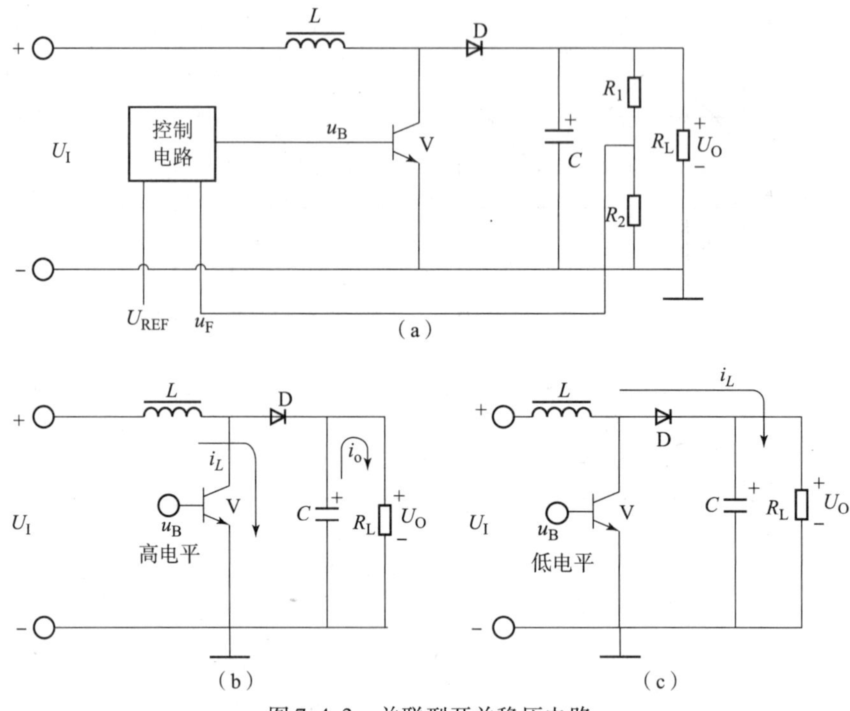

图 7.4.3　并联型开关稳压电路

(a)电路图;(b)V 导通;(c)V 截止

7.4.3　集成开关稳压器及其应用

目前生产的集成开关稳压器种类很多,现介绍几种集成度高、使用方便的集成开关稳压器。

1. CW2575/2576

CW2575/2576 是串联型集成开关稳压器,内部包含调整管、比较放大电路、取样电路(输出可调者除外)、启动电路、脉冲源、输入欠压锁定控制和保护电路等。内部振荡器的频率固定在 52 kHz,占空比 D 可达 98%,转换效率可达 75% ~88%,且一般不需要散热器。塑料封装的单列直插式的外形及引脚排列如图 7.4.4 所示。由于只有 5 个引脚,故把它称为五端集成开关稳压器。

CW2575/2576 输出电压分为固定 3.3 V、5 V、12 V、15 V 和可调五种,由型号和后缀两位数字标称。CW2575 的额定输出电流为 1 A,CW2576 的额定输出电流为 3 A,但两芯片的引脚含义相同,即:1 脚为输入端;2 脚为输出端;3 脚为接地端;4 脚为反馈端,它一般与应用电路的输出端相连接,在可调输出时与取样电路相连接,此引脚提供参考电压 U_{REF} =1.23 V;5 脚在稳压器正常工作时应接地,它可由 TTL 高电平关闭而处于低功耗备用状态。芯片工作时需求输出电压值不得超过输入电压。

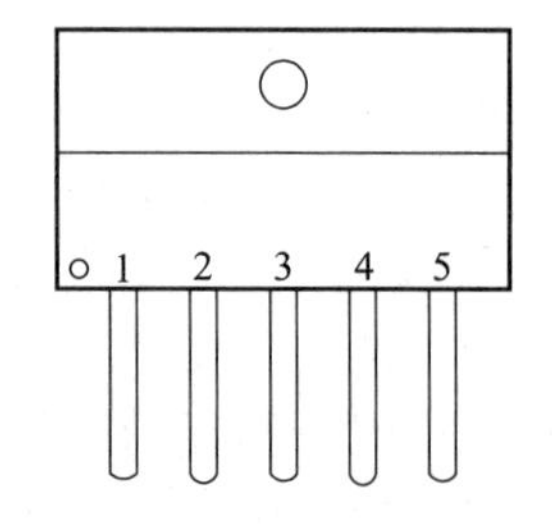

图 7.4.4　五端集成开关稳压器的外形及引脚排列

CW2575/2576 应用电路如图 7.4.5(a)所示,可以固定输出 $U_O=5\ V$。

图 7.4.5(b)所示为 CW2575 可调输出应用电路,其输出电压决定于取样电路及参考电压 U_{REF},即:

$$U_O=\left(1+\frac{R_1}{R_2}\right)U_{REF}=(1+7.15)\times1.23\ V=10\ V$$

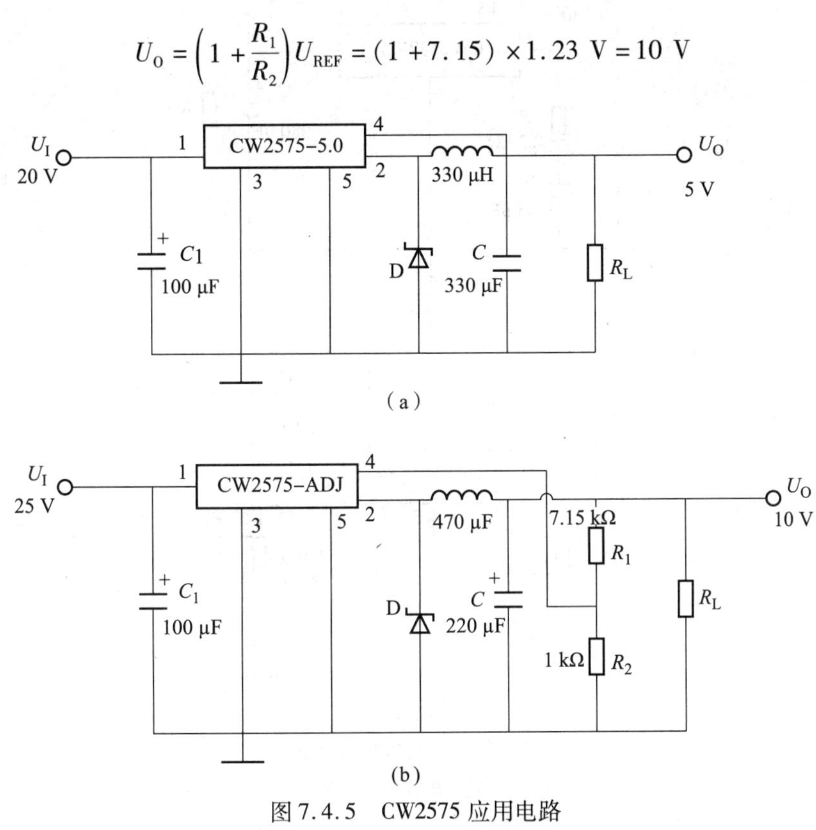

图 7.4.5　CW2575 应用电路

(a)固定输出;(b)可调输出

因集成稳压器的工作频率较高,上述两电路中的续流二极管 D 最好选用肖特基二极管。另外,为了保证直流电源的工作稳压性,电路的输入端必须加一个至少 100 μF 的旁路电解电容 C_1。

2. CW2577

CW2577 是并联型集成开关稳压器,内部结构和 CW2575/2576 相同。CW2577 集成开关稳压器输出电流可达 3 A,输出电压有固定 12 V、15 V 和可调三种,使用时要求输出电压高于输入电压。其引脚排列也与 CW2575/2576 相同,但两者的含义不同,使用时应注意。其具体使用如图7.4.6所示。

图 7.4.6 所示为用 CW2577 构成的并联型开关稳压电路,输入电压为 5 V,输出电压为 12 V。图中,5 脚是输入端,接 0.1 μF 电容 C_1,用于旁路噪声电压;4 脚是电源调整管的输出端;1 脚所接 R、C 构成的频率补偿电路,用以防止电路自激;3 脚接地;2 脚接输出或取样电路。图 7.4.6(a)为固定输出电路,输出电压为 12 V。

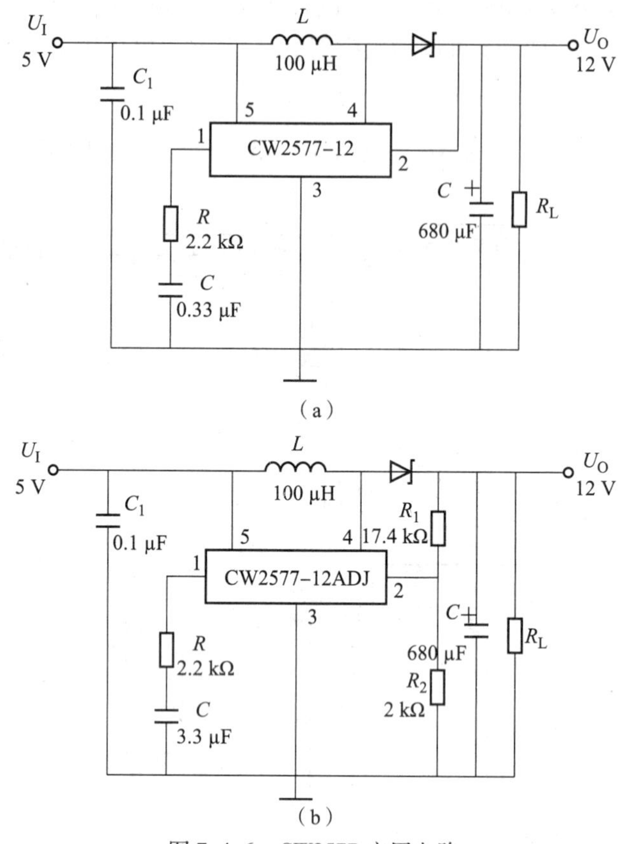

图 7.4.6　CW2577 应用电路

(a)固定输出;(b)可调输出

图 7.4.6(b)为可调输出电路,由于基准电压 $U_{REF}=1.23$ V,所以输出电压 U_O为:

$$U_O=\left(1+\frac{R_1}{R_2}\right)U_{REF}=\left(1+\frac{17.4}{2}\right)\times1.23\ \text{V}=12\ \text{V}$$

本章知识点归纳

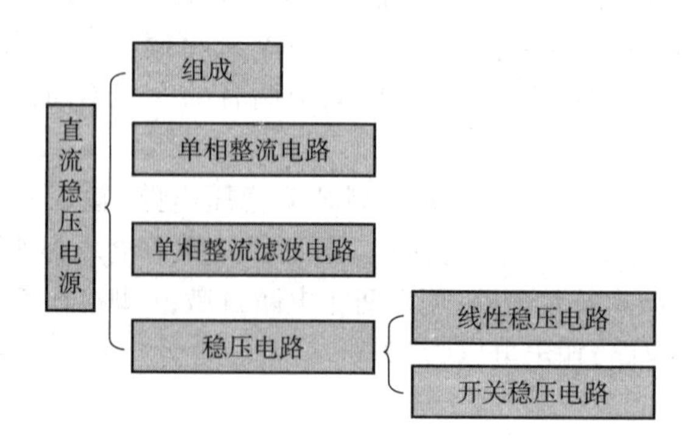

本章小结

(1)直流稳压电源是电子设备的重要组成部分,用来将交流电网电压变为稳定的直流电压。一般小功率直流电源由电源变压器、整流电路、滤波电路和稳压电路等部分组成。对直流稳压电源的主要要求是:当输入电压变化以及负载变化时,输出电压应保持稳定,即直流电源的稳压系统及输出电阻越小越好。此外,还要求纹波电压要小。

(2)整流电路是利用二极管的单向导电性,将交流电压变成单方向的脉动直流电压,目前广泛采用整流桥构成桥式整流电路。为了消除脉动电压,需采用滤波电路,单相小功率电源采用电容滤波。桥式整流电容滤波电路中,当 $R_LC \geqslant (3\sim5)\dfrac{T}{2}$ 时,输出电压 $U_{o(AV)} \approx 1.2U_2$。

(3)稳压电路用来在交流电源电压波动或负载变化时,稳压直流输出电压。目前广泛采用集成稳压器,在小功率直流供电系统中多采用线性集成稳压器。

线性集成稳压器中调整管与负载相串联,且工作在线性放大状态,它由开关调整管、基准电压源、取样电路、比较放大电路以及保护电路等组成。三端集成稳压器仅有输入端、输出端和公共端(或调整端),使用方便、稳压性能好。CW7800(CW7900)系列为固定输出稳压器,CW117/217/317(CW137/237/337)为可调输出稳压器,由于调整管始终工作在线性区,功耗较大,所以线性稳压器电路效率低。

(4)开关稳压器中调整管工作在开关状态,其效率比线性稳压器高得多,而且这一效率几乎不受输入电压大小的影响,即开关稳压电路有很宽的稳压范围。但开关稳压电路一般输出纹波电压较大,所以,它适用于输出电压调节范围小、负载对纹波电压要求不高的场合。

串联型开关稳压电路是降压型电路,并联型开关稳压电路是升压型电路。脉冲宽度调制型(PWM)开关稳压电路是在控制电路输出频率不变的情况下,通过电压反馈调整其占空比,从而达到稳定输出电压的目的。

本章习题

一、填空题

1.1　小功率直流稳压电源通常由________、________、________和________4 部分电路构成。

1.2　桥式整流电容滤波电路中变压器二次电压的有效值为 U_2,电路参数选择合适,则该整流滤波电路的输出电压 U_O 约为________,当负载电阻开路时 U_O 约为________,当滤波电容开路时,U_O 约为________。

1.3　CW7818 的输出电压为________,额定输出电流为________;CW79M09 的输出电压为________,额定输出电流为________。

1.4　开关稳压电源中调整管工作在________状态,而线性稳压器中调整管工作在________状态,所以前者的________高。

1.5　开关稳压电路按调整管与负载的连接方式不同,可分为________型和________型,前者是________型开关电路,而后者是________型开关电路。

1.6　在电容滤波和电感滤波中,________滤波适用于大电流负载,________滤波的直流输出电压高。

二、选择题

2.1　直流稳压电源中整流电路的作用是(　　)。

A. 将直流电压变换为交流电压

B. 将交流电压转变为脉动直流电压

C. 将高频电压变为低频电压

D. 将正弦电压变为方波电压

2.2　已知变压器二次电压为 $u_2 = \sqrt{2}U_2\sin\omega t$ (V),负载电阻为 R_L,则桥式整流电路流过每个二极管的平均电流为(　　)。

A. $0.9\frac{U_2}{R_L}$　　B. $\frac{U_2}{R_L}$　　C. $0.45\frac{U_2}{R_L}$　　D. $\frac{\sqrt{2}U_2}{R_L}$

2.3　桥式整流电容滤波电路中,变压器二次电压的有效值为 10 V,用万用表直流电压挡测得输出电压为 9 V,则说明电路中(　　)。

A. 滤波电容开路　　B. 滤波电容短路　　C. 负载开路　　D. 负载短路

2.4　下列型号中是线性正电源可调输出集成稳压器的是(　　)。

A. CW7812　　B. CW7905　　C. CW317　　D. CW137

2.5　开关稳压电源比线性稳压电源效率高的原因是(　　)。

A. 可以不加散热器

B. 可不用电源变压器

C. 调整管工作在开关状态

D. 调整管工作在放大状态

三、计算题

3.1　在图 7.2.2(a)所示的单相桥式整流电路中,已知负载电阻 $R_L = 80\ \Omega$,负载电压 $U_o = 110$ V,交流电源电压为 220 V。试计算变压器副边电压的有效值 U_2、负载电流和二极管电流 I_D 及最高反向电压 U_{RM}。

3.2　在图 7.2.5(a)所示的桥式整流电容滤波电路中,已知 $R_L = 50\ \Omega$, $C = 2\ 200\ \mu F$,交流电压的有效值 $U_2 = 20$ V, $f = 50$ Hz,试求输出电压 $U_{o(AV)}$,并求通过二极管的平均电流 $I_{D(AV)}$ 及二极管所承受的最高反向电压 U_{RM}。

3.3　有两只稳压管 D_{Z1}、D_{Z2},其稳定电压分别为 8.5 V 和 6.5 V,其正向压降均为 0.5 V,输入电压足够大。现欲获得 7 V、15 V 和 9 V 的稳定输出电压 U_O,试画出相应的并联型稳压电路。

3.4　已知桥式整流电容滤波电路负载电阻 $R_L = 20\ \Omega$,交流电源频率为 50 Hz,要求输出电压 $U_{o(AV)} = 12$ V,试求变压器二次电压的有效值 U_2,并选择整流二极管和滤波电容。

3.5　整流稳压电路如图 7.1 所示,试改正图中的错误,使其能正常输出正极性直流电压 U_O。

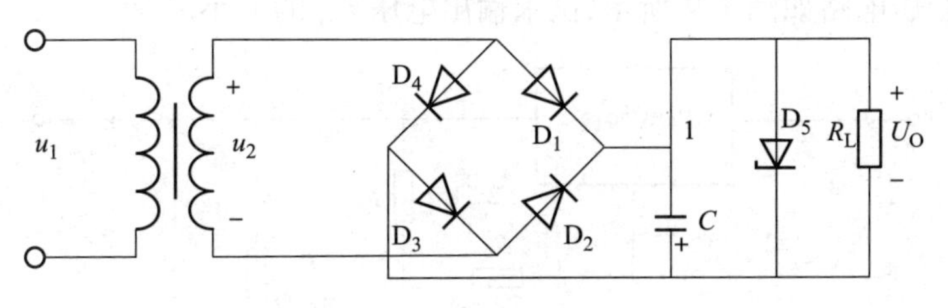

图 7.1　第 7 章习题用图(1)

3.6　三极管串联型稳压电路如图 7.3.1(b)所示。已知 $R_1=1\ \text{k}\Omega$,$R_2=2\ \text{k}\Omega$,$R_P=1\ \text{k}\Omega$,$R_L=100\ \Omega$,$U_Z=6\ \text{V}$,$U_I=15\ \text{V}$,试求输出电压的调节范围,及输出电压为最小时,调整管所承受的功耗。

3.7　电路如图 7.2 所示,试说明各元件的作用,并指出电路在正常工作时的输出电压值。

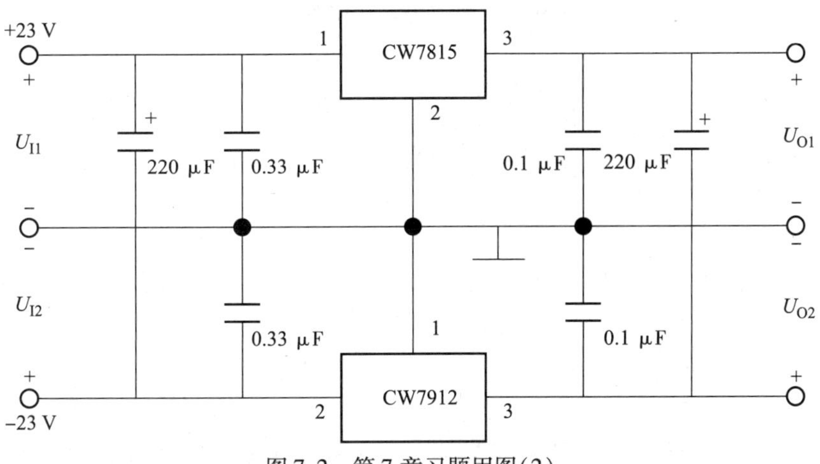

图 7.2　第 7 章习题用图(2)

3.8　电路如图 7.3 所示,已知电流 $I_Q=5\ \text{mA}$,试求输出电压 U_O。

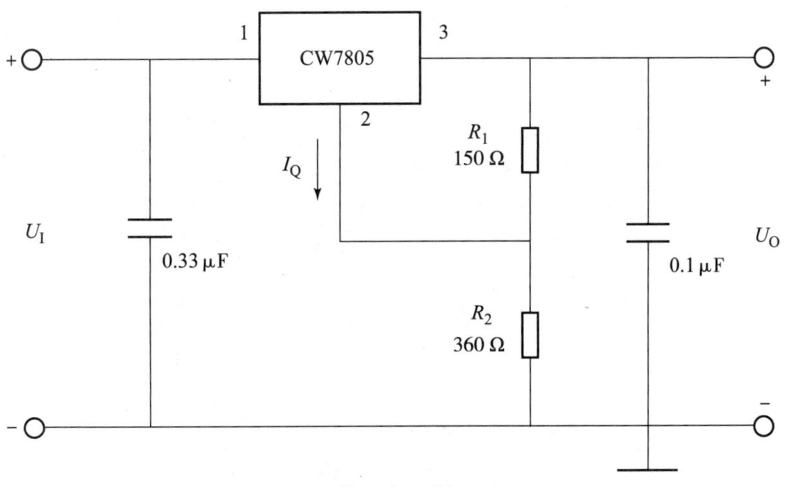

图 7.3　第 7 章习题用图(3)

3.9 直流稳压电路如图 7.4 所示,试求输出电压 U_O 的大小。

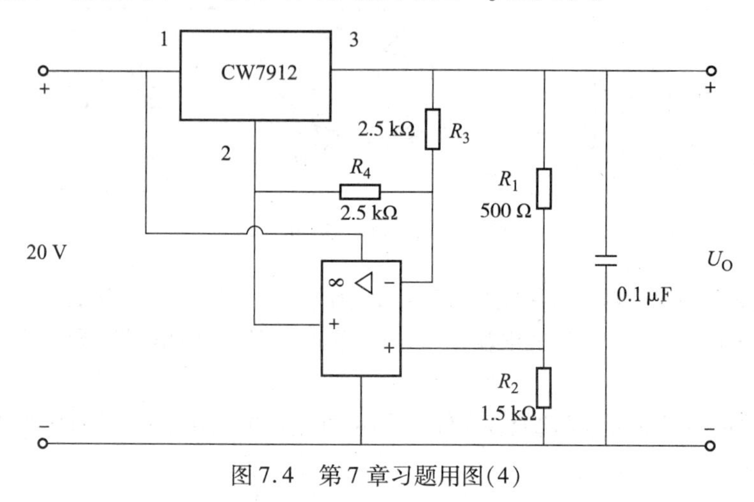

图 7.4 第 7 章习题用图(4)

参考文献

[1]谢嘉奎.电子线路(线性部分)[M].第4版.北京:高等教育出版社,1999.

[2]高文焕,刘润生.电子线路基础[M].北京:高等教育出版社,1997.

[3]康华光.电子技术基础(模拟部分)[M].第5版.北京:高等教育出版社,2006.

[4]童诗白,华成英.模拟电子技术基础[M].第3版.北京:高等教育出版社,2001.

[5]张凤言.电子电路基础:高性能模拟电路和电流模技术[M].北京:高等教育出版社,1995.

[6]董在望,尹达衡.模拟集成电流原理与系统[M].北京:高等教育出版社,1987.

[7]周琼鉴,孙肖子.晶体管和晶体管放大电路[M].北京:国防工业出版社,1980.

[8]孙肖子.实用电子电路手册:模拟电路分册[M].北京:高等教育出版社,1991.

[9]胡宴如,耿苏艳.模拟电子技术基础[M].北京:高等教育出版社,2011.

[10]Allen P E,Holberg D R. CMOS Analog Circuit Design[M]. 2nd ed. Oxford:Oxford University Press,Inc,USA,2002.

中译本:Allen P E,Holberg D R. CMOS 模拟集成电流设计[M].第2版.冯军,李智群,译.北京:电子工业出版社,2005.

[11]童诗白,何金茂.电子技术基础试题汇编:模拟部分[M].北京:高等教育出版社,1992.

[12]SedraA S,Smith K C. Microelectronics CIRcuits[M]. 4th ed. Oxford:Oxford University Press,1998.

[13]Millman J,Grabel A. Microelectronics[M]. 2nd ed. McGraw - Hill Inc,1988.

[14]Soclof S. Design and Application of Analog Integrated Circuits[M]. Hew Jersey Prentice Hall,1992.

[15]Toumazou C,Lidgey P J, Haigh D G. Analogue IC Design - The Current Mode Approach [M]. UK:Peter Peregrinus Ltd,1991.

中译本:Toumazou C,LIdgey P J,Haigh D G.模拟集成电路设计:电流模法[M].姚玉洁,等,译.北京:高等教育出版社,1996.

[16]Toumazou C,Hughes J B,Battersky N C. Switched - Currents an Analogue Technique for Digital Technolgy[M]. UK:Peter Peregrinus Ltd,1993.

中译本:Toumazou C,Hughes J B,Battersky N C.开关电流:数字工艺的模拟技术[M].姚玉洁,等译.北京:高等教育出版社,1997.

[17]Gray P R,Hurst P J. Analysis and design of Analog Integrated CIRcuits[M]. 4th ed. Hew Jersey John Wiley&Sons,Inc,2001.

中译本:Gray P R,Hurst P J.模拟集成电路的分析与设计[M].张晓林,等,译.北京:高等教育出版社,2005.